普通高等教育"十三五"精品规划教材

机械设计制造及其自动化专业课程群系列

可编程序控制器原理及其应用

主　编　赵春华
副主编　陈法法

中国水利水电出版社
www.waterpub.com.cn
·北京·

内容提要

本书以国内广泛使用的西门子公司 S7-1200 PLC 为背景，介绍了 PLC 的工作原理、特点、硬件结构、编程元件与指令系统，并从工程应用出发详细介绍了梯形图程序的常用设计方法、PLC 系统设计与调试方法、PLC 在实际应用中应注意的问题等。

为了适应新的发展需要，本书还介绍了 PLC 在工业生产环节、各类机床控制系统和不同工程机械中的应用。为了便于读者学习，本书加强了实践训练部分的内容介绍，各章配有适量的习题。本书配有丰富的二维码资源（微课/视频/图片/文档/源程序/实验指导等），方便读者随时随地学习。

本书在编写时力求内容由浅入深、通俗易懂、理论联系实际、注重应用，可作为普通高等院校机械设计制造及其自动化、自动化、电气工程、电子信息、机电一体化及相关专业的教学用书，也可供高等职业院校、成人高校的相关专业选用，还可以作为工业自动化技术人员的培训教材和自学参考书。

本书提供免费的教学课件，可以到中国水利水电出版社网站下载，网址为：http://www.waterpub.com.cn/。

图书在版编目（CIP）数据

可编程序控制器原理及其应用 / 赵春华主编. -- 北京 : 中国水利水电出版社, 2018.7（2023.12 重印）
普通高等教育“十三五”精品规划教材
ISBN 978-7-5170-6649-1

Ⅰ. ①可… Ⅱ. ①赵… Ⅲ. ①可编程序控制器－高等学校－教材 Ⅳ. ①TM571.61

中国版本图书馆CIP数据核字(2018)第165399号

书　　名	普通高等教育“十三五”精品规划教材 可编程序控制器原理及其应用 KEBIAN CHENGXU KONGZHIQI YUANLI JI QI YINGYONG
作　　者	主　编　赵春华 副主编　陈法法
出版发行	中国水利水电出版社 （北京市海淀区玉渊潭南路 1 号 D 座　100038） 网址：www.waterpub.com.cn E-mail：zhiboshangshu@163.com 电话：（010）62572966-2205/2266/2201（营销中心）
经　　售	北京科水图书销售有限公司 电话：（010）68545874、63202643 全国各地新华书店和相关出版物销售网点
排　　版	北京智博尚书文化传媒有限公司
印　　刷	三河市龙大印装有限公司
规　　格	184mm×260mm　16 开本　16.5 印张　401 千字
版　　次	2018 年 7 月第 1 版　2023 年12月第 2 次印刷
定　　价	42.00 元

前言

PREFACE

可编程序控制器是指可通过编程或软件配置改变控制对策的控制器。它具有体积小、重量轻、能耗低、可靠性高、适用性强、易学易用、维护方便等特点，并深受工程技术人员欢迎。目前，PLC 在国内外已广泛应用于各个行业，其中 PLC 在工程机械控制系统中发挥着至关重要的作用。

本书以国内广泛使用的西门子公司 S7-1200 PLC 为背景，介绍了 PLC 的工作原理、特点、硬件结构、编程元件与指令系统，并从工程应用出发详细介绍了梯形图程序的常用设计方法、PLC 系统设计与调试方法、PLC 在实际应用中应注意的问题，非常适合初学者入门学习。另外，本书内容编排上力求理论基础与工程实训相结合，通过列举大量的工程案例，展示 PLC 的广泛应用。为了激发学习者的兴趣，本书结合 PLC 在日常生活中的应用，着重讲述 PLC 在数控机床和工程机械控制的实例设计，由浅入深地介绍 PLC 在机械控制方面的应用，并且所有实例都包含了完整的 PLC 程序，所有程序均经过调试运行，可以让读者更好地借鉴与学习。

本书本着“以学生为中心，以能力为本位”的理念，着重于应用性阐述，侧重培养学生的工程实际应用能力。本书内容详尽，实例丰富，讲解力求做到循序渐进、由浅入深、通俗易懂、易学易教。

全书共 10 章，第 1 章和第 2 章着重介绍电气控制基础及电气控制系统，以引入 PLC 的学习；第 3 章至第 8 章重点阐述 PLC 的基础知识、编程指令系统、程序设计方法、控制系统的设计以及在通信网络中的应用；第 9 章至第 10 章从日常电气、工业电气、工程机械三方面进行实际应用举例。

为便于阅读和学习，作者精心挑选了部分实训内容录制成视频，并以二维码形式印制于书中，读者通过扫码即可观看视频。本书还提供了丰富的二维码资源（微课、视频、图片、文档、源程序、实验指导等），希望使读者的学习过程更生动、更直观。

图书资源总码

本书由三峡大学赵春华教授主编，陈法法副教授担任副主编和统稿，胡恒星进行了第 1~4 章的协助编写，张毅娜进行了第 5~7 章的协助编写，杨晓青进行了第 8~10 章及附录部分的协助编写。参加本书程序调试与资源建设的还有王盈、钟先友、张力、邵能、肖能齐等。

本书可作为普通高等院校机械设计制造及其自动化、自动化、电气工程、电子信息、机电一体化及相关专业的教学用书，也可供高等职业院校、成人高校的相关专业选用，还可以作为工业自动化技术人员的培训教材和参考书。

本书提供免费教学课件，欢迎选用本书的教师登录中国水利水电出版社网站下载，网址为：http：//www. waterpub. com. cn/。也可以与作者（zhao_chunhua@ qq. com）联系，免费获取其他相关教学资源。

由于编者的知识水平有限，在本书的编写过程中难免会出现不妥和错误之处，恳请广大读者和专家给予批评指正。

编　者

2018 年 6 月

目录

CONTENT

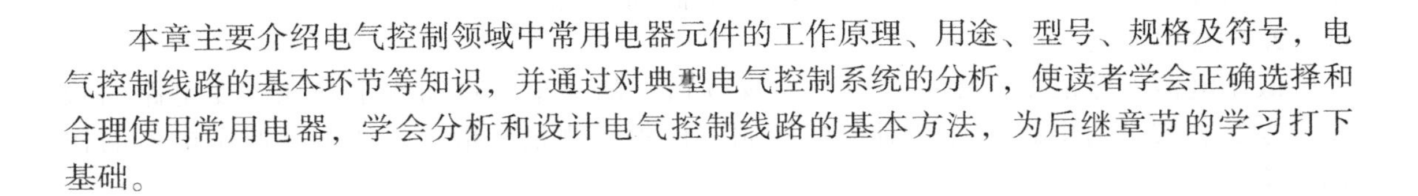

第1章 电气控制基础

本章主要介绍电气控制领域中常用电器元件的工作原理、用途、型号、规格及符号，电气控制线路的基本环节等知识，并通过对典型电气控制系统的分析，使读者学会正确选择和合理使用常用电器，学会分析和设计电气控制线路的基本方法，为后继章节的学习打下基础。

1.1 常用电器元件及符号

1.1.1 电器的基本知识

1. 电器的分类

电器是接通和断开电路或调节、控制和保护电路及电气设备的电工器具。完全由控制电器组成的自动控制系统，称为继电器-接触器控制系统，简称电气控制系统。

电器的用途广泛，功能多样，种类繁多，结构各异。下面是几种常用的电器分类。

1）按工作电压等级分类

（1）高压电器。高压电器指用于交流电压 1 200 V、直流电压 1 500 V 及以上电路中的电器，例如高压断路器、高压隔离开关、高压熔断器等。

（2）低压电器。低压电器指用于交流 50 Hz（或 60 Hz）、额定电压为 1 200 V 以下电路，或直流额定电压 1 500 V 及以下的电路中的电器，例如接触器、继电器等。

2）按动作原理分类

（1）手动电器。手动电器指用手或依靠机械力进行操作的电器，如手动开关、控制按钮、行程开关等主令电器。

（2）自动电器。自动电器指借助于电磁力或某个物理量的变化自动进行操作的电器，如接触器、继电器、电磁阀等。

3）按用途分类

（1）控制电器。控制电器指用于各种控制电路和控制系统的电器，例如接触器、继电器、电动机启动器等。

（2）主令电器。主令电器指用于自动控制系统中发送动作指令的电器，例如按钮、行程开关、万能转换开关等。

（3）保护电器。保护电器指用于保护电路及用电设备的电器，如熔断器、热继电器、各种保护继电器、避雷器等。

（4）执行电器。执行电器指用于完成某种动作或传动功能的电器，如电磁铁、电磁离合器等。

（5）配电电器。配电电器指用于电能的输送和分配的电器，例如高压断路器、隔离开关、刀开关、自动空气开关等。

4）按工作原理分类

（1）电磁式电器。电磁式电器依据电磁感应原理来工作，如接触器、电磁式继电器等。

（2）非电量控制电器。非电量控制电器指依靠外力或某种非电物理量的变化而动作的电器，如刀开关、行程开关、按钮、速度继电器、温度继电器等。

2. 电器的作用

低压电器能够依据操作信号或外界现场信号的要求，自动或手动地改变电路的状态、参数，实现对电路或被控对象的控制、保护、测量、指示、调节。低压电器的作用如下：

（1）控制作用。能根据信号对设备进行控制，如电梯的上下移动、快慢速自动切换与自动停层等。

（2）保护作用。能根据设备的特点，对设备、环境以及人身实行自动保护，如电动机的过热保护、电网的短路保护、漏电保护等。

（3）测量作用。利用仪表及与之相适应的电器，对设备、电网或其他非电参数进行测量，如电流、电压、功率、转速、温度、湿度测量等。

（4）调节作用。低压电器可对一些电量和非电量进行调整，以满足用户的要求，如柴油机油门的调整、房间温湿度的调节、照度的自动调节等。

（5）指示作用。利用低压电器的控制、保护等功能，检测出设备运行状况与电气电路的工作情况，如绝缘监测、保护掉牌指示等。

（6）转换作用。在用电设备之间转换或对低压电器、控制电路分时投入运行，以实现功能切换，如励磁装置手动与自动的转换，供电的市电与自备电的切换等。

当然，低压电器的作用远不止这些，随着科学技术的发展，新功能、新设备会不断出现，常用低压电器的主要种类和用途见表 1-1。

表 1-1　常用低压电器的主要种类及用途

序号	类别	主要品种	用途
1	断路器	塑料外壳式断路器 框架式断路器 限流式断路器 漏电保护式断路器 直流快速断路器	主要用于电路的过载、短路、欠电压、漏电压保护，也可用于不频繁接通和断开的电路
2	刀开关	开关板用刀开关 负荷开关 熔断器式刀开关	主要用于电路的隔离，有时也能分断负荷
3	转换开关	组合开关 换向开关	主要用于电源切换，也可用于负荷通断或电路的切换

续表

序号	类　别	主要品种	用　　途
4	主令电器	按钮 限位开关 微动开关 接近开关 万能转换开关	主要用于发布命令或程序控制
5	接触器	交流接触器 直流接触器	主要用于远距离频繁控制负荷，切断带负荷电路
6	启动器	磁力启动器 星形-三角形启动器 自耦减压启动器	主要用于电动机的启动
7	控制器	凸轮控制器 平面控制器	主要用于控制回路的切换
8	继电器	电流继电器 电压继电器 时间继电器 中间继电器 温度继电器 热继电器	主要用于控制电路中，将被控量转换成控制电路所需电量或开关信号
9	熔断器	有填料熔断器 无填料熔断器 半封闭插入式熔断器 快速熔断器 自复熔断器	主要用于电路短路保护，也用于电路的过载保护
10	电磁铁	制动电磁铁 起重电磁铁 牵引电磁铁	主要用于起重、牵引、制动等地方

对低压配电电器的要求是灭弧能力强、分断能力好、热稳定性能好、限流准确等。对低压控制电器，则要求其动作可靠、操作频率高、寿命长并具有一定的负载能力。

1.1.2　接触器

接触器是一种用来自动接通或断开大电流电路的电器。它可以频繁地接通或分断交直流电路，并可实现远距离控制。其主要控制对象是电动机，也可用于电热设备、电焊机、电容器组等其他负载。接触器具有控制容量大、过载能力强、寿命长、设备简单经济等特点，还具有低电压释放保护功能，是电力拖动自动控制线路中使用最广泛的电器元件。

按照所控制电路的种类，接触器可分为交流接触器和直流接触器两大类。

1. 交流接触器

1）交流接触器结构与工作原理

如图 1-1 所示为 CJ10-20 型交流接触器的外形与结构示意图。

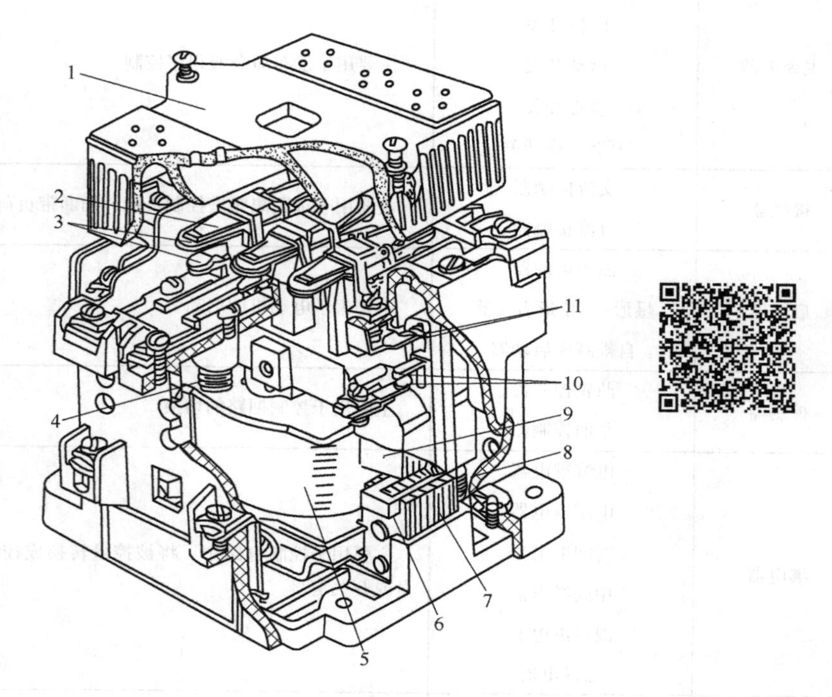

图 1-1　CJ10-20 型交流接触器

1—灭弧罩；2—触点压力弹簧片；3—主触点；4—反作用弹簧；5—线圈；6—短路环；7—静铁芯；8—弹簧；9—动铁芯；10—辅助常开触点；11—辅助常闭触点

交流接触器由以下四部分组成：

（1）电磁机构。电磁机构由线圈、动铁芯（衔铁）和静铁芯组成，其作用是将电磁能转换成机械能，产生电磁吸力带动触点动作。

（2）触点系统。触点系统包括主触点和辅助触点。主触点用于接通或断开主电路，通常为三对常开触点。辅助触点用于控制电路，起电气联锁作用，故又称联锁触点，一般包括常开、常闭触点各两对。

（3）灭弧装置。容量在 10 A 以上的接触器都有灭弧装置，对于小容量的接触器，常采用双断口触点灭弧、电动力灭弧、相间弧板隔弧及陶土灭弧罩灭弧。对于大容量的接触器，采用纵缝灭弧罩及栅片灭弧。

（4）其他部件。其他部件包括反作用弹簧、缓冲弹簧、触点压力弹簧、传动机构及外壳等。

电磁式交流接触器的工作原理如下：线圈通电后，在铁芯中产生磁通及电磁吸力；此电磁吸力克服弹簧反力使得衔铁吸合，带动触点机构动作，常闭触点打开，常开触点闭合，互锁或接通线路；线圈失电或线圈两端电压显著降低时，电磁吸力小于弹簧反力，使得衔铁释放，触点机构复位，断开线路或解除互锁。

2）交流接触器的分类

交流接触器的种类很多，其分类方法也不尽相同。按照一般的分类方法，大致有以下几种：

（1）按主触点极数分，交流接触器可分为单极、双极、三极、四极和五极接触器。单极接触器主要用于单相负荷，如照明负荷、焊机等，在电动机能耗制动中可采用；双极接触器用于绕线式异步电动机的转子回路中，启动时用于短接启动绕组；三极接触器用于三相负荷，例如在电动机的控制及其他场合，使用最为广泛；四极接触器主要用于三相四线制的照明线路，也可用来控制双回路电动机负载；五极交流接触器用来组成自耦补偿启动器或控制双笼型电动机，以变换绕组接法。

（2）按灭弧介质分，交流接触器可分为空气式接触器、真空式接触器等。依靠空气绝缘的接触器用于一般负载，而采用真空绝缘的接触器常用在煤矿、石油、化工企业及电压在 660 V 和 1 140 V 等一些特殊的场合。

（3）按有无触点分，交流接触器可分为有触点接触器和无触点接触器。常见的交流接触器多为有触点接触器，而无触点接触器属于电子技术应用的产物，一般采用晶闸管作为回路的通断元件。由于可控硅导通时所需的触发电压很小，而且回路通断（接通或断开）时无火花产生，因而可用于高操作频率的设备和易燃、易爆、无噪声的场合。

3）交流接触器的基本参数

（1）额定电压，是指主触点额定工作电压，应等于负载的额定电压。一只接触器常规定几个额定电压，同时列出相应的额定电流或控制功率。通常，最大工作电压即为额定电压。常用的额定电压值为 220 V、380 V、660 V 等。

（2）额定电流，是指接触器触点在额定工作条件下的电流值。380V 三相电动机控制电路中，额定工作电流可近似等于控制功率的两倍。常用额定电流等级为 5 A、10 A、20 A、40 A、60 A、100 A、150 A、250 A、400 A、600 A。

（3）通断能力，可分为最大接通电流和最大分断电流。最大接通电流是指触点闭合时不会造成触点熔焊时的最大电流值；最大分断电流是指触点断开时能可靠灭弧的最大电流。一般通断能力是额定电流的 5~10 倍。当然，这一数值与开断电路的电压等级有关，电压越高，通断能力越小。

（4）动作值，可分为吸合电压和释放电压。吸合电压是指接触器吸合前，缓慢增加吸合线圈两端的电压，接触器可以吸合时的最小电压。释放电压是指接触器吸合后，缓慢降低吸合线圈的电压，接触器释放时的最大电压。一般规定，吸合电压不低于线圈额定电压的 85%，释放电压不高于线圈额定电压的 70%。

（5）吸引线圈额定电压，是指接触器正常工作时，吸引线圈上所加的电压值。一般该电压数值以及线圈的匝数、线径等数据均标于线包上，而不是标于接触器外壳铭牌上，使用时应加以注意。

（6）操作频率，是指接触器在吸合瞬间，吸引线圈需消耗比额定电流大 5~7 倍的电流，如果操作频率过高，则会使线圈严重发热，直接影响接触器的正常使用。为此，规定了接触器的允许操作频率，一般为每小时允许操作次数的最大值。

（7）寿命，包括电气寿命和机械寿命。目前接触器的机械寿命已达一千万次以上，电气寿命约是机械寿命的 5%~20%。

2. 直流接触器

直流接触器的结构和工作原理基本上与交流接触器相同。在结构上也是由电磁机构、触点系统和灭弧装置等部分组成。由于直流电弧比交流电弧难以熄灭，直流接触器常采用磁吹式灭弧装置灭弧。

3. 接触器的符号与型号说明

1）接触器的符号

接触器的图形符号如图 1-2 所示，文字符号为 KM。

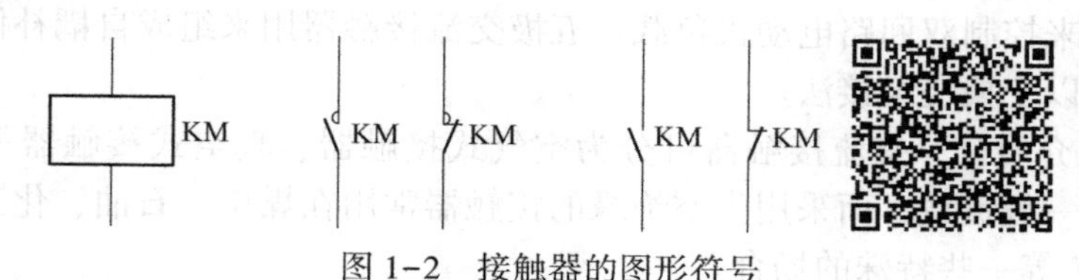

图 1-2　接触器的图形符号

2）接触器的型号说明

接触器的型号说明如图 1-3 所示。

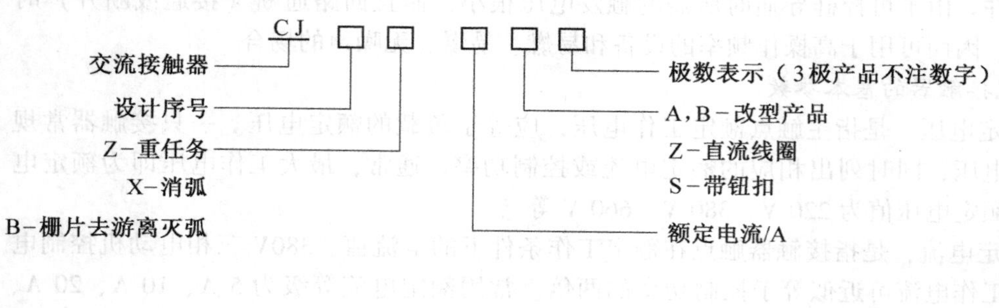

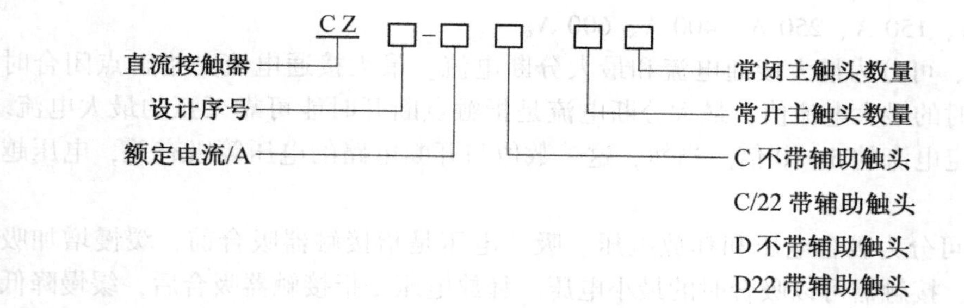

图 1-3　接触器的型号说明

例如：CJ10Z-40/3 为交流接触器，设计序号为 10，为重任务型，额定电流为 40 A，主触点为 3 极。CJ12T-250/3 为改型后的交流接触器，设计序号为 12，额定电流为 250 A，有 3 个主触点。

我国生产的常用交流接触器有 CJ10、CJ12、CJX1、CJ20 等系列及其派生系列产品，CJ0 系列及其改型产品已逐步被 CJ20、CJX 系列产品取代。上述系列产品一般具有三对常开主触点，各两对常开、常闭辅助触点。直流接触器常用的有 CZ0 系列，分单极和双极两大类，常开、常闭辅助触点各不超过两对。

除以上常用系列外，我国近年来还引进了一些生产线，生产了一些满足 IEC 标准的交流接触器，下面进行简单介绍。

CJ12B-S 系列锁扣接触器用于交流 50 Hz，电压 380 V 及以下、电流 600 A 及以下的配电电路中，供远距离接通和分断电路用，并适宜于不频繁地启动和停止交流电动机，具有正常工作时吸引线圈不通电、无噪声等特点。其锁扣机构位于电磁系统的下方。锁扣机构靠吸引线圈通电，吸引线圈断电后靠锁扣机构保持在锁住位置。由于线圈不通电，不仅无电力损耗，而且消除了磁噪声。

由德国引进的西门子公司的 3TB 系列、BBC 公司的 B 系列交流接触器等具有 20 世纪 80 年代初水平。它们主要供远距离接通和分断电路，并适用于频繁地启动及控制交流电动机。3TB 系列产品具有结构紧凑、机械寿命和电气寿命长、安装方便、可靠性高等特点。其额定电压为 220～660 V，额定电流为 9～630 A。

4. 交流接触器的选用

交流接触器的选用，应根据负荷的类型和工作参数合理选用。具体分为以下步骤：

1）选择接触器的类型

交流接触器按负荷种类一般分为一类、二类、三类和四类，分别记为 AC_1、AC_2、AC_3 和 AC_4。一类交流接触器对应的控制对象是无感或微感负荷，如白炽灯、电阻炉等；二类交流接触器用于绕线式异步电动机的启动和停止；三类交流接触器的典型用途是鼠笼型异步电动机的运转和运行中分断；四类交流接触器用于笼型异步电动机的启动、反接制动、反转和点动。

2）选择接触器的额定参数

根据被控对象和工作参数如电压、电流、功率、频率及工作制等确定接触器的额定参数。

（1）接触器的线圈电压，一般应低一些为好，这样对接触器的绝缘要求可以降低，使用时也较安全。但为了方便和减少设备，常按实际电网电压选取。

（2）电动机的操作频率不高，如压缩机、水泵、风机、空调、冲床等，接触器额定电流大于负荷额定电流即可。接触器类型可选用 CJ10、CJ20 等。

（3）对重任务型电动机，如机床主电动机、升降设备、绞盘、破碎机等，其平均操作频率超过 100 次/min，运行于启动、点动、正反向制动、反接制动等状态，可选用 CJ10Z、CJ12 型的接触器。为了保证电气寿命，可使接触器降容使用。选用时，接触器额定电流大于电动机额定电流。

（4）对特重任务电动机，如印刷机、镗床等，操作频率很高，可达 600～12 000 次/h，经常运行于启动、反接制动、反向等状态，接触器大致可按电气寿命及启动电流选用，接触器型号选 CJ10Z、CJ12 等。

（5）交流回路中的电容器投入电网或从电网中切除时，接触器选择应考虑电容器的合闸冲击电流。一般地，接触器的额定电流可按电容器的额定电流的 1.5 倍选取，型号选 CJ10、CJ20 等。

（6）用接触器对变压器进行控制时，应考虑浪涌电流的大小。例如交流电弧焊机、电阻焊机等，一般可按变压器额定电流的 2 倍选取接触器，型号选 CJ10、CJ20 等。

（7）对于电热设备，如电阻炉、电热器等，负荷的冷态电阻较小，因此启动电流相应要大一些。选用接触器时可不用考虑（启动电流），直接按负荷额定电流选取。型号可选用 CJ10、CJ20 等。

(8) 由于气体放电灯启动电流大、启动时间长，对于照明设备的控制，可按额定电流1.1~1.4倍选取交流接触器，型号可选CJ10、CJ20等。

(9) 接触器额定电流是指接触器在长期工作下的最大允许电流，持续时间不大于8 h，且安装于敞开的控制板上，如果冷却条件较差，选用接触器时，接触器的额定电流按负荷额定电流的110%~120%选取。对于长时间工作的电动机，由于其氧化膜没有机会得到清除，使接触电阻增大，导致触点发热超过允许温升。实际选用时，可将接触器的额定电流减小30%使用。

1.1.3 继电器

继电器是根据某种输入信号的变化，接通或断开控制电路，实现自动控制和保护电力装置的自动电器。

继电器的种类很多，按输入信号的性质分为电压继电器、电流继电器、时间继电器、温度继电器、速度继电器、压力继电器等。

按工作原理可分为电磁式继电器、感应式继电器、电动式继电器、热继电器和电子式继电器等。

按输出形式可分为有触点继电器和无触点继电器两类。

按用途可分为控制用继电器与保护用继电器等。

1. 电磁式继电器

1) 电磁式继电器的结构与工作原理

电磁式继电器是应用最早、最多的一种形式。其结构及工作原理与接触器大体相同。由电磁机构、触点系统和释放弹簧等组成，电磁式继电器原理如图1-4所示。由于继电器用于控制电路，流过触点的电流比较小（一般5 A以下），故不需要灭弧装置。

常用的电磁式继电器有电压继电器、中间继电器和电流继电器。电磁式继电器的图形、文字符号如图1-5所示。

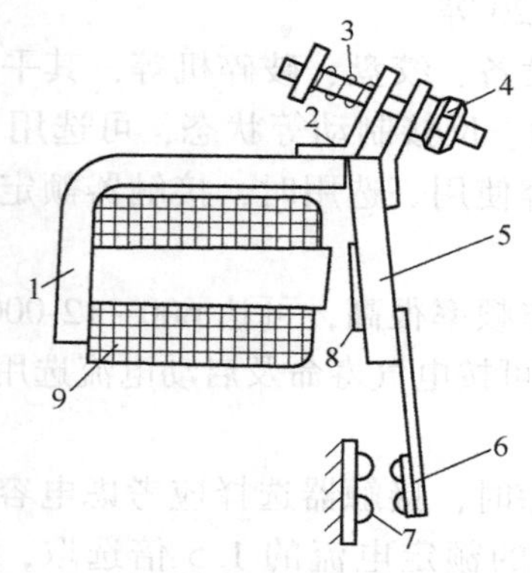

图1-4 电磁式继电器原理图

1-铁芯；2-旋转棱角；3-释放弹簧；4-调节螺母；5-衔铁；6—动触点；7-静触点；8-非磁性垫片；9-线圈

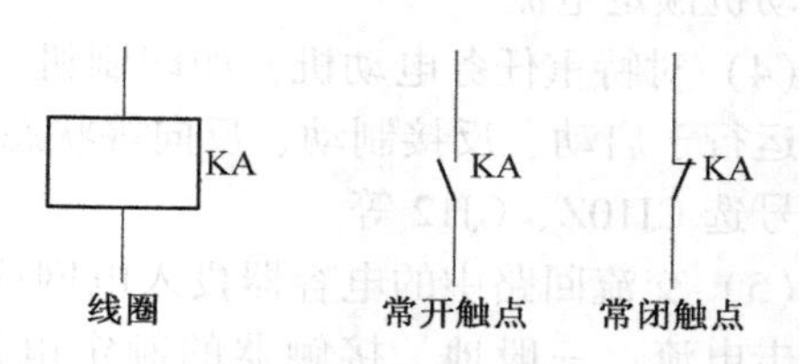

图1-5 电磁式继电器图形、文字符号

2) 电磁式继电器的特性

电磁式继电器的主要特性是输入-输出特性，又称继电特性，其继电特性曲线如图1-6所示。当继电器输入量X由零增至X_2以前，继电器输出量Y为零。当输入量X增加到X_2

时，继电器吸合，输出量为 Y_1；若 X 继续增大，Y 保持不变。当 X 减小到 X_1 时，继电器释放，输出量由 Y_1 变为零，若 X 继续减小，Y 值均为零。

图 1-6 中，X_2 称为继电器吸合值，欲使继电器吸合，输入量必须等于或大于 X_2；X_1 称为继电器释放值，欲使继电器释放，输入量必须等于或小于 X_1。

$K_f = X_1/X_2$ 称为继电器的返回系数，它是继电器重要参数之一。K_f 值是可以调节的。

例如一般继电器要求低的返回系数，K_f 值应在 0.1~0.4 之间，这样当继电器吸合后，输入量波动较大时不至于引起误动作；欠电压继电器则要求高的返回系数，K_f 值在 0.6 以上。设某继电器 $K_f = 0.66$，吸合电压为额定电压的 90%，则电压低于额定电压的 50% 时，继电器释放，起到欠电压保护作用。

另一个重要参数是吸合时间和释放时间。吸合时间是指从线圈接收电信号到衔铁完全吸合所需的时间；释放时间是指从线圈失电到衔铁完全释放所需的时间。一般继电器的吸合时间与释放时间为 0.05~0.15 s，快速继电器为 0.005~0.05 s，它的大小影响继电器的操作频率。

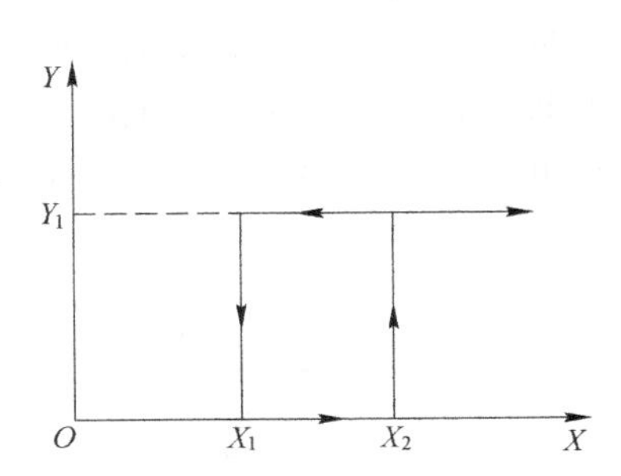

图 1-6　继电特性曲线

3）电压继电器

电压继电器用于电力拖动系统的电压保护和控制。其线圈并联接入主电路，感测主电路的线路电压；触点接于控制电路，为执行元件。

按吸合电压的大小，电压继电器可分为过电压继电器和欠电压继电器。除此之外，还有零电压继电器和中间继电器。

过电压继电器（FV）用于线路的过电压保护，其吸合整定值为被保护线路额定电压的 1.05~1.2 倍。当被保护的线路电压正常时，衔铁不动作；当被保护线路的电压高于额定值，达到过电压继电器的整定值时，衔铁吸合，触点机构动作，控制电路失电，控制接触器及时分断被保护电路。

欠电压继电器（KV）用于线路的欠电压保护，其释放整定值为线路额定电压的 0.1~0.6 倍。当被保护线路电压正常时，衔铁可靠吸合；当被保护线路电压降至欠电压继电器的释放整定值时，衔铁释放，触点机构复位，控制接触器及时分断被保护电路。

零电压继电器是当电路电压降低到（5%~25%）U_N（U_N 指额定电压）时释放，对电路实现零电压保护。用于线路的失压保护。

中间继电器实质上是一种电压继电器。它的特点是触点数目较多，电流容量可增大，起到中间放大（触点数目和电流容量）的作用。

4）电流继电器

电流继电器用于电力拖动系统的电流保护和控制。其线圈串联接入主电路，用来感测主电路的线路电流；触点接于控制电路，为执行元件。电流继电器反映的是电流信号。常用的电流继电器有欠电流继电器和过电流继电器两种。

欠电流继电器（KA）用于电路的欠电流保护，吸引电流为线圈额定电流的 30%~65%，释放电流为额定电流的 10%~20%，因此，在电路正常工作时，衔铁是吸合的，只有当电流降低到某一整定值时，继电器释放，控制电路失电，从而控制接触器及时分断电路。

过电流继电器（FA）在电路正常工作时不动作，整定值范围通常为额定电流的 1.1~4 倍，当被保护线路的电流高于额定值，达到过电流继电器的整定值时，衔铁吸合，触点机构动作，控制电路失电，从而控制接触器及时分断电路。对电路起过流保护作用。

JT4 系列交流电磁式继电器适合于交流 50 Hz，380 V 及以下的自动控制回路中做零电压、过电压、过电流和中间继电器使用，过电流继电器也适用于 60 Hz 交流电路。

通用电磁式继电器有 JT3 系列直流电磁式和 JT4 系列交流电磁式继电器，均为老产品。新产品有 JT9、JT10、JL12、JL14、JZ7 等系列，其中 JL14 系列为交、直流电流继电器，JZ7 系列为交流中间继电器。

2. 时间继电器

时间继电器是一种利用电磁原理或机械动作原理实现触点延时接通或断开的自动控制电器，其种类很多，常用的有电磁式、空气阻尼式、电子式和单片机控制时间继电器等。

时间继电器图形符号及文字符号如图 1-7 所示。

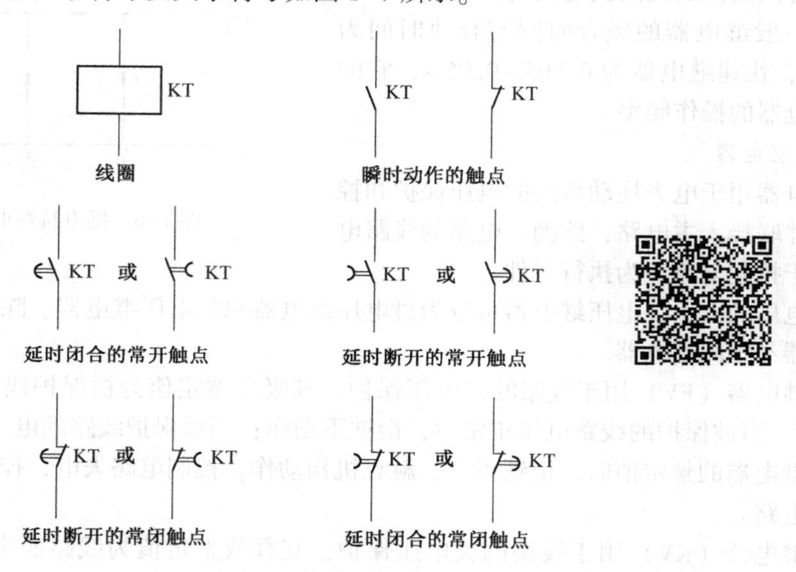

图 1-7　时间继电器图形及文字符号

1）直流电磁式时间继电器

在直流电磁式电压继电器的铁芯上增加一个阻尼铜套，即可构成直流电磁式时间继电器，其结构示意图如图 1-8 所示。它是利用电磁阻尼原理产生延时的，由电磁感应定律可知，在继电器线圈通、断电过程中铜套内将产生感应电势，并流过感应电流，此电流产生的磁通总是反对原磁通的变化。

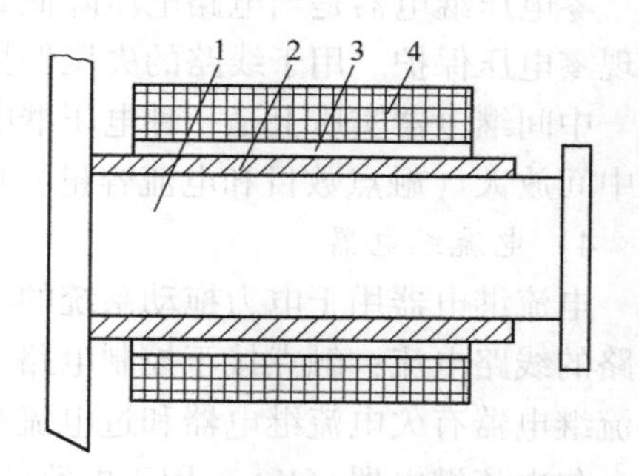

图 1-8　带有阻尼铜套的铁芯示意图
1—铁芯；2—阻尼铜套；3—绝缘层；4—线圈

电器通电时，由于衔铁处于释放位置，气隙大、磁阻大、磁通小，铜套阻尼作用相对也小，因此衔铁吸合时延时不显著（一般忽略不计）。

而当继电器断电时，磁通变化量大，铜套阻尼作用也大，使衔铁延时释放而起到延时作用。因此，这种继电器仅用作断电延时。

直流电磁式时间继电器延时较短，JT3系列最长不超过5 s，而且准确度较低，一般只用于要求不高的场合。

2）空气阻尼式时间继电器

空气阻尼式时间继电器，是利用空气阻尼原理获得延时的。它由电磁机构、延时机构和触点系统三部分组成，电磁机构为直动式双E型，触点系统是借用LX5型微动开关，延时机构采用气囊式阻尼器。

空气阻尼式时间继电器，既具有由空气室中的气动机构带动的延时触点，也具有由电磁机构直接带动的瞬动触点，可以做成通电延时型，也可做成断电延时型。电磁机构可以是直流的，也可以是交流的。

3）电子式时间继电器

电子式时间继电器在时间继电器中已成为主流产品，电子式时间继电器是采用晶体管或集成电路等电子元件构成。目前已有采用单片机控制的时间继电器。电子式时间继电器具有延时范围广、精度高、体积小、耐冲击和耐振动、调节方便及寿命长等优点，所以发展很快，应用广泛。半导体时间继电器的输出形式有两种：有触点式和无触点式，前者是用晶体管驱动小型磁式继电器，后者是采用晶体管或晶闸管输出。

4）单片机控制时间继电器

近年来随着微电子技术的发展，采用集成电路、功率电路和单片机等电子元件构成的新型时间继电器大量面市。如DHC6多制式单片机控制时间继电器、J5S17、J3320、JSZl3等系列大规模集成电路数字时间继电器，J5145等系列电子式数显时间继电器，J5G1等系列固态时间继电器等。

DHC6多制式单片机控制时间继电器是为适应工业自动化控制水平越来越高的要求而产生的。多种制式时间继电器可使用户根据需要选择最合适的制式，使用简便方法达到以往需要较复杂接线才能达到的控制功能。这样既节省了中间控制环节，又大大提高了电气控制的可靠性。

DHC6多制式时间继电器采用单片机控制，LCD显示，具有9种工作制式，正计时、倒计时任意设定，有8种延时时段，延时范围0.01 s~999.9 h任意设定，可以用键盘设定，设定完成之后可以锁定按键，防止误操作。DHC6多制式时间继电器可按要求任意选择控制模式，使控制线路最简单可靠。其外形如图1-9所示。

图1-9　DHC6多制式时间继电器

J5S17系列时间继电器由大规模集成电路、稳压电源、拨动开关、四位LED数码显示器、执行继电器及塑料外壳几部分组成。采用32 kHz石英晶体振荡器，安装方式有面板式和装置式两种。装置式插座可用M4螺钉固定在安装板上，也可以安装在标准35 mm安装卡轨上。

J5S20系列时间继电器是4位数字显示小型时间继电器，它采用晶体振荡作为时基基准。采用大规模集成电路技术，不但可以实现长达9 999 h的长延时，还可保证其延时精度。配用不同的安装插座及附件可应用在面板安装、35 mm 标准安装卡轨及螺钉安装的场合。

5）时间继电器的选用

选用时间继电器时应注意：其线圈（或电源）的电流种类和电压等级应与控制电路相同；按控制要求选择延时方式和触点类型；校核触点数量和容量，若不够时，可用中间继电器进行扩展。

时间继电器新系列产品有 JS14A 系列、JS20 系列半导体时间继电器，JS14P 系列数字式半导体继电器等，其具有体积小、延时精度高、寿命长、工作稳定可靠、安装方便、触点输出容量大和产品规格全等优点，广泛用于电力拖动、顺序控制及各种生产过程的自动控制中。

3. 其他非电磁类继电器

非电磁类继电器的感测元件接收非电量信号，如温度、转速、位移及机械力等。常用的非电磁类继电器有热继电器、速度继电器、干簧继电器、可编程通用逻辑控制继电器等。

1）热继电器

热继电器（FR）主要用于电力拖动系统中电动机负载的过载保护。

电动机在实际运行中，常会遇到过载情况，但只要过载不严重、时间短，绕组不超过允许的温升，这种过载是允许的。但如果过载情况严重、时间长，则会加速电动机绝缘的老化，缩短电动机的使用年限，甚至烧毁电动机，因此必须对电动机进行过载保护。

（1）热继电器结构与工作原理。

热继电器主要由热元件、双金属片和触点组成，如图 1-10 所示。热元件由发热电阻丝做成；双金属片由两种热膨胀系数不同的金属轧压而成，当双金属片受热时，会出现弯曲变形。使用时，把热元件串接于电动机的主电路中，而常闭触点串接于电动机的控制电路中。

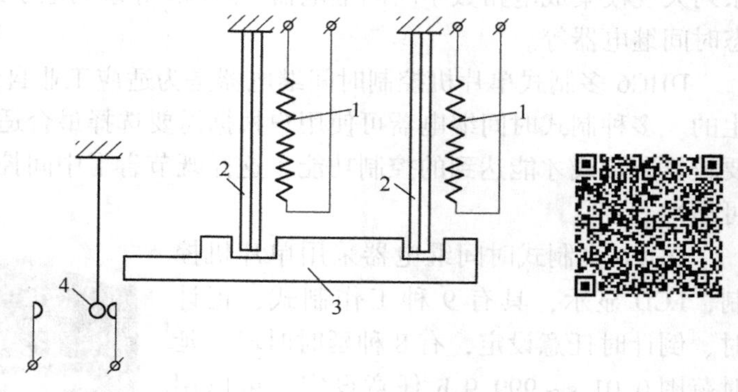

图 1-10　热继电器原理示意图

1—热元件；2—双金属片；3—导板；4—触点复位

当电动机正常运行时，热元件产生的热量虽能使双金属片弯曲，但还不足以使热继电器的触点动作。当电动机过载时，双金属片弯曲位移增大，推动导板使常闭触点断开，从而切断电动机控制电路以起到保护作用。热继电器动作后一般不能自动复位，要等双金属片冷却后按下复位按钮复位。热继电器动作电流的调节可以借助旋转凸轮于不同位置来实现。

（2）热继电器的型号及选用。

我国目前生产的热继电器主要有 JR0、JR1、JR2、JR9、R10、JR15、JR16 等系列，JR1、JR2 系列热继电器采用间接受热方式，其主要缺点是双金属片靠发热元件间接加热，热耦合较差；双金属片的弯曲程度受环境温度影响较大，不能正确反映负载的过流情况。

JR15、JR16 等系列热继电器采用复合加热方式并采用了温度补偿元件，因此能较正确地反映负载的工作情况。

JR1、JR2、JR0 和 JR15 系列的热继电器均为两相结构，是双热元件的热继电器，可以用作三相异步电动机的均衡过载保护和 Y 联接定子绕组的三相异步电动机的断相保护，但不能用作定子绕组为△联接的三相异步电动机的断相保护。

JR16 和 JR20 系列热继电器均为带有断相保护的热继电器，具有差动式断相保护机构。热继电器的选择主要根据电动机定子绕组的联接方式来确定热继电器的型号，在三相异步电动机电路中，对 Y 联接的电动机可选两相或三相结构的热继电器，一般采用两相结构的热继电器，即在两相主电路中串接热元件。对于三相感应电动机，定子绕组为△联接的电动机必须采用带断相保护的热继电器。热继电器的图形及文字符号如图 1-11 所示。

2）速度继电器

速度继电器又称为反接制动继电器。它主要用于笼型异步电动机的反接制动控制。速度继电器的原理如图 1-12 所示。它是靠电磁感应原理实现触点动作的。

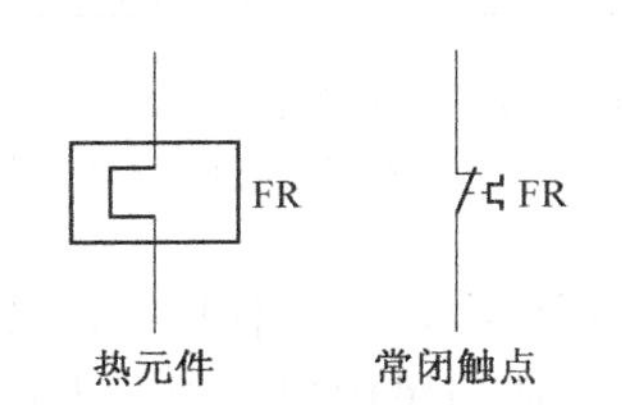

图 1-11　热继电器的图形及文字符号

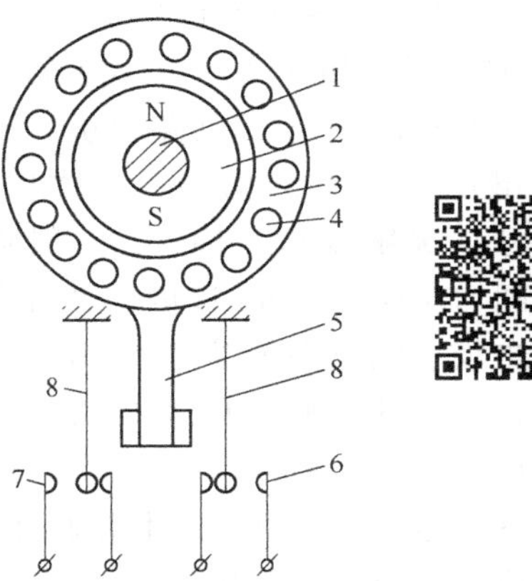

图 1-12　速度继电器结构示意图

1—转子；2—电动机轴；3—定子；4—绕组；5—定子柄；6—静触点；7—动触点；8—簧片

从结构上看，与交流电机相类似，速度继电器主要由定子、转子和触点三部分组成。定子的结构与笼型异步电动机相似，是一个笼型空心圆环，由硅钢片冲压而成，并装有笼型绕组。转子是一个圆柱形永久磁铁。

速度继电器的轴与电动机的轴相连接。转子固定在轴上，定子与轴同心。当电动机转动时，速度继电器的转子随之转动，绕组切割磁场产生感应电动势和电流，此电流和永久磁铁的磁场作用产生转矩，使定子向轴的转动方向偏摆，通过定子柄拨动触点，使常闭触点断开、常开触点闭合。当电动机转速下降到接近零时，转矩减小，定子柄在弹簧力的作用下恢复原位，触点也复原。速度继电器根据电动机的额定转速进行选择。其图形及文字符号如图 1-13 所示。

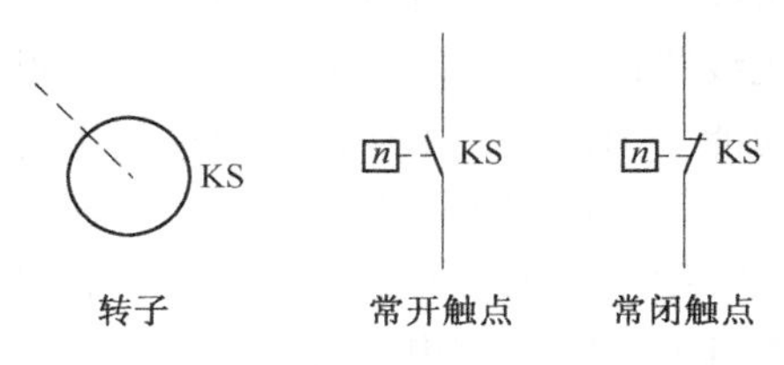

图 1-13　速度继电器的图形及文字符号

常用的感应式速度继电器有 JY1 和 JFZ0 系列。JY1 系列能在 3 000 r/min 的转速下可靠工作。JFZ0 型触点动作速度不受定子柄偏转快慢的影响，触点改用微动开关。JFZ0 系列 JFZ0-1 型适用于 300~1 000 r/min；JFZ0-2 型适用于 1 000~3 000 r/min。速度继电器有两对常开、常闭触点，分别对应于被控电动机的正、反转运行。一般情况下，速度继电器的触点，在转速达 120 r/min 时能动作，100 r/min左右时能恢复正常位置。

3）干簧继电器

干簧继电器是一种具有密封触点的电磁式断电器。干簧继电器可以反映电压、电流、功率以及电流极性等信号，在检测、自动控制、计算机控制技术等领域应用广泛。干簧继电器主要由干式舌簧片与励磁线圈组成。干式舌簧片（触点）是密封的，由铁镍合金做成，舌片的接触部分通常镀有贵重金属（如金、铑、钯等），接触良好，具有优良的导电性能。触点密封在充有氮气等惰性气体的玻璃管中，因而有效地防止了尘埃的污染，减少了触点的腐蚀，提高了工作可靠性。其结构如图 1-14 所示。

当线圈通电后，管中两舌簧片的自由端分别被磁化成 N 极和 S 极而相互吸引，因而接通被控电路。线圈断电后，干式舌簧片在本身的弹力作用下分开，将线路切断。

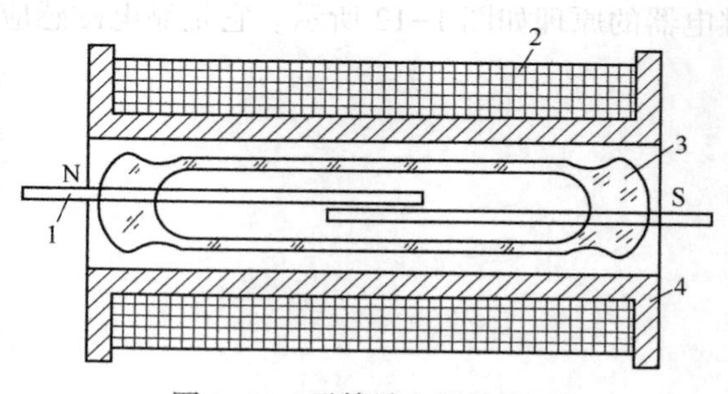

图 1-14　干簧继电器结构图

1—舌簧片；2—线圈；3—玻璃管；4—骨架

干簧继电器具有结构简单、体积小、吸合功率小、灵敏度高等特点，一般吸合与释放时间均在 0.5~2 ms 以内，其触点密封，不受尘埃、潮气及有害气体污染，动片质量小，动程小，触点电寿命长，一般可达 10^7 次左右。

干簧继电器还可以用永磁体来驱动，反映非电信号，用作限位及行程控制以及非电量检测等。主要部件为干簧继电器的干簧水位信号器，适用于工业与民用建筑中的水箱、水塔及水池等开口容器的水位控制和水位报警。

4）可编程通用逻辑控制继电器

可编程通用逻辑控制继电器是近几年发展应用的一种新型通用逻辑控制继电器，亦称为通用逻辑控制模块。它将控制程序预先存储在内部存储器中，用户程序采用梯形图或功能图语言编程，形象直观，简单易懂，由按钮、开关等输入开关量信号，通过执行程序对输入信号进行逻辑运算、模拟量比较、计时、计数等，另外还有显示参数、通信、仿真运行等功能，其内部软件功能和编程软件可替代传统逻辑控制器件及继电器电路，并具有很强的抗干扰抑制能力。另外，其硬件是标准化的，要改变控制功能只需改变程序即可。因此，在继电逻辑控制系统中，可以“以软代硬”替代其中的时间继电器、中间继电器、计数器等，以简化线路设计，并能完成较复杂的逻辑控制，甚至可以完成传统继电逻辑控制方式无法实现的功能。因此，在工业自动化控制系统、小型机械和装置、建筑电器等领域有广泛应用，在智能建筑中适用于照明系统、取暖通风系统、门、窗、栅栏和出入口等的控制。

常用产品主要有德国金钟-默勒公司的 Easy，西门子公司的 LOGO，日本松下公司的 EVM/EVQ/EVE 继电器等。

1.1.4　刀开关与低压断路器

开关是最普通、使用最早的电器。其作用是分合电路和开断电流。常用的有刀开关、隔离开关、转换开关（组合开关和换向开关）、自动空气开关（低压断路器）等。

开关有有载运行操作、无载运行操作、选择性运行操作之分，又有正面操作、侧面操作、背面操作之分，还有不带灭弧装置和带灭弧装置之分。刀口接触有面接触和线接触两种。采用线接触形式，刀片容易插入，接触电阻小，制造方便。开关常采用弹簧片以保证接触良好。

1. 刀开关

常用的 HD 系列和 HS 系列刀开关的外形如图 1-15 所示。刀开关的图形和文字符号如图 1-16 所示。

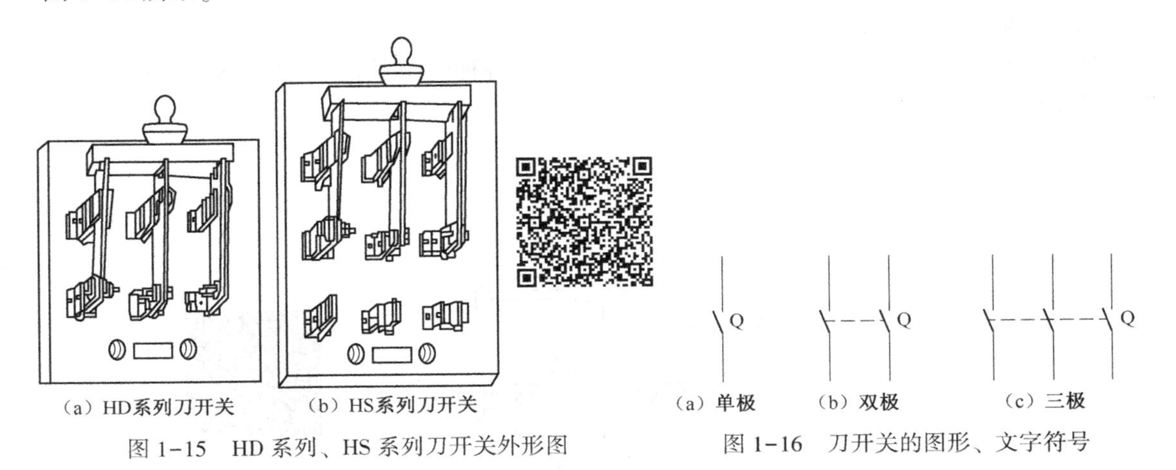

（a）HD系列刀开关　（b）HS系列刀开关

图 1-15　HD 系列、HS 系列刀开关外形图

（a）单极　（b）双极　（c）三极

图 1-16　刀开关的图形、文字符号

刀开关是手动电器中结构最简单的一种，主要用作电源隔离开关，也可用来非频繁地接通和分断容量较小的低压配电线路。接线时应将电源线接在上端，负载接在下端，这样拉闸后刀片与电源隔离，可防止意外事故发生。

刀开关的主要类型有：开关板用刀开关、负荷开关、熔断器式刀开关。常用的产品有 HD11～HD14 和 HS11～HS13 系列刀开关。

刀开关选择时应考虑以下两个方面。

（1）刀开关结构形式的选择。应根据刀开关的作用和装置的安装形式来选择是否带灭弧装置，若分断负载电流时，应选择带灭弧装置的刀开关。根据装置的安装形式来选择是否是正面、背面或侧面操作形式，是直接操作还是杠杆传动，是板前接线还是板后接线的结构形式。

（2）刀开关的额定电流的选择。刀开关的额定电流一般应等于或大于所分断电路中各个负载额定电流的总和。对于电动机负载，应考虑其启动电流，所以应选用额定电流大一级的刀开关。若再考虑电路出现的短路电流，还应选用额定电流更大一级的刀开关。

QA 系列、QF 系列 QSA（HH15）系列隔离开关用在低压配电中，HY122 带有明显断口的数模化隔离开关，广泛用于楼层配电、计量箱、终端组电器中。

HR3 熔断器式刀开关具有刀开关和熔断器的双重功能，采用这种组合开关电器可以简化配电装置结构，经济实用，越来越广泛地用在低压配电屏上。

HK1、HK2 系列开启式负荷开关（胶壳刀开关），用作电源开关和小容量电动机非频繁启动的操作开关。

HH3、HH4 系列封闭式负荷开关（铁壳刀开关），操作机构具有速断弹簧与机械联锁，用于非频繁启动、28 kW 以下的三相异步电动机。

2. 低压断路器

低压断路器也称为自动空气开关，可用来接通和分断负载电路，也可用来控制不频繁启动的电动机。它的功能相当于闸刀开关、过电流继电器、失压继电器、热继电器及漏电保护器等电器部分或全部功能的总和，是低压配电网中一种重要的保护电器。

低压断路器具有多种保护功能（如过载、短路、欠电压保护等），其动作值可调，分断能力高，操作方便、安全，所以目前被广泛应用。

1）结构和工作原理

低压断路器由操作机构、触点系统、保护装置（各种脱扣器）、灭弧系统等组成。低压断路器工作原理图如图 1-17 所示。

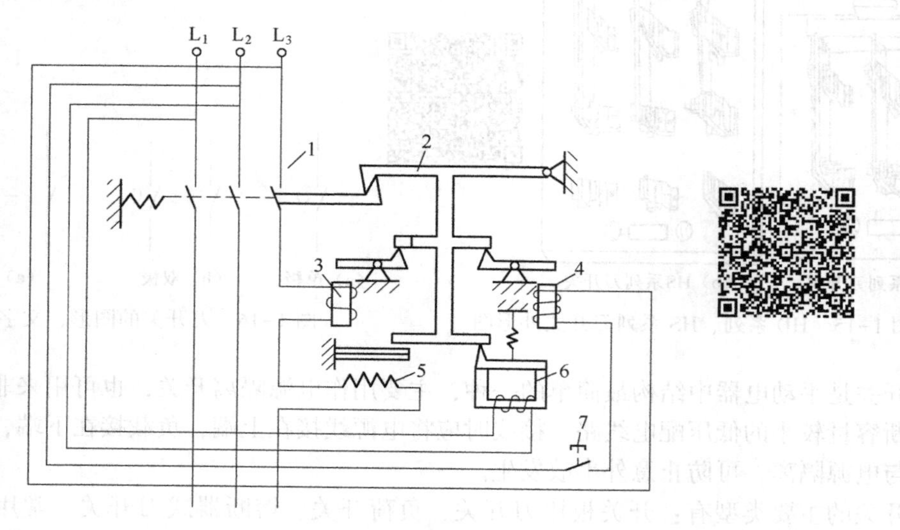

图 1-17 低压断路器工作原理图

1—主触点；2—自由脱扣机构；3—过电流脱扣器；4—分励脱扣器；
5—热脱扣器；6—欠电压脱扣器；7—停止按钮

低压断路器的主触点是靠手动操作或电动合闸的。主触点闭合后，自由脱扣机构将主触点锁在合闸位置上。过电流脱扣器的线圈和热脱扣器的热元件与主电路串联，欠电压脱扣器的线圈和电源并联。当电路发生短路或严重过载时，过电流脱扣器的衔铁吸合，使自由脱扣机构动作，主触点断开主电路。当电路过载时，热脱扣器的热元件发热使双金属片弯曲，推动自由脱扣机构动作。当电路欠电压时，欠电压脱扣器的衔铁释放，也使自由脱扣机构动作。分励脱扣器用于远距离控制，在正常工作时，其线圈是断电的，在需要远距离控制时，按下启动按钮，使线圈通电，衔铁带动自由脱扣机构动作，使主触点断开。

2）低压断路器典型产品

低压断路器以结构形式分类，主要分为开启式和装置式低压断路器。开启式又称为框架式或万能式，装置式又称为塑料外壳式。

（1）装置式低压断路器。装置式低压断路器有绝缘塑料外壳，内装触点系统、灭弧装置及脱扣器等，可手动或电动（对大容量断路器而言）合闸。有较高的分断能力和动态稳定性，有较完善的选择性保护功能，广泛用于配电线路。

目前常用的有 DZ15、DZ20、DZX19 和 C45N（目前已升级为 C65N）等系列产品。其中 C45N（C65N）断路器具有体积小，分断能力高、限流性能好、操作轻便，型号规格齐全、可以方便地在单极结构基础上组合成二极、三极、四极断路器等优点，广泛使用在 60A 及以下的民用照明支干线及支路中（多用于住宅用户的进线开关及商场照明支路开关）。

（2）框架式低压断路器。框架式低压断路器一般容量较大，具有较高的短路分断能力和较高的动态稳定性，适用于交流 50 Hz、额定电流 380 V 的配电网络中作为配电干线的主保护。

框架式低压断路器主要由触点系统、操作机构、过电流脱扣器、分励脱扣器及欠压脱扣器、附件及框架等部分组成，全部组件进行绝缘后装于框架结构底座中。

目前我国常用的有 DW15、ME、AE、AH 等系列的框架式低压断路器。DW15 系列框架式低压断路器是我国自行研制生产的，全系列具有 1 000、1 500、2 500 和 4 000 A 等几个型号。

ME、AE、AH 等系列框架式低压断路器是利用引进技术生产的。它们的规格、型号较为齐全（ME 开关电流等级有 630 A～5 000 A 共 13 个等级），额定分断能力较 DW15 更强，常用于低压配电干线的主保护。

（3）智能化低压断路器。目前国内生产的智能化低压断路器有框架式和塑料外壳式两种。框架式智能化低压断路器主要用于智能化自动配电系统中的主断路器，塑料外壳式智能化低压断路器主要用在配电网络中分配电能和作为线路及电源设备的控制与保护，亦可用作三相笼型异步电动机的控制。智能化低压断路器的特征是采用了以微处理器或单片机为核心的智能控制器（智能脱扣器），它不仅具备普通断路器的各种保护功能，同时还具备实时显示电路中的各种电气参数（电流、电压、功率、功率因数等），对电路进行在线监视、自行调节、测量、试验、自诊断、可通信等功能，能够对各种保护功能的动作参数进行显示、设定和修改，保护电路动作时的故障参数能够存储在非易失存储器中以便查询，国内 DW45、DW40、DW914（AH）、DW18（AE-S）、DW48、DW19（3WE）、DW17（ME）等框架式智能化和塑料外壳式智能化低压断路器，都配有 ST 系列智能控制器及配套附件，ST 系列智能控制器是国家机械部“八五”至“九五”期间的重点项目。产品性能指标达到 20 世纪 90 年代国际先进水平。它采用积木式配套方案，可直接安装于断路器本体中，无需重复二次接线，并可多种方案任意组合。

3）低压断路器的选用原则

（1）根据线路对保护的要求确定断路器的类型和保护形式，如确定选用框架式、装置式或限流式等。

（2）断路器的额定电压 U_N 应等于或大于被保护线路的额定电压。

（3）断路器欠压脱扣器额定电压应等于被保护线路的额定电压。

（4）断路器的额定电流及过流脱扣器的额定电流应大于或等于被保护线路的计算电流。

（5）断路器的极限分断能力应大于线路的最大短路电流的有效值。

(6) 配电线路中的上、下级断路器的保护特性应协调配合，下级的保护特性应位于上级保护特性的下方且不相交。

(7) 断路器的长延时脱扣电流应小于导线允许的持续电流。

1.1.5 熔断器

熔断器是一种简单而有效的保护电器。在电路中主要起短路保护作用。

熔断器主要由熔体和安装熔体的绝缘管（绝缘座）组成。使用时，熔体串接于被保护的电路中，当电路发生短路故障时，熔体被瞬时熔断而分断电路，起到保护作用。

1. 常用的熔断器

(1) 插入式熔断器。其示意图如图 1-18 所示，它常用于 380 V 及以下电压等级的线路末端，用于配电支线或电气设备的短路保护。

(2) 螺旋式熔断器。其示意图如图 1-19 所示。熔体上的上端盖有一熔断指示器，一旦熔体熔断，指示器马上弹出，可透过瓷帽上的玻璃孔观察到，它常用于机床电气控制设备中。螺旋式熔断器，分断电流较大，可用于电压等级 500 V 及其以下、电流等级 200 A 以下的电路中，用作短路保护。

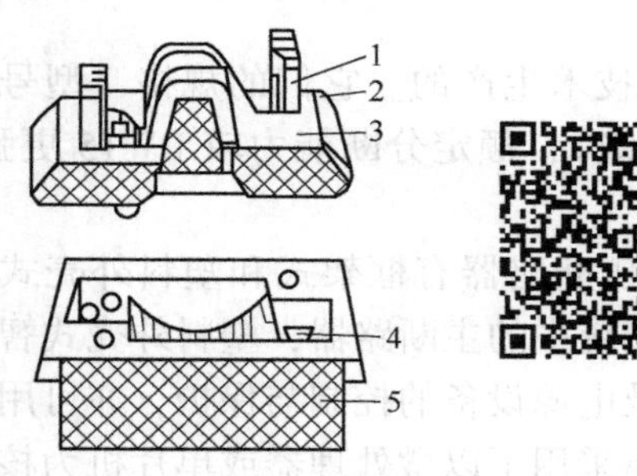

图 1-18 插入式熔断器

1—动触点；2—熔体；3—瓷插件；4—静触点；5—瓷座

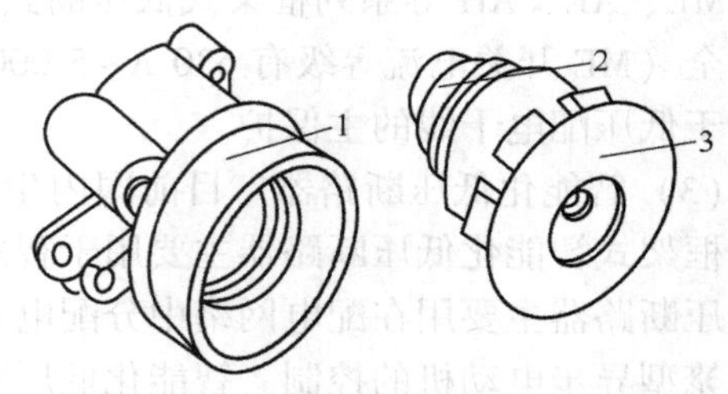

图 1-19 螺旋式熔断器

1—底座；2—熔体；3—瓷帽

(3) 封闭式熔断器。封闭式熔断器分无填料封闭式熔断器和有填料封闭式熔断器两种，如图 1-20 和图 1-21 所示。有填料封闭式熔断器一般用方形瓷管，内装石英砂及熔体，分断能力强，用于电压等级 500 V 以下、电流等级 1 kA 以下的电路中。无填料封闭式熔断器将熔体装入封闭式圆筒中，分断能力稍小，用于 500 V 以下，600 A 以下电力网或配电设备中。

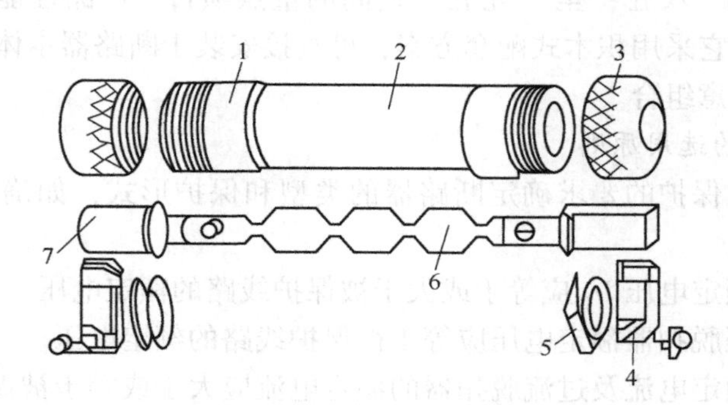

图 1-20 无填料封闭式熔断器

1—铜圈；2—熔断管；3—管帽；4—插座；5—特殊垫圈；6—熔体；7—熔片

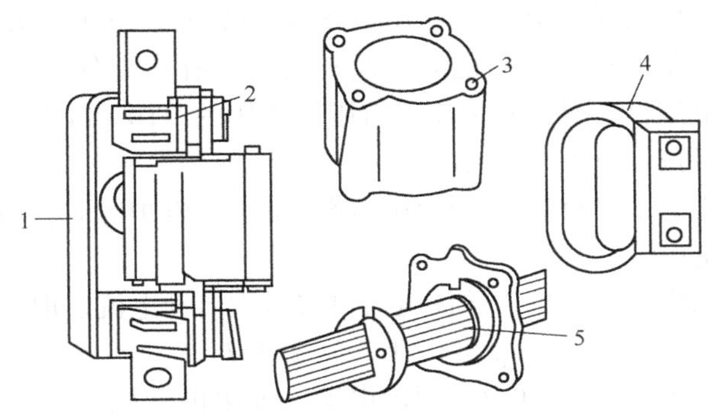

图 1-21　有填料封闭式熔断器

1—瓷底座；2—弹簧片；3—管体；4—绝缘手柄；5—熔体

（4）快速熔断器。它主要用于半导体整流元件或整流装置的短路保护。由于半导体元件的过载能力很低，只能在极短时间内承受较大的过载电流，因此要求短路保护具有快速熔断的能力。快速熔断器的结构和有填料封闭式熔断器基本相同，但熔体材料和形状不同，它是以银片冲制的有 V 形深槽的变截面熔体。

（5）自复熔断器。自复熔断器采用金属钠作熔体，在常温下具有高电导率。当电路发生短路故障时，短路电流产生高温使钠迅速汽化，汽态钠呈现高阻态，从而限制了短路电流。当短路电流消失后，温度下降，金属钠恢复原来的良好导电性能。自复熔断器只能限制短路电流，不能真正分断电路。其优点是不必更换熔体，能重复使用。

2. 熔断器的选择

（1）熔断器的安秒特性。熔断器的动作是靠熔体的熔断来实现的，当电流较大时，熔体熔断所需的时间就较短。而电流较小时，熔体熔断所需用的时间就较长，甚至不会熔断。因此对熔体来说，其动作电流和动作时间特性即熔断器的安秒特性，具有反时限特性，如图 1-22 所示。

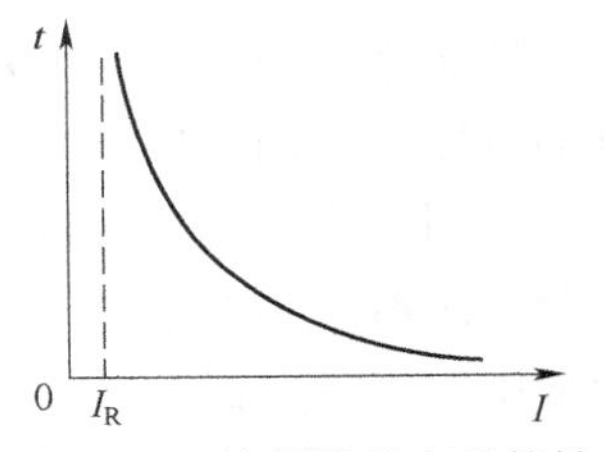

图 1-22　熔断器的安秒特性

每一熔体都有一最小熔化电流。相应于不同的温度，最小熔化电流也不同。虽然该电流受外界环境的影响，但在实际应用中可以不加考虑。一般定义熔体的最小熔断电流与熔体的额定电流之比为最小熔化系数，常用熔体的熔化系数大于 1.25，也就是说额定电流为 10 A 的熔体在电流 12.5 A 以下时不会熔断。熔断电流与熔断时间之间的关系见表 1-2。

表 1-2　熔断电流与熔断时间之间的关系

熔断电流	$1.25\sim1.3I_N$	$1.6I_N$	$2I_N$	$2.5I_N$	$3I_N$	$4I_N$
熔断时间	∞	1 h	40 s	8 s	4.5 s	2.5 s

可以看出，熔断器只能起到短路保护作用，不能起过载保护作用。如确需在过载保护中使用，必须降低其使用的额定电流，如 8 A 的熔体用于 10 A 的电路中，作短路保护兼作过载保护用，但此时的过载保护特性并不理想。

（2）熔断器的选择。主要依据负载的保护特性和短路电流的大小选择熔断器的类型。对于容量小的电动机和照明支线，常采用熔断器作为过载及短路保护，因而希望熔体的熔化系数适当小些。通常选用铅锡合金熔体的 RQA 系列熔断器。对于较大容量的电动机和照明干线，则应着重考虑短路保护和分断能力，通常选用具有较高分断能力的 RM10 和 RL1 系列的熔断器。当短路电流很大时，宜采用具有限流作用的 RT0 和 RT12 系列的熔断器。

熔体的额定电流可按以下方法选择：

①保护无启动过程的平稳负载，如照明线路、电阻、电炉等时，熔体额定电流略大于或等于负荷电路中的额定电流。

②保护单台长期工作的电动机，熔体电流可按最大启动电流选取，也可按下式选取：

$$I_{RN} \geqslant (1.5 \sim 2.5) I_N$$

式中，I_{RN}为熔体额定电流；I_N为电动机额定电流。如果电动机启动频繁，式中系数可适当加大至 3~3.5，具体应根据实际情况而定。

③保护多台长期工作的电动机（供电干线），熔体电流可按下式选取：

$$I_{RN} \geqslant (1.5 \sim 2.5) I_{Nmax} + \sum I_N$$

式中，I_{Nmax}为容量最大单台电动机的额定电流；$\sum I_N$ 为其余电动机额定电流之和。

（3）熔断器的级间配合。为防止发生越级熔断、扩大事故范围，上、下级线路（即供电干、支线）的熔断器间应有良好配合。选用时，应使上级线路（供电干线）熔断器的熔体额定电流比下级线路（供电支线）的大 1~2 个级差。

常用的熔断器有插入式熔断器 R1 系列、螺旋式熔断器 RL1 系列、填料封闭式熔断器 RT0 系列及快速熔断器 RS0、RS3 系列等。

1.1.6 主令电器

控制系统中，主令电器是一种专门发布命令、直接或通过电磁式电器间接作用于控制电路的电器。常用来控制电力拖动系统中电动机的启动、停车、调速及制动等。

常用的主令电器有按钮开关、行程开关、接近开关、红外线光电开关、万能转换开关、主令控制器。其他主令电器有脚踏开关、倒顺开关、紧急开关、钮子开关等。本节仅介绍几种常用的主令电器。

1. 按钮开关

按钮开关是一种结构简单、使用广泛的手动主令电器，它可以与接触器或继电器配合，对电动机实现远距离的自动控制，用于实现控制线路的电气联锁。

如图 1-23 所示，按钮开关由按钮帽、复位弹簧、桥式触点和外壳等组成，通常做成复合式，即具有常闭触点和常开触点。按下按钮时，先断开常闭触点，后接通常开触点；按钮释放后，在复位弹簧的作用下，按钮触点自动复位的先后顺序相反。通常，在无特殊说明的情况下，有触点电器的触点动作顺序均为“先断后合”。

在电气控制线路中，常开按钮（触点）常用来启动电动机，也称启动按钮，常闭按钮常用于控制电动机停车，也称停车按钮，复合按钮用于联锁控制电路中。

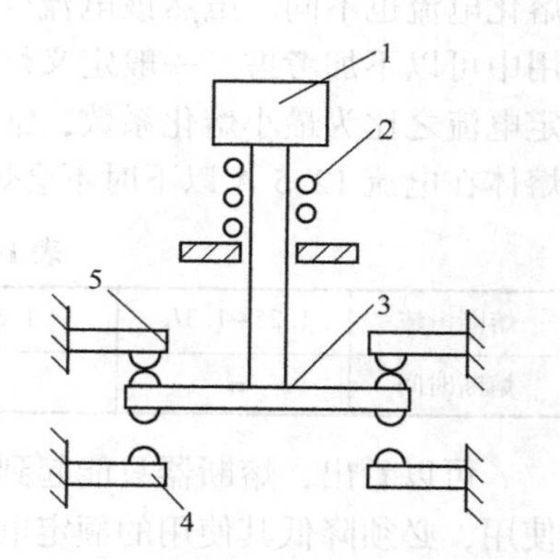

图 1-23 按钮开关结构示意图

1—按钮帽；2—复位弹簧；3—动触点；4—常开静触点；5—常闭静触点

按钮开关的种类很多，在结构上有揿钮式、紧急式、钥匙式、旋钮式、带灯式和打碎玻璃按钮。

常用的按钮开关有 LA2、LA18、LA20、LAY1 和 SFAN-1 型系列。其中 SFAN-1 型为消防打碎玻璃按钮开关。LA2 系列为仍在使用的老产品，新产品有 LA18、LA19、LA20 等系列。其中 LA18 系列采用积木式结构，触点数目可按需要拼装至六常开六常闭，一般装成二常开二常闭。LA19、LA20 系列有带指示灯和不带指示灯两种，前者按钮帽用透明塑料制成，兼作指示灯罩。

选择按钮开关的主要依据是使用场所、所需要的触点数量、种类及颜色。按钮开关的图形符号及文字符号见图 1-24。

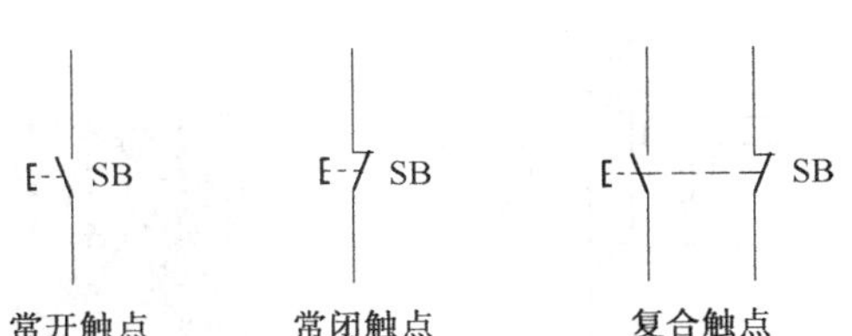

图 1-24　按钮开关的图形和文字符号

2. 行程开关

行程开关又称限位开关，用于控制机械设备的行程及限位保护。在实际生产中，将行程开关安装在预先安排的位置，当装于生产机械运动部件上的模块撞击行程开关时，行程开关的触点动作，实现电路的切换。因此，行程开关是一种根据运动部件的行程位置而切换电路的电器，它的作用原理与按钮开关类似。行程开关广泛应用于各类机床和起重机械，用以控制其行程，进行终端限位保护。在电梯的控制电路中，还利用行程开关来控制开关轿门的速度、自动开关门的限位，进行轿厢的上、下限位保护。

行程开关按其结构可分为直动式、滚轮式、微动式和组合式行程开关。

（1）直动式行程开关。其结构原理如图 1-25 所示，其动作原理与按钮开关相同，但其触点的分合速度取决于生产机械的运行速度，不宜用于速度低于 0.4 m/min 的场所。

（2）滚轮式行程开关。其结构原理如图 1-26 所示，当被控机械上的撞块撞击带有滚轮的撞杆时，撞杆转向右边，带动凸轮转动，顶下推杆，使微动开关中的触点迅速动作。当运动机械返回时，在复位弹簧的作用下，各部分动作部件复位。

滚轮式行程开关又分为单滚轮自动复位和双滚轮（羊角式）非自动复位式，双滚轮行程开关具有两个稳态位置，有“记忆”作用，在某些情况下可以简化线路。

（3）微动式行程开关。其结构如图 1-27 所示。常用的有 LXW-11 系列产品。

3. 接近开关

接近开关的全称为接近式位置开关，是一种非接触式的位置开关。它由感应头、高频振荡器、放大器和外壳组成。当运动部件与接近开关的感应头接近时，就使其输出一个电信号。

接近开关分为电感式和电容式接近开关两种。

电感式接近开关的感应头是一个具有铁氧体磁芯的电感线圈，只能用于检测金属体。振荡器在感应头表面产生一个交变磁场，当金属块接近感应头时，金属中产生的涡流吸收了振荡的能量，使振荡减弱以至停振，因而产生振荡和停振两种信号，经整形放大器转换成二进制的开关信号，从而起到“开”“关”的控制作用。

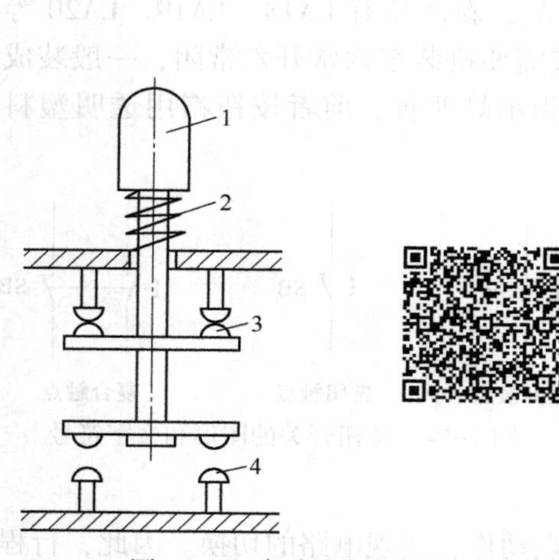

图 1-25　直动式行程开关
1—推杆；2—弹簧；
3—动断触点；4—动合触点

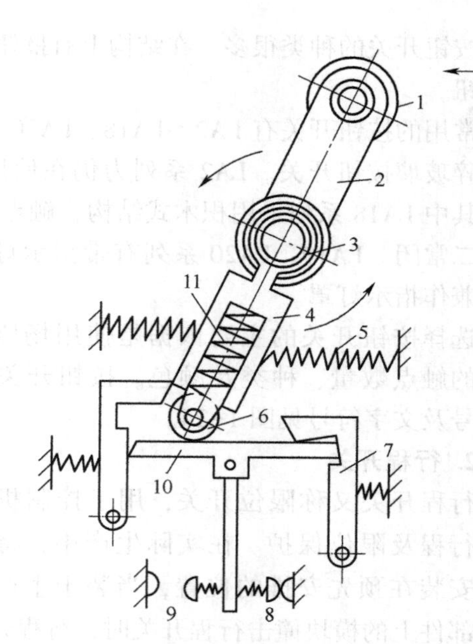

图 1-26　滚轮式行程开关
1—滚轮；2—上转臂；3、5、11—弹簧；
4—套架；6—滑轮；7—压板；
8、9—触点；10—横板

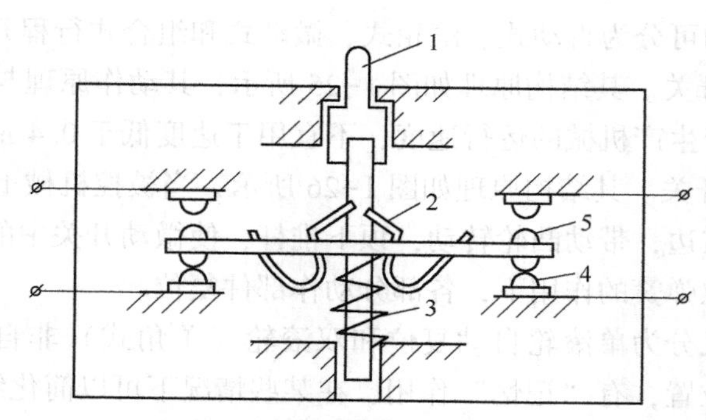

图 1-27　微动式行程开关
1—推杆；2—弹簧；3—压缩弹簧；4—动断触点；5—动合触点

电容式接近开关的感应头是一个圆形平板电极，与振荡电路的地线形成一个分布电容，当有导体或其他介质接近感应头时，电容量增大而使振荡器停振，经整形放大器输出电信号。电容式接近开关既能检测金属，又能检测非金属及液体。

常用的电感式接近开关型号有 LJ1、LJ2 等系列，电容式接近开关型号有 LXJ15、TC 等系列产品。

4. 红外线光电开关

红外线光电开关有对射式和反射式光电开关两种。

反射式光电开关是利用物体对光电开关发射出的红外线反射回去，由光电开关接收，从而判断是否有物体存在。如有物体存在，光电开关接收到红外线，其触点动作，否则其触点复位。

对射式光电开关是由分离的发射器和接收器组成。当无遮挡物时，接收器接收到发射器发出的红外线，其触点动作；当有物体挡住时，接收器便接收不到红外线，其触点复位。

红外线光电开关和接近开关的用途已远超出一般行程控制和限位保护，可用于高速计数、测速、液面控制、检测物体的存在、检测零件尺寸等许多场合。

5. 万能转换开关

万能转换开关是一种多挡式、控制多回路的主令电器。万能转换开关主要用于各种控制线路的转换，电压表、电流表的换相测量控制，配电装置线路的转换和遥控等。万能转换开关还可以用于直接控制小容量电动机的启动、调速和换向。

如图 1-28 所示为万能转换开关单层的结构示意图。

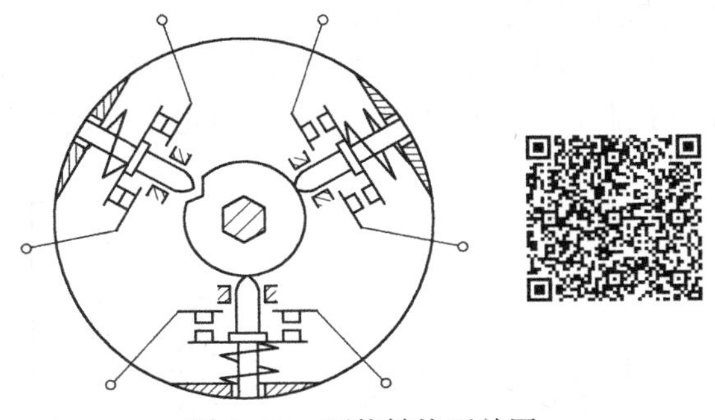

图 1-28　万能转换开关图

万能转换开关常用产品有 LW5 和 LW6 系列。LW5 系列可控制 5.5 kW 及以下的小容量电动机；LW6 系列只能控制 2.2 kW 及以下的小容量电动机。用于可逆运行控制时，只有在电动机停车后才允许反向启动。LW5 系列万能转换开关按手柄的操作方式可分为自复式和自定位式万能转换开关两种。所谓自复式万能转换开关是指用手拨动手柄于某一挡位时，手松开后，手柄自动返回原位；定位式万能转换开关则是指手柄被置于某挡位时，不能自动返回原位而停在该挡位。

万能转换开关的手柄操作位置是以角度表示的。不同型号的万能转换开关的手柄有不同的触点，电路图中其图形符号如图 1-29 所示。但由于其触点的分合状态与操作手柄的位置有关，所以，除在电路图中画出触点图形符号外，还应画出操作手柄与触点分合状态的关系。图中当万能转换开关打向左 45°时，触点 1-2、3-4、5-6 闭合，触点 7-8 打开；打向 0°时，只有触点 5-6 闭合；打向右 45°时，触点 7-8 闭合，其余打开。

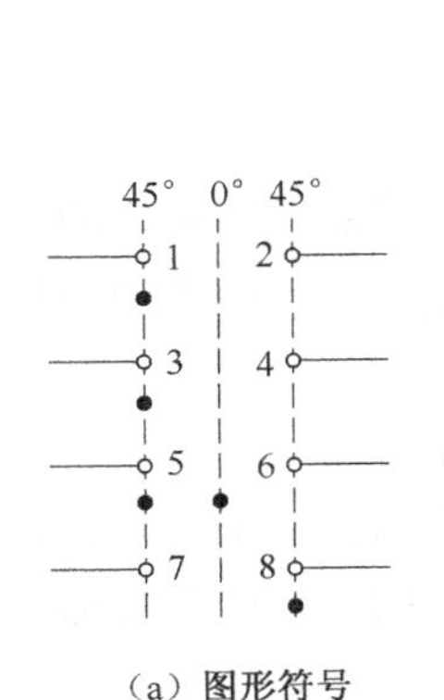

（a）图形符号

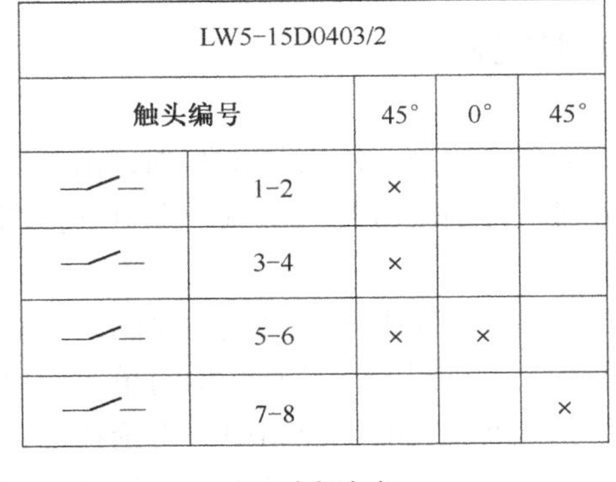

LW5-15D0403/2				
触头编号		45°	0°	45°
	1-2	×		
	3-4	×		
	5-6	×	×	
	7-8			×

（b）点闭合表

图 1-29　万能转换开关的图形符号

6. 主令控制器

主令控制器是一种频繁对电路进行接通和切断的电器。通过它的操作，可以对控制电路发布命令，与其他电路联锁或切换。常配合磁力启动器对绕线式异步电动机的启动、制动、调速及换向实行远距离控制，广泛用于各类起重机械的拖动电动机的控制系统中。

主令控制器一般由外壳、触点、凸轮、转轴等组成，与万能转换开关相比，它的触点容量大些，操纵挡位也较多。主令控制器的动作过程与万能转换开关相类似，也是由一块可转动的凸轮带动触点动作。

常用的主令控制器有 LK5 和 LK6 系列，其中 LK5 系列有直接手动操作、带减速器的机械操作与电动机驱动等三种形式的产品。LK6 系列是由同步电动机和齿轮减速器组成定时元件，由此元件按规定的时间顺序，周期性地分合电路。

控制电路中，主令控制器触点的图形符号及操作手柄在不同位置时的触点分合状态表示方法与万能转换开关相似。

从结构上讲，主令控制器分为两类：一类是凸轮可调式主令控制器；一类是凸轮固定式主令控制器。如图 1-30 所示为凸轮可调式主令控制器。

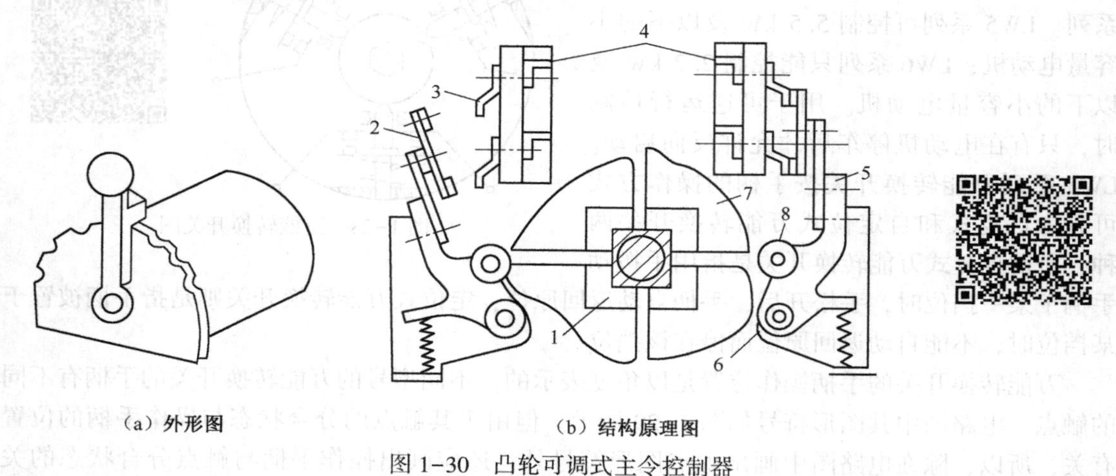

(a) 外形图　　(b) 结构原理图

图 1-30　凸轮可调式主令控制器

1、7—凸轮块；2—动触点；3—静触点；4—接线端子；5—支杆；6—转动轴；8—小轮

1.2　电气控制的基本线路

任何复杂的电气控制线路都是按照一定的控制原则，由基本的控制线路组成的。基本控制线路是学习电气控制的基础。特别是对生产机械整个电气控制线路工作原理的分析与设计有很大的帮助。

电气控制线路的表示方法有电气原理图、电气接线图、电器布置图。

电气原理图是根据工作原理而绘制的，具有结构简单、层次分明，便于研究和分析电路的工作原理等优点。在各种生产机械的电气控制中，无论在设计部门或生产现场都得到广泛的应用。电气控制线路常用的图形、文字符号必须符合最新的国家标准。

电气控制线路根据电路通过的电流大小可分为主电路和控制电路。主电路包括从电源到电动机的电路，是强电流通过的部分，用粗线条画在原理图的左边。控制电路是通过弱电流的电路，一般由按钮开关、电器元件的线圈、接触器的辅助触点、继电器的触点等组成，用细线条画在原理图的右边。

采用电器元件展开图的画法。同一电器元件的各部件可以不画在一起，但需用同一文字符号标出。若有多个同类电器，可在文字符号后加上数字序号，如 KM1、KM2 等。

所有按钮开关、触点均按没有外力作用和没有通电时的原始状态画出。控制电路的分支线路，原则上按照动作先后顺序排列，两线交叉连接时的电气连接点须用黑点标出。

本节主要介绍典型的电气控制线路。

1.2.1 三相笼型电动机直接启动控制线路

在电源容量足够大时，小容量笼型电动机可直接启动。直接启动的优点是电气设备少，线路简单。其缺点是启动电流大，引起供电系统电压波动，干扰其他用电设备的正常工作。

1. 点动控制线路

如图 1-31 所示，主电路由刀开关 QK、熔断器 FU、交流接触器 KM 的主触点和笼型电动机 M 组成；控制电路由启动按钮开关 SB 和交流接触器线圈 KM 组成。

线路的工作过程如下：

启动过程：先合上刀开关 QK→按下启动按钮开关 SB→接触器 KM 线圈通电→KM 主触点闭合→电动机 M 通电直接启动。

停机过程：松开 SB→KM 线圈断电→KM 主触点断开→M 停电停转。

按下按钮开关（以下简称按钮），电动机转动，松开按钮，电动机停转，这种控制就叫点动控制，它能实现电动机短时转动，常用于机床的对刀调整和电动葫芦等。

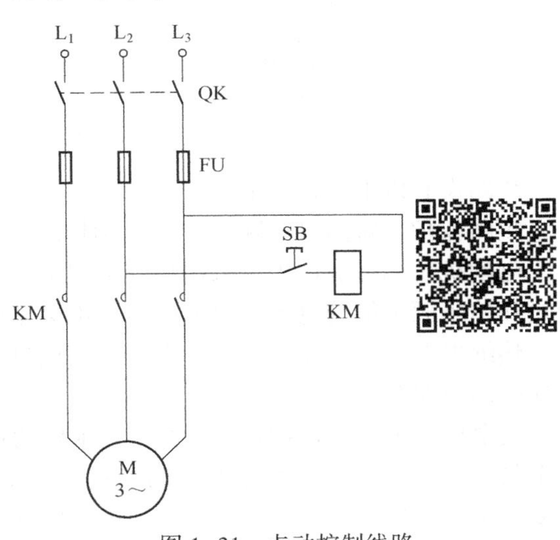

图 1-31 点动控制线路

2. 连续运行控制线路

在实际生产中往往要求电动机实现长时间连续转动，即所谓长动控制。连续运行控制线路如图 1-32 所示，主电路由刀开关 QK、熔断器 FU、接触器 KM 的主触点、热继电器 FR 的发热元件和电动机 M 组成，控制电路由停止按钮 SB_2、启动按钮 SB_1、接触器 KM 的常开辅助触点和线圈、热继电器 FR 的常闭触点组成。

工作过程如下：

启动过程：合上刀开关 QK→按下启动按钮 SB_1→接触器 KM 线圈通电→KM 主触点闭合和常开辅助触点闭合→电动机 M 接通电源运转；松开 SB_1，利用接通的 KM 常开辅助触点自锁、电动机 M 连续运转。

停机过程：按下停止按钮 SB_2→KM 线圈断电→KM 主触点和辅助常开触点断开→电动机 M 断电停转。

在连续控制中，当启动按钮 SB_1 松开后，接触器 KM 的线圈通过其辅助常开触点的闭合仍继续保持通电，从而保证电动机的连续运行。这种依靠接触器自身辅助常开触点的闭合而使线圈保持通电的控制方式，称自锁或自保。起到自锁作用的辅助常开触点称自锁触点。

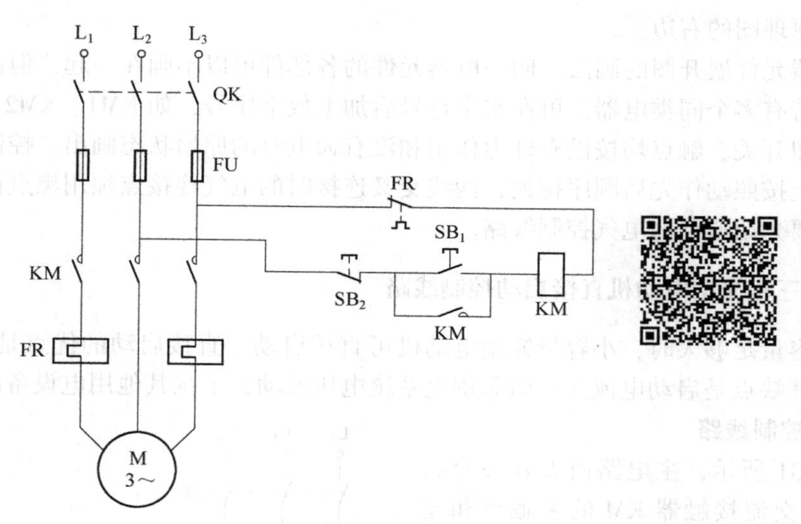

图 1-32　连续运行控制线路

线路设有以下保护环节：

短路保护：短路时熔断器 FU 的熔体熔断而切断电路起保护作用。

电动机长期过载保护：采用热继电器 FR。由于热继电器的热惯性较大，即使发热元件流过几倍于额定值的电流，热继电器也不会立即动作。因此在电动机启动时间不太长的情况下，热继电器不会动作，只有在电动机长期过载时，热继电器才会动作，用它的常闭触点断开使控制电路断电。

欠电压、失电压保护：通过接触器 KM 的自锁环节来实现。当电源电压由于某种原因而严重欠电压或失电压（如停电）时，接触器 KM 断电释放，电动机停止转动。当电源电压恢复正常时，接触器线圈不会自行通电，电动机也不会自行启动，只有在操作人员重新按下启动按钮后，电动机才能启动。本控制线路具有如下三个优点：

（1）防止电源电压严重下降时电动机欠电压运行。

（2）防止电源电压恢复时，电动机自行启动而造成设备和人身事故。

（3）避免多台电动机同时启动造成电网电压的严重下降。

3. 点动和长动结合的控制线路

在生产实践中，机床调整完毕后，需要连续进行切削加工，则要求电动机既能实现点动又能实现长动。其控制线路如图 1-33 所示。

图 1-33（a）的线路比较简单，采用按钮开关 SA 实现控制。点动控制时，先把 SA 打开，断开自锁电路→按动 SB_2→KM 线圈通电→电动机 M 点动。长动控制时，把 SA 合上→按动 SB_2→KM 线圈通电，自锁触点起作用→电动机 M 实现长动。

图 1-33（b）的线路采用复合按钮 SB_3 实现控制。点动控制时，按动复合按钮 SB_3，断开自锁回路→KM 线圈通电→电动机 M 点动。长动控制时，按动启动按钮 SB_2→KM 线圈通电，自锁触点起作用→电动机 M 长动运行。此线路在点动控制时，若接触 KM 的释放时间大于复合按钮的复位时间，则点动结束，SB_3 松开时，SB_3 常闭触点已闭合，但接触器 KM 的自锁触点尚未打开，会使自锁电路继续通电，则线路不能实现正常的点动控制。

图 1-33（c）的线路采用中间继电器 KA 实现控制。点动控制时，按动启动按钮 SB_3→

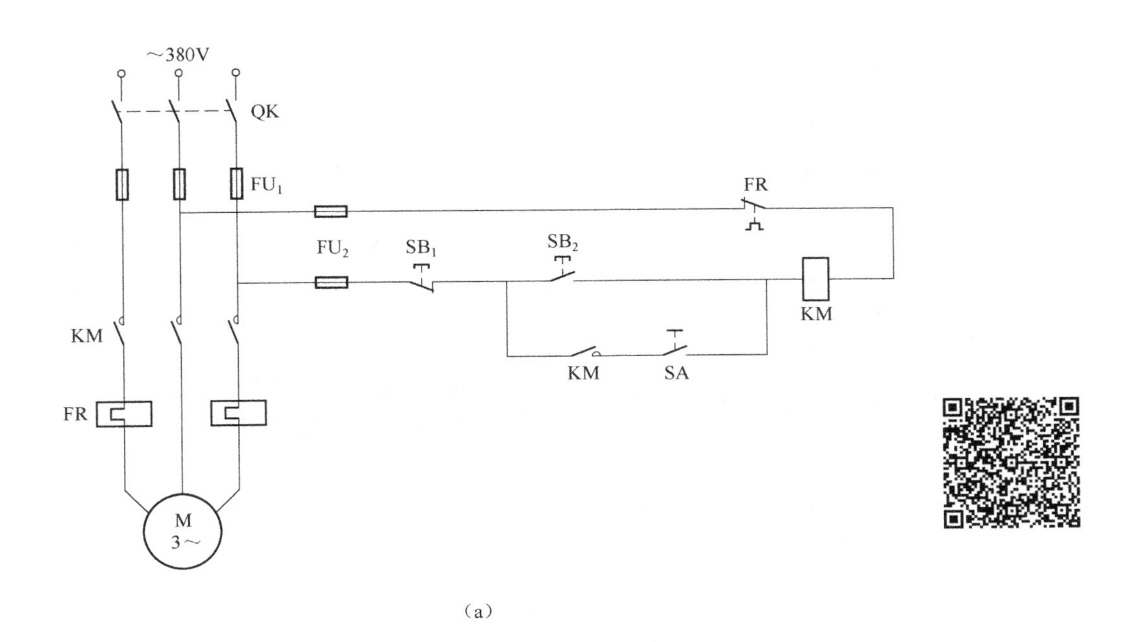

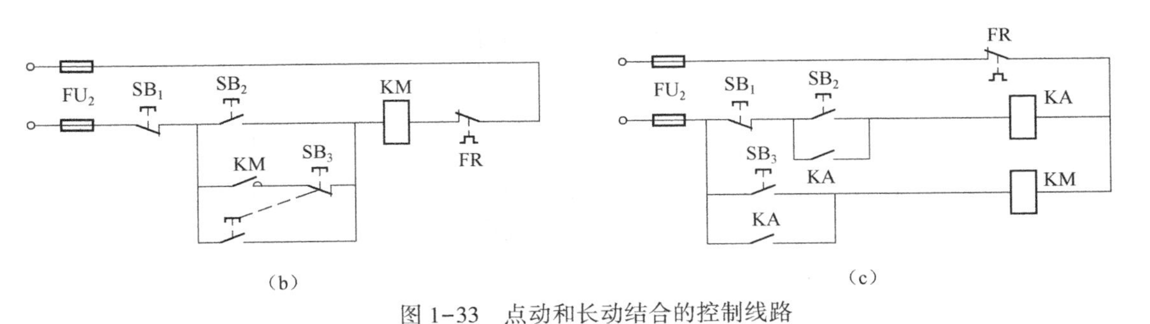

图 1-33　点动和长动结合的控制线路

KM 线圈通电→电动机 M 点动。长动控制时，按动启动按钮 SB_2→中间继电器 KA 线圈通电并自锁→KM 线圈通电→M 实现长动。此线路多用了一个中间继电器．但工作可靠性却提高了。

1.2.2　顺序连锁控制线路

1. 多台电动机先后顺序工作的控制线路

在生产实践中，有时要求一个拖动系统中多台电动机实现先后顺序工作。例如机床中要求润滑电动机启动后，主轴电动机才能启动。图 1-34 为两台电动机顺序启动控制线路。

在图 1-34（a）中，接触器 KM_1 控制电动机 M_1 的启动、停止；接触器 KM_2 控制电动机 M_2 的启动、停止。现要求电动机 M_1 启动后，电动机 M_2 才能启动。

工作过程如下：合上开关 QK→按下启动按钮 SB_2→接触器 KM_1 通电→电动机 M_1 启动→KM_1 常开辅助触点闭合→按下启动按钮 SB_4→接触器 KM_2 通电→电动机 M_2 启动。

按下停止按钮 SB_1，两台电动机同时停止。如改用图 1-34（b）线路的接法，可以省去接触器 KM_1 的常开触点，使线路得到简化。

电动机顺序控制的接线规律是：

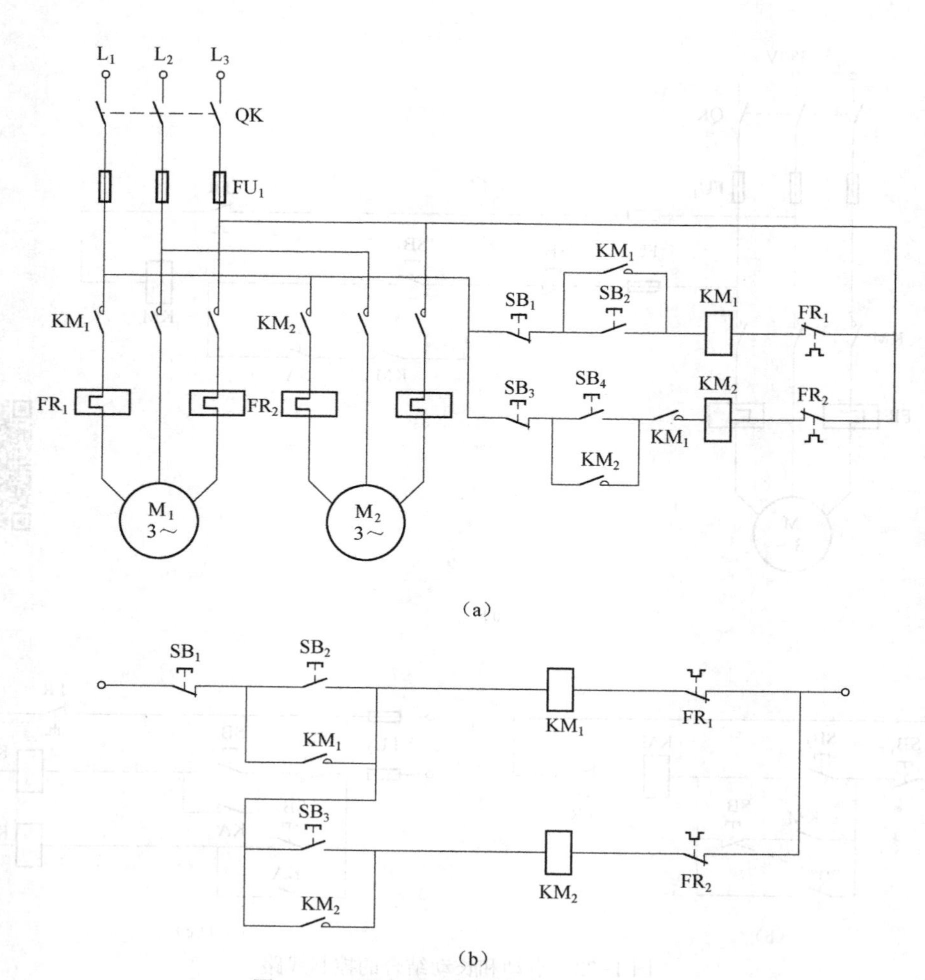

图 1-34　两台电动机顺序启动控制线路

（1）要求接触器 KM_1 动作后接触器 KM_2 才能动作，故将接触器 KM_1 的常开触点串接于接触器 KM_2 的线圈电路中。

（2）要求接触器 KM_1 动作后接触器 KM_2 不能动作，故将接触器 KM_1 的常闭辅助触点串接于接触器 KM_2 的线圈电路中。

2. 利用时间继电器顺序启动控制线路

图 1-35 是采用时间继电器，按时间原则顺序启动的控制线路。

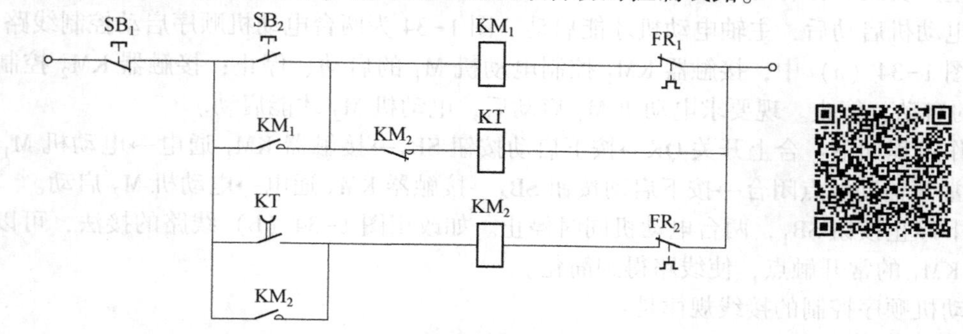

图 1-35　采用时间继电器的顺序启动控制线路

线路要求电动机 M_1 启动 $t(s)$ 后，电动机 M_2 自动启动。可利用时间继电器的延时闭合常开触点来实现。

1.2.3 互锁控制线路

在实际应用中，往往要求生产机械改变运动方向，如工作台前进、后退，电梯的上升、下降等，这就要求电动机能实现正、反转。对于三相异步电动机来说，可通过两个接触器来改变电动机定子绕组的电源相序来实现。电动机正、反转控制线路如图 1-35 所示。接触器 KM_1 为正向接触器，控制电动机 M 正转；接触器 KM_2 为反向接触器，控制电动机 M 反转。

如图 1-36（a）所示为无互锁控制线路，其工作过程如下：

正转控制：合上刀开关 QK→按下正向启动按钮 SB_2→正向接触器 KM_1 通电→KM_1 主触点和自锁触点闭合→电动机 M 正转。

反转控制：合上刀开关 QK→按下反向启动按钮 SB_3→反向接触器 KM_2 通电→KM_2 主触点和自锁触点闭合→电动机 M 反转。

停机：按停止按钮 SB_1→KM_1（或 KM_2）断电→M 停转。

该控制线路的缺点是：若误操作会使 KM_1 与 KM_2 都通电，从而引起主电路电源短路，为此要求线路设置必要的联锁环节。

如图 1-36（b）所示，将任何一个接触器的辅助常闭触点串入对应另一个接触器线圈电路中，则其中任何一个接触器先通电后，切断了另一个接触器的控制回路，即使按下相反方向的启动按钮，另一个接触器也无法通电，这种利用两个接触器的辅助常闭触点互相控制的方式，叫电气互锁，或叫电气联锁。起互锁作用的常闭触点叫互锁触点。另外，该线路只能实现“正→停→反”或者“反→停→正”控制，即必须按下停止按钮后，再反向或正向启动。这对需要频繁改变电动机运转方向的设备来说，是很不方便的。

为了提高生产率，直接正、反向操作，利用复合按钮组成“正→反→停”或“反→正→停”的互锁控制。如图 1-36（c）所示，复合按钮的常闭触点同样起到互锁的作用，这样的互锁叫机械互锁。该线路既有接触器常闭触点的电气互锁，也有复合按钮常闭触点的机械互锁，即具有双重互锁。该线路操作方便、安全可靠，故应用广泛。

1.2.4 位置原则的控制线路

在机床电气设备中，有些设备是通过工作台自动往复循环工作的，例如龙门刨床工作台的前进、后退。电动机的正、反转是实现工作台自动往复循环的基本环节。自动循环控制线路如图 1-37 所示。

控制线路按照位置原则，利用生产机械运动的行程位置实现控制，通常采用限位开关。

工作过程如下：

合上电源开关 QK→按下启动按钮 SB_2→接触器 KM_1 通电→电动机 M 正转，工作台向前→工作台前进到一定位置，撞块压动限位开关 SQ_2→SQ_2 常闭触点断开→KM_1 断电→M 停止向前。

SQ_2 常开触点闭合→KM_2 通电→电动机 M 改变电源相序而反转，工作台向后→工作台后退到一定位置，撞块压动限位开关 SQ_1→SQ_1 常闭触点断开→KM_2 断电→M 停止后退。

SQ_1 常开触点闭合→KM_1 通电→电动机 M 又正转，工作台又前进，如此往复循环工作，

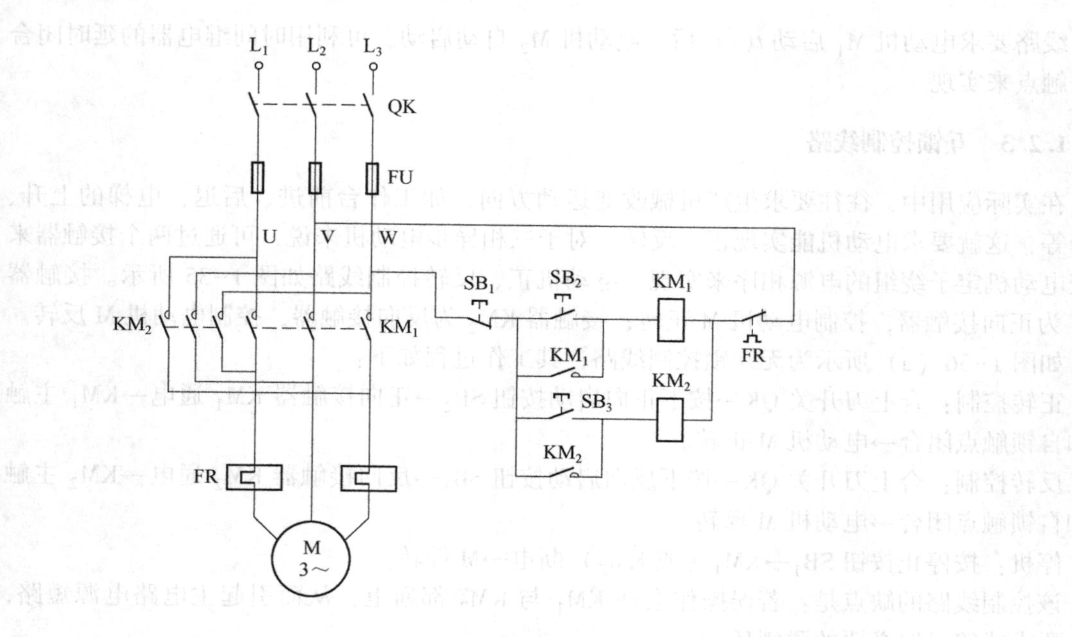

(a) 无互锁控制电路

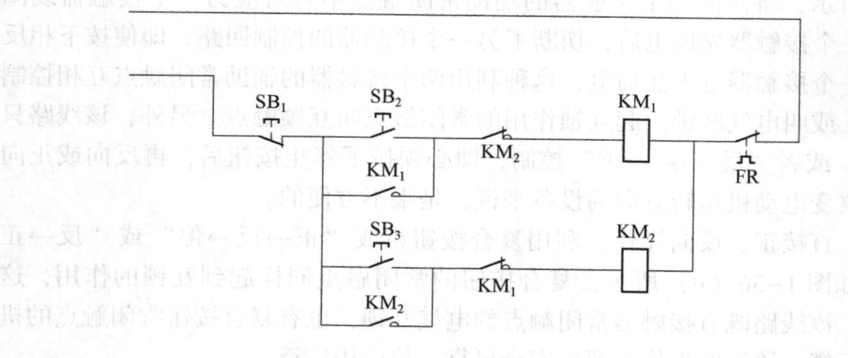

(b) 具有电气互锁的控制电路

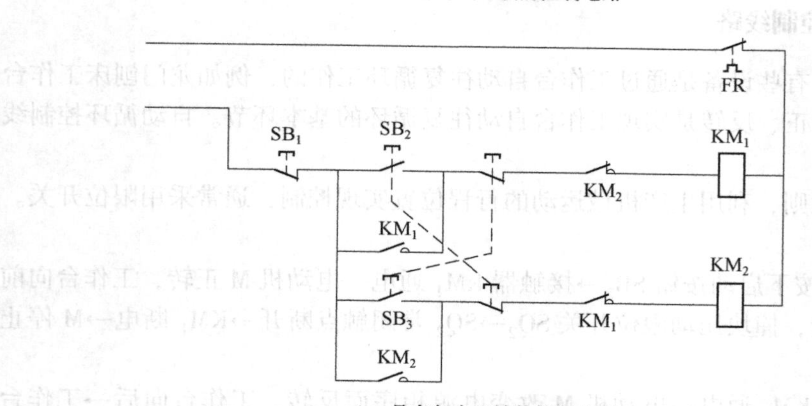

(c) 具有复合互锁的控制电路

图 1-36　电动机正、反转控制线路

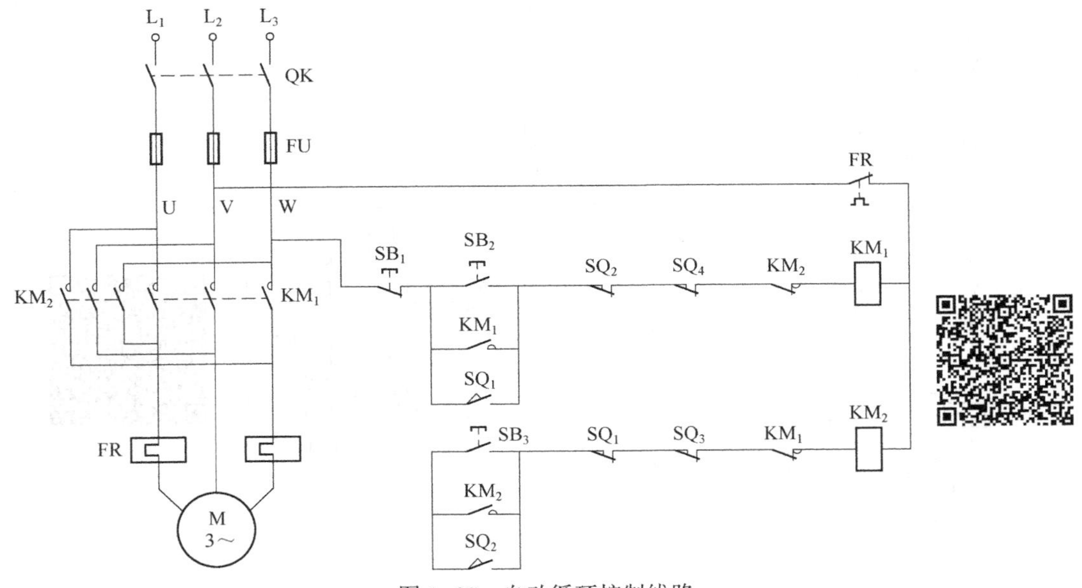

图 1-37　自动循环控制线路

直至按下停止按钮 SB_1→KM_1（或 KM_2）断电→电动机停止转动。

另外，SQ_3、SQ_4 分别为反、正向终端保护限位开关，防止限位开关 SQ_1、SQ_2 失灵时造成工作台从机床上冲出的事故。

1.2.5　时间原则的控制线路

三角形减压启动控制线路是按时间原则实现控制。

启动时将电动机定子绕组联接成星形，加在电动机每相绕组上的电压为额定电压的 $1/\sqrt{3}$，从而减小了启动电流。待启动后按预先整定的时间把电动机换成三角形联接，使电动机在额定电压下运行。其控制线路如图 1-38 所示。

启动过程如下：合上刀开关 QK→按下启动按钮 SB_2，接触器 KM 通电→KM 主触点闭合，M 接通电源，接触器 KM_Y 通电→KM_Y 主触点闭合，定子绕组联接成星形，M 减压启动；时间继电器 KT 通电延时 t(s) →KT 延时常闭辅助触点断开，KM_Y 断电，KT 延时闭合常开触点闭合→$KM_\triangle$ 主触点闭合，定子绕组联接成△→M 加以额定电压正常运行→$KM_\triangle$ 常闭辅助触点断开→KT 线圈断电。

该线路结构简单，缺点是启动转矩也相应下降为三角形联接的 $1/\sqrt{3}$，转矩特性差。因而本线路适用于电网 380 V、额定电压 660/380 V、星形-三角形联接的电动机轻载启动的场合。

1.2.6　速度原则的控制线路

三相异步电动机反接制机是利用改变电动机电源相序，使定子绕组产生的旋转磁场与转子旋转方向相反，因而产生制动力矩的一种制动方法。应注意的是，当电动机转速接近零时，必须立即断开电源，否则电动机会反向旋转。

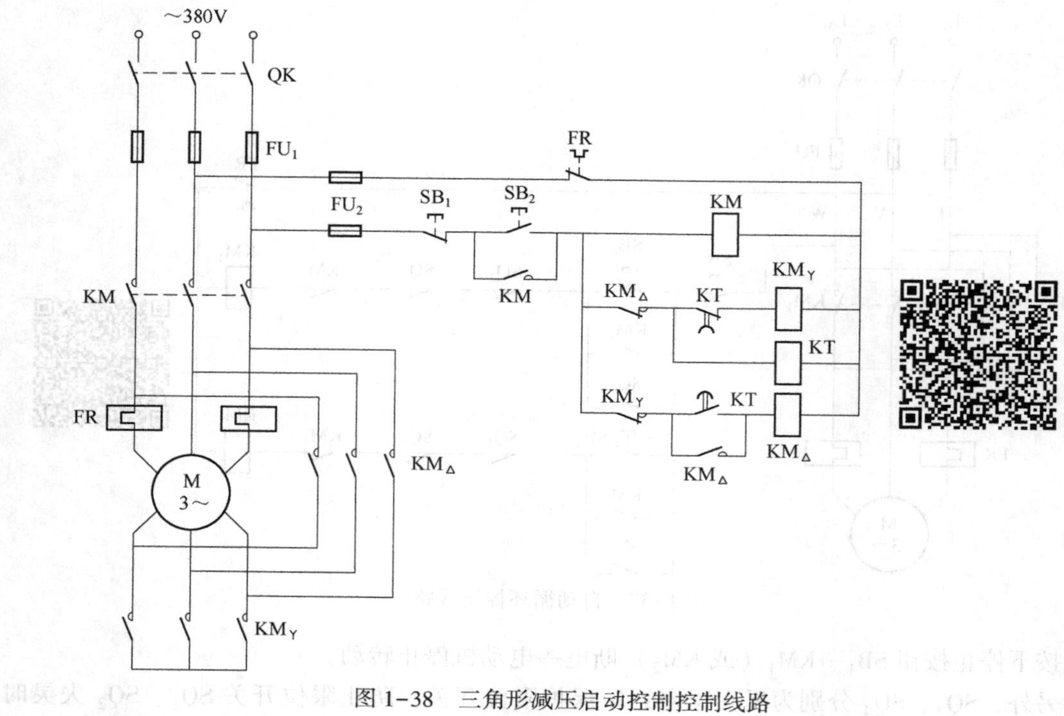

图 1-38　三角形减压启动控制控制线路

由于反接制动电流较大，制动时需在定子回路中串入电阻以限制制动电流。反接制动电阻的接法有两种：对称电阻接法和不对称电阻接法。

单向运行的三相异步电动机反接制动控制线路如图 1-39 所示。控制线路按速度原则实

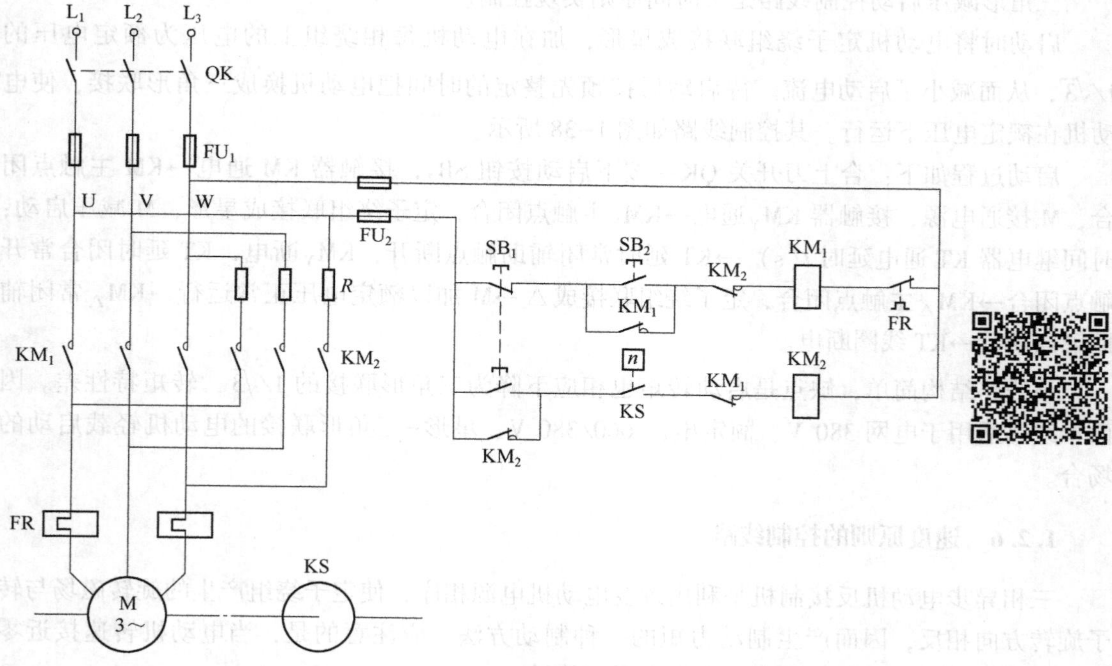

图 1-39　电动机单向运行的反接制动控制线路

现控制，通常采用速度继电器。速度继电器与电动机同轴相连，在 120～3 000 r/min 范围内速度继电器触点动作，当转速低于 100 r/min 时，其触点复位。

工作过程如下：合上刀开关 QK→按下启动按钮 SB_2→接触器 KM_1 通电→电动机 M 启动运行→速度继电器 KS 常开触点闭合，为制动作准备；制动时按下停止按钮 SB_1→KM_1 断电→KM_2 通电（KS 常开触点尚未打开）→KM_2 主触点闭合，定子绕组串入限流电阻 R 进行反接制动→$n \approx 0$ 时，KS 常开触点断开→KM_2 断电，电动机制动结束。

图 1-40 为电动机可逆运行的反接制动控制线路。图中 KS_F 和 KS_R 是速度继电器 KS 的两组常开触点，正转时 KS_F 闭合，反转时 KS_R 闭合，工作过程请读者自行分析。

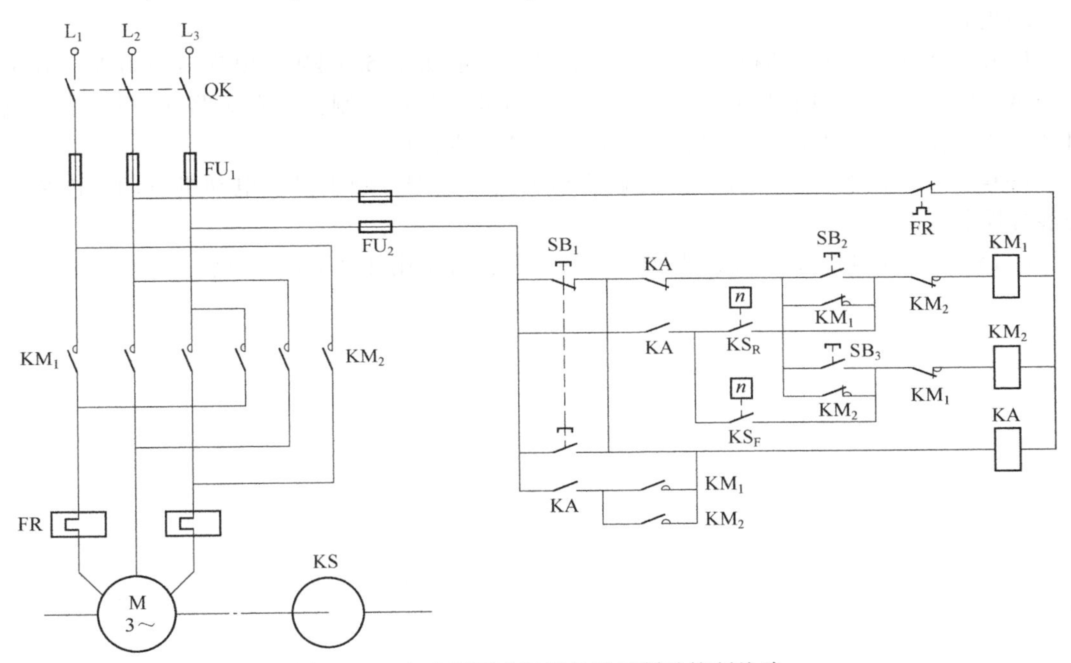

图 1-40　电动机可逆运行的反接制动控制线路

习　题

1-1　交流接触器在衔铁吸合前的瞬间，为什么在线圈中产生很大的冲击电流？直流接触器会不会出现这种现象？为什么？

1-2　交流电磁线圈误接入直流电源，直流电磁线圈误接入交流电源，会发生什么问题？为什么？

1-3　在接触器标准中规定其适用工作制有什么意义？

1-4　交流接触器在运行中，有时在线圈断电后，衔铁仍掉不下来，电动机不能停止，这时应如何处理？故障原因在哪里？应如何排除？

1-5　继电器和接触器有什么区别？

1-6　电压、电流继电器各在电路中起什么作用？它们的线圈和触点各接于什么电路中？如何调节电压（电流）继电器的返回系数？

1-7　时间继电器和中间继电器在控制电路中各起什么作用？如何选用时间继电器和中

间继电器？

1-8　电动机的启动电流很大，当电动机启动时，热继电器会不会动作？为什么？

1-9　既然在电动机的主电路中装有熔断器，为什么还要装热继电器？装有热继电器是否就可以不装熔断器？为什么？

1-10　分析感应式速度继电器的工作原理，它在线路中起什么作用？

1-11　在交流电动机的主电路中用熔断器作短路保护，能否同时起到过载保护作用？为什么？

1-12　低压断路器在电路中的作用如何？如何选择低压断路器？怎样实现干、支线断路器的级间配合？

1-13　某机床的电动机为 J02-42-4 型，额定功率 5.5 kW，电压为 380 V，电流为 12.5 A，启动电流为额定电流的 7 倍，现用按钮进行起停控制，要有短路保护和过载保护，可选用哪种型号的接触器、按钮、熔断器、热继电器和开关？

1-14　试采用按钮、刀开关、接触器和中间继电器，画出异步电动机点动、连续运行的混合控制线路。

1-15　电气控制线路常用的保护环节有哪些？各采用什么电器元件？

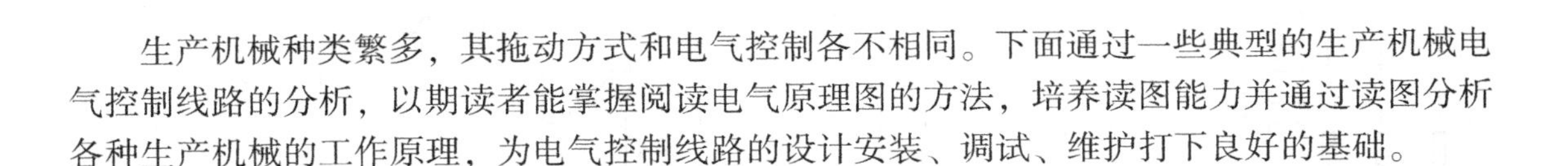

第2章 典型电气控制系统

生产机械种类繁多，其拖动方式和电气控制各不相同。下面通过一些典型的生产机械电气控制线路的分析，以期读者能掌握阅读电气原理图的方法，培养读图能力并通过读图分析各种生产机械的工作原理，为电气控制线路的设计安装、调试、维护打下良好的基础。

2.1 卧式车床的电气控制

2.1.1 卧式车床的主要工作情况

卧式车床是应用极为广泛的金属切削机床，主要用于车削外圆、内圆、端面螺纹和成形表面，也可以对钻头、绞刀、镗刀等进行加工。

车床切削加工包括主运动、进给运动和辅助运动。主运动为工件的旋转运动。进给运动由主轴通向进给量。辅助运动为刀架的快速移动及工件的夹紧、放松等。

根据切割加工工艺要求，对电气控制提出下列要求：主拖动电动机采用三相笼形电动机，主轴的正、反转由主轴正、反转来实现。调速采用机械齿轮变速的方法。中小型车床采用直接启动方法（容量较大时，采用星形-三角形减压启动）。为实现快速停车，一般采用机械制动或电气反接制动。控制线路具有必要的保护环节和照明装置。

2.1.2 C650型卧式车床的电气控制

图2-1为C650型卧式车床的电气控制原理图。

车床共有三台发动机：M_1为主轴电动机，拖动主轴旋转，并通过进给机构实现进给运动。M_2为冷却泵电动机，提供切削液。M_3为快速移动电动机，拖动刀架的快速移动。

1. M_1的点动控制

调整机床时，要求M_1点动控制，工作过程如下：合上刀开关QK→按启动按钮SB_2→接触器KM_1通电→M_1串接限流电阻R低速转动，实现点动。

松开SB_2→接触器KM_1断电→M_1停转。

2. M_1的正、反转控制

正转控制：合上刀开关QK→按启动按钮SB_3→接触器KM通电→中间继电器KA通电
└→时间继电器KT通电

→接触器KM_1通电→电动机M_1短接电阻正向启动。主回路中电流表A被时间继电器KT常闭触点短接→延时t(s)后→KT延时断开的常闭触点断开→电流表串联于主电路监视负载情况。

主电路中通过电流互感器 TA 接入电流表 A，为防止启动时启动电流对电流表的冲击，启动时利用时间继电器 KT 常闭触点把电流表 A 短接，启动结束，KT 常闭触点断开，电流表 A 投入使用。

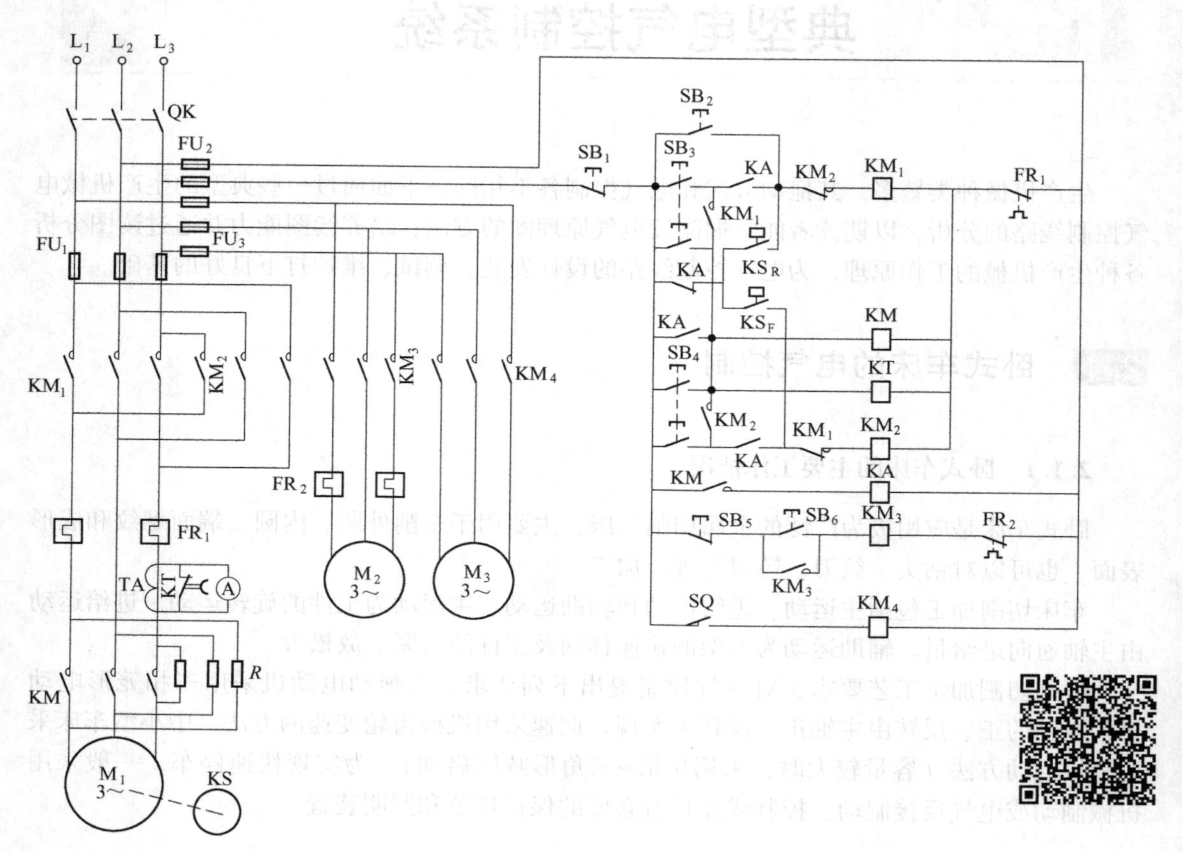

图 2-1　C650 卧式车床的电气控制原理图

反转控制：合上刀开关 QK→按启动按钮 SB_4→接触器 KM 通电→中间继电器 KA 通电→
　　　　　　　　　　　　　　　　　　　　　└→时间继电器 KT 通电

接触器 KM_2 通电→电动机 M_1 反接电源相序并短接电阻 R 反向启动。电流表 A 跟正转时作用相同。

停车：按停止按钮 SB_1→控制线路电源全部切断→电动机 M_1 停转。

3. M_1 的反接制动控制

C650 车床采用速度继电器实现电气反接制动。速度继电器 KS 与电动机 M_1 同轴连接，当电动机正转时，速度继电器正向触点 KS_F 动作，当电动机反转时，速度继电器反向触点 KS_R 动作。

M_1 反接制动工作过程如下：

M_1 的正向反接制动：电机正转时，速度继电器正向，常开触点 KS_F 闭合。制动时，按下停止按钮 SB_1→接触器 KM、时间继电器 KT、中间继电器 KA、接触器 KM_1 均断电，主回

路串入电阻 R（限制反接制动电流）→松开 SB_1→接触器 KM_2 通电（由于 M_1 的转动惯性，速度继电器正向常开触点 KS_F 仍闭合）→M_1 电源反接，实现反接制动，当速度约等于 0 时，速度继电器正向常开触点断开→KM_1 断电→M_1 停转、制动结束。

M_1 的反向反接制动：工作过程和正向相同，只是电动机 M_1 反转时，速度继电器的反向常开触点 KS_R 动作，反向制动时，KM_1 通电，实现反接制动。

4. 刀架快速移动控制

工作过程如下：转动刀架手柄压下限位开关 SQ→接触器 KM_4 通电→电动机 M_3 转动，实现刀架快速移动。

5. 冷却泵电动机控制

工作过程如下：

按启动按钮 SB_6→按触器 KM_3 通电→电动机 M_2 转动，提供切削液。

按停止按钮 SB_5→KM_3 断电→M_2 停止转动。

2.2 平面磨床的电气控制

2.2.1 平面磨床的主要工作情况

平面磨床是用砂轮进行磨削加工各种零件表面的精密机床，主要由工作台、电磁吸盘、立柱、砂轮箱、滑座等组成。

平面磨床包括主运动、进给运动和辅助运动。主运动是砂轮旋转运动。进给运动为工作台和砂轮的往复运动。辅助运动为砂轮架的快速移动和工作台的移动。

2.2.2 M7130 平面磨床的电气控制

平面磨床共由三台电动机拖动：砂轮电动机 M_1、冷却泵电动机 M_2 和液压泵电动机 M_3。加工工艺要求砂轮电动机 M_1 和冷却泵电动机 M_2 同时启动或停止。为了使工作台运动时换向平稳且容易调整运动速度，保证加工精度采用了液压传动。液压泵电动机 M_3 拖动液压泵，工作台在液压作用下作进给运动。线路具有必要的保护环节和局部照明。

图 2-2 为 M7130 平面磨床的电气控制原理图。

1. 主回路

砂轮电动机 M_1 由接触器 KM_1 控制。冷却泵电动机 M_2 经 KM_1 和插头 XP_1 控制。液压泵电动机 M_3 由接触器 KM_2 控制。

三台电动机均直接启动，单向旋转，共用熔断器 FU_1 作短路保护。M_1 和 M_2 由热继电器 FR_1 作长期过载保护，M_3 由热继电器 FR_2 作长期过载保护。

2. 控制线路

砂轮电动机 M_1 和冷却泵电动机 M_2 的工作过程如下：

合上刀开关 QK→插上插头 XP_1→按下启动按钮 SB_2→接触器 KM_1 通电→电动机电动机 M_1、M_2 同时启动。

按下停止按钮 SB_1→接触器 KM_1 断电→电动机 M_1、M_2 同时停止。

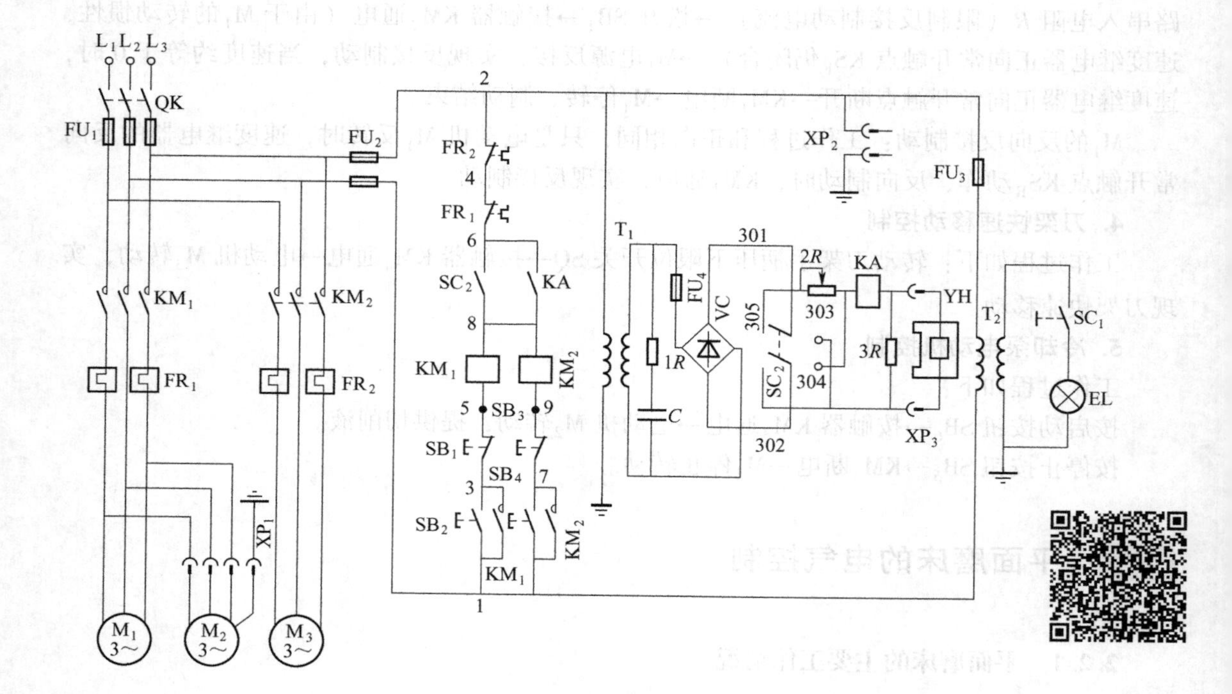

图 2-2　M7130 平面磨床电气控制原理图

液压泵电动机 M_3 的工作过程如下：

按下启动按钮 SB_4→接触器 KM_2 通电→液压泵电动机 M_3 启动。

按下停止按钮 SB_3→接触器 KM_2 断电→M_3 停止。

要注意的是：电动机的启动必须在电磁吸盘 YH 工作且欠电流继电器 KA 通电吸合，其常开触点 KA（6-8）闭合，或 YH 不工作，但转换开关 SC_2 置于“去磁”位置，其触点 SC_2（6-8）闭合的情况下方可进行。

3. 电磁吸盘控制

电磁吸盘是用来吸住工件以便进行磨削加工，其线圈通以直流电，使芯体被磁化，将工件牢牢吸住。

电磁吸盘控制线路包括整流装置、控制线路和保护装置。

电磁吸盘整流装置由变压器 T 与桥式全波整流器 VC 组成，输出 110V 直流电压对电磁吸盘供电。各台电动机的启动必须在电磁吸盘工作且欠电流继电器 KA 吸合动作的情况下方可进行。

电磁吸盘由转换开关 SC_2 控制，SC_2 手柄操作有三个位置：充磁、断电、去磁。

电磁吸盘工作如下：

充磁工作：SC_2 扳向“充磁”位置→SC_2 的触点 SC_2（301-303）、SC_2（302-304）闭合→电流继电器触点 KA（6-8）闭合→按下 SB_2→接触器 KM_1 通电→M_1 转动→按动 SB_4→接触器 KM_2 通电→M_3 转动→进行磨削加工。

加工完毕，SC_2 扳向“断电”位置→电磁吸盘线圈断电→可取下工件。

为了方便从吸盘上取下工件，并去掉工件上的剩磁，需进行去磁工作。

去磁工作：SC_2扳向“去磁”位置→SC_2的触点SC_2（301－305）、SC_2（302－303）闭合→电磁吸盘通以反向电流实现去磁。

去磁结束，SC_2扳向“断电”位置，电磁吸盘断电，取下工件。

若对工件的去磁要求更高，应取下工件，再在附加的退磁器上进一步去磁，将退磁器的插头XP_2插在床身的插座上，再将工件放在退磁器上，进行进一步的去磁。

4. 必要的保护环节和照明线路

（1）电磁吸盘的欠电流保护。为防止在磨削加工过程中，电磁吸盘吸力减小或失去吸力，造成工件飞出，引起工件损坏或人身事故，采用欠电流继电器KA作欠电流保护，保证吸盘有足够的吸力，欠电流继电器吸合，其触点KA（6－8）闭合，M_1和M_3才能启动工作。

（2）电磁吸盘的过电压保护。电磁吸盘的电磁吸力大，要求其线圈的匝数多、电感大。当线圈断电时，将在线圈两端产生高电压，使线圈损坏，所以在线圈两端并联电阻$3R$，提供放电回路，保护电磁吸盘。

（3）整流装置的过压保护。在整流装置中设有$1R$、C串联支路并联在变压器T_1二次侧，用以吸收交流电路产生过电压和直流电路在接通、关断时在T_1二次侧产生浪涌电压，实现过电压保护。

（4）用熔断器FU_1、FU_2、FU_3、FU_4分别用作电动机控制线路、照明线路和电磁吸盘的短路保护。

（5）由照明变压器T_2将380 V交流电压降为36 V的安全电压供照明线路，照明灯EL一端接地，由开关SC_1控制。

2.3 摇臂钻床的电气控制

2.3.1 摇臂钻床的主要工作情况

摇臂钻床是一种孔加工机床，可进行钻孔、扩孔、铰孔、镗孔和攻螺纹等加工。

摇臂钻床主要由底座、内外立座、摇臂、主轴箱和工作台等组成。摇臂的一端为套筒，套装在外立柱上，并借助丝杠的正、反转可沿外立柱作上下移动。

主轴箱安装在摇臂的水平导轨上可通过手轮操作使其在水平导轨上沿摇臂移动。加工时，根据工件高度的不同，摇臂借助于丝杠可带着主轴箱沿外立柱上、下升降。在升降之前，应自动将摇臂松开，再进行升降，当达到所需的位置时，摇臂自动夹紧在立柱上。

钻削加工时，钻头一面旋转，一面作纵向进给。钻床的主运动是主轴带着钻头作旋转运动。进给运动是钻头的上下移动。辅助运动是指主轴箱沿摇臂水平移动，摇臂沿外立柱上、下移动，摇臂与外立柱一起绕内立柱的回转运动。

2.3.2 Z3040摇臂钻床的电气控制

如图2－3所示为Z3040摇臂钻床的电气控制原理图。

摇臂钻床共有4台电动机拖动。M_1为主轴电动机。钻床的主运动与进给运动皆为主轴的运动，都由电动机M_1拖动，分别经主轴与进给传动机构实现主轴旋转和进给。主轴变速机构和进给变速机构均装在主轴箱内。M_2 为摇臂升降电动机。M_3 为立柱松紧电动机。M_4 为冷却泵电动机。

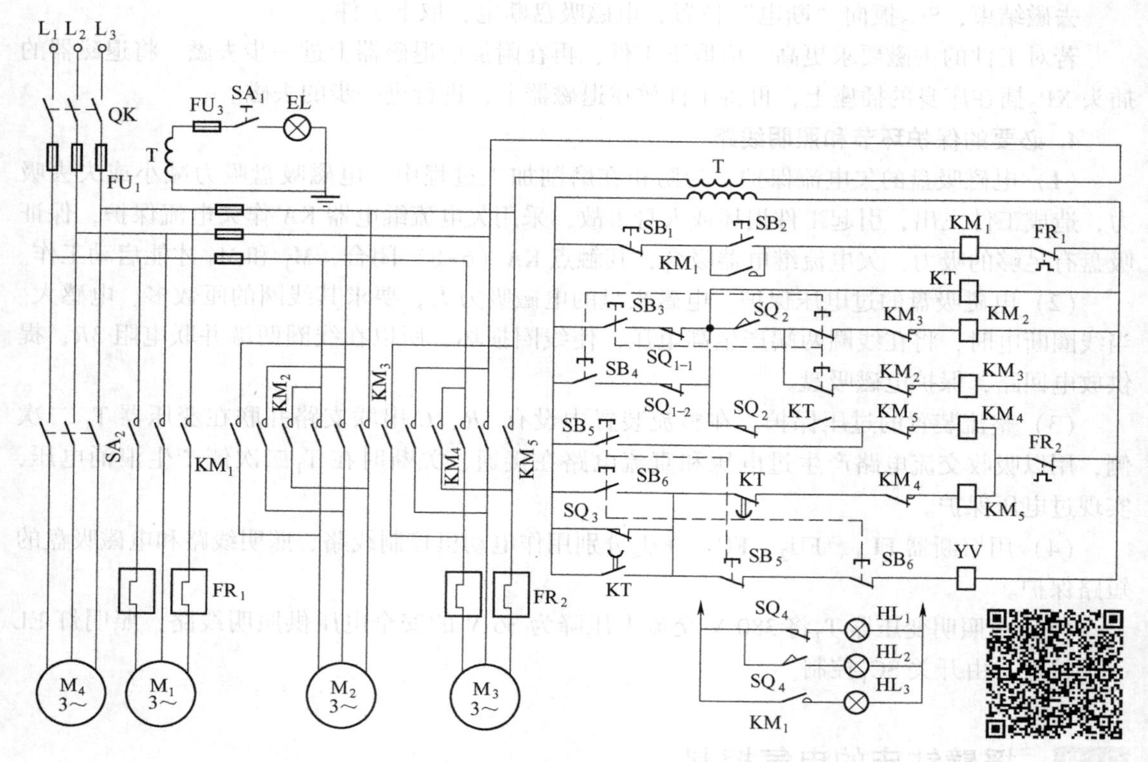

图 2-3　Z3040 摇臂钻床的电气控制原理图

1. 主回路

电源由总开关 QK 引入，主轴电动机 M_1 单向旋转，由接触器 KM_1 控制。主轴的正、反转由机床液压系统机构配合摩擦离合器实现。摇臂升降电动机 M_2 由正、反转接触器 KM_2、KM_3 控制。液压泵电动机 M_3 拖动液压泵送出压力液以实现摇臂的松开、夹紧和主轴箱的松开、夹紧，并由接触器 KM_4、KM_5 控制正、反转。冷却泵电动机 M_4 用开关 SA_2 控制。

2. 控制线路

1）主轴电动机 M_1 的控制

工作过程如下：

按启动按钮 SB_2→接触器 KM_1 通电→M_1 转动。

按停止按钮 SB_1→接触器 KM_1 断开→M_1 停止。

2）摇臂升降电动机 M_2 的控制

工作过程如下：

摇臂上升：按上升启动按钮 SB_3→时间继电器 KT 通电→电磁阀 YV 通电，推动松开机构使摇臂松开，接触器 KM_4 通电，液压泵电动机 M_3 正转，松开机构压下限位开关 SQ_2→KM_4 断电→M_3 停转，停止松开；下限位开关 SQ_2→上升接触器 KM_2 通电→升降电动机 M_2

正转，摇臂上升。

到预定位置→松开 SB_3→上升接触器 KM_2 断电→M_2 停转，摇臂停止上升；时间继电器KT断电→延时 t(s)，KT延时闭合的常闭触点闭合→接触器 KM_5 通电→M_3 反转→电磁阀推动夹紧机构使摇臂夹紧→夹紧机构压动限位开关 SQ_3→电磁阀YV断电，接触器 KM_5 断电→液压泵电动机 M_3 停转，夹紧停止。摇臂上升过程结束。

摇臂下降过程和上升情况相同，不同的是由下降启动按钮 SB_4 和下降接触器 KM_3 实现控制。

3）主轴箱与立柱的夹紧与放松控制

主轴箱和立柱的夹紧与松开是同时进行的，均采用液压机构控制。工作过程如下：

松开：按下松开按钮 SQ_5→接触器 KM_4 通电→液压泵电动机 M_3 正转，推动松紧机构使主轴箱和立柱分别松开→限位开关 SQ_4 复位→松开指示灯 HL_1 亮。

夹紧：按下夹紧按钮 SQ_6→接触器 KM_5 通电→液压泵电动机 M_3 反转，推动松紧机构使主轴箱和立柱分别夹紧→压下限位开关 SQ_4→夹紧松开指示灯 HL_2 亮。

4）照明线路

变压器T提供36V交流照明电源电压。

5）摇臂升降的限位保护

摇臂上升到极限位置压动限位开关 SQ_{1-1}，或下降到极限位置压动限位开关 SQ_{1-2}，使摇臂停止升或降。

2.4 铣床的电气控制

2.4.1 铣床的主要工作情况

铣床用来加工各种形式的表面、平面、成形面、斜面和沟槽等，也可以加工回转体。

铣床的主运动为主轴带动刀具的旋转运动。进给运动为工件相对铣刀的移动。

根据铣刀的直径、工件材料和加工精度不同，要求主轴通过变换齿轮实现变速。主轴电动机的正、反转用于改变主轴的转向，满足铣床顺铣和逆铣的需要。

工作台上下、左右、前后的进给运动，由进给变速箱获得不同的速度，再经不同的电气控制线路传递给进给丝杠来实现。

为使变速时齿轮更好地啮合，减少齿轮端面的冲击，要求电动机在变速时有短时的变速冲动。

2.4.2 X62W铣床的电气控制

1. 主电路

图2-4所示为X62W型铣床的电气控制原理图。

铣床共由 M_1、M_2、M_3 三台电动机拖动。M_1 为主轴电动机，由接触器 KM_1 控制，M_1 的正、反转由开关 SA_5 控制。开关 SA_5 在“正转、停止、反转”三个位置时各触点的通断情况见表2-1。

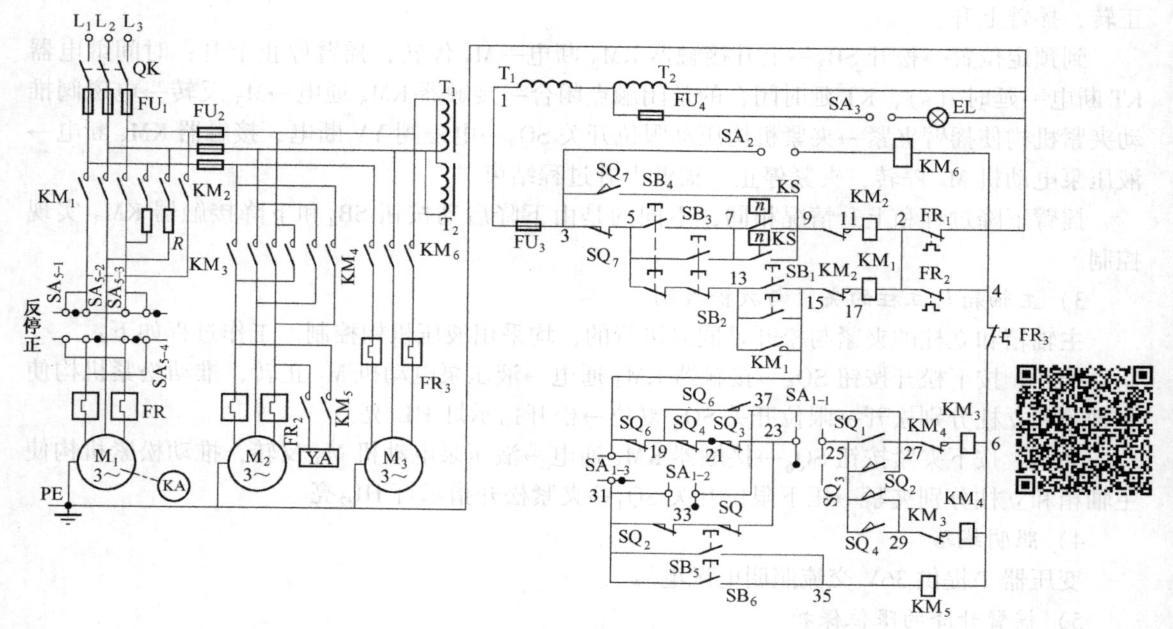

图 2-4　X62W 铣床的电气控制原理图

表 2-1　开关 SA5 的触点通断情况

位置 触点	正转	停止	反转
SA5-1	–	–	+
SA5-2	+	–	–
SA5-3	+	–	–
SA5-4	–	–	+

注："+" 表示闭合，"–" 表示断开。

M_2为进给电动机，M_2的正、反转由接触器 KM_3、KM_4控制。

M_3为冷却泵电动机，要求主轴电动机启动后，M_3才能启动。采用接触器 KM_6控制 M_3的启动和停止。

2. 控制电路

1）主轴电动机 M_1的控制

（1）M_1的启动和停止可在两地操作：一处在升降台上；一处在铣床床身上。

启动前操作：将开关 SA_5扳到所需的旋转方向→按启动按钮 SB_1（或 SB_2）→接触器 KM_1通电→主轴电动机 M_1转动。

（2）M_1的停止采用速度继电器 KS 实现反接制动。制动时操作：按停止按钮 SB_3（或 SB_4）→接触器 KM_1断电→速度继电器 KS_3正转常开触点闭合→接触器 KM_2通电→电动机 M_1串入电阻 R 实现反接制动→当 $n\approx 0$ 时，速度继电器 KS 常开触点复位接触器，KM_2断电→M_1停转，反接制动结束。

（3）主轴变速可在主轴不动时进行，也可在主轴旋转时进行。无需先按停止按钮，利用变速手柄与限位开关 SQ_7的联动机构进行控制。

变速时，先把变速手柄下压，使它从第一道槽内拔出，再转动变速盘，选择所需速度，然后慢慢拉向第二道槽，通过手柄压下限位开关 SQ_7，其常闭触点先断开，使接触器 KM_1 断电，电动机 M_1 失电；SQ_7 常开触点后闭合，使接触器 KM_2 通电，使 M_1 反向冲动一下，变速手柄迅速推回原位，使限位开关 SQ_7 复位，接触器 KM_2 断电，电动机 M_1 停转，变速冲动过程结束。

变速完成后，需要再次启动电动机 M_1，主轴将在新的转速下旋转。

2）进给电动机 M_2 的电气控制

工作台进给方向运动有左右（纵向）、前后、上下（垂直）运动。利用正向接触器 KM_3 和反向接触器 KM_4 控制 M_2 的正、反转。

接触器 KM_3、KM_4 是由两个机械操作手柄控制的，其中一个是纵向手柄，另一个是垂直手柄。操作手柄同时完成机械挂挡和压动相应的限位开关，从而接通正、反转接触器，启动 M_2，拖动工作台按预定方向进给，这两个手柄各有两套，分别设在铣床工作台正面与侧面。

限位开关 SQ_1、SQ_2 与纵向手柄有机械联锁，限位开关 SQ_3、SQ_4 与垂直和横向手柄有机械联锁。当扳动手柄时，将压动相应限位开关。

SA_1 为圆工作台选择开关，设有接通与断开两个位置，三对触点通断情况见表 2-2。

表 2-2　圆工作台选择开关 SA1 触点通断情况

触点	位置	
	接通	断开
SA_{1-1}	−	+
SA_{1-2}	+	−
SA_{1-3}	−	+

注：“+”表示闭合，“−”表示断开。

当不需要圆工作台时，将 SA_1 置于断开位置，然后启动主轴电动机 M_1。下面对各种进给运动的电气控制线路进行分析。

（1）工作台左、右进给运动的控制把纵向操作手柄扳向“右”→挂上纵向离合器→压动限位开关 SQ_1→正向接触器 KM_3 通电→进给电动机 M_2 正转，拖动工作台向右运动。把纵向操作手柄扳向“左”→挂上纵向离合器→压动限位开关 SQ_2→反向接触器 KM_4 通电→进给电动机 M_2 反转，拖动工作台向左运动。停止时，把操作手柄扳向“中间”位置→脱开纵向离合器→限位开关 SQ_1（SQ_2）复位→接触器 KM_3（或 KM_4）断电→M_2 停转，停止向右（或左）进给运动。

（2）工作台前后和上下进给运动的控制由十字开关操作，共有五个位置：上、下、前、后、中间位置。

“向前”进给：十字开关手柄扳向前→挂上横向离合器→压动限位开关 SQ_3→正向接触器 KM_3 通电→进给电动机 M_2 正转，拖动工作台向前进给。

“向下”进给：十字开关手柄扳向下→挂上垂直离合器→压动限位开关 SQ_3→正向接触器 KM_3 通电→进给电动机 M_2 正转，拖动工作台向下进给。

“向后”进给：十字开关手柄扳向后→挂上横向离合器→压上限位开关 SQ_4→反向接触器 KM_4 通电→进给电动机 M_2 反转，拖动工作台向后进给。

“向上”进给：十字开关手柄扳向上→挂上垂直离合器→压动限位开关 SQ_4→反向接触

器 KM_4通电→进给电动机 M_2反转，拖动工作台向上进给。

停止：十字开关扳向中间位置→脱开挂上的相应离合器→限位开关 SQ_3（或 SQ_4）复位→接触器 KM_3（或 KM_4）断电→进给电动机 M_2停转→工作台进给停止。

在铣床床身导轨旁设置了上、下两块挡块，当升降台上下运动到一定位置时，挡块撞动操作手柄，使其回到中间位置，实现上下进给的终端保护。同样，在工作台左侧底部设置挡块，实现前后进给的终端保护。

(3) 工作台的快速移动。

①主轴转动时的快速移动。工作台的快速移动也由进给电动机 M_2拖动。工作过程如下：当工作台已经工作时，按下按钮 SB_5（或 SB_6）→接触器 KM_5通电→快速移动电磁铁 YA 通电→工作台快速移动→松开 SB_5（或 SB_6）→接触器 KM_5断电→快速移动电磁铁 YA 断电→快速移动停止。工作台仍按原来进给速度在原方向继续进给。快速移动是点动控制的。

②主轴不转动时的快速移动。工作过程如下：将开关 SA_5扳向“停止”位置→按下 SB_1（或 SB_2）→接触器 KM_1通电并自锁，提供进给运动的电源→操作工作台手柄→进给电动机 M_2转动→按下按钮 SB_5（或 SB_6）→接触器 KM_5通电→快速移动电磁铁 YA 通电→工作台快速移动。

(4) 进给变速时的冲动控制：进给变速冲动是由进给变速手柄配合进给变速冲动位置开关 SQ_6实现。工作过程如下：将进给变速手柄向外拉→对准所需速度，把手柄拉出到极限位置→压下限位开关 SQ_6→接触器 KM_3通电→进给电动机 M_2正转，再把手柄推回原位，进给变速完成。

3) 圆工作台进给的控制

圆工作台只作单向转动。工作过程如下：开关 SA_1扳向“接通”位置→触点 $SA_{1-2(31-37)}$闭合→将工作台两个进给手柄扳向“中间”位置→按下按钮 SB_1（或 SB_2）→接触器 KM_1通电→主轴电动机 M_1转动→接触器 KM_3通电→进给电动机 M_2启动→圆工作台回转。

圆工作台控制电路是经限位开关 $SQ_1 \sim SQ_4$四对常闭触点形成回路的，所以操作任何一个长工作台进给手柄，压下相应的 SQ_1、SQ_2、SQ_3、SQ_4，都将切断圆工作台控制线路，实现圆工作台和长工作台的联锁控制

圆工作台停止：按动 SB_3（或 SB_4）→接触器 KM_1断电→接触器 KM_3断电→进给电动机 M_2停止。

4) 冷却泵电动机的控制和照明线路

冷却泵电动机的控制：把开关 SA_2扳向“接通”位置→接触器 KM_6通电→M_3启动，拖动冷却泵送出切削液。

机床局部照明由照明变压器 T_2输出 36 V 安全电压，由开关 SA_3控制照明灯 EL。

5) 控制电路的联锁

X62W 铣床的运动较多，控制电路较复杂，为安全可靠地工作，具有必要的联锁。

(1) 主运动与进给运动的顺序联锁。进给电气控制电路接在主电动机接触器 KM_1自锁触点之后，这就保证了主轴电动机 M_1启动后（若不需要 M_1转动，可将开关 SA_5扳至中间位置）才可启动进给电动机 M_2。而主轴停止时，进给立即停止。

(2) 工作台六个进给方向的联锁。铣床工作时，只允许一个进给方向运动，为此工作台六个进给方向都有联锁。工作台纵向操作手柄与横向、垂直操作手柄，均只能有一个工作位置，在电气原理图中，接点（19-21-23）及（31-32-23）的两条支路，一条由限位开关

SQ_3、SQ_4的常闭触点串联组成，另一条由SQ_2、SQ_1的常闭触点串联组成，串联在接触器KM_3或KM_4线圈电路中，构成进给运动的联锁控制。当扳动纵向进给手柄时，压下限位开关SQ_1或SQ_2，使支路（23-31）断开，但接触器KM_3或KM_4可经另一条支路（15-19-21-23）供电，若再扳动横向、垂直手柄、又将限位开关SQ_3或SQ_4压动，使另一支路又断开，进给电动机M_2不能通电，工作台不能自动进给。这就保证了不允许同时操作两个进给手柄，实现了工作台六个进给方向的联锁。

2.5 桥式起重机的电气控制

2.5.1 桥式起重机的主要工作情况

桥式起重机广泛应用于工矿企业、车站、港口、仓库、建筑工地等部门，一般具有提升重物的起升机构和平移机构。起升机构可将重物提升和放下。

桥式起重机由桥架（大车）、小车和提升机构组成。桥架沿着轨道作纵向移动，小车沿着轨道横向移动，提升机构安装在小车上，分为主起升机构和副起升机构。

起重机的拖动电动机是专为起重机设计的交、直流电动机，具有较高的机械强度和较大的过载能力。为了减小启动和制动时的能量损失，电枢做得细长，减小转动惯量，降低能量的损失，同时也加快过渡过程。电枢温升高于励磁绕组，因此提高了电枢绕组的热能品质指标。

中小型起重机主要使用交流电动机，我国生产的交流起重专用机有JZR（绕线转子型）和JZ（笼型）两种型号。大型起重机则主要使用直流电动机，直流起重专用机有ZZK和ZZ两种型号，都有并励、串励和复励三种励磁方式。

为了提高起重机的生产率及可靠性，对起重机的电力拖动及自动控制提出下列要求：

（1）空钩能快速升降，以提高生产率，轻载的起升速度大于额定负载时的起升速度。

（2）具有一定的调速范围。普通起重机的调速范围为3∶1，要求高的为5∶110∶1。

（3）起升或放下重物至预定位置附近时，都需要低速，所以在30%额定速度内应分成几档，以便灵活操作。高速向低速过渡应能连续减速，保持平稳运行。

（4）起升的第一级是为了消除传动间隙，使钢丝绳张紧，以避免过大的机械冲击，所以启动转矩不能大，一般在额定转矩的50%以下。

（5）任何负载下降，起升电动机发出之转矩，可以是电动或制动的，二者的转换是自动进行的。

（6）采用电气制动以减轻机械抱闸的负担，机械抱闸用以防止因电源故障停电使重物自由下落而造成的事故。

2.5.2 30/5t桥式吊钩起重机的电气控制

30/5t桥式起重机为交流拖动，主沟的起升电动机由于功率较大，所以采用磁力控制屏和主令操作器操纵，其他电动机均用凸轮控制器操纵。

桥架的移动是由两台特性一致的交流绕线转子电动机拖动，分别安装在桥架的两端。

30/5t桥式起重机的电气原理图如图2-5所示。

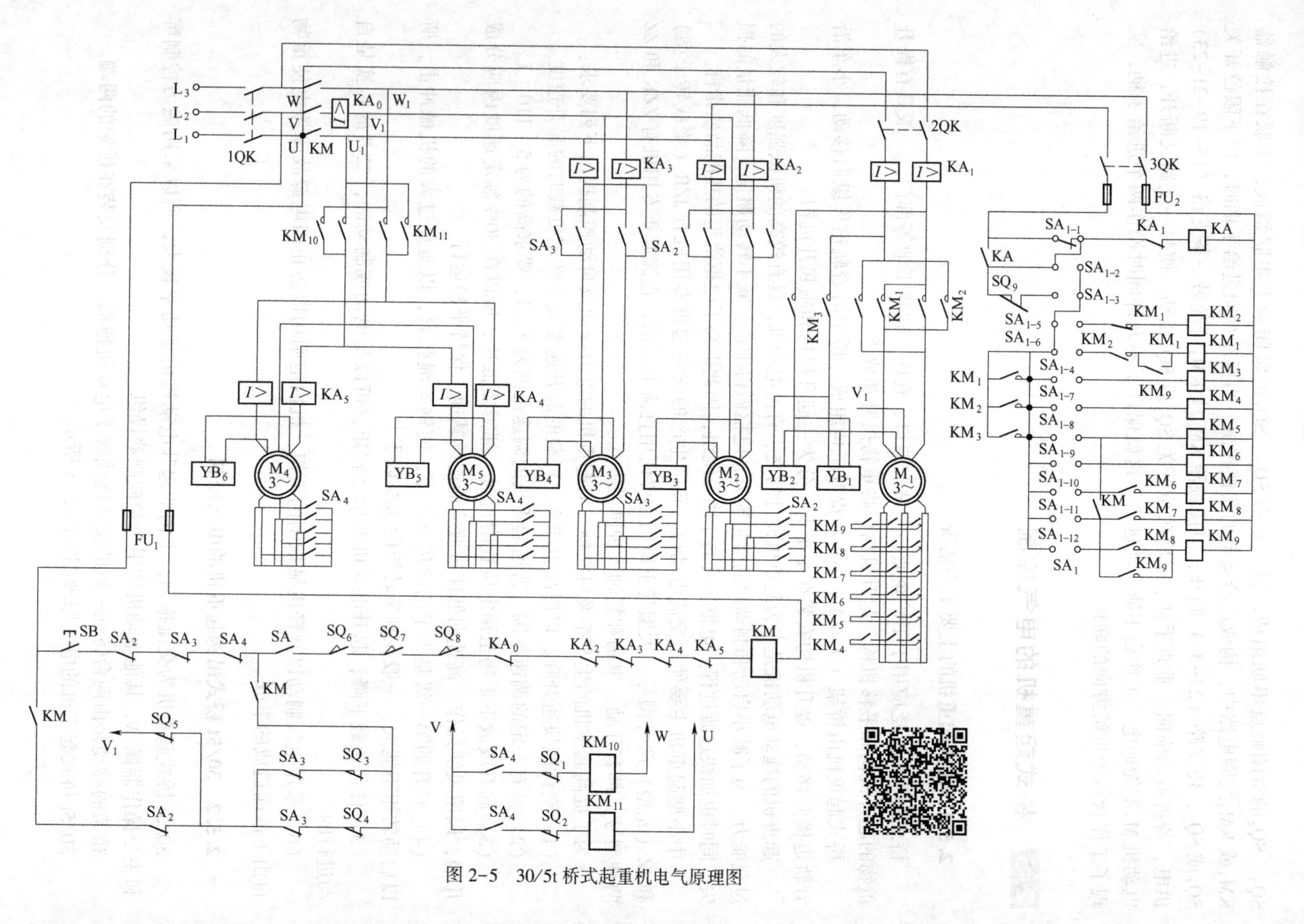

图 2-5　30/5t 桥式起重机电气原理图

起重机共有五台电动机拖动。M_1为主起升电动机；M_2为副起升电动机；M_3为小车电动机；M_4、M_5为桥架电动机，是特性一致的交流绕线转子电动机，分别安装在桥架的两端。整个电路可分为三部分：标准控制柜的保护电路，由PQR10磁力控制屏构成的主起升电动机M_1的控制系统，由凸轮控制器控制的副起升电动机M_2、小车电动机M_3和桥架电动机M_4、M_5的电路。

1. 控制柜的保护电路

通过接触器KM使电动机与车间电源接通，所以控制接触器KM就能对电动机进行保护。

电动机启动前，主令控制器SA_1和各凸轮控制器SA_2、SA_3、SA_4都在“零位”位置时，才允许接通交流电源。各控制器的触点情况见表2-3~表2-6。

表2-3　主起升主令控制器SA_1触点闭合表

触点	下降						零位	起升					
	强力			制动									
	5	4	3	2	1	C	0	1	2	3	4	5	6
K1							×						
K2	×	×	×										
K3				×	×	×		×	×	×	×	×	×
K4	×	×	×	×	×			×	×	×	×	×	×
K5	×	×	×										
K6				×	×	×		×	×	×	×	×	×
K7	×	×	×		×	×		×	×	×	×	×	×
K8	×	×	×			×			×	×	×	×	×
K9	×	×								×	×	×	×
K10	×										×	×	×
K11	×											×	×
K12	×												×

表2-4　辅助起升凸轮控制器SA_2触点闭合表

触点	上升					零位	下降				
	5	4	3	2	1	0	1	2	3	4	5
K0						×					
K1						×	×	×	×	×	×
K2	×	×	×	×	×	×					
K3							×	×	×	×	×
K4	×	×	×	×	×						
K5							×	×	×	×	×
K6	×	×	×	×	×						
K7	×	×	×	×				×	×	×	×
K8	×	×	×						×	×	×
K9	×	×								×	×
K10	×										×
K11	×										×

表 2-5　小车凸轮控制器 SA_3 触点闭合表

触点	向后					零位	向前				
	5	4	3	2	1	0	1	2	3	4	5
K0						×					
K1						×	×	×	×	×	×
K2	×	×	×	×	×	×					
K3							×	×	×	×	×
K4	×	×	×	×	×						
K5							×	×	×	×	×
K6	×	×	×	×	×						
K7	×	×	×	×				×	×	×	×
K8	×	×	×						×	×	×
K9	×	×								×	×
K10	×										×
K11	×										×

表 2-6　大车凸轮控制器 SA_4 触点闭合表

触点	向左					零位	向右				
	5	4	3	2	1	0	1	2	3	4	5
K0						×					
K1							×	×	×	×	×
K2	×	×	×	×	×						
K3							×	×	×	×	×
K4	×	×	×	×	×						
K5							×	×	×	×	×
K6	×	×	×	×	×						
K7	×	×	×	×				×	×	×	×
K8	×	×	×						×	×	×
K9	×	×								×	×
K10	×										×
K11	×										×
K12	×	×	×	×				×	×	×	×
K13	×	×	×						×	×	×
K14	×	×								×	×
K15	×										×
K16	×										×

由凸轮控制器 SA_2、SA_3、SA_4控制的四台电动机：副起升电动机 M_2、小车电动机 M_3、桥架电动机 M_4、M_5都设置过电流保护，分别采用过电流继电器 KA_2、KA_3、KA_4、KA_5实现。电源电路则采用过电流继电器 KA_0实现过电流保护。限位开关 SQ_6、SQ_7、SQ_8分别是操作室门上安全开关及起重机端梁栏门上的安全开关，任何一个门没关好，电动机都不能启动。紧急开关 SA 用来在紧急情况下切断总电源。小车限位开关 SQ_3、SQ_4及副起升位置开关 SQ_5串接于接触器 KM 的自锁电路中。当小车行至极限位置和副起升机构上升至规定的高度时，相应的限位开关常闭触点被压动而断开，使接触器 KM 断电，保证起重机安全工作。要

使机构推出极限位置，必须将手柄都退至“零位”，这时自锁电路中的常闭触点 SA_2、SA_3 都闭合，可以启动接触器 KM，操作凸轮控制器，使机构反方向运动，退出极限位置。桥架的限位开关 SQ_1、SQ_2 分别串联在桥架拖动电动机正、反向接触器 KM_{10}、KM_{11} 电路中，在左行极限位置压动限位开关 SQ_1，切断左行接触器 KM_{10}，左行停止，但允许右行接触器 KM_{11} 通电，控制大车向右退回，同样在极限位置 SQ_2 动作，限制右行，可以左行退回。

2. 副起升机构电气控制

采用凸轮控制器 SA_2 操纵，正向与反向控制是对称的。

当凸轮控制器 SA_2 从零位扳至上升（或下降）某一位置时，接通电源，电动机正转（或反转），拖动副起升机构上升（或下降）。根据不同挡位位置，副起升电动机 M_2 转子串接不同电阻的段数。与电动机通电同时，电磁制动器 YB_2 工作，松开副起升机构的抱闸，允许副起升机构运动。

3. 主起升机构电气控制

主起升机构电气原理图如图 2-6 所示。

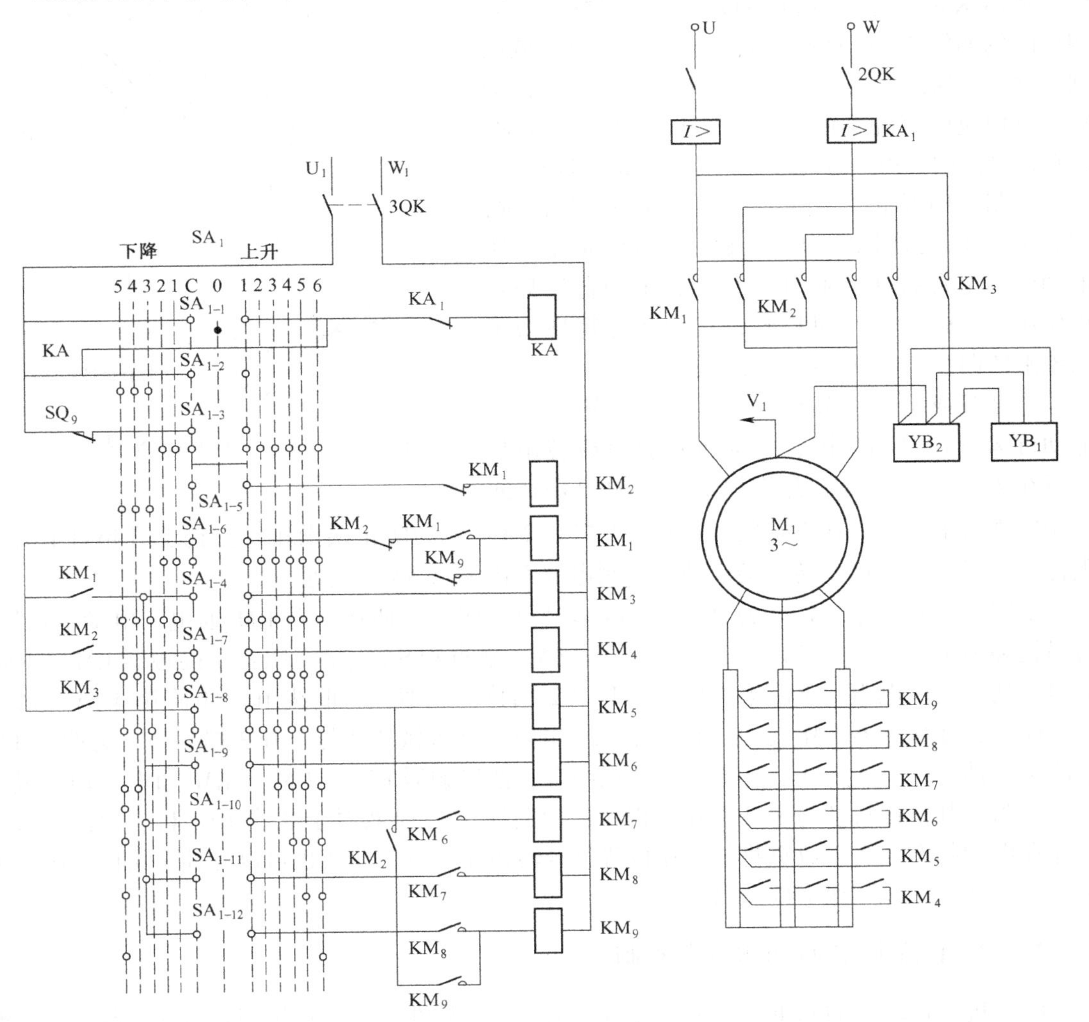

图 2-6　主起升机构电气原理图

把刀开关2QK、3QK合上，主令控制器SA_1手柄处于零位，零电压继电器KA通电，接通控制电路电源。

当主令控制器SA_1扳到“上升1”挡时SA_{1-3}、SA_{1-4}、SA_{1-6}、SA_{1-7}触点闭合，接触器KM_1、KM_3、KM_4通电，松开制动闸，电动机M_1正向启动，切除转子串接的第一段电阻。

若SA_1扳到第2挡、第3挡，则接触器KM_5、KM_6逐个通电，电动机M_1转子的外接电阻逐段被切除，最后一段为软化特性而固定接入的电阻，电动机正常运行。触点SA_{1-3}接通，使上升限位开关SQ_9串接于控制电路的电源中，若SQ_9常闭触点断开，则切断了所有接触器电源，起到上升极限保护作用。SA_1控制器手柄移至强力下降的第3~5挡，可以重新启动电动机，使上升机构退出上升的极限位置。主起升电动机的机械特性如图2-7所示。图中第一象限有六条曲线，电动机处于电动工作状态。

下降共有6挡，图2-6中C挡除SA_{1-3}触点接通电源外；SA_{1-6}触点闭合使接触器KM_1通电；SA_{1-7}触点闭合使接触器KM_4通电；SA_{1-8}触点闭合使接触器KM_5通电，切除两段电阻，其特性为第四象限的曲线7，接触器KM_3不通电，实现机械抱闸。这一档的作用是当手柄由下降方向向零位扳动时，重物应由下降到停止，这时电动机反接制动，减轻机械抱闸负担，避免溜钩，以实现准确停车。

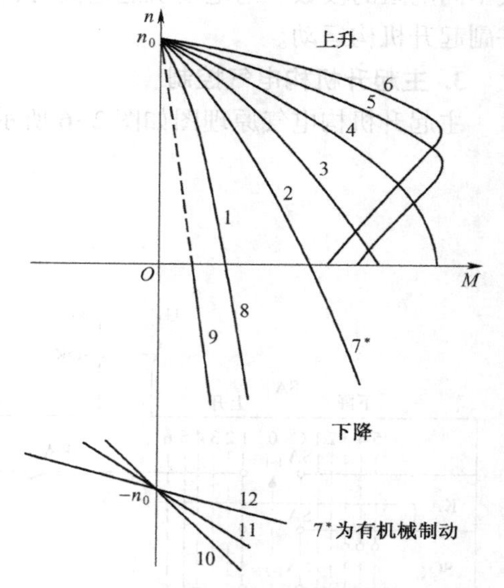

图2-7　主起升电动机的机械特性

控制手柄扳至“下降1”挡、“下降2”挡时，SA_{1-3}触点仍接通电源，SA_{1-6}触点使KM_1通电，使电动机与电源接法和起升时相同，重物在位势转矩作用下，强迫电动机反转，它的运行特性为第四象限的曲线8和9，是制动状态。

在轻载或空钩下放情况下，位势转矩不能使电动机运行在第四象限，电动机克服负载转矩将运行在第一象限，使提升机构上升，因而轻载或空钩应强力下放不应在下降的“C挡、1挡和2挡”。为防止误操作使空钩上升超过上升极限位置，只要电动机旋转磁场正转，控制电源都由触点SA_{1-3}接通。

下降的3~5挡，SA_{1-2}触点闭合，SA_{1-5}触点也闭合，使接触器KM_2通电，电动机反转，将吊钩强力下放，机械特性处于第三象限。SA_{1-7}触点和SA_{1-8}触点闭合，接触器KM_4、KM_5通电，切除两段电阻。下降第3挡与上升第2挡特性相似，为曲线10。下降第4挡，SA_{1-9}触点闭合，使接触器KM_6通电，切除第三段电阻，其机械特性与上升3挡相似，为曲线11。下降第5挡，SA_{1-10}、SA_{1-11}、SA_{1-12}触点闭合，使接触器KM_7、KM_8、KM_9通电，切除最后三段电阻，其机械特性与上升第6挡相似，为曲线12。显然对于曲线10、11、12，除可以工作在电动状态强力下放重物外，在位势负载转矩作用下，曲线也可以延伸至第四象限，成为发电制动状态，高速下放重物。

2.5.3　直流拖动的起重机电气控制

电动机容量较大的起重机都采用直流拖动，其可靠性高，适宜作频繁启动、制动，一般采用主令控制器配合控制屏的操作系统。图 2-8 为 DY-127 型控制屏的电气原理图。

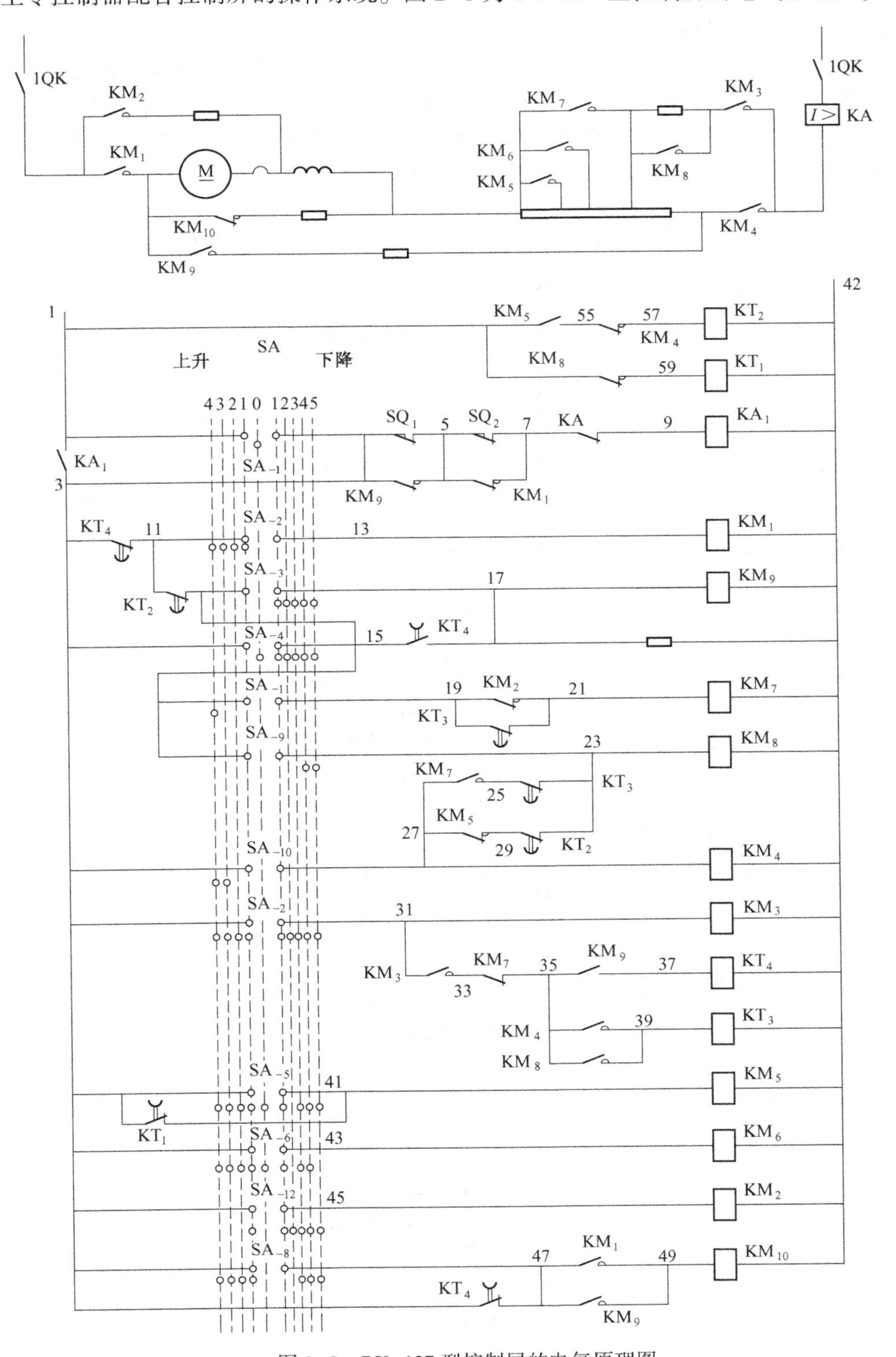

图 2-8　DY-127 型控制屏的电气原理图

起升电动机为串励电动机。下降时为了使其机械特性能在第三、四象限平滑过渡，多采用磁场并励接法，使机械特性与纵坐标轴有交点。

线路的工作过程如下：主令控制器 SA 置于“零位”，零电压继电器 KA 通电，上升第 1 挡，接触器 KM_1、KM_2、KM_3通电，电动机接成电枢分路接法，可使其机械特性延伸至第二象限，进行制动减速。其接线如图 2-9（a）所示。图中常闭触点表示该档位置时触点是闭合的。相应的机械特性，如图 2-10 中第一象限曲线 1 所示。

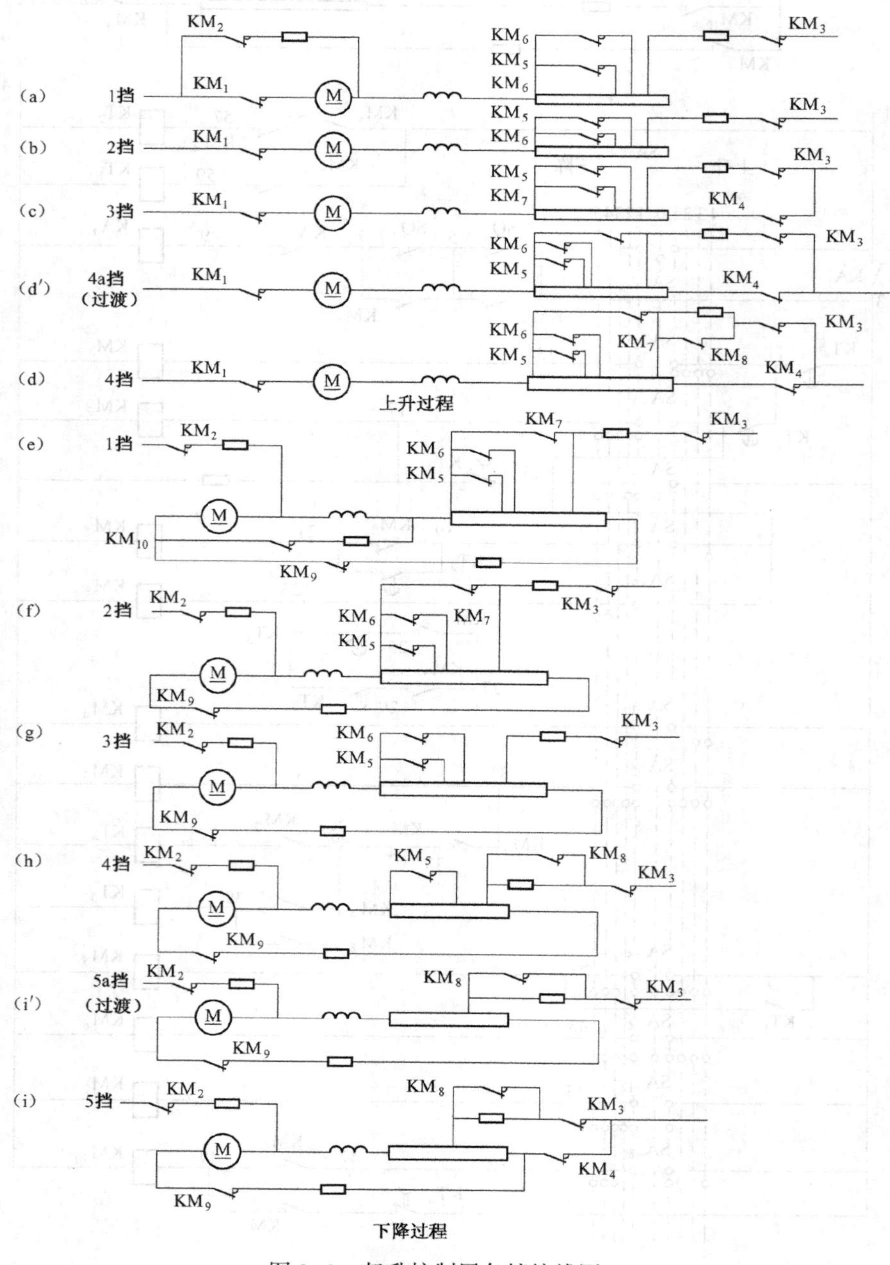

图 2-9　起升控制屏各挡接线图

上升第2挡时，接触器KM_2断电，线路中串入两段电阻，解除电枢并联分路，其机械特性高于第1挡，接线如图2-9（b）所示，其机械特性如图2-10第一象限曲线2所示。

上升第3挡时，接触器KM_4通电，减小串接的电阻，其机械特性高于第2挡，接线如图2-9（c）所示，其机械特性如图2-10第一象限曲线3所示。

上升第4挡时，接触器KM_7通电，又切除一段电阻，使接线如图2-9（d′）所示，机械特性如图2-10曲线4a所示。接触器KM_7常闭触点断开使时间继电器KT_3断电，KT_3延时闭合常闭触点，延时1s闭合，使接触器KM_8通电，切除全部电阻，电动机达到额定转速，接线如图2-9（d）所示，其机械特性如图2-10曲线4所示。曲线4a（过渡）特性，是避免手柄由零位迅速拉向上升第4挡时出现直接启动的电流冲击，使电动机至少在曲线4a特性上运行1s，再转换到第一象限曲线4上。

下降时，电动机接成并励，启动和调速采用改变电枢电阻、励磁电流及外加电压来实现。下降第1挡时，接触器KM_2通电，电枢极性与上升时相反，同时KM_9通电，使电枢串联一电阻，接触器KM_3也通电，这时电动机运行在第四象限，为制动状态，接线如图2-9（e）所示，其机械特性如图2-10下降曲线1所示。

下降第2挡时，接触器KM_{10}通电，使电枢电路串入阻值比下降1挡时大的电阻，其机械特性在第四象限，低于第1挡的特性，接线如图2-9（f）所示，其机械特性如图2-10第四象限曲线2所示。

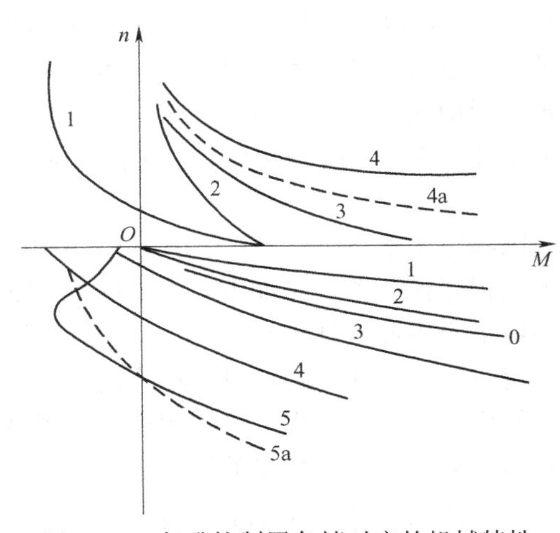

图2-10 起升控制屏各挡对应的机械特性

下降到第3挡时，接触器KM_7断电，磁场电阻增加，呈弱磁调速，特性比第2挡低，接线如图2-9所示，其机械特性如图2-10第四象限曲线3所示。

下降到第4挡时，接触器KM_8通电，接触器KM_6断电，增大磁场电阻，减少励磁电流，其机械特性进入第三象限，成为电动状态，可强力下放，接线如图2-9（h）所示，其机械特性如图2-10第三象限曲线4所示。

下降第5挡时，接触器KM_5断电，呈最大弱磁状态，接线如图2-9（i′）所示，其机械特性如图2-10曲线5a所示。接触器KM_5断电使时间继电器KT_2断电，延时1.5s使接触器KM_4通电，又切除一段电阻，接线如图2-9（i）所示，其机械特性如图2-10曲线5所示。手柄快速从“零位”拉向下降第5挡时，接触器KM_5延时1.5s通电，使机械特性要由下降曲线4经5a过渡到曲线5，以避免过大的电流冲击。

手柄快速由下降3、4、5挡拉向“零位”时，时间继电器KT_4的常开触点使接触器KM_9、KM_{10}延时2~3 s断开，使电动机处于能耗制动状态，以保持电动机的必需制动转矩，其机械特性如图2-10中曲线0所示。

习　题

2-1　试分析Z3040摇臂钻床的摇臂下降过程。

第3章

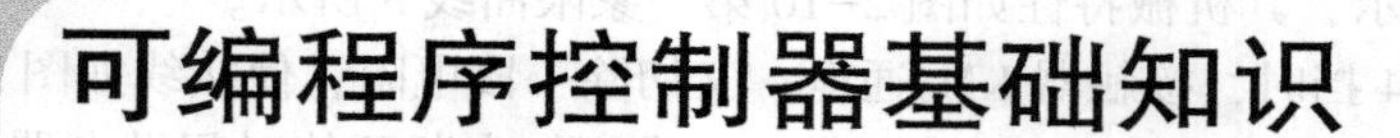

可编程序控制器基础知识

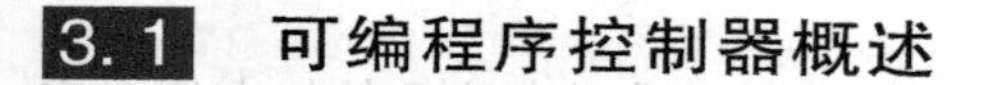

3.1 可编程序控制器概述

3.1.1 什么是可编程序控制器

可编程序控制器早期称为可编程序逻辑控制器（Programmable Logic Controller），简称PLC。它是在电气控制技术和计算机技术的基础上开发出来的，并逐渐发展成为以微处理器为核心，把自动化技术、计算机技术、通信技术融为一体的新型工业控制装置。目前，PLC已被广泛应用于各种机械和生产过程的自动控制中，成为一种最重要、最普及、应用场合最多的工业控制装置，被公认为现代工业自动化的三大支柱（PLC、机器人、CAD/CAM）之一。

国际电工委员会（IEC）于1987年颁布了可编程序控制器标准草案第三稿。在草案中对可编程序控制器定义如下："可编程序控制器是一种数字运算操作的电子系统，专为在工业环境下应用而设计。它采用可编程序的存储器，用来在其内部存储执行逻辑运算、顺序控制、定时、计数和算术运算等操作的指令，并通过数字式和模拟式的输入和输出，控制各种类型的机械或生产过程。可编程序控制器及其有关外围设备，都应按易于与工业系统联成一个整体，易于扩充其功能的原则设计。"

定义强调了PLC应直接应用于工业环境，必须具有很强的抗干扰能力、广泛的适应能力和广阔的应用范围，这是区别于一般微机控制系统的重要特征。同时，也强调了PLC用软件方式实现的"可编程"与传统控制装置中通过硬件或硬接线的变更来改变程序的本质区别。

近年来，可编程序控制器发展很快，几乎每年都推出不少新系列产品，其功能已远远超出了上述定义的范围。

3.1.2 PLC的产生与发展

可编程序控制器出现前，在工业电气控制领域中，继电器控制占主导地位，应用广泛。但是电气控制系统存在体积大、可靠性低、查找和排除故障困难等缺点，特别是其接线复杂、不易更改，对生产工艺变化的适应性差。

1968年美国通用汽车公司（G.M）为了适应汽车型号的不断更新，生产工艺不断变化的需要，实现小批量、多品种生产，希望能有一种新型工业控制器，做到尽可能减少重新设计和更换电气控制系统及接线，以降低成本，缩短周期，于是就提出一种设想，将计算机功能强大、灵活、通用性好等优点与电气控制系统简单易懂、价格便宜等优点结合起来，制成一种通用控制装置，而且这种装置采用面向控制过程、面向问题的“自然语言”进行编程，使不熟悉计算机的人也能很快掌握使用。

1969年美国数字设备公司（DEC）根据美国通用汽车公司的这种设想，研制成功了世界上第一台可编程序控制器，并在通用汽车公司的自动装配线上试用，取得很好的效果。从此这项技术迅速发展起来。

早期的可编程序控制器仅有逻辑运算、定时、计数等顺序控制功能，只是用来取代传统的继电器控制，通常称为可编程序逻辑控制器。随着微电子技术和计算机技术的发展，20世纪70年代中期微处理器技术应用到PLC中，使PLC不仅具有逻辑控制功能，还增加了算术运算、数据传送和数据处理等功能。

20世纪80年代以后，随着大规模、超大规模集成电路等微电子技术的迅速发展，16位和32位微处理器应用于PLC中，使PLC得到迅速发展。PLC不仅控制功能增强，同时可靠性提高，功耗、体积减小，成本降低，编程和故障检测更加灵活方便，而且具有通信和联网、数据处理和图像显示等功能，使PLC真正成为具有逻辑控制、过程控制、运动控制、数据处理、联网通信等功能的名副其实的多功能控制器。

自从第一台PLC出现以后，日本、德国、法国等也相继开始研制PLC，并得到了迅速的发展。目前，世界上有200多家PLC厂商，400多品种的PLC产品，按地域可分成美国、欧洲和日本三个流派产品，各流派PLC产品都各具特色，如日本主要发展中小型PLC，其小型PLC性能先进、结构紧凑、价格便宜，在世界市场上占有重要地位。著名的PLC生产厂家主要有美国的A-B（Allen-Bradly）公司、通用电气（General Electric）公司，日本的三菱电机（Mitsubishi Electric）公司、欧姆龙（OMRON）公司，德国的AEG公司、西门子（Siemens）公司，法国的TE（Telemecanique）公司等。

我国的PLC研制、生产和应用也发展很快，尤其在应用方面更为突出。在20世纪70年代末和80年代初，随着国外成套设备、专用设备的引进，我国引进了不少国外的PLC。此后，在传统设备改造和新设备设计中，PLC的应用逐年增多，并取得显著的经济效益，PLC在我国的应用越来越广泛，对提高我国工业自动化水平起到了巨大的作用。目前，我国不少科研单位和工厂在研制和生产PLC，如辽宁无线电二厂、无锡华光电子公司、上海香岛电机制造公司、厦门A-B公司等。

从近年的统计数据看，在世界范围内PLC产品的产量、销量、用量高居工业控制装置榜首，而且市场需求量一直以每年15%的比率上升。PLC已成为工业自动化控制领域中占主导地位的通用工业控制装置。

3.1.3　PLC的特点与应用领域

1. PLC的特点

PLC技术之所以能高速发展，除了工业自动化的客观需要外，主要是因为它具有许多独特的优点，较好地解决了工业领域中大家普遍关心的可靠、安全、灵活、方便、经济等问题。其主要特点如下：

1）可靠性高、抗干扰能力强

可靠性高、抗干扰能力强是PLC最重要的特点之一。PLC的平均无故障时间可达几十万个小时，之所以有这么高的可靠性，是由于它采用了一系列的硬件和软件的抗干扰措施。

（1）硬件方面抗干扰措施。I/O 通道采用光电隔离，有效地抑制了外部干扰源对 PLC 的影响；对供电电源及线路采用多种形式的滤波，从而消除或抑制了高频干扰；对 CPU 等重要部件采用良好的导电、导磁材料进行屏蔽，以减少空间电磁干扰；对有些模块设置了联锁保护、自诊断电路等。

（2）软件方面抗干扰措施。PLC 采用扫描工作方式，减少了由于外界环境干扰引起故障；在 PLC 系统程序中设有故障检测和自诊断程序，能对系统硬件电路等故障实现检测和判断；当由外界干扰引起故障时，能立即将当前重要信息加以封存，禁止任何不稳定的读写操作，一旦外界环境正常后，便可恢复到故障发生前的状态，继续原来的工作。

2）编程简单、使用方便

目前，大多数 PLC 采用的编程语言是梯形图语言，它是一种面向生产、面向用户的编程语言。梯形图与电气控制线路图相似，形象、直观，不需要掌握计算机知识，很容易让广大工程技术人员掌握。当生产流程需要改变时，可以现场改变程序，使用方便、灵活。同时，PLC 编程器的操作和使用也很简单。这也是 PLC 获得普及和推广的主要原因之一。

许多 PLC 还针对具体问题，设计了各种专用编程指令及编程方法，进一步简化了编程。

3）功能完善、通用性强

现代 PLC 不仅具有逻辑运算、定时、计数、顺序控制等功能，而且还具有 A/D 和 D/A 转换、数值运算、数据处理、PID 控制、通信联网等许多功能。同时，由于 PLC 产品的系列化、模块化，有品种齐全的各种硬件装置供用户选用，可以组成满足各种要求的控制系统。

4）设计安装简单、维护方便

由于 PLC 用软件代替了传统电气控制系统的硬件，控制柜的设计、安装接线工作量大为减少。PLC 的用户程序大部分可在实验室进行模拟调试，缩短了应用设计和调试周期。在维修方面，由于 PLC 的故障率极低，维修工作量很小，而且 PLC 具有很强的自诊断功能，如果出现故障，可根据 PLC 上指示或编程器上提供的故障信息，迅速查明原因，维修极为方便。

5）体积小、重量轻、能耗低

由于 PLC 采用了集成电路，其结构紧凑、体积小、能耗低，因而是实现机电一体化的理想控制设备。

2. PLC 的应用领域

目前，在国内外 PLC 已广泛应用于冶金、石油、化工、建材、机械制造、电力、汽车、轻工、环保及文化娱乐等各行各业，随着 PLC 性能价格比的不断提高，其应用领域不断扩大。从应用类型看，PLC 的应用大致可归纳为以下几个方面：

1）开关量逻辑控制

利用 PLC 最基本的逻辑运算、定时、计数等功能实现逻辑控制，可以取代传统的继电器控制，用于单机控制、多机群控制、生产自动线控制等，例如机床、注塑机、印刷机械、装配生产线、电镀流水线及电梯的控制等。这是 PLC 最基本的应用，也是 PLC 最广泛的应用领域。

2）运动控制

大多数 PLC 都有拖动步进电机或伺服电机的单轴或多轴位置控制模块。这一功能广泛用于各种机械设备，如对各种机床、装配机械、机器人等进行运动控制。

3）过程控制

大、中型PLC都具有多路模拟量I/O（输入/输出）模块和PID控制功能，有的小型PLC也具有模拟量I/O模块。所以PLC可实现模拟量控制，而且具有PID控制功能的PLC可构成闭环控制，用于过程控制。这一功能已广泛用于锅炉、反应堆、水处理、酿酒以及闭环位置控制和速度控制等方面。

4）数据处理

现代的PLC都具有数学运算、数据传送、转换、排序和查表等功能，可进行数据的采集、分析和处理，同时可通过通信接口将这些数据传送给其他智能装置，如计算机数值控制（CNC）设备，进行处理。

5）通信联网

PLC的通信包括PLC与PLC、PLC与上位计算机、PLC与其他智能设备之间的通信，PLC系统与通用计算机可直接或通过通信处理单元、通信转换单元相连构成网络，以实现信息的交换，并可构成“集中管理、分散控制”的多级分布式控制系统，满足工厂自动化（FA）系统发展的需要。

3.1.4 PLC的分类

PLC产品种类繁多，其规格和性能也各不相同。对PLC的分类，通常根据其结构形式的不同、功能的差异和I/O点数的多少等进行大致分类。

1. 按结构形式分类

根据PLC的结构形式，可将PLC分为整体式PLC和模块式PLC两类。

（1）整体式PLC。整体式PLC是将电源、CPU、I/O接口等部件都集中装在一个机箱内，具有结构紧凑、体积小、价格低的特点。小型PLC一般采用这种整体式结构。整体式PLC由不同I/O点数的基本单元（又称主机）和扩展单元组成。基本单元内有CPU、I/O接口、与I/O扩展单元相连的扩展口，以及与编程器或EPROM写入器相连的接口等。扩展单元内只有I/O和电源等，没有CPU。基本单元和扩展单元之间一般用扁平电缆连接。整体式PLC一般还可配备特殊功能单元，如模拟量单元、位置控制单元等，使其功能得以扩展。

（2）模块式PLC。模块式PLC是将PLC各组成部分，分别作成若干个单独的模块，如CPU模块、I/O模块、电源模块（有的含在CPU模块中）以及各种功能模块。模块式PLC由框架或基板和各种模块组成。模块装在框架或基板的插座上。这种模块式PLC的特点是配置灵活，可根据需要选配不同规模的系统，而且装配方便，便于扩展和维修。大、中型PLC一般采用模块式结构。

还有一些PLC将整体式和模块式的特点结合起来，构成所谓叠装式PLC。叠装式PLC的CPU、电源、I/O接口等也是各自独立的模块，但它们之间靠电缆进行连接，并且各模块可以一层层地叠装。这样，不但系统可以灵活配置，还可做得体积小巧。

2. 按功能分类

根据PLC的不同功能，可将PLC分为低档、中档、高档PLC三类。

（1）低档PLC。低档PLC具有逻辑运算、定时、计数、移位以及自诊断、监控等基本功能，还有少量模拟量输入/输出、算术运算、数据传送和比较、通信等功能，主要用于逻辑控制、顺序控制或少量模拟量控制的单机控制系统。

(2) 中档PLC。除具有低档PLC的功能外，中档PLC还具有较强的模拟量输入/输出、算术运算、数据传送和比较、数制转换、远程I/O、子程序、通信联网等功能。有些还可增设中断控制、PID控制等功能，适用于复杂控制系统。

(3) 高档PLC。除具有中档机的功能外，高档PLC还增加了带符号算术运算、矩阵运算、位逻辑运算、平方根运算及其他特殊功能函数的运算、制表及表格传送功能等。高档PLC机具有更强的通信联网功能，可用于大规模过程控制或构成分布式网络控制系统，实现工厂自动化。

3. 按I/O点数分类

根据PLC的I/O点数的多少，可将PLC分为小型、中型和大型PLC三类。

(1) 小型PLC。I/O点数为256点以下的为小型PLC，其中，I/O点数小于64点的为超小型或微型PLC。

(2) 中型PLC。I/O点数为256点以上、2048点以下的为中型PLC。

(3) 大型PLC。I/O点数为2048以上的为大型PLC。其中，I/O点数超过8192点的为超大型PLC。

在实际中，一般PLC功能的强弱与其I/O点数的多少是相互关联的，即PLC的功能越强，其可配置的I/O点数越多。因此，通常所说的小型、中型、大型PLC，除指其I/O点数不同外，同时也表示其对应功能为低档、中档、高档。

3.2 PLC控制系统与电气控制系统的比较

3.2.1 电气控制系统与PLC控制系统

1. 电气控制系统的组成

通过第1章的学习可知，任何一个电气控制系统，都是由输入部分、输出部分和控制部分组成的，如图3-1所示。

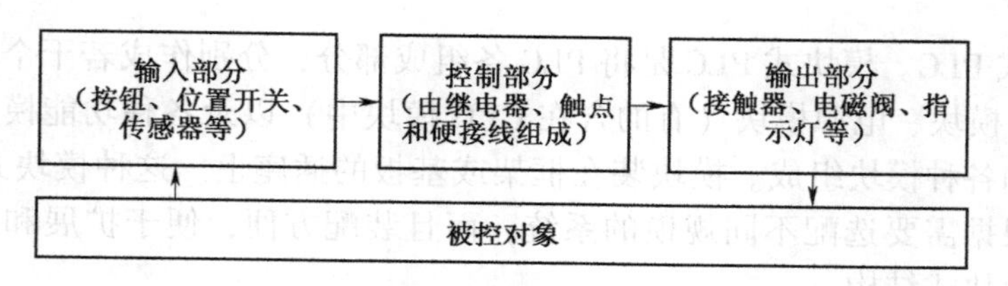

图3-1 电气控制系统的组成

其中输入部分是由各种输入设备，如按钮、位置开关及传感器等组成；控制部分是按照控制要求设计的，由若干继电器及触点构成的具有一定逻辑功能的控制电路；输出部分是由各种输出设备，如接触器、电磁阀、指示灯等执行元件组成。电气控制系统是根据操作指令及被控对象发出的信号，由控制电路按规定的动作要求决定执行什么动作或动作的顺序，然后驱动输出设备去实现各种操作。由于控制电路是采用硬接线将各种继电器及触点按一定的要求连接而成，所以接线复杂且故障点多，同时不易灵活改变。

2. PLC 控制系统的组成

由 PLC 构成的控制系统也是由输入、输出和控制三部分组成的，如图 3-2 所示。

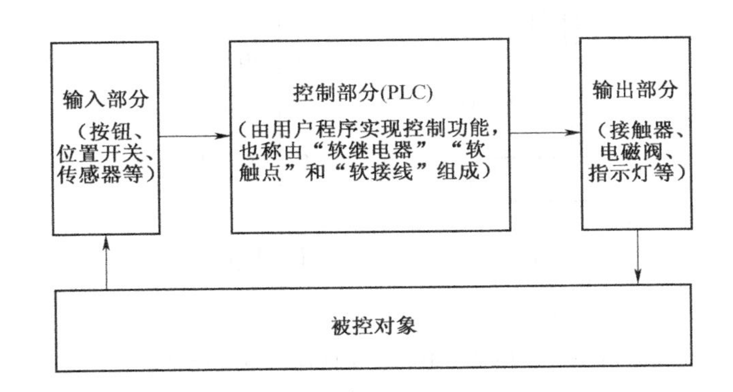

图 3-2 PLC 控制系统的组成

从图 3-2 中可以看出，PLC 控制系统的输入、输出部分和电气控制系统的输入、输出部分基本相同，但控制部分是采用“可编程”的 PLC，而不是实际的继电器线路。因此，PLC 控制系统可以方便地通过改变用户程序，以实现各种控制功能，从根本上解决了电气控制系统控制电路难以改变的问题。同时，PLC 控制系统不仅能实现逻辑运算，还具有数值运算及过程控制等复杂的控制功能。

3.2.2 PLC 的等效电路

从上述比较可知，PLC 的用户程序（软件）代替了继电器控制电路（硬件）。因此，对于使用者来说，可以将 PLC 等效成许多各种各样的“软继电器”和“软接线”的集合，而用户程序就是用“软接线”将“软继电器”及其“触点”按一定要求连接起来的“控制电路”。

为了更好地理解这种等效关系，下面通过一个例子来说明。如图 3-3 所示为三相异步电动机单向启动运行的电气控制系统。其中，由输入设备 SB_1、SB_2、FR 的触点构成系统的输入部分，由输出设备 KM 构成系统的输出部分。

如果用 PLC 来控制这台三相异步电动机，组成一个 PLC 控制系统，根据上述分析可知，系统主电路不变，只要将输入设备 SB_1、SB_2、FR 的触点与 PLC 的输入端连接，输出设备 KM 线圈与 PLC 的输出端连接，就构成 PLC 控制系统的输入、输出硬件线路。而控制部分的功能则由 PLC 的用户程序来实现，其等效电路如图 3-4 所示。

图 3-4 中，输入设备 SB_1、SB_2、FR 与 PLC 内部的“软继电器”X_0、X_1、X_2 的“线圈”对应，由输入设备控制相对应的“软继电器”的状态，即通过这些“软继电器”将外部输入设备状态变成 PLC 内部的状态，这类“软继电器”称为输入继电器。同理，输出设备 KM 与 PLC 内部的“软继电器”Y_0 对应，由“软继电器”Y_0 状态控制对应的输出设备 KM 的状态，即通过这些“软继电器”将 PLC 内部状态输出，以控制外部输出设备，这类“软继电器”称为输出继电器。

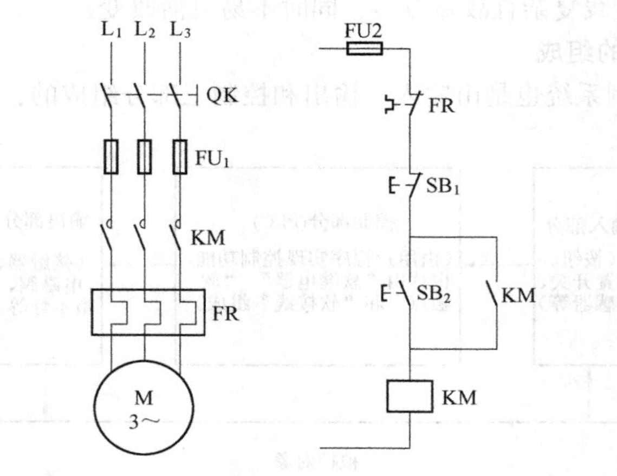

图 3-3　三相异步电动机单向运行电气控制系统

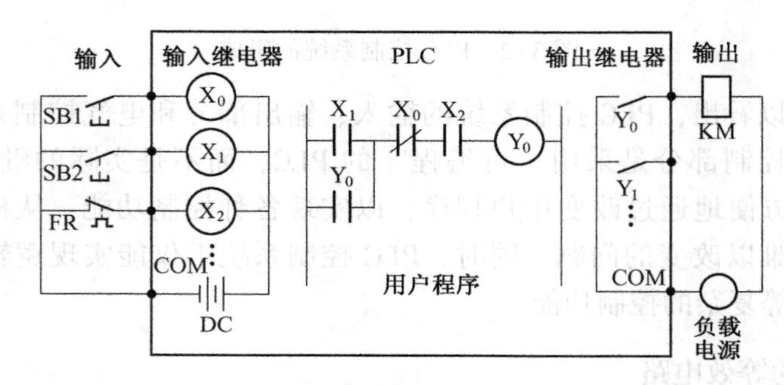

图 3-4　PLC 的等效电路

因此，PLC 用户程序要实现的是：如何用输入继电器 X_0、X_1、X_2 来控制输出继电器 Y_0。当控制要求复杂时，程序中还要采用 PLC 内部的其他类型的“软继电器”，如辅助继电器、定时器、计数器等，以达到控制要求。

要注意的是，PLC 等效电路中的继电器并不是实际的物理继电器，它实质上是存储器单元的状态。单元状态为“1”，相当于继电器接通；单元状态为“0”，则相当于继电器断开。因此，称这些继电器为“软继电器”。

3.2.3　PLC 控制系统与电气控制系统的区别

PLC 控制系统与电气控制系统相比，有许多相似之处，也有许多不同。不同之处主要体现在以下几个方面：

（1）从控制方法上看，电气控制系统控制逻辑采用硬件接线，利用继电器机械触点的串联或并联等组合成控制逻辑，其连线多且复杂、体积大、功耗大，系统构成后，想再改变或增加功能较为困难。另外，继电器的触点数量有限，所以电气控制系统的灵活性和可扩展性受到很大限制。而 PLC 采用了计算机技术，其控制逻辑是以程序的方式存放在存储器中，要改变控制逻辑只需改变程序，因而很容易改变或增加系统功能。系统连线少、体积小、功耗小，而且 PLC 所谓“软继电器”实质上是存储器单元的状态，所以“软继电器”的触点数量是无限的，PLC 系统的灵活性和可扩展性好。

（2）从工作方式上看，在继电器控制电路中，当电源接通时，电路中所有继电器都处于受制约状态，即该吸合的继电器都同时吸合，不该吸合的继电器受某种条件限制而不能吸合，这种工作方式称为并行工作方式。而PLC的用户程序是按一定顺序循环执行，所以各个继电器都处于周期性循环扫描接通中，受同一条件制约的各个继电器的动作次序决定于程序扫描顺序，这种工作方式称为串行工作方式。

（3）从控制速度上看，继电器控制系统依靠机械触点的动作以实现控制，工作频率低，机械触点还会出现抖动问题。而PLC通过程序指令控制半导体电路来实现控制的，速度快，程序指令执行时间在微秒级，且不会出现触点抖动问题。

（4）从定时和计数控制上看，电气控制系统采用时间继电器的延时动作进行时间控制，时间继电器的延时时间易受环境温度变化的影响，定时精度不高。而PLC采用半导体集成电路作定时器，时钟脉冲由晶体振荡器产生，精度高，定时范围宽，用户可根据需要在程序中设定定时值，修改方便，不受环境的影响，且PLC具有计数功能，而电气控制系统一般不具备计数功能。

（5）从可靠性和可维护性上看，由于电气控制系统使用了大量的机械触点，其存在机械磨损、电弧烧伤等现象，寿命短，系统的连线多，所以可靠性和可维护性较差。而PLC大量的开关动作由无触点的半导体电路来完成，其寿命长、可靠性高，PLC还具有自诊断功能，能查出自身的故障，随时显示给操作人员，并能动态地监视控制程序的执行情况，为现场调试和维护提供了方便。

3.3 PLC的基本组成

PLC是微机技术和控制技术相结合的产物，是一种以微处理器为核心的用于控制的特殊计算机，因此PLC的基本组成与一般的微机系统类似。

3.3.1 PLC的硬件组成

PLC的硬件主要由中央处理器（CPU）、存储器、输入单元、输出单元、通信接口、扩展接口、电源等部分组成。其中，CPU是PLC的核心，输入单元与输出单元是连接现场输入/输出设备与CPU之间的接口电路，通信接口用于与编程器、上位计算机等外设连接。

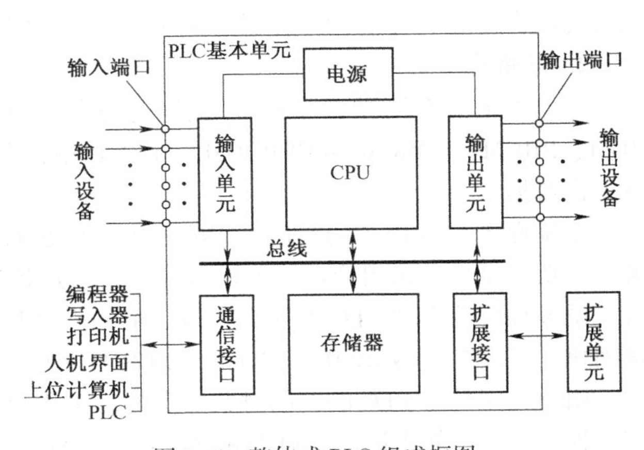

图3-5 整体式PLC组成框图

对于整体式PLC，所有部件都装在同一机壳内，其组成框图如图3-5所示。对于模块式PLC，各部件独立封装成模块，各模块通过总线连接，安装在机架或导轨上，其组成框图如图3-6所示。无论是哪种结构类型的PLC，都可根据用户需要进行配置与组合。

尽管整体式与模块式 PLC 的结构不太一样，但各部分的功能是相同的。下面对 PLC 主要组成各部分进行简单介绍。

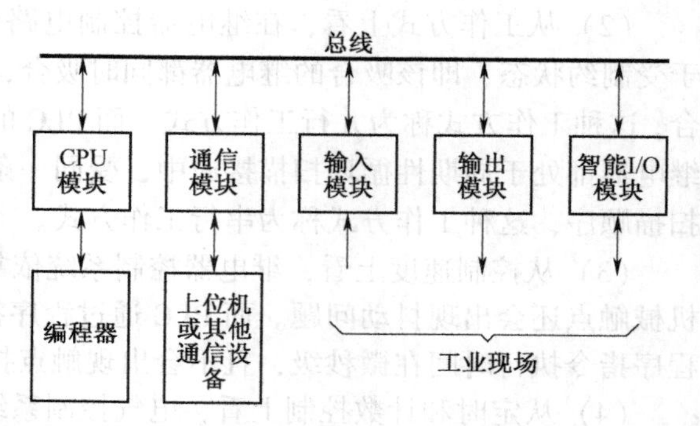

图 3-6　模块式 PLC 组成框图

1. 中央处理单元（CPU）

同一般的微机一样，CPU 是 PLC 的核心。PLC 中所配置的 CPU 随机型不同而不同，常用的有三类：通用微处理器（如 Z80、8086、80286 等）、单片微处理器（如 8031、8096 等）和位片式微处理器（如 AMD29W 等）。小型 PLC 大多采用 8 位通用微处理器和单片微处理器；中型 PLC 大多采用 16 位通用微处理器或单片微处理器；大型 PLC 大多采用高速位片式微处理器。

目前，小型 PLC 为单 CPU 系统，而中、大型 PLC 则大多为双 CPU 系统，甚至有些 PLC 中多达 8 个 CPU。对于双 CPU 系统，一般一个为字处理器，采用 8 位或 16 位处理器；另一个为位处理器，采用由各厂家设计制造的专用芯片。字处理器为主处理器，用于执行编程器接口功能、监视内部定时器、监视扫描时间、处理字节指令以及对系统总线和位处理器进行控制等。位处理器为从处理器，主要用于处理位操作指令和实现 PLC 编程语言向机器语言的转换。位处理器的采用，提高了 PLC 的速度，使 PLC 更好地满足实时控制要求。

在 PLC 中 CPU 按系统程序赋予的功能，指挥 PLC 有条不紊地进行工作，归纳起来主要有以下几个方面：

（1）接收从编程器输入的用户程序和数据。

（2）诊断电源、PLC 内部电路的工作故障和编程中的语法错误等。

（3）通过输入接口接收现场的状态或数据，并存入输入映像寄存器或数据寄存器中。

（4）从存储器逐条读取用户程序，经过解释后执行。

（5）根据执行的结果，更新有关标志位的状态和输出映像寄存器的内容，通过输出单元实现输出控制。有些 PLC 还具有制表打印或数据通信等功能。

2. 存储器

存储器主要有两种：一种是可读/写操作的随机存储器 RAM，另一种是只读存储器 ROM、PROM、EPROM 和 EEPROM。在 PLC 中，存储器主要用于存放系统程序、用户程序及工作数据。

系统程序是由 PLC 的制造厂家编写的，和 PLC 的硬件组成有关，完成系统诊断、命令解释、功能子程序调用管理、逻辑运算、通信及各种参数设定等功能，提供 PLC 运行的平台。系统程序关系到 PLC 的性能，而且在 PLC 使用过程中不会变动，所以是由制造厂家直接固化在只读存储器 ROM、PROM 或 EPROM 中，用户不能访问和修改。

用户程序是随 PLC 的控制对象而定的，由用户根据对象生产工艺的控制要求而编制的应用程序。为了便于读出、检查和修改，用户程序一般存于 CMOS 静态 RAM 中，用锂电池作为后备电源，以保证掉电时不会丢失信息。为了防止干扰对 RAM 中程序的破坏，当用户程序经过运行正常，不需要改变，可将其固化在只读存储器 EPROM 中。现在有许多 PLC 直接采用 EEPROM 作为用户存储器。

工作数据是PLC运行过程中经常变化、经常存取的一些数据。存放在RAM中，以适应随机存取的要求。在PLC的工作数据存储器中，设有存放输入/输出继电器、辅助继电器、定时器、计数器等逻辑器件的存储区，这些器件的状态都是由用户程序的初始设置和运行情况而确定的。根据需要，部分数据在掉电时用后备电池维持其现有的状态，这部分在掉电时可保存数据的存储区域称为保持数据区。

由于系统程序及工作数据与用户无直接联系，所以在PLC产品样本或使用手册中所列存储器的形式及容量是指用户程序存储器。当PLC提供的用户存储器容量不够用，许多PLC还提供有存储器扩展功能。

3. 输入/输出单元

输入/输出单元通常也称I/O单元或I/O模块，是PLC与工业生产现场之间的连接部件。PLC通过输入接口可以检测被控对象的各种数据，以这些数据作为PLC对被控制对象进行控制的依据。同时PLC又通过输出接口将处理结果送给被控制对象，以实现控制目的。

由于外部输入设备和输出设备所需的信号电平是多种多样的，而PLC内部CPU的处理的信息只能是标准电平，所以I/O接口要实现这种转换。I/O接口一般都具有光电隔离和滤波功能，以提高PLC的抗干扰能力。另外，I/O接口上通常还有状态指示，使工作状况直观，便于维护。

PLC提供了多种操作电平和驱动能力的I/O接口，有各种各样功能的I/O接口供用户选用。I/O接口的主要类型有数字量（开关量）输入、数字量（开关量）输出、模拟量输入、模拟量输出等。

常用的开关量输入接口按其使用电源的不同有三种类型：直流输入接口、交流输入接口和交/直流输入接口，其基本原理电路如图3-7所示。

常用的开关量输出接口按输出开关器件不同有三种类型：继电器输出、晶体管输出和双向晶闸管输出，其基本原理电路如图3-8所示。继电器输出接口可驱动交流或直流负载，但其响应时间长，动作频率低。而晶体管输出和双向晶闸管输出接口的响应速度快，动作频率高，但前者只能用于驱动直流负载，后者只能用于交流负载。

PLC的I/O接口所能接收的输入信号个数和输出信号个数称为PLC输入/输出（I/O）点数。I/O点数是选择PLC的重要依据之一。当系统的I/O点数不够时，可通过PLC的I/O扩展接口对系统进行扩展。

4. 通信接口

PLC配有各种通信接口，这些通信接口一般都带有通信处理器。PLC通过这些通信接口可与监视器、打印机、其他PLC、计算机等设备实现通信。PLC与打印机连接，可将过程信息、系统参数等输出打印；PLC与监视器连接，可将控制过程图像显示出来；PLC与其他PLC连接，可组成多机系统或连成网络，实现更大规模控制；PLC与计算机连接，可组成多级分布式控制系统，实现控制与管理相结合。

远程I/O系统也必须配备相应的通信接口模块。

5. 智能接口模块

智能接口模块是一独立的计算机系统，它有自己的CPU、系统程序、存储器以及与PLC系统总线相连的接口。它作为PLC系统的一个模块，通过总线与PLC相连，进行数据交换，并在PLC的协调管理下独立地进行工作。

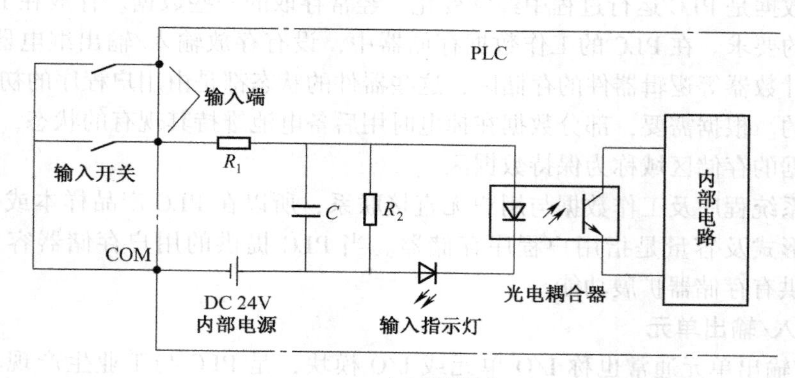

（a）直流输入

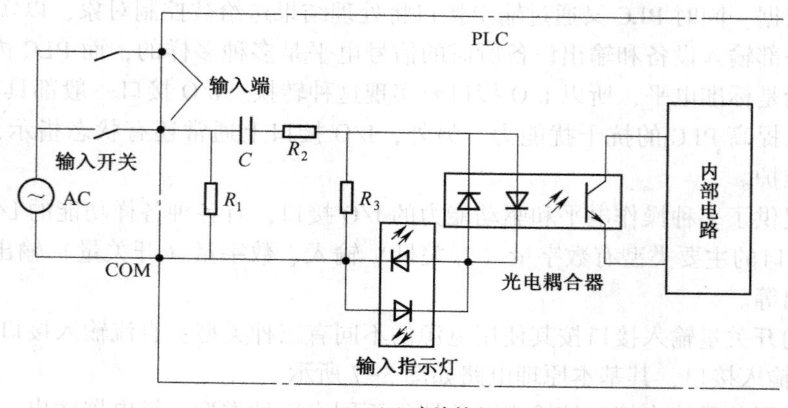

（b）交流输入

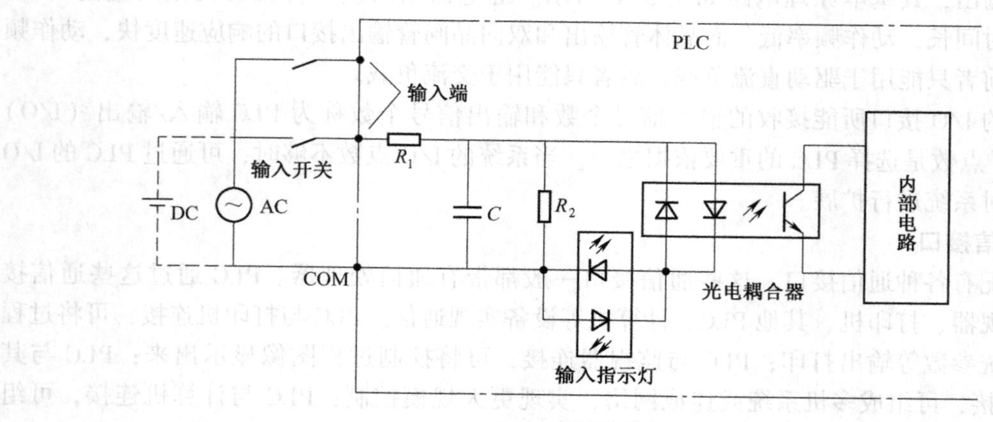

（c）交/直流输入

图 3-7　开关量输入接口

PLC 的智能接口模块种类很多，如高速计数模块、闭环控制模块、运动控制模块、中断控制模块等。

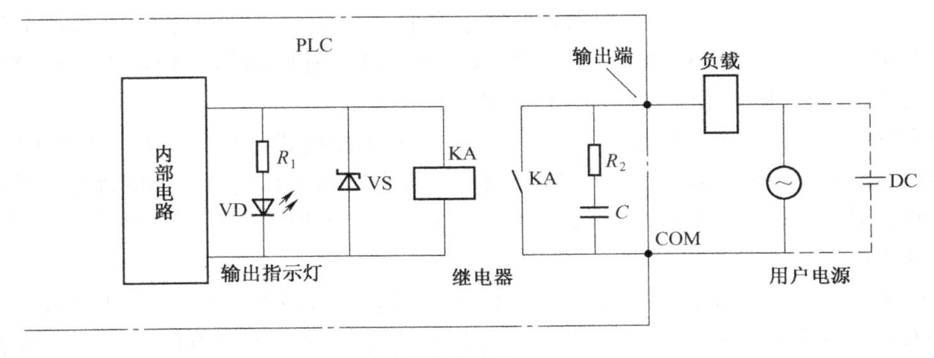

（a）继电器输出

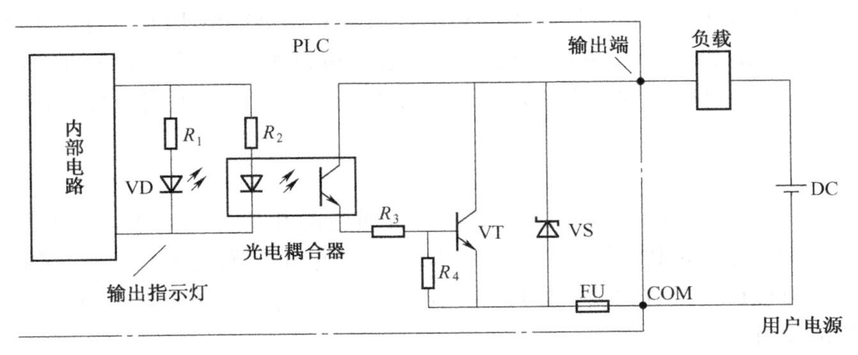

（b）晶体管输出

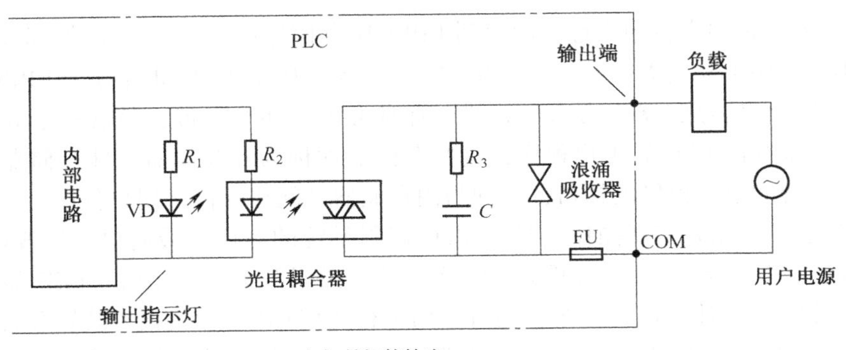

（c）晶闸管输出

图 3-8　开关量输出接口

6. 编程装置

编程装置的作用是编辑、调试、输入用户程序，也可在线监控 PLC 内部状态和参数，与 PLC 进行人机对话。它是开发、应用、维护 PLC 不可缺少的工具。编程装置可以是专用编程器，也可以是配有专用编程软件包的通用计算机系统。专用编程器是由 PLC 厂家生产，专供该厂家生产的某些 PLC 产品使用，它主要由键盘、显示器和外存储器接（插）口等部件组成。专用编程器有简易编程器和智能编程器两类。

简易编程器只能联机编程，而且不能直接输入和编辑梯形图程序，需将梯形图程序转化为指令表程序才能输入。简易编程器体积小、价格便宜，它可以直接插在PLC的编程插座上，或者用专用电缆与PLC相连，以方便编程和调试。有些简易编程器带有存储盒，可用来储存用户程序，如三菱的FX-20P-E简易编程器。

智能编程器又称图形编程器，本质上它是一台专用便携式计算机，如三菱的GP-80FX-E智能编程器。它既可联机编程，又可脱机编程，可直接输入和编辑梯形图程序，使用更加直观、方便，但价格较高，操作也比较复杂。大多数智能编程器带有磁盘驱动器，提供录音机接口和打印机接口。

专用编程器只能对指定厂家的几种PLC进行编程，使用范围有限，价格较高。同时，由于PLC产品不断更新换代，所以专用编程器的生命周期也十分有限。因此，现在的趋势是使用以个人计算机为基础的编程装置，用户只要购买PLC厂家提供的编程软件和相应的硬件接口装置即可。这样，用户只用较少的投资即可得到高性能的PLC程序开发系统。

基于个人计算机的程序开发系统功能强大。它既可以编制、修改PLC的梯形图程序，又可以监视系统运行、打印文件、系统仿真等，配上相应的软件还可实现数据采集和分析等许多功能。

7. 电源

PLC配有开关电源，以供内部电路使用。与普通电源相比，PLC电源的稳定性好、抗干扰能力强。对电网提供的电源稳定性要求不高，一般允许电源电压在其额定值±15%的范围内波动。许多PLC还向外提供直流24V稳压电源，用于对外部传感器供电。

8. 其他外部设备

除了以上所述的部件和设备外，PLC还有许多外部设备，如EPROM写入器、外存储器、人/机接口装置等。

EPROM写入器是用来将用户程序固化到EPROM存储器中的一种PLC外部设备。为了使调试好的用户程序不易丢失，经常用EPROM写入器将PLC内RAM保存到EPROM中。

PLC内部的半导体存储器称为内存储器。有时可用外部的磁带、磁盘和半导体存储器做成的存储盒等来存储PLC的用户程序，这些存储器件称为外存储器。外存储器一般是通过编程器或其他智能模块提供的接口，实现与内存储器之间相互传送用户程序。

人/机接口装置是用来实现操作人员与PLC控制系统的对话。最简单、最普遍的人/机接口装置由安装在控制台上的按钮开关、转换开关、拨码开关、指示灯、LED显示器、声光报警器等器件构成。对于PLC系统，还可采用半智能型CRT人/机接口装置和智能型终端人/机接口装置。半智能型CRT人/机接口装置可长期安装在控制台上，通过通信接口接收来自PLC的信息并在CRT上显示出来。而智能型终端人/机接口装置有自己的微处理器和存储器，能够与操作人员快速交换信息，并通过通信接口与PLC相连，也可作为独立的节点接入PLC网络。

3.3.2 PLC的软件组成

PLC的软件由系统程序和用户程序组成。

系统程序由PLC制造厂商设计编写的，并存入PLC的系统存储器中，用户不能直接读写与更改。系统程序一般包括系统诊断程序、输入处理程序、编译程序、信息传送程序、监控程序等。

PLC 的用户程序是用户利用 PLC 的编程语言，根据控制要求编制的程序。在 PLC 的应用中，最重要的是用 PLC 的编程语言来编写用户程序，以实现控制目的。由于 PLC 是专门为工业控制而开发的装置，其主要使用者是广大电气技术人员，为了满足他们的传统习惯和掌握能力，PLC 的主要编程语言采用比计算机语言相对简单、易懂、形象的专用语言。

PLC 编程语言是多种多样的，对于不同生产厂家、不同系列的 PLC 产品采用的编程语言的表达方式也不相同，但基本上可归纳为两种类型：一是采用字符表达方式的编程语言，如语句表语言等；二是采用图形符号表达方式编程语言，如梯形图语言等。

以下简要介绍几种常见的 PLC 编程语言。

1. 梯形图语言

梯形图语言是在传统电气控制系统中常用的接触器、继电器等图形表达符号的基础上演变而来的。它与电气控制线路图相似，继承了传统电气控制逻辑中使用的框架结构、逻辑运算方式和输入/输出形式，具有形象、直观、实用的特点。因此，这种编程语言为广大电气技术人员所熟知，是应用最广泛的 PLC 的编程语言，是 PLC 的第一编程语言。

如图 3-9 所示是传统的电气控制线路图和 PLC 梯形图。

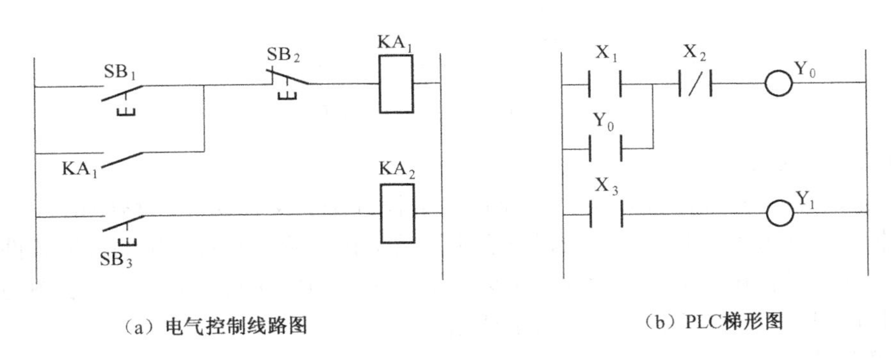

（a）电气控制线路图　　（b）PLC梯形图

图 3-9　电气控制线路图与梯形图

从图 3-9 中可看出，两种图基本表示思想是一致的，具体表达方式有一定区别。PLC 的梯形图使用的是内部继电器、定时/计数器等，都是由软件来实现的，使用方便，修改灵活，是原电气控制线路硬接线无法比拟的。

2. 语句表语言

这种编程语言是一种与汇编语言类似的助记符编程表达方式。在 PLC 应用中，经常采用简易编程器，而这种编程器中没有 CRT（屏幕）显示，或没有较大的液晶屏幕显示。因此，就用一系列 PLC 操作命令组成的语句表将梯形图描述出来，再通过简易编程器输入到 PLC 中。虽然各个 PLC 生产厂家的语句表形式不尽相同，但基本功能相差无几。以下是与图 3-9 中梯形图对应的（FX 系列 PLC）语句表程序。

步序号	指令	数据
0	LD	X1
1	OR	Y0
2	AND	X2

3	OUT	Y0
4	LD	X3
5	OUT	Y1

可以看出，语句是语句表程序的基本单元，每个语句和微机一样也由地址（步序号）、操作码（指令）和操作数（数据）三部分组成。

3. 逻辑图语言

逻辑图是一种类似于数字逻辑电路结构的编程语言，由与门、或门、非门、定时器、计数器、触发器等逻辑符号组成。有数字电路基础的电气技术人员较容易掌握，如图 3-10 所示。

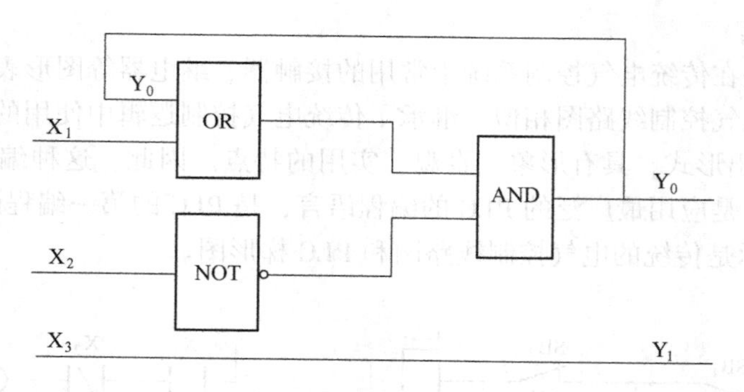

图 3-10　逻辑图语言编程

4. 功能表图语言

功能表图语言（SFC 语言）是一种较新的编程方法，又称状态转移图语言。它将一个完整的控制过程分为若干阶段，各阶段具有不同的动作，阶段间有一定的转换条件，转换条件满足就实现阶段转移，上一阶段动作结束，下一阶段动作开始。是用功能表图的方式来表达一个控制过程，对于顺序控制系统特别适用。

5. 高级语言

随着 PLC 技术的发展，为了增强 PLC 的运算、数据处理及通信等功能，以上编程语言无法很好地满足要求。近年来推出的 PLC，尤其是大型 PLC，都可用高级语言，如 BASIC 语言、C 语言、PASCAL 语言等进行编程。采用高级语言后，用户可以像使用普通微型计算机一样操作 PLC，使 PLC 的各种功能得到更好的发挥。

3.4 PLC 的工作原理

3.4.1 扫描工作原理

当 PLC 运行时，是通过执行反映控制要求的用户程序来完成控制任务的，需要执行众多的操作，但 CPU 不可能同时去执行多个操作，它只能按分时操作（串行工作）方式，每一次执行一个操作，按顺序逐个执行。由于 CPU 的运算处理速度很快，所以从宏观上来看，PLC 外部出现的结果似乎是同时（并行）完成的。这种串行工作过程称为 PLC 的扫描工作方式。

用扫描工作方式执行用户程序时，扫描是从第一条程序开始，在无中断或跳转控制的情况下，按程序存储顺序的先后，逐条执行用户程序，直到程序结束。然后再从头开始扫描执行，周而复始重复运行。

PLC 的扫描工作方式与电气控制的工作原理明显不同。电气控制装置采用硬逻辑的并行工作方式，如果某个继电器的线圈通电或断电，那么该继电器的所有常开和常闭触点不论处在控制线路的哪个位置上，都会立即同时动作；而 PLC 采用扫描工作方式（串行工作方式），如果某个软继电器的线圈被接通或断开，其所有的触点不会立即动作，必须等扫描到该时才会动作。但由于 PLC 的扫描速度快，通常 PLC 与电气控制装置在 I/O 的处理结果上并没有什么差别。

3.4.2 PLC 扫描工作过程

PLC 的扫描工作过程除了执行用户程序外，在每次扫描工作过程中还要完成内部处理、通信服务工作。如图 3-11 所示，整个扫描工作过程包括内部处理、通信服务、输入采样、程序执行、输出刷新五个阶段。整个过程扫描执行一遍所需的时间称为扫描周期。扫描周期与 CPU 运行速度、PLC 硬件配置及用户程序长短有关，典型值为 1~100 ms。

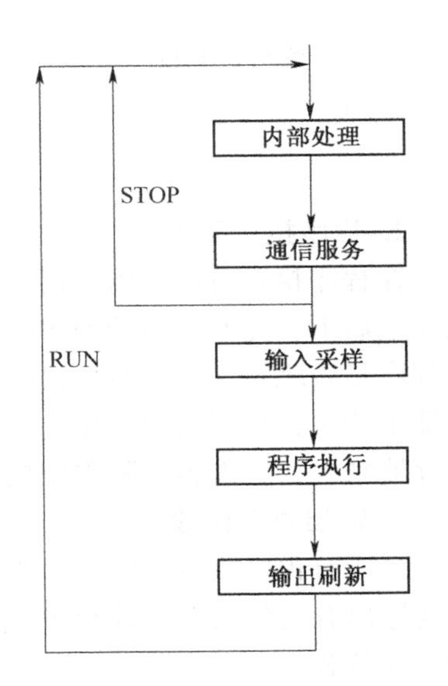

图 3-11 扫描过程示意图

在内部处理阶段，进行 PLC 自检，检查内部硬件是否正常，对监视定时器（WDT）复位以及完成其他一些内部处理工作。

在通信服务阶段，PLC 与其他智能装置实现通信，响应编程器输入的命令，更新编程器的显示内容等。

当 PLC 处于停止（STOP）状态时，只完成内部处理和通信服务工作。当 PLC 处于运行（RUN）状态时，除完成内部处理和通信服务工作外，还要完成输入采样、程序执行、输出刷新工作。

PLC 的扫描工作方式简单直观，便于程序的设计，并为可靠运行提供了保障。当 PLC 扫描到的指令被执行后，其结果马上就被后面将要扫描到的指令所利用，而且还可通过 CPU 内部设置的监视定时器来监视每次扫描是否超过规定时间，避免由于 CPU 内部故障使程序执行进入死循环。

3.4.3 PLC 执行程序的过程及特点

PLC 执行程序的过程分为三个阶段，即输入采样阶段、程序执行阶段、输出刷新阶段，如图 3-12 所示。

1. 输入采样阶段

在输入采样阶段，PLC 以扫描工作方式按顺序对所有输入端的输入状态进行采样，并存入输入映像寄存器中，此时输入映像寄存器被刷新。接着进入程序处理阶段，在程序执行阶段或其他阶段，即使输入状态发生变化，输入映像寄存器的内容也不会改变，输入状态的变化只有在下一个扫描周期的输入处理阶段才能被采样到。

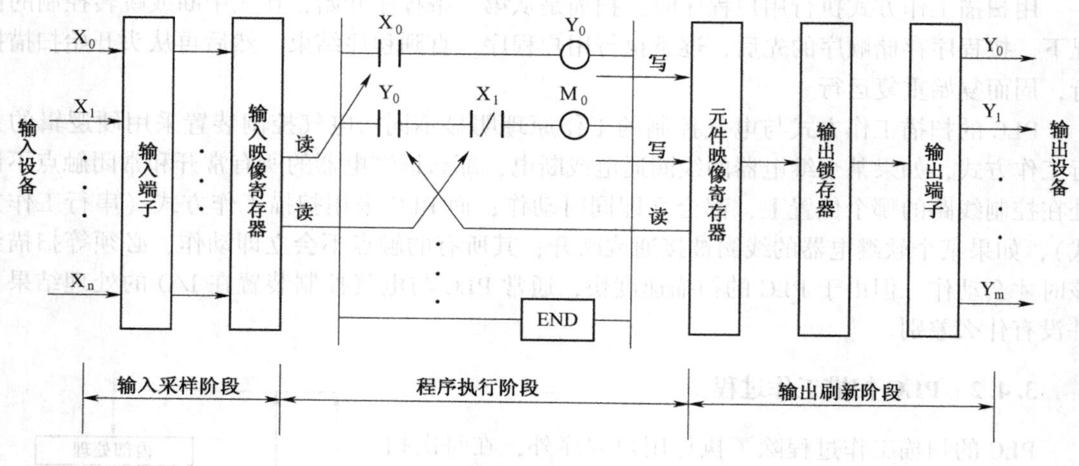

图 3-12 PLC 执行程序过程示意图

2. 程序执行阶段

在程序执行阶段，PLC 对程序按顺序进行扫描执行。若程序用梯形图来表示，则总是按先上后下，先左后右的顺序进行。当遇到程序跳转指令时，则根据跳转条件是否满足来决定程序是否跳转。当指令中涉及输入、输出状态时，PLC 从输入映像寄存器和元件映像寄存器中读出，根据用户程序进行运算，运算的结果再存入元件映像寄存器中。对于元件映像寄存器来说，其内容会随程序执行的过程而变化。

3. 输出刷新阶段

当所有程序执行完毕后，进入输出处理阶段。在这一阶段里，PLC 将输出映像寄存器中与输出有关的状态（输出继电器状态）转存到输出锁存器中，并通过一定方式输出，驱动外部负载。

因此，PLC 在一个扫描周期内，对输入状态的采样只在输入采样阶段进行。当 PLC 进入程序执行阶段后输入端将被封锁，直到下一个扫描周期的输入采样阶段才对输入状态进行重新采样。这方式称为集中采样，即在一个扫描周期内，集中一段时间对输入状态进行采样。

在用户程序中如果对输出结果多次赋值，则最后一次有效。在一个扫描周期内，只在输出刷新阶段才将输出状态从输出映像寄存器中输出，对输出接口进行刷新。在其他阶段里输出状态一直保存在输出映像寄存器中。这种方式称为集中输出。

对于小型 PLC，其 I/O 点数较少，用户程序较短，一般采用集中采样、集中输出的工作方式，虽然在一定程度上降低了系统的响应速度，但使 PLC 工作时大多数时间与外部输入/输出设备隔离，从根本上提高了系统的抗干扰能力，增强了系统的可靠性。

而对于大中型 PLC，其 I/O 点数较多，控制功能强，用户程序较长，为提高系统响应速度，可以采用定期采样、定期输出方式，或中断输入、输出方式以及采用智能 I/O 接口等多种方式。

从上述分析可知，当 PLC 的输入端输入信号发生变化到 PLC 输出端对该输入变化作出反应，需要一段时间，这种现象称为 PLC 输入/输出响应滞后。对一般的工业控制，这种滞后是完全允许的。应该注意的是，这种响应滞后不仅是由 PLC 扫描工作方式造成的，更主要是PLC输入接口的滤波环节带来的输入延迟，以及输出接口中驱动器件的动作时间带来输出延迟，同时还与程序设计有关。滞后时间是设计PLC应用系统时应注意把握的一个参数。

3.5 PLC的性能指标与发展趋势

3.5.1 PLC的性能指标

1. 存储容量

存储容量是指用户程序存储器的容量。用户程序存储器的容量大，可以编制出复杂的程序。一般来说，小型PLC的用户存储器容量为几千字，而大型机的用户存储器容量为几万字。

2. I/O点数

输入/输出（I/O）点数是PLC可以接收的输入信号和输出信号的总和，是衡量PLC性能的重要指标。I/O点数越多，外部可接的输入设备和输出设备就越多，控制规模就越大。

3. 扫描速度

扫描速度是指PLC执行用户程序的速度，是衡量PLC性能的重要指标。一般以扫描1KB用户程序所需的时间来衡量扫描速度，通常以ms/KB为单位。PLC用户手册一般给出执行各条指令所用的时间，可以通过比较各种PLC执行相同的操作所用的时间，来衡量扫描速度的快慢。

4. 指令的功能与数量

指令功能的强弱、数量的多少也是衡量PLC性能的重要指标。编程指令的功能越强、数量越多，PLC的处理能力和控制能力也越强，用户编程也越简单和方便，越容易完成复杂的控制任务。

5. 内部元件的种类与数量

在编制PLC程序时，需要用到大量的内部元件来存放变量、中间结果、保持数据、定时计数、模块设置和各种标志位等信息。这些元件的种类与数量越多，表示PLC的存储和处理各种信息的能力越强。

6. 特殊功能单元

特殊功能单元种类的多少与功能的强弱是衡量PLC产品的一个重要指标。近年来各PLC厂商非常重视特殊功能单元的开发，特殊功能单元种类日益增多，功能越来越强，使PLC的控制功能日益扩大。

7. 可扩展能力

PLC的可扩展能力包括I/O点数的扩展、存储容量的扩展、联网功能的扩展、各种功能模块的扩展等。在选择PLC时，经常需要考虑PLC的可扩展能力。

3.5.2 PLC的发展趋势

1. 向高速度、大容量方向发展

为了提高PLC的处理能力，要求PLC具有更好的响应速度和更大的存储容量。目前，有的 PLC 的扫描速度可达 0.1 ms/KB 左右。PLC 的扫描速度已成为很重要的一个性能指标。

在存储容量方面，有的 PLC 最高可达几十兆字节。为了扩大存储容量，有的公司已使用了磁泡存储器或硬盘。

2. 向超大型、超小型两个方向发展

当前中小型 PLC 比较多，为了适应市场的多种需要，今后 PLC 要向多品种方向发展，特别是向超大型和超小型两个方向发展。现已有 I/O 点数达 14 336 点的超大型 PLC，其使用 32 位微处理器，多 CPU 并行工作和大容量存储器，功能强。

小型 PLC 由整体结构向小型模块化结构发展，使配置更加灵活，为了市场需要已开发了各种简易、经济的超小型微型 PLC，最小配置的 I/O 点数为 8~16 点，以适应单机及小型自动控制的需要，如三菱公司 α 系列 PLC。

3. PLC 大力开发智能模块，加强联网通信能力

为满足各种自动化控制系统的要求，近年来不断开发出许多功能模块，如高速计数模块、温度控制模块、远程 I/O 模块、通信和人机接口模块等。这些带 CPU 和存储器的智能 I/O 模块，既扩展了 PLC 功能，又使用灵活方便，扩大了 PLC 应用范围。

加强 PLC 联网通信的能力，是 PLC 技术发展的潮流。PLC 的联网通信有两类：一类是 PLC 之间联网通信，各 PLC 生产厂家都有自己的专有联网手段；另一类是 PLC 与计算机之间的联网通信，一般 PLC 都有专用通信模块与计算机通信。为了加强联网通信能力，PLC 生产厂家之间也在协商制订通用的通信标准，以构成更大的网络系统，PLC 已成为集散控制系统（DCS）不可缺少的重要组成部分。

4. 增强外部故障的检测与处理能力

根据统计资料表明：在 PLC 控制系统的故障中，CPU 占 5%，I/O 接口占 15%，输入设备占 45%，输出设备占 30%，线路占 5%。前两项共 20%故障属于 PLC 的内部故障，它可通过 PLC 本身的软、硬件实现检测、处理，而其余 80%的故障属于 PLC 的外部故障。因此，PLC 生产厂家都致力于研制、发展用于检测外部故障的专用智能模块，进一步提高系统的可靠性。

5. 编程语言多样化

在 PLC 系统结构不断发展的同时，PLC 的编程语言也越来越丰富，功能也不断提高。除了大多数 PLC 使用的梯形图语言外，为了适应各种控制要求，出现了面向顺序控制的步进编程语言、面向过程控制的流程图语言、与计算机兼容的高级语言（BASIC、C 语言等）等。多种编程语言的并存、互补与发展是 PLC 进步的一种趋势。

3.6 国内外 PLC 产品介绍

世界上 PLC 产品可按地域分成三大流派：一是美国产品流派，一是欧洲产品流派，一是日本产品流派。美国和欧洲的 PLC 技术是在相互隔离情况下独立研究开发的，因此美国和欧洲的 PLC 产品有明显的差异性。而日本的 PLC 技术是由美国引进的，对美国的 PLC 产品有一定的继承性，但日本的主推产品定位在小型 PLC 上。美国和欧洲以大中型 PLC 而闻名，而日本则以小型 PLC 著称。

3.6.1 美国PLC产品

美国是PLC生产大国，有100多家PLC厂商，著名的有A-B公司、通用电气（GE）公司、莫迪康（MODICON）公司、德州仪器（TI）公司、西屋公司等。其中A-B公司是美国最大的PLC制造商，其产品约占美国PLC市场的一半。

A-B公司产品规格齐全、种类丰富，其主推的大、中型PLC产品是PLC-5系列。该系列为模块式结构，CPU模块为PLC-5/10、PLC-5/12、PLC-5/15、PLC-5/25时，属于中型PLC，I/O点配置范围为256~1024点；当CPU模块为PLC-5/11、PLC-5/20、PLC-5/30、PLC-5/40、PLC-5/60、PLC-5/40L、PLC-5/60L时，属于大型PLC，I/O点最多可配置到3072点。该系列中PLC-5/250功能最强，最多可配置到4096个I/O点，具有强大的控制和信息管理功能。大型机PLC-3最多可配置到8096个I/O点。A-B公司的小型PLC产品有SLC500系列等。

GE公司的代表产品如下：小型机有GE-1、GE-1/J、GE-1/P等，除GE-1/J外，均采用模块结构。GE-1用于开关量控制系统，最多可配置到112个I/O点。GE-1/J是更小型化的产品，其I/O点最多可配置到96点。GE-1/P是GE-1的增强型产品，增加了部分功能指令（数据操作指令）、功能模块（A/D、D/A等）、远程I/O功能等，其I/O点最多可配置到168点。中型机有GE-Ⅲ，它比GE-1/P增加了中断、故障诊断等功能，最多可配置到400个I/O点。大型机有GE-Ⅴ，它比GE-Ⅲ增加了部分数据处理、表格处理、子程序控制等功能，并具有较强的通信功能，最多可配置到2048个I/O点。GE-Ⅵ/P最多可配置到4000个I/O点。

德州仪器（TI）公司的小型PLC新产品有510、520和TI100等，中型PLC新产品有TI300、5TI等，大型PLC产品有PM550、530、560、565等系列。除TI100和TI300无联网功能外，其他PLC都可实现通信，构成分布式控制系统。

莫迪康（MODICON）公司有M84系列PLC。其中M84是小型机，具有模拟量控制、与上位机通信功能，最多I/O点为112点。M484是中型机，其运算功能较强，可与上位机通信，也可与多台联网，最多可扩展I/O点为512点。M584是大型机，其容量大、数据处理和网络能力强，最多可扩展I/O点为8192。M884增强型中型机，它具有小型机的结构、大型机的控制功能，主机模块配置2个RS-232C接口，可方便地进行组网通信。

3.6.2 欧洲PLC产品

德国的西门子（SIEMENS）公司、AEG公司、法国的TE公司是欧洲著名的PLC制造商。西门子公司的电子产品以性能精良而久负盛名。在中、大型PLC产品领域与美国的A-B公司齐名。

西门子PLC主要产品是S5、S7系列。在S5系列中，S5-90U、S-95U属于微型整体式PLC；S5-100U是小型模块式PLC，最多可配置到256个I/O点；S5-115U是中型PLC，最多可配置到1024个I/O点；S5-115UH是中型机，它是由两台SS-115U组成的双机冗余系统；S5-155U为大型机，最多可配置到4096个I/O点，模拟量可达300多路；SS-155H是大型机，它是由两台S5-155U组成的双机冗余系统。而S7系列是西门子公司在S5系列PLC基础上近年推出的新产品，其性能价格比高，其中S7-200系列属于微型PLC、S7-300

系列属于于中小型 PLC、S7-400 系列属于于中高性能的大型 PLC。

3.6.3 日本 PLC 产品

日本的小型 PLC 最具特色，在小型机领域中颇具盛名，某些用欧美的中型机或大型机才能实现的控制，日本的小型机就可以解决。在开发较复杂的控制系统方面明显优于欧美的小型机，所以格外受用户欢迎。日本有许多 PLC 制造商，如三菱、欧姆龙、松下、富士、日立、东芝等，在世界小型 PLC 市场上，日本产品约占有 70%的份额。

三菱公司的 PLC 是较早进入中国市场的产品。其小型机 F1/F2 系列是 F 系列的升级产品，早期在我国的销量也不小。F1/F2 系列加强了指令系统，增加了特殊功能单元和通信功能，比 F 系列有了更强的控制能力。继 F1/F2 系列之后，20 世纪 80 年代末三菱公司又推出 FX 系列，在容量、速度、特殊功能、网络功能等方面都有了全面的加强。FX2 系列是在 20 世纪 90 年代开发的整体式高功能小型机，它配有各种通信适配器和特殊功能单元。FX2N 系列是近几年推出的高功能整体式小型机，它是 FX2 的换代产品，各种功能都有了全面的提升。近年来还不断推出满足不同要求的微型 PLC，如 FXOS、FX1S、FX0N、FX1N 及 α 系列等产品。

三菱公司的大中型机有 A 系列、QnA 系列、Q 系列，具有丰富的网络功能，I/O 点数可达 8192 点。其中 Q 系列具有超小的体积、丰富的机型、灵活的安装方式、双 CPU 协同处理、多存储器、远程口令等特点，是三菱公司现有 PLC 中最高性能的 PLC。

欧姆龙（OMRON）公司的 PLC 产品，大、中、小、微型规格齐全。微型机以 SP 系列为代表，其体积极小，速度极快。小型机有 P 型、H 型、CPM1A 系列、CPM2A 系列、CPM2C、CQM1 等。P 型机现已被性价比更高的 CPM1A 系列所取代，CPM2A/2C、CQM1 系列内置 RS-232C 接口和实时时钟，并具有软 PID 功能，CQM1H 是 CQM1 的升级产品。中型机有 C200H、C200HS、C200HX、C200HG、C200HE、CS1 系列。C200H 是前些年畅销的高性能中型机，配置齐全的 I/O 模块和高功能模块，具有较强的通信和网络功能。C200HS 是 C200H 的升级产品，指令系统更丰富、网络功能更强。C200HX/HG/HE 是 C200HS 的升级产品，有 1148 个 I/O 点，其容量是 C200HS 的 2 倍，速度是 C200HS 的 3.75 倍，有品种齐全的通信模块，是适应信息化的 PLC 产品。CS1 系列具有中型机的规模、大型机的功能，是一种极具推广价值的新机型。大型机有 C1000H、C2000H、CV（CV500/CV1000/CV2000/CVM1）等。C1000H、C2000H 可单机或双机热备运行，安装带电插拔模块，C2000H 可在线更换 I/O 模块。CV 系列中除 CVM1 外，均可采用结构化编程，易读、易调试，并具有更强大的通信功能。

松下公司的 PLC 产品中，FPO 为微型机，FP1 为整体式小型机，FP3 为中型机，FP5/FP10、FP10S（FP10 的改进型）、FP20 为大型机，其中 FP20 是最新产品。松下公司近几年 PLC 产品的主要特点是：指令系统功能强；有的机型还提供可以用 FP-BASIC 语言编程的 CPU 及多种智能模块，为复杂系统的开发提供了软件手段；FP 系列各种 PLC 都配置通信机制，由于它们使用的应用层通信协议具有一致性，这给构成多级 PLC 网络和开发 PLC 网络应用程序带来方便。

3.6.4 我国PLC产品

我国有许多厂家、科研院所从事PLC的研制与开发，如中国科学院自动化研究所的PLC-0088，北京联想计算机集团公司的GK-40，上海机床电器厂的CKY-40，上海起重电器厂的CF-40MR/ER，苏州电子计算机厂的YZ-PC-001A，原机电部北京机械工业自动化研究所的MPC-001/20、KB-20/40，杭州机床电器厂的DKK02，天津中环自动化仪表公司的DJK-S-84/86/480，上海自立电子设备厂的KKI系列，上海香岛机电制造有限公司的ACMY-S80、ACMY-S256，无锡华光电子工业有限公司（合资）的SR-10、SR-20/21等。

从1982年以来，先后有天津、厦门、大连、上海等地相关企业与国外著名PLC制造厂商进行合资或引进技术、生产线等，这将促进我国的PLC技术在赶超世界先进水平的道路上快速发展。

习　题

3-1　什么是PLC？它与电气控制、微机控制相比主要优点是什么？

3-2　为什么PLC软继电器的触点可无数次使用？

3-3　PLC的硬件由哪几部分组成？各有什么作用？PLC主要有哪些外部设备？各有什么作用？

3-4　PLC的软件由哪几部分组成？各有什么作用？

3-5　PLC主要的编程语言有哪几种？各有什么特点？

3-6　PLC开关量输出接口按输出开关器件的种类不同，有哪几种形式？各有什么特点？

3-7　PLC采用什么样的工作方式？有何特点？

3-8　什么是PLC的扫描周期？其扫描过程分为哪几个阶段，各阶段完成什么任务？

3-9　PLC扫描过程中输入映像寄存器和元件映像寄存器各起什么作用？

3-10　什么是PLC的输入/输出滞后现象？造成这种现象的主要原因是什么？可采取哪些措施减少输入/输出滞后时间？

3-11　PLC是如何分类的？按结构形式不同，PLC可分为哪几类？各有什么特点？

3-12　PLC有什么特点？为什么PLC具有高可靠性？

3-13　PLC主要性能指标有哪些？各指标的意义是什么？

3-14　PLC控制与电气控制比较，有何不同？

第4章 SIMATIC S7-1200 PLC的基础知识

4.1 SIMATIC S7-1200 的功能定位

SIMATIC S7-1200 PLC 是西门子公司新推出的一款低端 PLC，它具有集成的 PROFINET 接口、强大的集成工艺功能和灵活的可扩展性特点，主要面向离散自动化系统和独立自动化系统的控制任务。作为紧凑型自动化产品的新成员，S7-1200 PLC 定位在原有的 SIMATIC S7-200 PLC 和 S7-300 PLC 之间，如图 4-1 所示。相较于 S7-200 PLC，S7-1200 PLC 增加了许多新的功能，可以满足更广泛的自动化应用需求。相较于 S7-300 PLC，S7-1200 PLC 的程序结构与之基本相同。

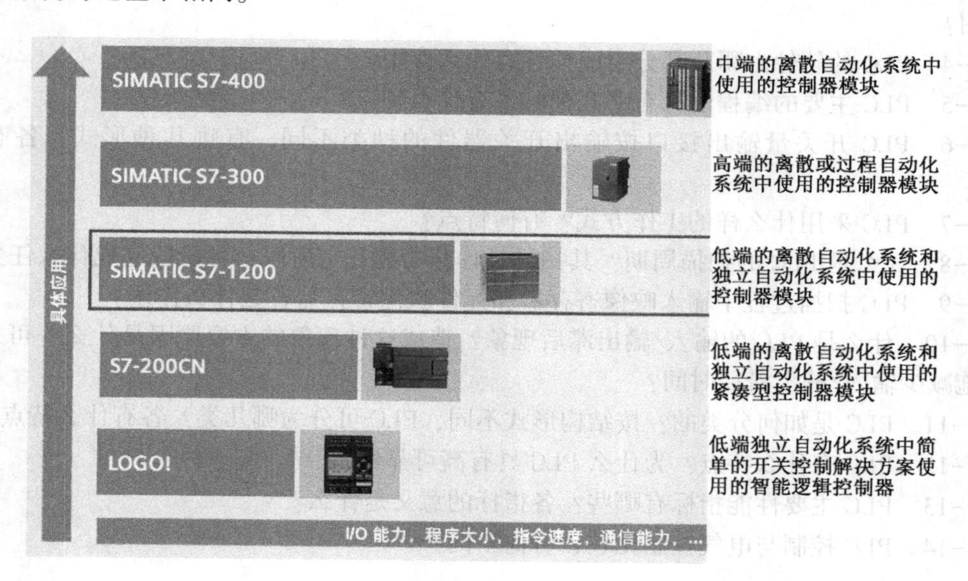

图 4-1　S7-1200 PLC 在西门子 PLC 系列产品中的定位

S7-1200 PLC 具有高度的灵活性和可扩展性，应用范围主要包括：能源与动力装备、小型自动化设备、自动化生产线、低端的运动/位置控制、OEM 机械控制、远程通信等。

4.2 SIMATIC S7-1200 PLC 的硬件

SIMATIC S7-1200 PLC 采用模块化设计的思想，其中主要由 CPU 模块、信号板、信号模块、通信模块等共同构成 S7-1200 PLC 完整的控制系统，如图 4-2 所示。

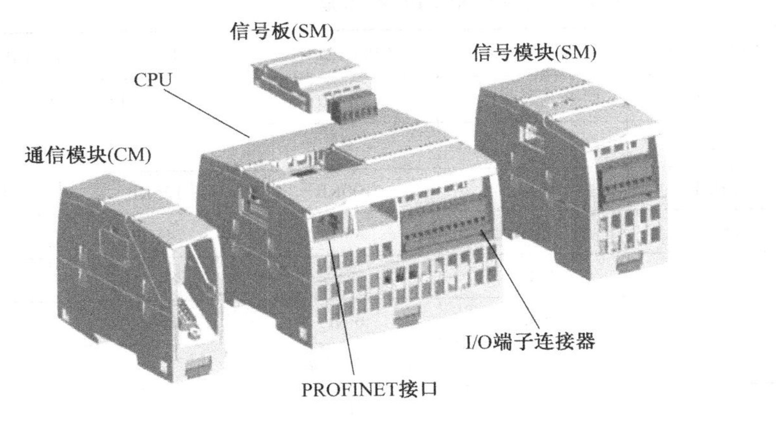

图4-2　S7-1200 PLC的主要模块构成

4.2.1　CPU模块

1. CPU的主要特性

S7-1200 PLC的CPU将微处理器、集成电源、输入/输出电路组合到一个设计紧凑的外壳中以形成功能强大的PLC，且能够根据用户程序逻辑，监视输入并更改输出，用户的程序中可包含布尔逻辑、计数、定时、复杂数学运算以及与其他智能设备的通信。

图4-3是CPU模块，其面板的主要介绍如下：①是电源接口位置，②是可拆卸用户接线连接器（保护盖下面），③是集成I/O（输入/输出）状态的指示LED（发光二极管），④是PROFINET以太网接口的RJ-45连接器，⑤是CPU运行状态的指示LED。

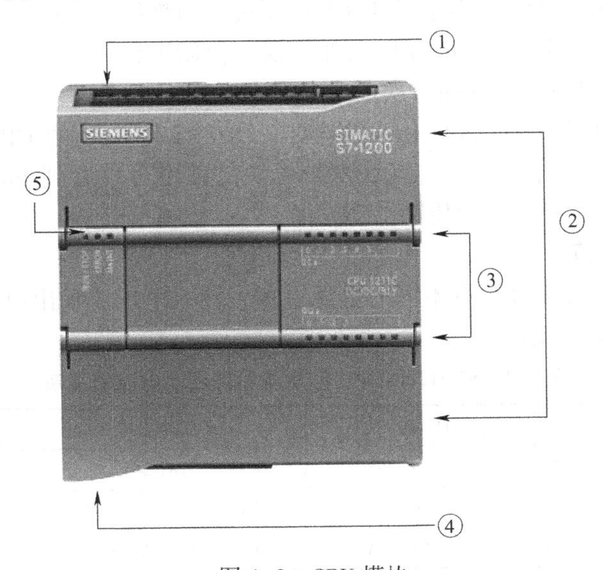

图4-3　CPU模块

SIMATIC S7-1200 PLC目前有五款CPU，分别是CPU 1211C、CPU 1212C、CPU 1214C、CPU 1215C和CPU 1217C，各个型号CPU的技术规范如表4-1所示。

表 4-1　S7-1200 CPU 技术规范

<table>
<tr><th>型号</th><th>CPU 1211C</th><th>CPU 1212C</th><th>CPU 1214C</th><th>CPU 1215C</th><th>CPU 1217C</th></tr>
<tr><td>数字量 I/O 点数</td><td>6 入/4 出</td><td>8 入/6 出</td><td>14 入/10 出</td><td colspan="2">14 入/10 出</td></tr>
<tr><td>模拟量输入点数</td><td>2</td><td>2</td><td>2</td><td colspan="2">2 入/2 出</td></tr>
<tr><td>工作存储器</td><td>50KB</td><td>75KB</td><td>100KB</td><td>125KB</td><td>150KB</td></tr>
<tr><td>装载存储器</td><td>1MB</td><td>1MB</td><td>4MB</td><td>4MB</td><td>4MB</td></tr>
<tr><td>信号模块扩展</td><td>无</td><td>2</td><td colspan="3">8</td></tr>
<tr><td>高速计数器</td><td>3 路</td><td>5 路</td><td>6 路</td><td>6 路</td><td>6 路</td></tr>
<tr><td>通信模块</td><td colspan="5">3（左侧扩展）</td></tr>
<tr><td>信号板</td><td colspan="5">1</td></tr>
<tr><td>3 CPUs</td><td colspan="4">DC/DC/DC，AC/DC/RLY，DC/DC/RLY</td><td>DC/DC/DC</td></tr>
<tr><td>外形尺寸/mm</td><td colspan="2">90×100×75</td><td>110×100×75</td><td>130×100×75</td><td>150×100×75</td></tr>
</table>

通过 I/O 状态指示灯的点亮和熄灭可以指示出各种输入和输出的状态。各种数字量信号模块还提供了指示模块状态的诊断指示灯，绿色指示模块处于运行状态，红色指示模块有故障或处于非运行状态。各模拟量信号模块为各路模拟量输入和输出提供了 I/O 状态指示灯，绿色指示通道已经组态且处于激活状态，红色指示个别模拟量输入或输出处于错误状态。此外各模拟量信号模块还提供有指示模块状态的诊断指示灯，绿色指示模块处于运行状态，红色指示模块有故障或处于非运行状态。

CPU 状态指示灯也可反映 CPU 模块的运行状态。其中，对于 RUN/STOP 指示灯，纯橙色指示处于 STOP 模式，纯绿色指示处于 RUN 模式，闪烁指示 CPU 正在启动。ERROR 状态指示灯，红色闪烁指示错误，如 CPU 内部错误、存储卡错误或组态错误，纯红色指示硬件出现故障。MAINT 状态指示灯在每次插入存储卡时闪烁。

其中 PROFINET 的以太网接口用于网络通信，S7-1200 PLC 的 CPU 提供了两个用于指示 PROFINET 接口状态的指示灯，打开底部端子块的盖板可以看到 link 指示灯点亮时，表示连接成功，RSTX 点亮时，表示传输活动。

2. CPU 的技术规范

S7-1200 PLC 总共有三种具有不同的电源电压、输入电压、输出电压和输出电流的 CPU 版本，详细列表如表 4-2 所示。

表 4-2　S7-1200 CPU 的版本和电压、电流的关系

版本	电源电压	DI 输入电压	DO 输出电压	DO 输出电流
DC/DC/DC	DC 24V	DC 24V	DC 24V	0.5A，MOSFET
DC/DC/Relay	DC 24V	DC 24V	DC 5~30V/AC 5~250V	2A，DC 30W/AC 200W
AC/DC/Relay	AC 85~264V	DC 24V	DC 5~30V/AC 5~250V	2A，DC 30W/AC 200W

CPU 1214C DC/DC/DC 的接线图见图 4-4，其电源电压、输入回路电压和输出回路电压均为 24V。输入回路电压也可以使用内置的 DC 24V 电源。

CPU 1214C DC/DC/Relay（继电器）的接线图如图 4-5 所示。

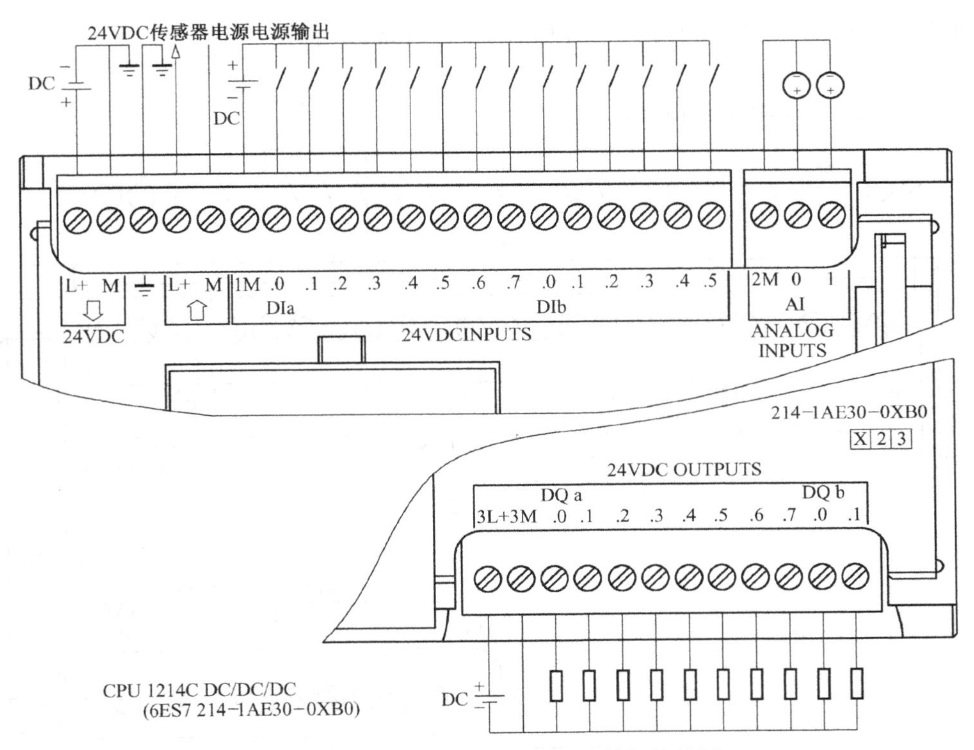

图 4-4　CPU 1214C DC/DC/DC 的外部接线图

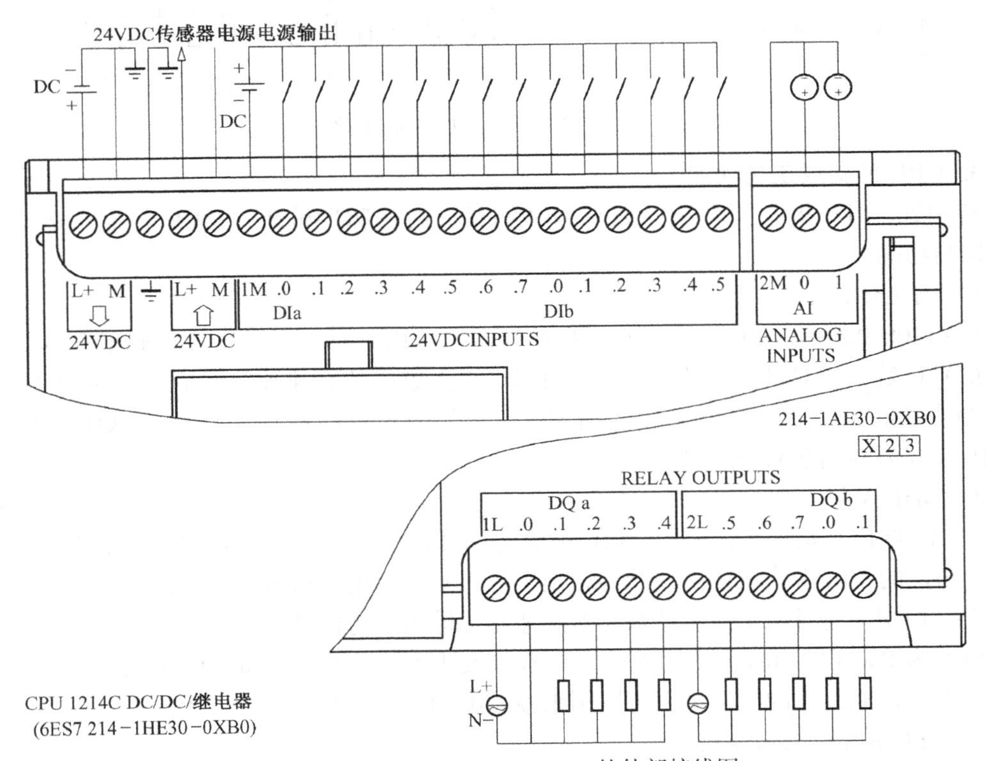

图 4-5　CPU 1214C DC/DC/Relay 的外部接线图

如图 4-6 所示为 CPU 1214C AC/DC/Relay 的外部接线图。

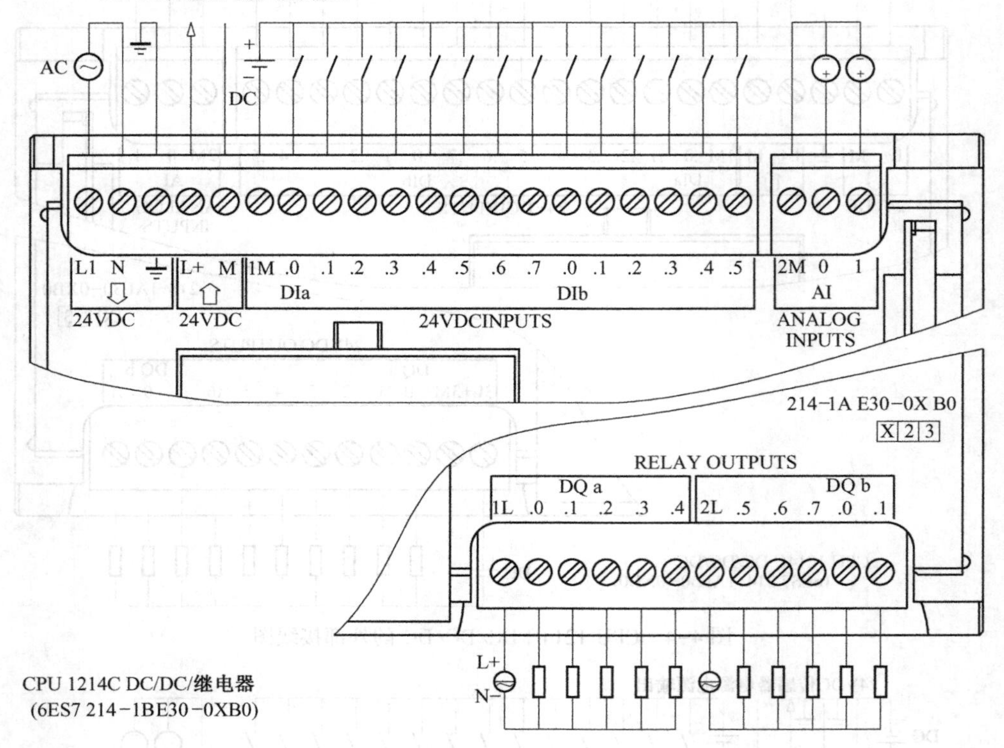

图 4-6　CPU 1214C AC/DC/Relay 的外部接线图

3. CPU 的集成工艺功能

S7-1200 PLC 集成了高速计数与频率测量、高速脉冲输出、PWM 控制、运动控制和 PID 控制功能。

1）高速计数器

S7-1200 PLC 的 CPU 最多有 6 个高速计数器，用于对来自增量式编码器和其他设备的频率信号计数，或对过程事件进行高速计数。3 点集成的高速计数器的最高频率为 100 kHz（单相）或 80 kHz（互差 90°的 AB 相信号）。其余各点的最高频率为 30 kHz（单相）或 20 kHz（互差 90°的 AB 相信号）。

2）高速输出

S7-1200 PLC 集成了两个 100 kHz 的高速脉冲输出，组态为 PTO 时，它们提供最高频率为 100 kHz 的 50%占空比的高速脉冲输出，可以对步进电动机或伺服驱动器进行开环速度控制和定位控制，通过两个高速计数器对高速脉冲输出进行内部反馈。

组态为 PWM 输出时，将生成一个具有可变占空比、周期固定的输出信号，经滤波后，得到与占空比成正比的模拟量，可以用来控制电动机速度和阀门位置等。

3）PLCopen 运动功能块

S7-1200 PLC 支持使用步进电动机和伺服驱动器进行开环速度控制和位置控制。通过一个轴工艺对象和 STEP 7 Basic 中通用的 PLCopen 运动功能块，就可以实现对该功能的组态。除了返回原点和点动功能以外，还支持绝对位置控制、相对位置控制和速度控制。

STEP 7 Basic 中的驱动调试控制面板简化了步进电动机和伺服驱动器的启动和调试过程。它为单个运动轴提供了自动和手动控制，以及在线诊断信息。

4）用于闭环控制的 PID 功能

S7-1200 PLC 支持多达 16 个用于闭环过程控制的 PID 控制回路（S7-200 只支持 8 个回路）。

这些控制回路可以通过一个 PID 控制器工艺对象和 STEP 7 Basic 中的编辑器轻松地进行组态。除此之外，S7-1200 还支持 PID 参数自调整功能，可以自动计算增益、积分时间和微分时间的最佳调节值。

STEP 7 Basic 中的 PID 调试控制面板简化了控制回路的调节过程，可以快速精确地调节 PID 控制回路。它除了提供自动调节和手动控制方式之外，还提供用于调节过程的趋势图。

4.2.2 信号板与信号模块

1. 信号板

S7-1200 PLC 的 CPU 可以根据系统的需要进行扩展，拆卸下 CPU 上的挡板可以安装一个信号板（Signal Board），如图 4-7 所示，通过信号板可以在不增加空间的前提下给 CPU 增加 I/O。

图 4-7 信号板及安装位置

目前，信号板有 8 种，包括有数字量输入、数字量输出、数字量输入/输出以及模拟量输出等类型，如表 4-3 所示。

表 4-3 S7-1200 PLC 的信号板

SB 1221 DC	SB 1222 DC	SB 1223DC/DC	SB 1223DC/DC
DI 4×DC 24 V	DQ 4×DC 24 V 0.1A	DI 2xDC 24 V/ DQ 2xDC 24 V 0.1 A	DI 2xDC 24 V/ DQ 2xDC 24 V 0.5 A
DI 4xDC 5 V	DQ 4xDC 5 V 0.1 A	DI 2xDC 5 V/ DQ 2xDC 5 V 0.1 A	AQ 1x12 Bit ±10 V DC/0-20 mA

2. 信号模块

1）数字量 I/O 模块

数字量输入/输出（DI/DO）模块和模拟量输入/输出（AI/AO）模块统称为信号模块，各 CPU 对信号模块的扩展数量（见表 4-1），而在实际选用中有 8 点、16 点和 32 点的数字量输入/输出模块来满足不同的控制需求（见表 4-4）。

表 4-4 数字量输入/输出模块

信号模块	数字输入	数字输出
SM 1221 DC	DI 8xDC 24 V	—
	DI 16xDC 24 V	—
SM 1222 DC	—	DO 8xDC 24 V 0.5 A
	—	DO 16xDC 24 V 0.5 A
SM 1222 RLY	—	DO 8xRLY DC 30 V/AC 250 V 2 A
	—	DO 16xRLY DC 30 V/AC 250 V 2 A
SM 1223 DC/DC	DI 8xDC 24 V	DO 8xDC 24 V 0.5 A
	DI 16xDC 24 V	DO 16xDC 24 V 0.5 A
SM 1223 DC/RLY	DI 8xDC 24 V	DO 8xRLY DC 30V/AC 250V 2 A
	DI 16xDC 24 V	DO 16xRLY DC 30V/AC 250V 2 A

2）PLC 对模拟量的处理

在工业控制中，某些输入量（例如压力、温度、流量、转速等）是模拟量，某些执行机构（例如电动调节阀和变频器等）要求 PLC 输出模拟量信号，而 PLC 的 CPU 只能处理数字量。模拟量首先被传感器变送器转换为标准量程的电流或电压。例 4~20mA，1~5V，0~10V，PLC 用模拟量输入模块的 A/D 转换器将它们转换成数字量。带正负号的电流或电压在 A/D 转换后用二进制补码来表示。

模拟量输出模块 D/A 转换器将 PLC 中的数字量转换为模拟量电压或电流，再去控制执行机构。模拟量 I/O 模块的主要任务就是实现 A/D 转换（模拟量输入）和 D/A 转换（模拟量输出）。

A/D 转换器和 D/A 转换器的二进制位数反映了它们的分辨率，位数越多，分辨率越高。模拟量输入/输出模块的另一个重要指标是转换时间。

3）模拟量模块

S7-1200 PLC 现在有 5 种模拟量模块（见表 4-5），此外还有后来增加的热电阻模块和热电偶模块。其中，SM 1231 AI 有 4 通道和 8 通道两种模拟量输入模块，此模块分辨率为 12 位加上符号位，电压输入的输入电阻大于或等于 9 MΩ，电流输入的输入电阻为 250 Ω。模块中有中断和诊断功能，可监视电源电压和断线故障。所有通道的最大循环时间为 625 μs，额定范围的电压转换后对应的数字为-27 648~27 648。25 ℃或 0~55 ℃满量程的最大误差为±0.1%或±0.2%。

SM 1232 AQ 有 2 通道和 4 通道两种模拟量输出模块，该模块的输入电压为-10~10 V

时，分辨率为 14 位，最小负载阻抗为 1 000 Ω，输出电流为 0~20mA，分辨率为 13 位，最大负载阻抗 600 Ω，有中断和诊断功能，可监视电源电压、短路和断线故障。数字-27 648~27 648 被转换为-10~10 V 的电压，数字 0~27 648 被转换为 0~20 mA 的电流。

表 4-5　模拟量模块主要参数

型号	模拟量输入	模拟量输出
SM 1231 AI	AI 4x13Bit ±10V DC/0-20 mA	—
	AI 8x13Bit ±10V DC/0-20 mA	—
SM 1232 AQ	—	AQ 2x14 Bit ±10V DC/0-20 mA
	—	AQ 4x14 Bit ±10V DC/0-20 mA
SM 1234 AI/AQ	AI 4x13 Bit ±10V DC/0-20 mA	AQ 2x14 Bit ±10V DC/0-20 mA

而 SM 1234 AI/AQ 相当于 SM 1231 AI4x13bit 和 SM 1232 AQ 2x14bit 的组合，故在性能参数上是对两者的组合。

4.2.3　集成的通信接口与通信模块

1. 集成的 PROFINET 接口

实现实时工业以太网是现场总线的发展趋势，PROFINET 是基于工业以太网的现场总线，是开放式的工业以太网标准，它使工业以太网的应用扩展到了控制网络最底层的现场设备。

通过 TCP/IP 标准，S7-1200 PLC 提供的集成 PROFINET 接口可用于与编程软件 STEP 7 Basic 通信（见图 4-8），以及与 SIMATIC HMI 精简系列面板通信，或与其他 PLC 通信（见图 4-9）。此外它还通过开放的以太网协议 TCP/IP 和 ISO-on-TCP 支持与第三方设备的通信。该接口的 RJ-45 连接器具有自动交叉网线（Auto-Cross-Over）功能，数据传输速率为 10Mb/s、100Mb/s，支持最多 16 个以太网连接。该接口能实现快速、简单、灵活的工业通信。

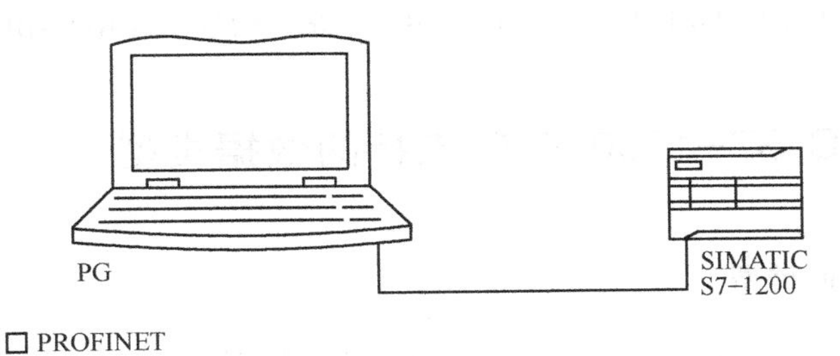

图 4-8　S7-1200 PLC 与 PC 机通信

S7-1200 PLC 可以通过成熟的 S7 通信协议连接到多个 S7 控制器和 HMI 设备。将来还可以通过 PROFINET 接口将分布式现场设备连接到 S7-1200 或将 S7-1200 作为一个 PROFINET I/O 设备，连接到作为 PROFINET 接口主控制器的 PLC 将为 S7-1200 系统提供从现场到控制级的统一通信，以满足当前工业自动化的通信需求。

STEP 7 Basic 中的网络视图使用户能够轻松地对网络进行可视化组态。

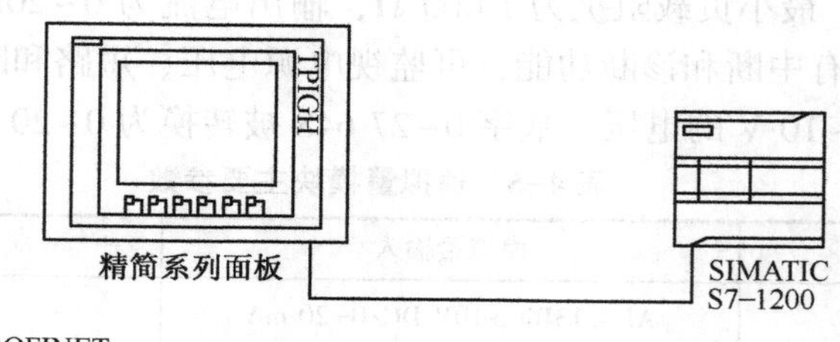

图 4-9　S7-1200 PLC 与 HMI 通信

2. 通信模块

S7-1200 PLC 最多可以增加 3 个通信模块，它们安装在 CPU 模块的右边。RS232 和 RS485 两种通信模块以支持其他通信协议，均可实现点对点（PtP）的串行通信提供连接（见图 4-10）。STEP 7 Basic 工程组态系统提供了扩展指令或库功能、USS 驱动协议、Modbus RTU 主站协议和 ModbusRTU 从站协议，用于串行通信的组态和编程。

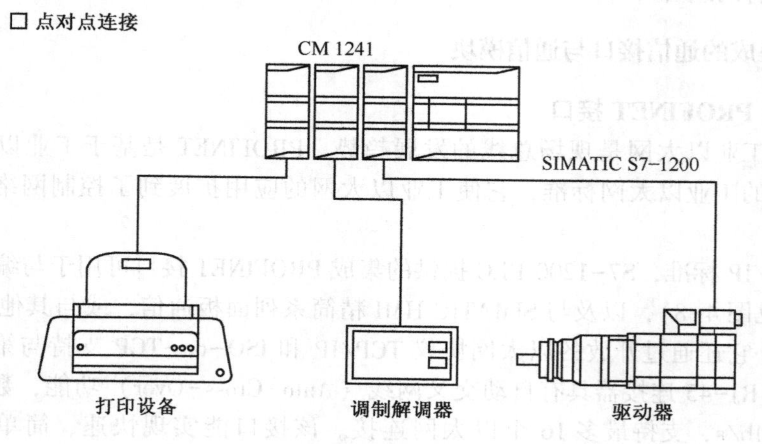

图 4-10　使用通信模块的串行通信

此外还有计划中的 PROFINET（控制器/IO 设备）模块和 PROFIBUS 主站/从站模块。

4.3 SIMATIC S7-1200 PLC 支持的数据类型

4.3.1　基本数据类型

数据类型用于指定数据元素的大小以及如何解释数据，S7-1200 PLC 支持的基本数据类型包括以下几类：布尔（Bool）型数据类型、字节型数据、字型数据、双字型数据、字符型数据等。以字节型数据为例：字节是一个 8 位二进制数，取值范围为十六进制的 00 ~FF，常数举例为：16#12，16#AB 等。数据类型的符号有下列特点：

· 字节、字和双字均为十六进制数，字符又称为 ASCII 码。

· 包含 Int 且无 U 的数据类型为有符号整数，包含 Int 和 U 的数据类型为无符号整数。

· 包含 SInt 的数据类型为 8 位整数，包含 Int 且无 D 和 S 的数据类型为 16 位整数，而

DInt 的数据类型为32位双整数。

S7-1200 PLC 的新数据类型有下列优点：

· 使用短整型数据类型，可以节约内存资源。

· 无符号数据类型可以扩大正数的数值范围。

· 64位双精度浮点数可用于高精度的数学函数计算。

此外，还会用到的 BCD 码数字格式，虽不能用作数据类型，但它们支持转换指令。

1. 位、字节和字

位数据的数据类型为布尔型，二进制数的1位（bit）只有0和1两种不同的取值，可用来表示数字量（或开关量）的两种不同的状态，如触点的断开和接通、线圈的通电和断电等。

8位二进制数组成一个字节（Byte），见图4-10，例如I3.0~I3.7组成了输入字节IB3。其中的第0位为最低位、第7位为最高位。

相邻的两个字节组成一个字（Word），例如字MW100由字节MB100和MB101组成，见图4-12（b），MW100中的M为区域标识符，W表示字。需要注意以下两点：

（1）用组成字的编号最小的字节MB100的编号作为字MW100的编号。

（2）组成字MW100的编号最小的字节MB100为MW100的高位字节，编号最大的字节MB101为MW100的低位字节。双字节也有类似的特点。

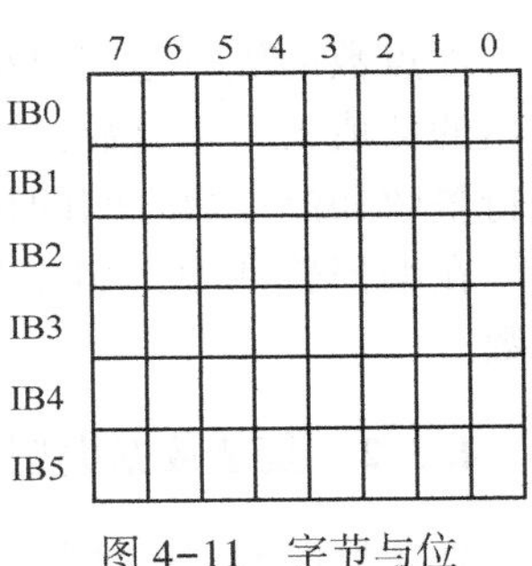

图4-11　字节与位

数据类型Word是十六进制的字，Int为有符号的字（整数），UInt为无符号的字。

2. 双字

两个字（或四个字节）组成一个双字，双字MD100由字节MB100~MB103或字MW100、MW102组成，见图4-12（c），D表示双字，100为组成双字MD100的起始字节MB100的编号。MB100是MD100中的最高位字节。

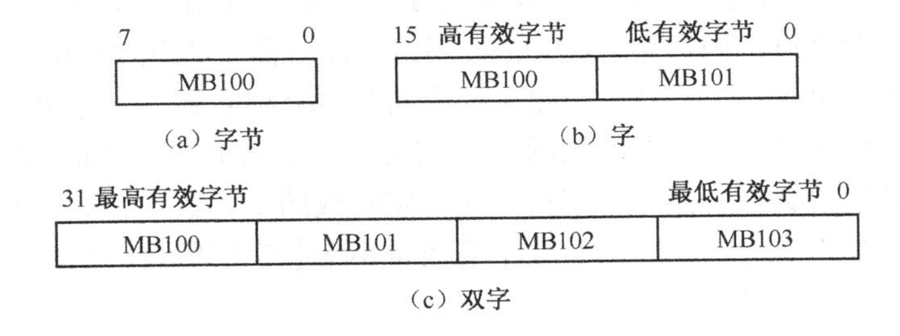

图4-12　字节、字和双字

数据类型DWord为十六进制的双字，DInt为有符号双字（双整数），UDInt为无符号双字。

整数和双整数的最高位为符号位，最高位为0时表示正数，为1时表示负数。整数用补码来表示，正数的补码就是它的本身，负整数的补码，将其对应正数二进制表示所有位取反

（包括符号位，0 变 1，1 变 0）后加 1，数 0 的补码还是 0。例如：+9 的补码是 00001001。又如对负整数求补码：-5 对应正数 5（00000101）→所有位取反（11111010）→加 1（11111011），则-5 的补码是 11111011。

3. 浮点数

32 位浮点数又称为实数（Real），最高位（第 31 位）为浮点数的符号位（见图 4-13），正数时最高位为 0，负数时最高位为 1，规定尾数的整数部分总是为 1，第 0~22 位为尾数的小数部分。8 位指数加上偏移量 127 后（1~125），占第 23~30 位。

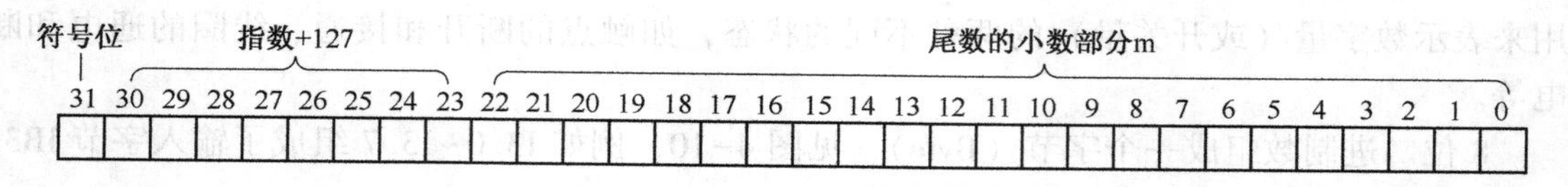

图 4-13　浮点数的结构

浮点数的优点是用很小的存储空间（4B）可以表示非常大和非常小的数，PLC 输入和输出的数值大多是整数，例如模拟量输入值和模拟量输出值，用浮点数来处理这些数据需要进行整数和浮点数之间的相互转换，浮点数的运算速度比整数的运算速度慢一些。

在编程软件中，用十进制小数来输入或显示浮点数，例如 50 是整数，而 50.0 为浮点数。

4.3.2　复杂数据类型

复杂数据类型包括数组、字符串、日期时间等类型。

1. 数组（Array）

数组由相同数据类型的元素组合而成，此数据类型仅仅可以在 OB、FB、FC、DB 中定义，Array 数据类型只支持一维数组，可以指定 Array 数据类型的下标、上标及数组构成类型。例如下标为 0，上标为 100，则共 101 字节的数组，可以被定义为：array［0. . 100］。

2. 字符串（String）

字符串是由字符组成的一维数组，在不指定长度时（即在定义时仅仅定义为 String），最大可以存储 254 个字符，因数据有 2B 的头部，即此时需要占用 256B。当指定其长度时，例如定义了字符串“MyString［10］”之后，字符串 MyString 的最大长度为 10 个字符，此时此字符串需要占用 12B。字符串占用的字节数为最大长度加 2。String 数据类型的第一个字符用于指定总的字符数量，第二个字符用于指定有效的字符数量，对于有效字符数量大于总字符数量的情况是没有意义的，当有效字符数量小于总字符数量的情况，即意味着字符串只使用了部分字符，其余被忽略。

3. 日期时间（DTL）

日期时间是用于定义日期和时间的，包括年、月、日、星期、小时、分、秒和纳秒，其长度为 12B。

PLC 变量表只能定义基本数据类型的变量，不能定义复杂数据类型的变量。可以在代码块的界面区或全局数据块中定义复杂数据类型的变量。

4.4 SIMATIC S7-1200 PLC 对数据寻址方式

SIMATIC S7-1200 PLC 的 CPU 中可以按照位、字节、字和双字对存储单元进行寻址。CPU 不同的存储单元都是以字节为单位。

对于位数据的寻址，由字节地址和位地址组成，如 I3.2，其中的区域标识符 I 表示输入映像区，字节地址为 3，位地址为 2，这种寻址方式称为字节、位寻址方式（见图 4-14）。

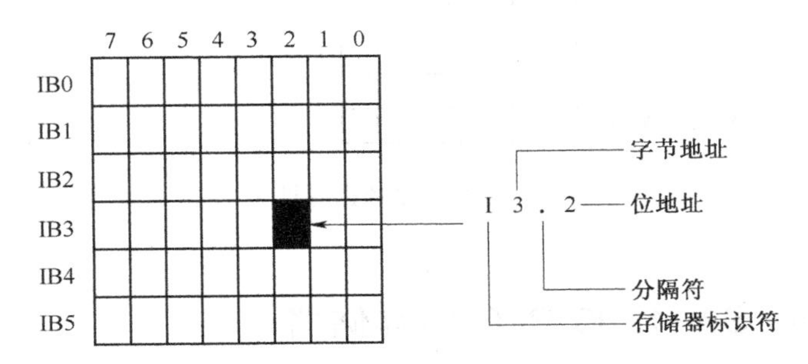

图 4-14　位数据寻址

对于字节地址的寻址，如 MB2，其中的区域标识符 M 表示位存储区，2 表示起始单元地址，B 表示寻址长度为 1 个字节，即寻址位存储区中的第 2 个字节（见图 4-15）。

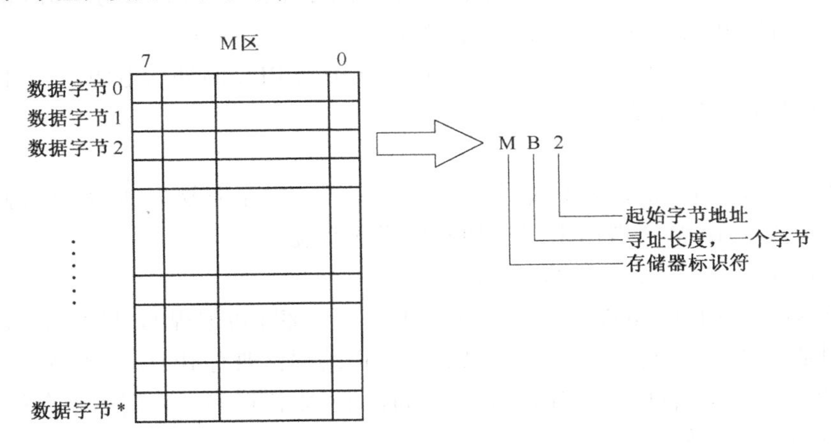

图 4-15　字节数据寻址

对于字的寻址，如 MW2，其中的区域标识符 M 表示位存储区，2 表示寻址单元的起始字节地址，W 表示寻址长度为 1 个字，即两个字节，寻址位存储区中第 2 个字节开始的 1 个字，即字节 2 和字节 3，请注意，两个字节组成 1 个字，遵循的低地址、高字节的原则。以 MW2 为例，MB2 为 MW2 高字节，MB3 为 MW2 低字节（见图 4-16）。

对于双字的寻址，如 MD0，其中的区域标识符 M 表示位存储区，0 表示寻址单元的起始字节地址，D 表示寻址长度为 1 个双字，即两个字，4 个字节，寻址位存储区中从第 0 个字节开始的 1 个双字，即字节 0、字节 1、字节 2 和字节 3。

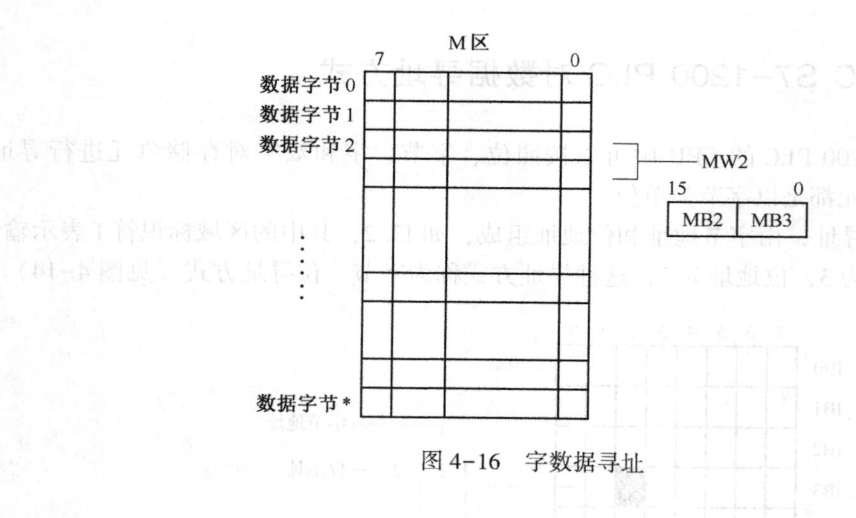

图4-16　字数据寻址

4.5　SIMATIC S7-1200 PLC 的存储器

1. PLC 使用的物理存储器

1）随机存取存储器

CPU 可以读出随机存取存储器（RAM）中的数据，也可以将数据写入 RAM。它是易失性的存储器，电源中断后，存储的信息将会丢失。

RAM 的工作速度高，价格便宜，改写方便。在关断 PLC 的外部电源后，可以用锂电池保存 RAM 中的用户程序和某些数据。

2）只读存储器

只读存储器（ROM）的内容只能读出，不能写入。它是非易失性的，电源消失后，仍能保存存储的内容，ROM 一般用来存放 PLC 的操作系统。

3）快闪存储器和可电擦除可编程只读存储器

快闪存储器（Flash EPROM）简称 FEPROM，可电擦除可编程的只读存储器简称为 EEPROM。它们是非易失性的，可以用编程装置对它们编程，兼有 ROM 的非易失性和 RAM 的随机存取优点，但是将信息写入它们所需的时间比 RAM 长得多。它们用来存放用户程序和断电时需要保存的重要数据。

2. 微存储卡

SIMATIC 微存储卡基于 FEPROM，用于在断电时保存用户程序和某些数据。微存储卡用作装载存储器（Load Memory）或便携式媒体。

3. 装载存储器

装载存储器是非易失性的存储器，用于保存用户程序、数据和组态信息。所有的 CPU 都有内部的装载存储器，CPU 插入存储卡后，用存储卡作装载存储器。当一个项目被下载到 CPU，它首先被存储在装载存储器当中。当电源失电后，存储器内容仍然保存。

4. 工作存储器

工作存储器是集成在 CPU 中的高速存取 RAM，为了提高运行速度，CPU 将用户程序中与程序执行有关的部分，例如组织块、功能块、功能和数据块从装载存储器复制到工作存储器。装载存储器类似于计算机的硬盘，工作存储器类似于计算机的内存条。CPU 断电时，工作存储器中的内容将会丢失。

5. 断电保持存储器

断电保持存储器（保持性存储器）用来防止在电源关闭时丢失数据，暖启动后断电保持存储区中的数据保持不变。冷启动时断电保持存储器的值被清除。

CPU 提供了 2048B 的保持存储器，可以在断电时，将工作存储器的某些数据（例如数据块或位存储器 M）的值永久保存在保持存储器中。断电时 CPU 有足够的时间来保存数量有限的指定的存储单元的值。

4.6 SIMATIC S7-1200 PLC 系统存储区

1. 全局存储器

S7-1200 PLC 的 CPU 提供了全局存储器、数据块和临时存储器等，用于在执行用户程序期间存储数据，全局存储器是指各种专用存储区，如输入映像区 I 区、输出映像区 Q 区和位存储器 M 区，所有块可以无限制地访问该存储器。

1）过程映像输入/输出

过程映像输入在用户程序中的标识符为 I，它是 PLC 接收外部输入数字量信号的窗口。输入端可以外接常开触点或常闭触点，也可以接多个触点组成的串、并联电路。

过程映像输出在用户程序中的标识符为 Q，每次循环周期开始时，CPU 将过程映像输出的数据传送给输出模块，再由后者驱动外部负载。

在每次扫描循环开始时，CPU 读取数字量输入模块的外部输入电路的状态，并将它们存入过程映像输入区（见表 4-6）。

表 4-6　系统存储区

存储区	描　述	强制	保持性
过程映像输入（I）	在扫描循环开始时，从物理输入复制输入值	否	否
物理输入（I_：P）	通过该区域立即读取物理输入	是	否
过程映像输出（Q）	在扫描循环开始时，将输出值写入到物理输出	否	否
物理输出（Q_：P）	通过该区域立即写物理输出	是	否
位存储器	用于存储用户程序的中间运算结果或标志位	否	是
临时局部存储器（L）	块的临时局部数据，只能供块内部使用	否	否
数据块（DB）	数据存储器与 FB 的参数存储器	否	是

用户程序访问 PLC 的输入和输出地址区时，不是去读、写数字量模块中信号的状态，而是访问 CPU 的过程映像区。在扫描循环中，用户程序计算输出值，并将它们存入过程映像输出区。在下一循环扫描开始时，将过程映像输出区的内容写到数字量输出模块。

对存储器的读写、访问、存取这 3 个词的意思基本上相同。

I 和 Q 均可以按位、字节、字和双字来访问，例如 I0.0、IB0、IW0 和 ID0。

2）物理输入/输出

在I/O点的地址或符号地址的后边附加"：P"，可以立即访问物理输入或物理输出。

通过给输入点的地址附加"：P"，例如I0.3：P或"Stop：P"，可以立即读取CPU、信号板和信号模块的数字量输入和模拟量输入。访问时使用I_：P取代I的区别在于前者的数字直接来自被访问的输入点，而不是来自过程映像输入。因为数据从信号源被立即读取，而不是从最后一次被刷新的过程映像输入中复制，这种访问被称为"立即读"访问。由于物理输入点从直接连接在该点的现场设备接收数据值，因此写物理输入点是被禁止的，即I_:P访问是只读的。

在输出点的地址后面附加"：P"（例如Q0.3：P），可以立即写CPU、信号板和信号模板的数字量和模拟量输出。访问时使用Q_：P取代Q的区别在于前者的数字直接写给被访问的物理输出点，同时写给过程映像输出。这种访问被称为"立即写"因为数据被立即写给目标点，不用等到下一次刷新时将过程映像输出中的数据传送给目标点。由于物理输入点直接控制与该点连接的现场设备，因此读物理输出点是被禁止的，即Q_：P访问是只写的。与此相反，可以读写Q区的数据。

3）位存储器区

位存储区（M存储区）用来存储运算的中间操作状态或其他控制信息，可以用位、字节、字或双字读/写位存储器区。

2. 数据块

数据块（Data Block），简称DB，用于存储各种类型的数据，其中包括操作的中间结果或FB的其他控制参数以及许多指令，如定时器或计时器所需的数据的结构，可以根据需要指定数据块为读或写访问，还是只读访问，可以按位、字节、字和双字访问数据块存储器。数据块关闭后，或有关的代码块的执行开始或结束后，数据块中存放的数据不会丢失。数据块主要分为两种类型：

（1）全局数据块：用来存储所有块都需要访问的数据。

（2）背景数据块：用来存储某个FB的结构与参数。

3. 临时存储器

临时存储器用于存储代码块被处理时使用的临时数据。与M存储器类似，二者的主要区别在于M存储器是全局的，而临时存储器是局部的。

CPU按照按需访问的策略分配临时存储器。CPU在代码块被启动（对于OB）或被调用（对于FC和FB）时，将临时存储器分配给代码块。代码块块执行完后，CPU将重新分配本地存储器，用于执行其他代码块，临时存储器只能通过符号地址访问。

习　题

4-1　S7-1200 PLC的主要技术指标有哪些？

4-2　S7-1200 PLC的CPU型号有哪几类？命名格式中各符号代表什么？

4-3　S7-1200 PLC的基本单元、扩展单元和扩展模块三者有何区别？主要作用是什么？

4-4　S7-1200 PLC主要由哪些功能模块组成？

4-5　S7-1200 PLC的高速计数器最多有几个？最高计数频率为多少？

4-6　S7-1200 PLC 有哪些输出方式？各适应于什么类型的负载？

4-7　S7-1200 PLC 为什么要设定高速计数器（HSC），高速计数器有哪 4 种工作模式？

4-8　在明确了工业电气控制的控制功能后，可以画出继电器电路图。简述将继电器电路图转换为梯形图的基本步骤。

4-9　PLC 的物理存储器包括哪几种？简述这几种物理存储器的特点。

4-10　S7-1200 PLC 的用户程序下载后存放在什么存储器中，掉电后是否会丢失？

4-11　RAM 与 EPROM 各有什么特点？

4-12　描述 PLC 的工作方式。输入映像寄存器、输出映像寄存器、输出寄存器在 PLC 中各起什么作用？

4-13　S7-1200 PLC 支持哪些进制的数据？支持中文字符类型吗？如何描述这些数据和符号？

第 5 章 SIMATIC S7-1200 PLC的指令系统

SIMATIC S7-1200 PLC 的指令系统从功能上大致可以分为三类：基本指令、扩展指令和全局库指令。

5.1 SIMATIC S7-1200 PLC 的基本指令

SIMATIC S7-1200 PLC 的基本指令包括位逻辑指令、定时器指令、计数器指令、比较指令、转换指令、移动指令、移位和循环移位指令、逻辑运算指令、数学运算指令以及跳转与标签指令。

5.1.1 位逻辑指令

位逻辑指令是 PLC 编程中使用最频繁的基本指令，它们通常使用 1 和 0 两个数字区分不同的状态，1 表示接通激活状态，0 表示断开未激活状态。位逻辑指令按不同的功能具有不同的形式，S7-1200 PLC 中的位逻辑指令可以分为以下几类：基本位逻辑指令、置位和复位指令、上升沿/下降沿指令。

1. 基本位逻辑指令

基本位逻辑指令包括常开触点、常闭触点、逻辑取反、输出线圈、取反输出线圈等指令。位逻辑指令符号中间的“/”表示常闭，在 bit 处填一个布尔（Bool）型变量，基本位逻辑指令如表 5-1 所示。

表 5-1　基本位逻辑指令

指令符号	功能描述	指令符号	功能描述
─┤ ├─	常开触点	─┤/├─	常闭触点
─( )─	输出线圈	─(/)─	取反输出线圈
NOT ─┤ ├─	逻辑取反		

1）常开触点和常闭触点指令

在位逻辑指令中，常开触点和常闭触点均对应于 PLC 模块中存储器的地址位，当该地址位为 1 状态时，常开触点闭合，常闭触点断开；当该地址位为 0 状态时，常闭触点闭合，常开触点断开。指令执行时，CPU 从指定的存储器 bit 位读取位数据，如果 bit 位为 I 存储区的变量，通过在其后面加“：P”，可以指定立即读取物理地址输入。立即读取，是直接从物理输入读取位数据值，而不是从输入过程映像 I 区中读取。请注意：立即读取不会更新过程映像区。

2）逻辑取反指令

逻辑取反指令用于对能流的状态进行取反，如果没有能流流入 NOT 触点，则会有能流流出，如果有能流流入 NOT 触点，则没有能流流出。

3）输出线圈和取反输出线圈指令

输出线圈指令执行时，CPU 根据线圈能流流入线圈的情况向指定的存储器位写入新值，如果有能流流入，则将输出线圈指定的存储器地址位 bit 位置 1，取反输出线圈指令则置 0；如果没有能流流入，则将输出线圈指定的存储器地址位 bit 位置 0，取反输出线圈指令则置 1。如果 bit 位为 Q 区的变量，通过在其后面加“：P”，可以指定立即写入物理地址输出。对于立即写入，将位数据值是直接写入物理地址输出，同时写入输出过程映像 Q 区。

例 5-1　采用基本位逻辑指令设计“启-保-停”控制电路程序。

程序编写步骤如下：

在项目树中打开 main 程序编辑器，选择一个常开触点并输入地址 I0.0 作为启动触点。在其后串联一个常闭触点并输入地址 I0.1 作为停止触点，在其后插入一个输出线圈，输入地址 Q0.0 作为启-保-停电路的输出线圈。在 I0.0 的下方并联一个 Q0.0 的常开触点作为自锁触点。

程序如图 5-1 所示。

图 5-1　启-保-停控制电路程序

单击监控按钮，观察程序的执行情况，按下启动按钮 I0.0，Q0.0 接通，按下停止按钮 I0.1，Q0.0 断开。

2. 上升沿/下降沿指令

上升沿/下降沿指令包括 P/ N 触点、P/ N 线圈、P/ N 触发器等指令。上升沿/下降沿指令符号中间的 P 和 N 对应于指令的上升沿/下降沿。上升沿/下降沿指令如表 5-2 所示。

表 5-2　上升沿/下降沿指令功能描述

指令符号	功能描述	指令符号	功能描述
─┤P├─	P 触点	─┤N├─	N 触点
─(P)─	P 线圈	─(N)─	N 线圈
P _ TRIG	P 触发器	N _ TRIG	N 触发器

1）P/N 触点指令

P 触点和 N 触点指令中，bit 和 M_bit 均为布尔型变量，其中 bit 是检测跳变沿的输入位，M_bit 用以保存输入位的前一个状态的存储器位。P 触点和 N 触点指令就是要检测 bit

指定地址位的跳变沿，当P触点指令检测到bit处的位数据值由0变为1的正跳变时，该触点接通一个扫描周期。当N触点指令检测到bit处的位数据值由1变为0的负跳变时，该触点接通一个扫描周期。

2）P/N线圈指令

P线圈和N线圈指令中，bit和M_bit均为布尔型变量，其中bit是检测跳变沿后的输出位，M_bit用以保存输入线圈的前一个状态的存储器位。当P线圈指令检测到输入线圈前面的逻辑状态由0变为1的正跳变时，bit处的位数据值接通一个扫描周期，即置为1。当N线圈指令检测到输入线圈前面的逻辑状态由1变为0的负跳变时，bit处的位数据值接通一个扫描周期。

3）P/N触发器指令

P触发器和N触发器指令中，M_bit处为布尔型变量，用以保存输入的前一个输入状态的存储器位。当P触发器指令检测到CLK输入的逻辑状态由0变为1的正跳变时，Q输出的位数据值在一个扫描周期内置为1。当N触发器指令检测到CLK输入的逻辑状态由1变为0的负跳变时，Q输出的位数据值在一个扫描周期内置为1。

例5-2 将瞬时按钮接入到S7-1200 PLC的输入端口I0.1，通过上升沿/下降沿指令控制PLC输出端口Q0.0的接通与断开。按一下瞬时按钮，Q0.0接通；再按一下瞬时按钮，Q0.0断开，如此反复。

程序编写步骤如下：

（1）在项目树中打开main程序编辑器，选择SR指令（置位优先触发器指令）并输入地址M0.0，用于存储置位或者复位的结果，在Q输出端插入输出线圈并输入地址Q0.0。

（2）在S输入端插入P触点并输入地址I0.0和M0.1，用来捕获I0.0被按下去的正跳变。再串联一个Q0.0的常闭触点，用于实现Q0.0为0时按I0.0，则Q0.0置位为1。

（3）在R1输入端插入一个P触点，输入地址I0.0和M0.2，再串联一个Q0.0的常开触点，以实现Q0.0为1时按下I0.0，Q0.0复位为0。

程序如图5-2所示。

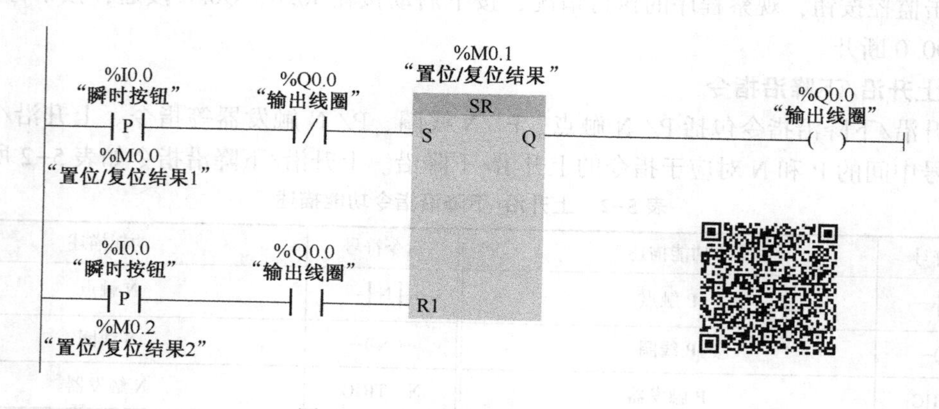

图5-2 上升沿/下降沿指令程序

观察程序的执行情况，按一下按钮I0.0，Q0.0接通，再按一下按钮I0.0，Q0.0断开。如此反复。

3. 置位和复位指令

置位和复位指令包括置位、复位、置位位域、复位位域、复位优先触发器、置位优先触发器等指令。置位/复位指令如表 5-3 所示。

表 5-3　置位和复位指令功能描述

指令符号	功能描述	指令符号	功能描述
—(S)—	置位	—(R)—	复位
—(SET_BF)—	置位位域	—(RESET_BF)—	复位位域
SR 锁存器	置位优先触发器	RS 锁存器	复位优先触发器

1）置位、复位指令

置位或复位指令中，bit 处代表布尔型变量。S（Set，置位或置 1）指令将指定的地址位 bit 设定为状态 1 并保持；R（Reset，复位或置 0）指令将指定的地址位 bit 设定为状态 0 并保持。置位指令和复位指令具有记忆和保持功能。

2）置位位域、复位位域指令

置位位域或复位位域指令中，bit 处代表布尔型变量，n 为常数。指令激活时，置位位域指令从地址 bit 处开始的 n 位数据值被设置为 1，复位位域指令则被设置为“0”。指令不激活时，bit 处的位数据值不变。

3）置位优先触发器、复位优先触发器指令

触发器指令上的 bit 处代表标志位，触发器首先对标志位 bit 进行置位/复位，然后再将标志位的状态送到输出端 Q。SR 指令为置位优先触发器指令，RS 指令为复位优先触发器指令，其中 S、S1 为置位信号，R、R1 为复位信号，1 表示优先。触发器指令的功能是当置位/复位信号都为 0 时，输出 Q 保持原状态不变；当复位信号为 1 且置位信号为 0 时，输出 Q 被设置为 0；当置位信号为 1 且复位信号为 0 时，输出 Q 被设置为 1；当置位/复位信号同时为 1 时，复位优先指令（RS 指令）输出 Q 被设置为 0，置位优先指令（SR 指令）输出 Q 被设置为 1。

例 5-3　采用置位、复位指令，通过外接的瞬时按钮控制启动/停止，编写“启-保-停”程序。

程序编写步骤如下：

（1）在项目树中打开 main 程序编辑器，在程序段 1 中选择一个常开触点并输入地址 I0.0。插入一个置位指令，输入地址 Q0.0。

（2）在程序段 2 中插入一个常开触点并输入地址 I0.1。插入一个复位指令，输入地址 Q0.0。

程序如图 5-3 所示。

观察程序的执行情况，按一下接通按钮 I0.0，Q0.0 接通并保持，按下停止按钮 I0.1，Q0.0 断开并保持。

5.1.2　定时器、计数器指令

1. 定时器指令

在 S7-1200 PLC 中有 4 种类型的定时器：接通延时定时器 TON、保持型接通延时定时

图 5-3　置位、复位指令程序

器 TONR、关断延时定时器 TOF、脉冲定时器 TP。定时器指令如表 5-4 所示。

表 5-4　定时器指令功能描述

指令符号	功能描述	指令符号	功能描述
TON Time; IN, PT; Q, ET	接通延时定时器 TON	TONR Time; IN, R, PT; Q, ET	保持型接通延时定时器 TONR
TOF Time; IN, PT; Q, ET	关断延迟定时器 TOF	TP Time; IN, PT; Q, ET	脉冲定时器 TP

定时器功能块中，有 4 个共性端口，包括启动端口、预设值端口、已耗时间值端口、输出端口。各个端口的含义介绍如下。

启动端口 IN：定时器输入端 IN 为启动定时器的使能输入端（使能端），当 IN 由 0 变成 1 时，启动 TP、TON 和 TONR 开始定时；当 IN 由 1 变成 0 时，启动 TOF 开始定时。到达预设值后，定时器停止保持为预设值。

预设值端口 PT：定时器输入端 PT 为时间预设值，数据类型为 32 位的时间，单位为 ms，使用 T#标识符。可以采用简单单元时间“T#300 ms”或复合单元时间“T#3s _ 200 ms”的形式输入，前者表示定时时间为 0. 3 s，后者表示定时时间为 3. 2 s。

已耗时间值端口 ET：定时器输出端 ET 表示定时器的已耗时间值，即定时开始后经过的时间。

输出端口 Q：在 TP、TON 和 TONR 中，当定时时间到，没有错误且输入端 IN 保持为 1 时，输出端 Q 置位，变为 1；在 TOF 中，当定时时间到，输出端 Q 复位，变为 0。

定时器使用一个存储在数据块中的结构来保存定时器中的数据，在工作区中放置定时器指令时，要求分配该数据块，该数据块即为背景数据块。定时器中使用“%DB1”表示定时器的背景数据块。

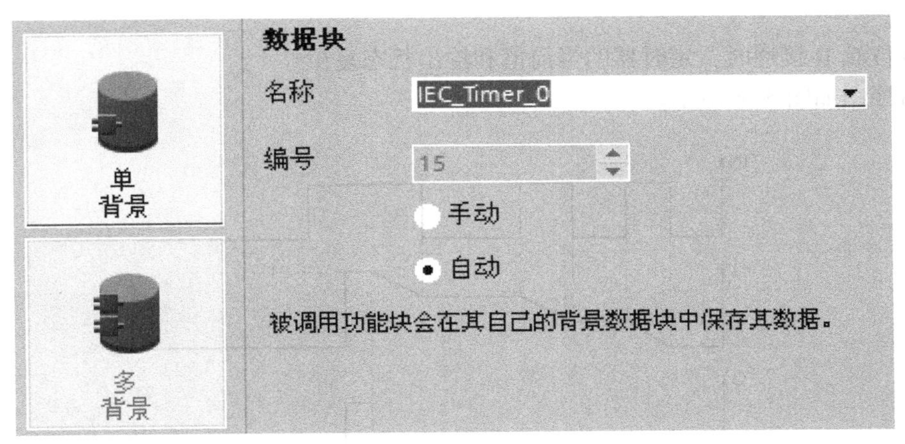

图 5-4　定时器的背景数据块

下面分别介绍各个定时器的基本功能。

1）接通延时定时器 TON

对于接通延时定时器 TON，当使能端 IN 接通时，定时器开始定时，当前值（已耗时间值）ET 递增，当前时间值等于预设值 PT 时，定时器的输出 Q 置位，定时器停止计时，ET 保持当前时间值。

当使能端 IN 断开时，定时器的当前时间值和输出状态复位。

若使能端 IN 断开时，定时器当前时间值 ET 小于预设值 PT 时，定时器的当前时间值和输出状态也复位为 0。

当复位线圈 R 通电，定时器的当前时间值和输出状态复位。

其时序图如图 5-5 所示。

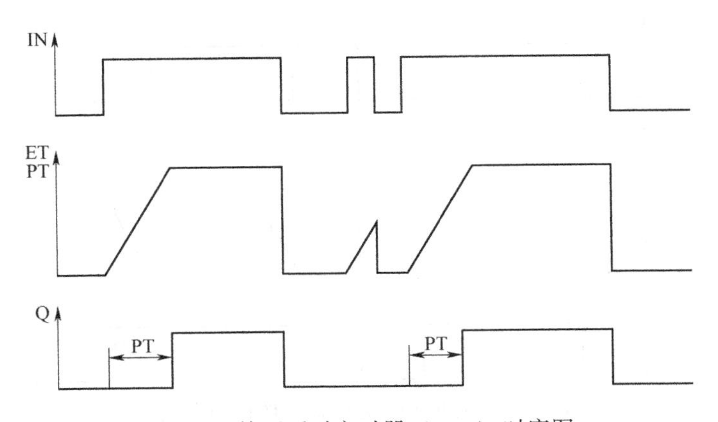

图 5-5　接通延时定时器（TON）时序图

2）保持型接通延时定时器 TONR

对于保持型接通延时定时器 TONR，当使能端 IN 接通时，定时器开始定时，当前时间值 ET 递增。当使能端 IN 断开时，定时器停止计时并保持当前时间值，当使能端 IN 重新接通时，定时器继续计时，当前时间值 ET 具有保持性。

当当前时间值 ET 等于预设值 PT 时，定时器的输出 Q 置位，定时器停止计时，保持当前计时值。

当复位端 R 接通时，定时器的当前值和输出状态复位。

其时序图如图 5-6 所示。

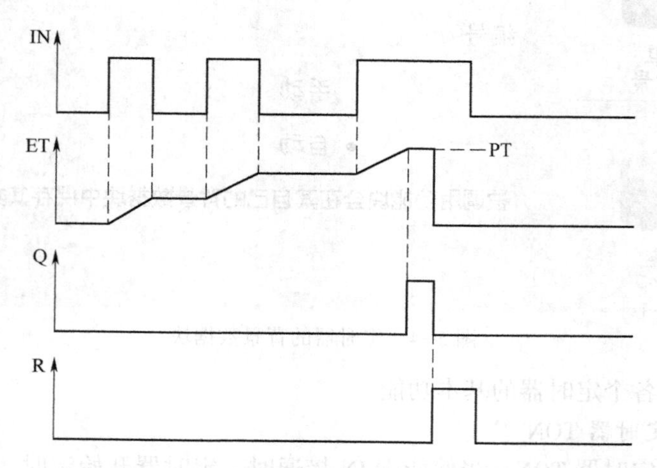

图 5-6　保持型接通延时定时器（TONR）时序图

3）关断延迟定时器 TOF

对于关断延迟定时器 TOF，当使能端 IN 接通时，启动定时器，定时器当前时间值复位，输出接通，即输出为 1。

当使能端 IN 断开时，定时器开始定时，当前时间值 ET 递增，当前时间值 ET 等于预设值 PT 时，定时器的输出 Q 复位，定时器停止计时，保持当前时间值。

其时序图如图 5-7 所示。

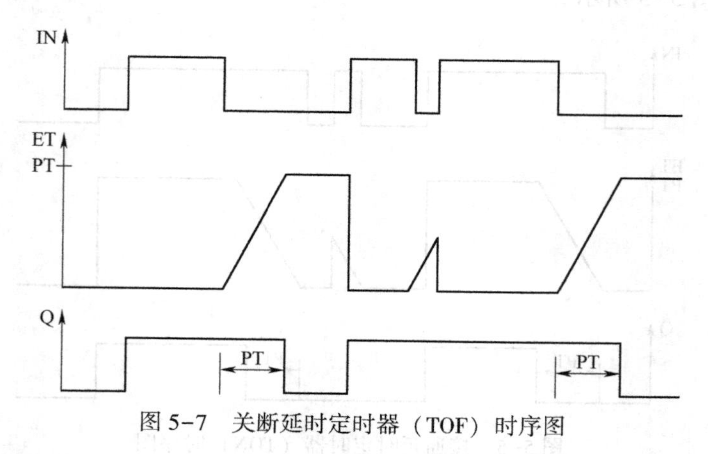

图 5-7　关断延时定时器（TOF）时序图

4）脉冲定时器 TP

对于脉冲定时器 TP，当使能端 IN 有高电平时，定时器启动开始定时，当前时间值 ET 递增，同时输出 Q 置位。

当前时间值 ET 等于预设值 PT 时，定时器的输出 Q 复位，定时器停止计时。若此时使能端 IN 为高电平，则保持当前计数值。若使能端 IN 变为低电平时，当前时间值清零。

在定时器的定时过程中，使能端 IN 对新来的上升沿信号不起作用，即 IN 的输入宽度可以小于 Q 端输出的脉冲宽度。

其时序图如图 5-8 所示。

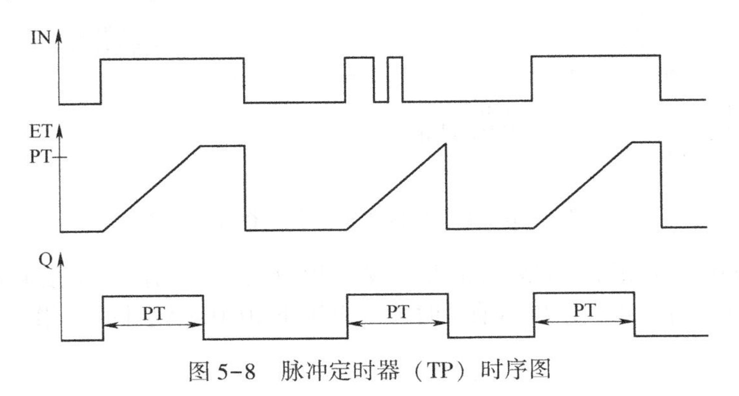

图 5-8　脉冲定时器（TP）时序图

例 5-4　按下 I0.0 后，通过接通延迟定时器指令控制 PLC 的输出端口 Q0.0，延时 5 s 后接通。

程序编写步骤如下：

（1）在项目树中打开 main 程序编辑器，选择接通延迟定时器 TON，此时自动打开了背景数据块，采用默认设置，单击确认。

（2）在接通延迟定时器的使能输入端 IN 插入常开触点 I0.0，在 PT 端输入定时时间为 5 s。输入定时器当前时间值存储位置 MD20，在定时器输出位置 Q 上插入一个输出线圈，输入地址 Q0.0。

程序如图 5-9 所示。

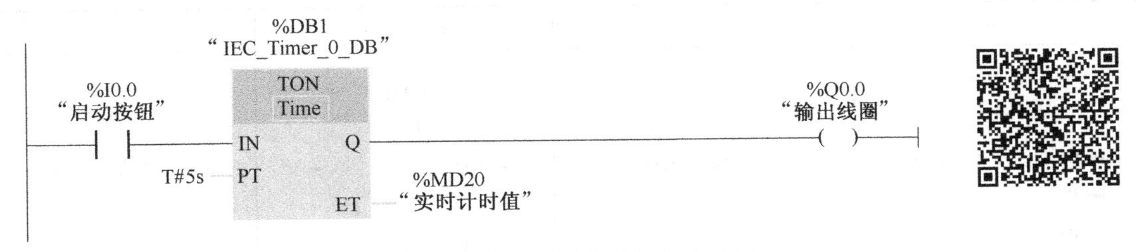

图 5-9　接通延迟定时器指令程序

单击监控按钮，观察程序的运行情况。按一下按钮 I0.0，接通延迟定时器开始加计时，5 s 后 Q0.0 接通，松开按钮 I0.0，定时器复位，Q0.0 断开。

例 5-5　通过保持型接通延时定时器指令，当 I0.0 多次接通，累计接通时间达到 15 s 后，Q0.0 接通，按下 I0.1，保持型接通延时定时器复位，Q0.0 断开。

程序编写步骤如下：

（1）在项目树中打开 main 程序编辑器，选择保持型接通延迟定时器，此时自动打开了背景数据块，采用默认设置，单击确认。

（2）在保持型接通延迟定时器使能输入端 IN 插入常开触点 I0.0，在复位端 R 插入常开触点 I0.1，在 PT 端输入定时时间 15 s，在输出端 Q 插入输出线圈并输入地址 Q0.0。

程序如图 5-10 所示。

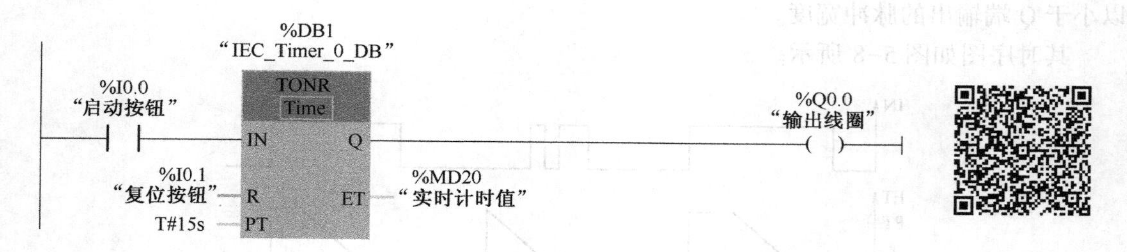

图 5-10　保持型接通延时定时器指令程序

单击监控按钮，观察程序的运行情况。按下 I0.0 可以看到保持型接通延迟定时器开始计时，断开 I0.0 计时停止，保持当前计时值。再按下 I0.0 继续计时，累计计时达到 15s 后 Q0.0 亮。

2. 计数器指令

计数器用来累计脉冲信号的个数。在 S7-1200 PLC 中有三种计数器：加计数器（CTU）、减计数器（CTD）、加减计数器（CTUD）。

每个计数器都使用存储块中存储的结构来保存计数器数据，在编辑器中放置计数器指令时分配相应的数据块，即背景数据块，计数值的数值范围取决于所选的数据类型。

最大的计数速率受到它所在组织块（OB）的执行速率的限制，如果待计数脉冲出现的频率非常高，超过了 OB 的执行速率，则计数过程中有可能会丢掉部分脉冲信号，计数结果不准确。此时可以使用 CPU 内置的高速计数器指令 CTRL _ HSC。

计数器指令如表 5-5 所示。

表 5-5　计数器指令

指令符号	功能描述	指令符号	功能描述
CTU Int CU Q R CV PV	加计数器（CTU）	CTD Int CU Q LD CV PV	减计数器（CTD）
CTUD Int CU QU CD QD R CV LD PV	加减计数器（CTUD）		

1）加计数器（CTU）和减计数器（CTD）

对于加计数器（CTU），当输入端 CU 由 0 状态变成 1 状态时（信号上升沿），实际计数值 CV 加 1。当 CV 的值大于或等于预设值 PV 时，计数器输出端 Q=1。复位输入 R 为 1 状态时，计数器被复位，CV 被清 0，计数器输出 Q 变为 0 状态。

对于减计数器（CTD），当输入端 CD 由 0 状态变成 1 状态时（信号上升沿），实际计数值 CV 减 1。当 CV 的值等于或小于 0 时，计数器输出端 Q=1。当装载输入端 LD 的值从 0 变为 1 时，则预设值 PV 将作为新的当前计数值装载到 CV 对应的存储器中。

CU、CD、R 和 Q 均为布尔变量。“%DB” 表示计数器对应的背景数据块。PV 为预设计数值（预设值），CV 为当前计数值（当前值），它们可以使用的数据类型为 Int、Sint、Dint、USint、Uint、UDint。各变量均可以使用 I（仅用于输入变量）、Q、M、D 和 L 存储区。

2）加减计数器（CTUD）

当加减计数器的加计数端 CU 输入的值从 0 跳变到 1 时，计数器的当前计数值 CV 加 1。当减计数端 CD 输入的值从 0 跳变到 1 时，计数器的当前计数值 CV 减 1。如果当前计数值 CV 大于或等于预设值 PV 时，计数器输出端 QU 等于 1。如果当前值 CV 小于或等于 0，计数器输出端 QD 等于 1。

当装载输入端 LD 的值从 0 变为 1 时，将预设值 PV 置入计数器的当前值 CV，计数器输出端 QU 等于 1，QD 被复位为 0 状态。当复位端 R 为 1 时，则将计数器的计数值 CV 复位为 0，计数器输出端 QU 等于 0，QD 被复位为 0 状态。此时 CU、CD 和 LD 不再起作用。其时序图如图 5-11 所示。

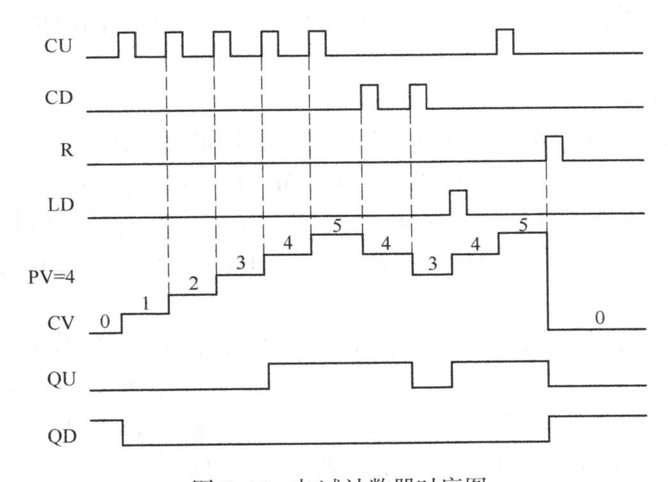

图 5-11　加减计数器时序图

例 5-6　通过加减计数器指令，按下 I0.0 时执行加计数，按下 I0.1 时执行减计数，当计数值大于等于 5 时 Q0.0 接通。

程序编写步骤如下：

（1）在项目树中打开 main 程序编辑器，选择加减计数器，并采用默认的背景数据块。

（2）在加减计数器的加计数输入端 CU 输入常开触点 I0.0，在减计数输入端 CD 输入常开触点 I0.1，在复位输入端 R 输入 I1.0，在装载输入端 LD 输入 I1.1，输入加减计数器预设值为 5，插入输出线圈到 QU 输出端，输入地址为 Q0.0，将计数器当前值存储在 MW10 中。

程序如图 5-12 所示。

单击监控按钮，观察程序的运行情况。可以看到，当按动一次 I0.0，计数值加 1，按动

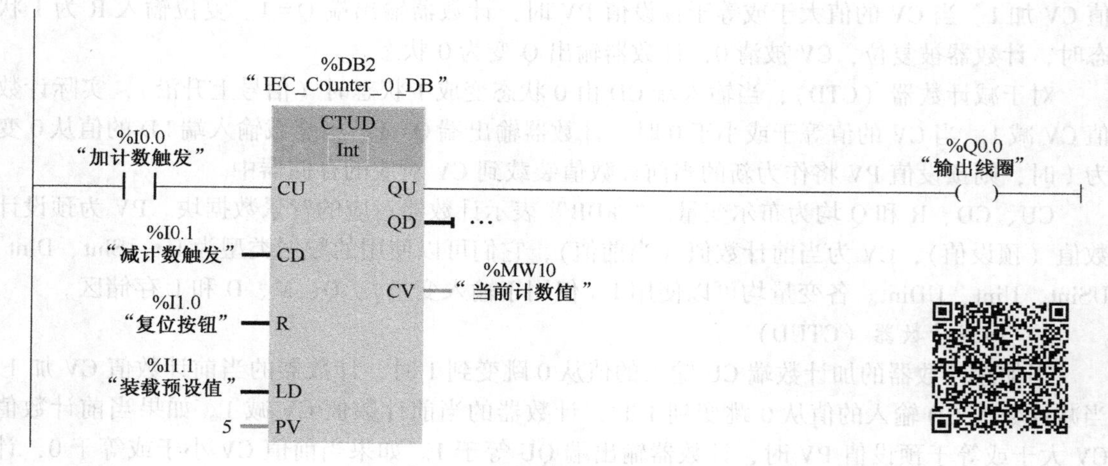

图 5-12　加减计数器指令程序

一次 I0.1，计数值减 1，当计数值大于等于 5 时，Q0.0 接通。按下 I1.0，计数值复位为 0，Q0.0 断开，按下 I1.1 装载预设值，计数值又变为 5。

5.1.3　比较指令

S7-1200 PLC 中的比较指令包括值大小比较指令，是否在范围内指令以及有效性、无效性、检查指令。

1. 值大小比较指令

使用值大小比较指令，可以比较两个数据类型相同的数 IN1 和 IN2 的大小，IN1 和 IN2 分别在触点的上面和下面。操作数可以是 I、Q、M、L、D 存储区中的变量或常数。支持的数据类型包括整数（Int）、双整数（DInt）、实数（Real）、无符号短整数（USInt）、无符号整数（UInt）、无符号长整数（UDInt）、短整数（SInt）、字符串（String）、字符（Char）、时间（Time）、DTL 等。

S7-1200 PLC 中的值大小比较指令按照比较类型的不同，可以分为 6 种类型：==（等于）、<>（不等于）、>=（大于等于）、<=（小于等于）、>（大于）、<（小于）。值大小比较指令在程序中只是作为条件来使用，用来比较两个数值 IN1 和 IN2 的大小，当 IN1 和 IN2 满足关系时，则能流通过，如果不满足，则无能流通过。

2. 是否在范围内指令

是否在范围内指令包括在范围内指令（IN_RANGE）和在范围外指令（OUT_RANGE），它们可以等效为一个触点，指令中 MIN、MAX 和 VAL 的数据类型必须相同。

IN_RANGE 指令，如果有能流流入指令框，并且参数 VAL 满足 MIN<=VAL<=MAX 时，有能流流出指令框的输出端。

OUT_RANGE 指令，如果有能流流入指令框，并且参数 VAL 满足 VAL <MIN 或者 VAL>MAX时，有能流流出指令框的输出端。

3. 有效性、无效性检查指令

有效性（OK）和无效性（NOT_OK）检查指令用来测试输入的数据是否为实数，如果为实数，OK 指令框接通，有能流通过；反之 NOT_OK 指令框接通，有能流通过。

指令框上方变量的数据类型为 Real。

例 5-7　当整数 MW10>=128，且在 MW20 和 MW22 所存储数值范围之间时，输出 Q0.0 接通。

程序编写步骤如下：

（1）在项目树中打开 main 程序编辑器，选择值大小比较指令，单击值大小比较指令的问号选择整数类型（Int），输入第一个操作数地址 MW10，输入第二个操作数 128。

（2）在值大小比较指令后面插入在范围内指令（IN_RANGE），单击指令的问号选择整数数据类型，输入参数最小值的地址 MW20，输入参数值 VAL 的地址 MW10，输入参数最大值的地址 MW22，在范围内指令后面插入输出线圈 Q0.0。

程序如图 5-13 所示。

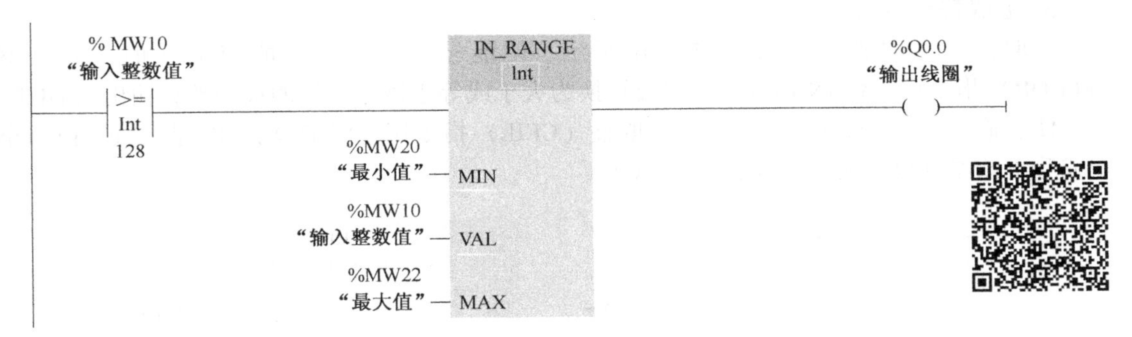

图 5-13　比较指令的指令程序

单击监视按钮，查看程序的运行情况，可以看到 MW10 默认为 0，小于 128，Q0.0 不亮。在工作区打开工作表格监视器，输入地址 MW10、MW20、MW22、Q0.0，单击监视按钮，修改 MW10 为 150，不在 MW20 和 MW22 范围之内，此时 Q0.0 仍然不亮，修改 MW20 和 MW22 为 100 和 200，则看到 Q0.0 点亮。

5.1.4　转换指令

S7-1200 PLC 的转换指令包括数据转换指令、取整和截取指令、上取整和下取整指令以及标定和标准化指令。

1. 数据转换指令

数据转换指令如图 5-14 所示。使能输入端 EN 有能流流入时，数据转换（CONV）指令将输入 IN 指定的数据类型转换到 OUT 指定的另一种数据类型，单击指令中的???，可以从下拉列表中选择参数 IN、OUT 的数据类型。

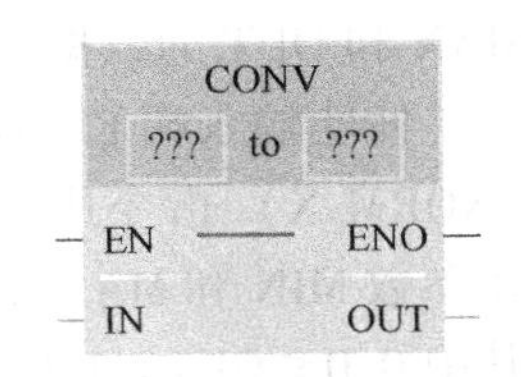

图 5-14　数据转换指令

数据转换指令支持的数据类型包括 Int、DInt、Real、USInt、UInt、UDInt、SInt、LReal、Word 等。数据类型 Bcd16 只能转换为 Int，Bcd32 只能转换为 DInt。

2. 取整和截取指令

取整与截取指令如图 5-15 所示。使能输入端 EN 有能流流入时，取整（ROUND）指令用于将输入 IN 指定的浮点数转换为双整数，浮点数的小数部分舍入为最接近的整数值，如果浮点数刚好是两个连续整数的一半，则浮点数舍入为偶数，如 ROUND（10.5）= 10 或 ROUND（11.5）= 12。

使能输入端 EN 有能流流入时，截取（TRUNC）指令用于将输入 IN 指定的浮点数转换截位取整的双整数输出到 OUT，浮点数的小数部分被截成 0。

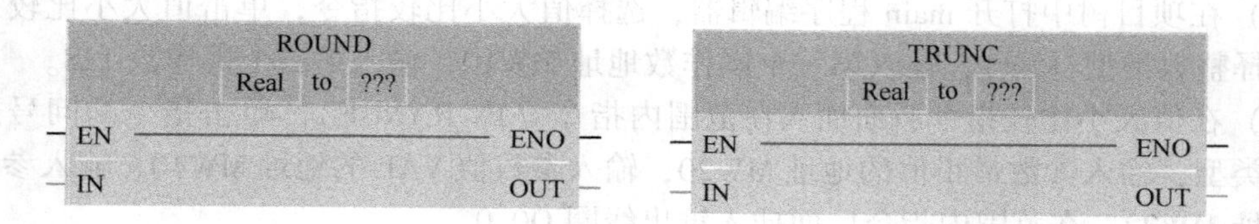

图 5-15　取整与截取指令

3. 上取整和下取整指令

上取整与下取整指令如图 5-16 所示。使能输入端 EN 有能流流入时，上取整（FLOOR）指令用于将 IN 输入的浮点数转换为大于或等于该浮点数的最小整数输出到 OUT。

使能输入端 EN 有能流流入时，下取整（CEIL）指令用于将 IN 输入的浮点数转换为小于或等于该浮点数的最大整数输出到 OUT。

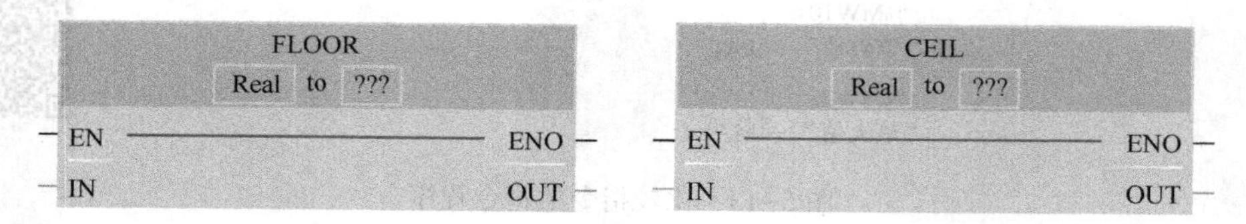

图 5-16　上取整与下取整指令

4. 标定和标准化指令

标定和标准化指令如图 5-17 所示。使能输入端 EN 有能流流入时，标定（SCALE_X）指令用于对标准化的实参数 VALUE 在参数 MIN 和 MAX 所指定的取值范围内进行标定，即 OUT = VALUE ×（MAX − MIN）+ MIN 。其中 0.0≤VALUE≤1.0，参数 MIN、MAX 和 OUT 的数据类型必须相同。

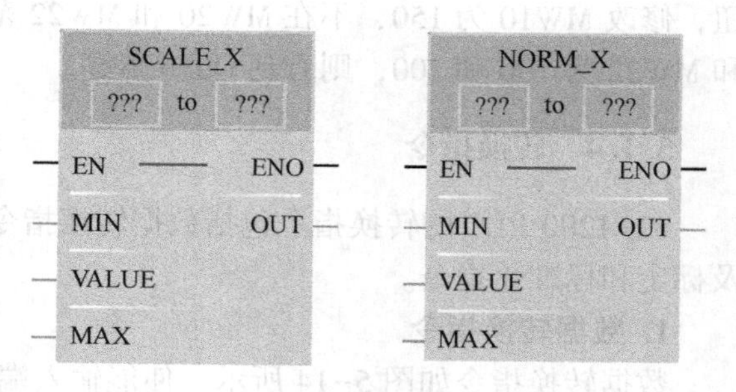

图 5-17　标定和标准化指令

使能输入端 EN 有能流流入时，标准化（NORM_X）指令用于对参数 VALUE 的值在参数 MIN 和 MAX 指定的范围内进行标准化，即 OUT =（VALUE − MIN）/（MAX − MIN）。其中 0.0≤OUT≤1.0，参数 MIN、VALUE 和 MAX 的数据类型必须相同。

例 5-8　假设整数 a 储存在 MW0 中，整数 b 储存在 MW2 中，计算 $c = \sqrt{a^2 + b^2}$ 。

程序编写步骤如下：

（1）在项目树中打开 main 程序编辑器，在程序段 1 中，选择数据转换（CONV）指令，设定输入参数为整数类型（Int），输出参数为实数类型（Real），在输入端输入地址 MW0，在输出端输入地址 MD20。在程序段 1 中，再次选择数据转换（CONV）指令，同样设置输入参数为整数类型，输出参数为实数类型，输入端输入地址 MW2，在输出端输入地址 MD24。

（2）在程序段 2 中，选择乘法指令，设置为实数乘法，输入参数地址分别设置为 MD20、MD20，输出参数地址设置为 MD28；在程序段 2 中，再次选择乘法指令，设置为实数乘法，输入参数地址分别设置为 MD24、MD24，输出参数地址设置为 MD32。

（3）在程序段 3 中，插入加法指令，设置为实数加法，输入参数地址设置为 MD28、MD32，输出参数地址设置为 MD36。在程序段 3 中，选择数学运算指令中的求平方根（SCORT）指令，输入参数地址设置为 MD36，输出参数地址设置为 MD40。

程序如图 5-18 所示。

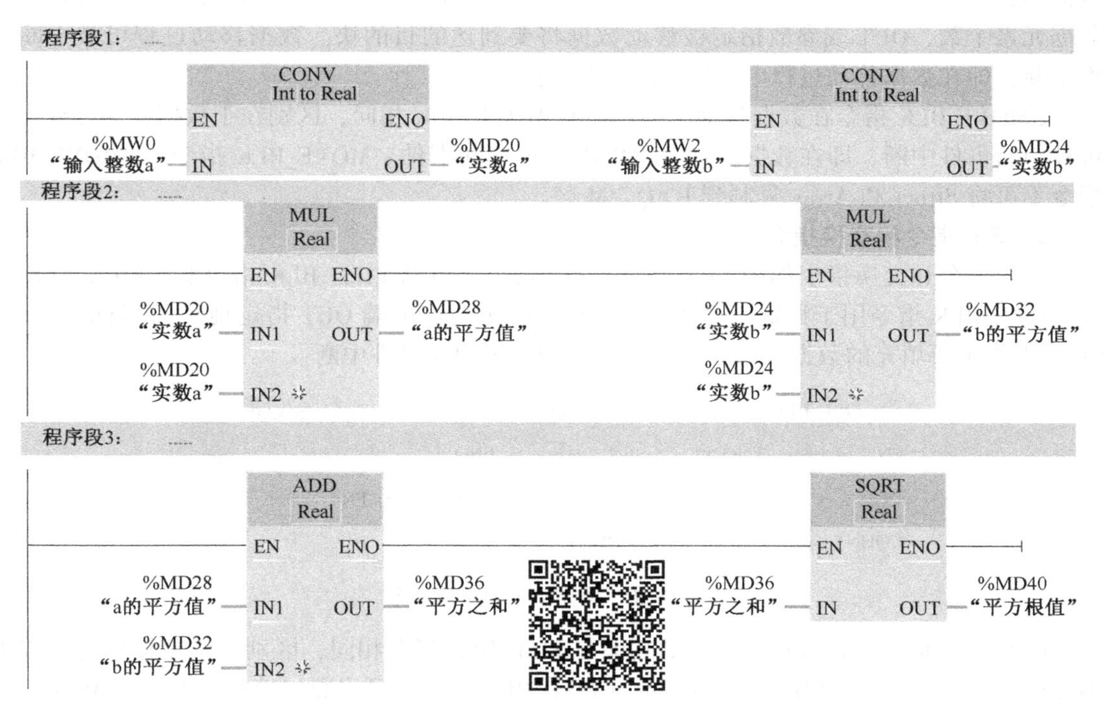

图 5-18　算术运算指令的指令程序

在工作区打开监视表格编辑器，输入地址 MW0、MW2 和 MD40，单击监视按钮，在线监视地址的值，在监视表格中修改 MW0、MW2 的值分别为 3 和 4，则可以看到 MD40 的值为 5.0。

5.1.5　移动指令

S7-1200 PLC 中的移动指令包括：移动和块移动指令，填充指令和交换指令。

1. 移动和块移动指令

移动和块移动指令如图 5-19 所示。使能输入端 EN 有能流流入时，移动（MOVE）指令用于将输入端 IN 的源数据复制给输出端 OUT 1 的目的地址，并且转换为 OUT 1 指定的数据类型，源数据保持不变。IN 和 OUT 1 端参数支持除 Bool 型数据之外的所有基本数据类型以及 DTL、Struct、Array 类型数据。

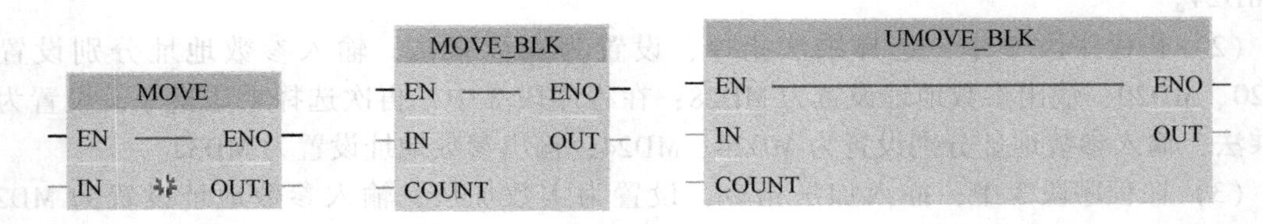

图 5-19　移动和块移动指令

块移动指令包括 MOVE_BLK 和 UMOVE_BLK 指令。MOVE_BLK 指令将指定区域的多个数据/数组复制到一个新区域，IN 端参数指定要移动的数据块，COUNT 参数指定要移动的数据元素个数，OUT 端参数指定被移动数据将要到达的目的块。数据移动过程可被中断事件中断，即在数据移动过程中可以处理中断事件。

UMOVE_BLK 指令在数据移动上的功能与 MOVE_BLK 相同，区别在于数据移动过程中不可被中断事件中断，即在数据移动过程中不处理中断事件。MOVE_BLK 指令、UMOVE_BLK 指令不可将 Struct 和 Array 复制到 I、Q、M 区。

2. 填充指令和交换指令

填充指令和交换指令如图 5-20 所示。填充指令包括 FILL_BLK 指令和 UFILL_BLK 指令。FILL_BLK 指令用于将输入端 IN 指定的值填充到输出端 OUT 指定地址的目标数据区，COUNT 指定要填充的数据元素个数，填充过程可被中断事件中断。

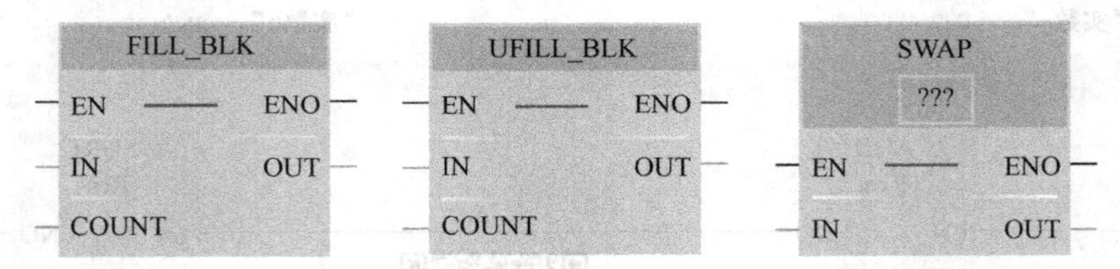

图 5-20　填充指令和交换指令

UFILL_BLK 指令在数据填充上的功能与 FILL_BLK 指令相同，区别在于数据填充过程中不可被中断事件中断。FILL_BLK 指令、UFILL_BLK 指令不可将数组填充到 I、Q、M 区。

交换（SWAP）指令用于调换 2 字节和 4 字节数据元素的字节顺序，但不改变每个字节中位的顺序，单击指令名称下方可以选择数据类型。IN 和 OUT 端参数的数据类型只能是 Word、Dword。

例 5-9　将 MB100 和 MD104 中存储的数据分别传送到 MB200 和 MD204 中。

程序编写步骤如下：

在项目树中打开 main 程序编辑器，选择 MOVE 指令到程序段 1 中，在输入端输入地址 MB100，在输出端输入地址 MB200。再拖拽一个 MOVE 指令到程序段 1 中，在输入端输入地址 MD104，在输出端输入地址 MW204。

程序如图 5-21 所示。

在工作区打开监视表编辑器，输入地址 MB100、MD104、MB200 和 MD204，单击监视按钮，观察程序的运行情况，在监视表格中修改 MB100、MD104 分别为 3 和 5，则可以看到 MB200、MD204 的值分别为 3 和 5。

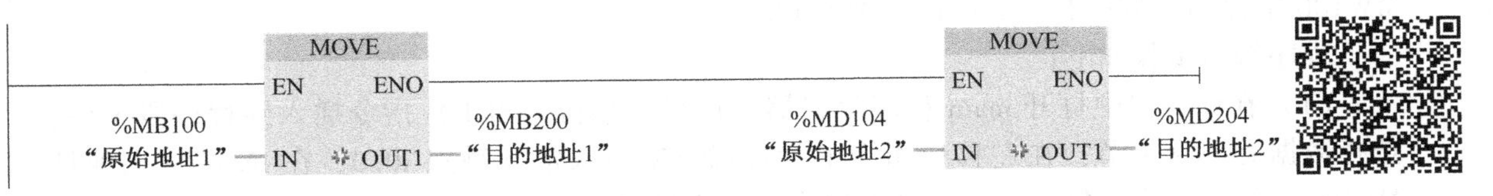

图5-21　移动指令程序

5.1.6　移位和循环移位指令

S7-1200 PLC中的移位指令包括逐位左移（SHL）指令和逐位右移（SHR）指令，循环移位指令包括循环左移位（ROL）指令和循环右移位（ROR）指令。

1. 逐位右移/左移指令

逐位右移/左移指令如图5-22所示。SHR或SHL移位指令用于将输入端IN指定的存储单元的整个内容逐位右移或左移若干位，输入端N指定移位的位数，移位的结果保存在输出端OUT指定的地址中。移位时用0填充移位操作清空的位。

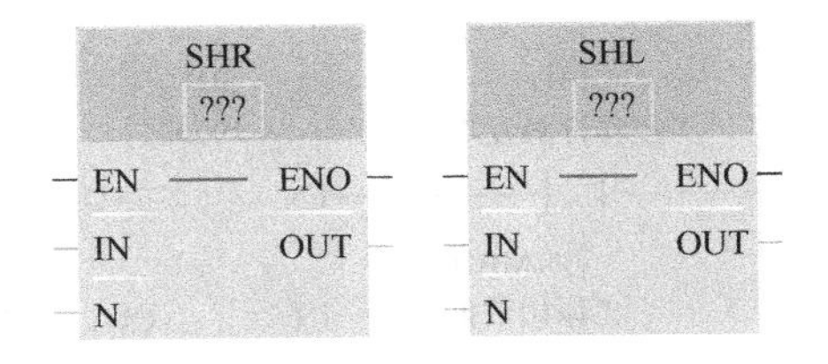

图5-22　逐位右移/左移指令

单击移位名称下方???，可以选择数据类型，移位指令IN和OUT端支持的数据类型为字节（Byte）、字（Word）、双字（Double-Word）。注意事项如下：

（1）N=0时，不进行移位，直接将IN值分配给OUT。

（2）如果移的位数（N）超过目标值中的位数（Byte为8位，Word为16位，DWord为32位），则所有原始位值将被移出并用0代替，即将0分配给OUT。

（3）移位过程中参数ENO总为状态1。

2. 循环右移/左移指令

循环移位指令如图5-23所示。ROR或ROL循环移位指令用于将输入端IN指定的存储单元的内容循环右移或左移若干位，输入端N指定循环移位的位数，移位的结果保存在输出端OUT指定的地址。移位时从目标值一侧循环移出的位数据将逐位循环移位到目标值的另一侧，即移回来的位又送回存储单元另一端空出来的位，因此原始位值不会丢失。

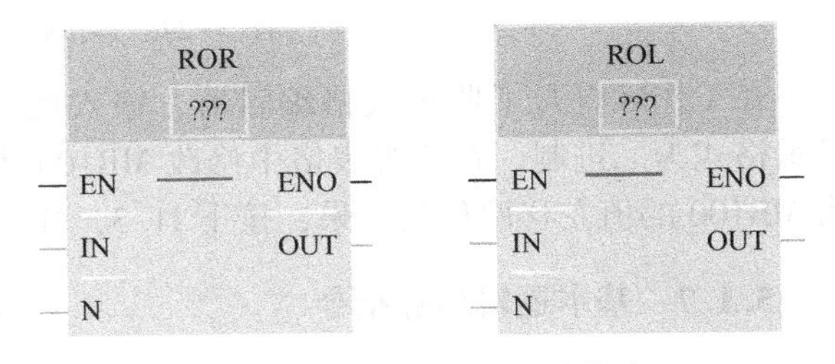

图5-23　循环右移/左移指令

单击指令名称下方的???，可以选择数据类型，循环移位指令IN端和OUT端支持的数据类型为字节（Byte）、字（Word）、双字（DOUBLE-WORD）。注意事项如下：

（1）N=0时，不进行移位，直接将IN值分配给OUT。

（2）如果要循环移的位数（N）超过目标值中的位数（Byte为8位，Word为16位，DWord为32位），仍将执行循环移位。

（3）移位过程中参数ENO总为状态1。

例5-10　按下I0.0，将MB100中存储的数据左移2位送到MB200中，按下I0.1将

MW100 中存储的数据右移 2 位送到 MW200 中。

程序编写步骤如下：

（1）在项目树中打开 main 程序编辑器，选择左移位（SHL）指令插入到程序段 1 中，选择数据类型为字节，在左移位指令的使能端 EN 插入常开触点 I0.0，在 IN 端输入地址 MB100，在 N 端输入数字 2，在 OUT 端输入地址 MB200。

（2）选择右移位（SHR）指令插入到程序段 2 中，选择数据类型为字，在移位指令的使能端 EN 插入常开触点 I0.1，在 IN 端输入地址 MW100，在 N 端输入数字 2，在 OUT 端输入地址 MW200。

程序如图 5-24 所示。

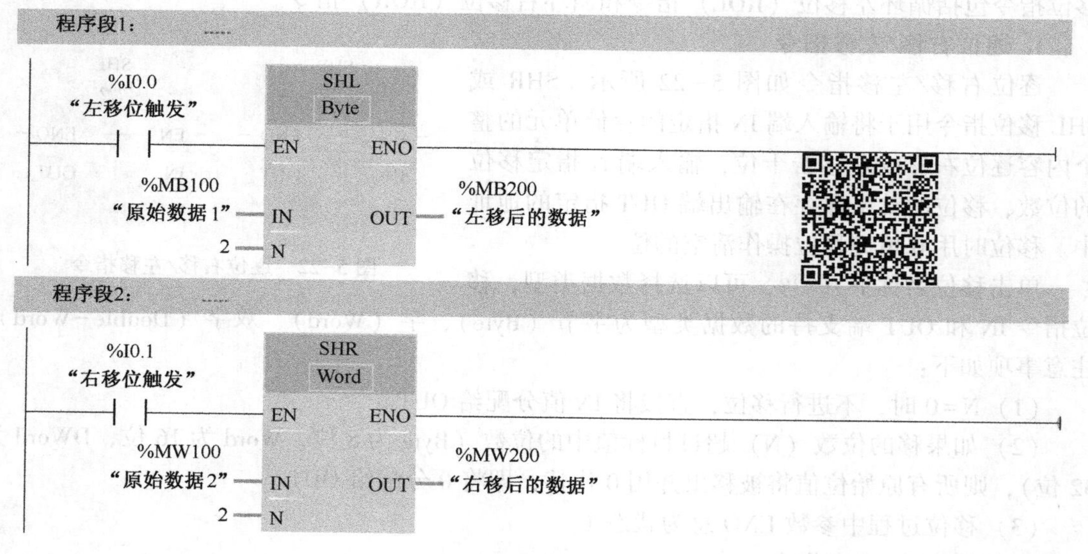

图 5-24　移位指令的指令程序

在工作区打开了监视表格编辑器，输入地址 MB100、MB200、MW100、MW300，设置显示格式为二进制，在监视表格中修改 MB100 为 01011，按下 I1.2，可以看到 MB200 的值为 MB100 的值左移两位的结果，按下 I1.3，MW300 的值为 MW100 的值右移两位的结果。

5.1.7　基本逻辑运算指令

S7-1200 PLC 中的基本逻辑运算指令可以分为：逻辑与（AND）、逻辑或（OR）、逻辑异或（XOR）、取反（INV）、编码（ENCO）、解码（DECO）、选择（SEL）、多路复用（MUX）等指令。各个指令块在使能输入端 EN 为 1 时开始运算操作，指令执行后 ENO 输出高电平。

各个指令块的??? 处为可选数据类型，包括字节、字、双字。逻辑与、逻辑或、逻辑异或指令中，IN1 端参数、IN2 端参数和 OUT 端参数必须具有相同的数据类型。取反指令中，IN 和 OUT 端参数必须具有相同的数据类型。

1. 逻辑运算指令

逻辑运算指令如图 5-25 所示。逻辑运算指令执行时，对两个输入端 IN1、IN2 指定地址的数据对应位进行逻辑运算，运算结果存放在 OUT 端指定的地址中。

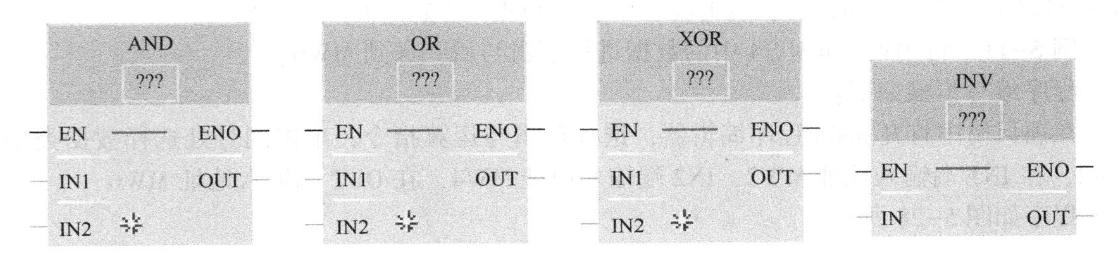

图 5-25　逻辑运算指令

逻辑与（AND）运算时，两个操作数的同一位均为 1，运算结果的对应位为 1，否则为 0。

逻辑或（OR）运算时，两个操作数的同一位均为 0，运算结果的对应位为 0，否则为 1。

逻辑异或（XOR）运算时，两个操作数的同一位如果不同，运算结果的对应位为 1，否则为 0。

取反（INV）运算时，对输入端 IN 指定地址的数据逐位进行取反运算，运算结果存放在 OUT 端指定的地址中。

2. 解码与编码指令

解码与编码指令如图 5-26 所示。编码（ENCO）指令执行时，扫描输入端 IN 指定地址的值，将该值中为 1 的最低位的位数送给输出端 OUT 指定的地址中。IN 端的数据类型可选 Byte、Word 和 DWord，OUT 端的数据类型为 Int。

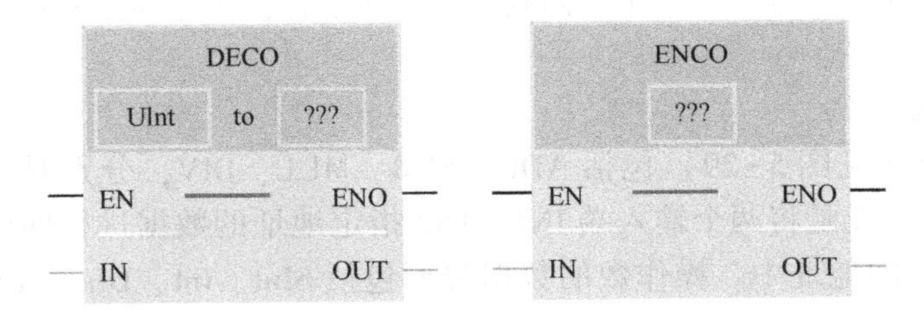

图 5-26　解码与编码指令

解码（DECO）指令执行时，根据输入端 IN 的值 n，将输出端 OUT 指定地址的数据第 n 位置 1，其余各位置 0。如果输入端 IN 的值大于 31，将 IN 端的值除以 32，用余数来进行解码操作。IN 端的数据类型为 UInt，OUT 端的数据类型可选 Byte、Word 和 Dword。

3. 选择与多路复用指令

选择与多路复用指令如图 5-27 所示。选择（SEL）指令执行时，根据输入端 G 的值（0 或者 1）对应选择 IN0 或 IN1 的值，并将其保存到输出端 OUT 指定的地址中。

多路复用（MUX）指令执行时，他根据输入参数 K 的值（0、1、…、m 或者其他值）对应选择 IN0、IN1、…、INm 或者 ELSE 值，并将其保存到输出端 OUT 指定的地址中。参

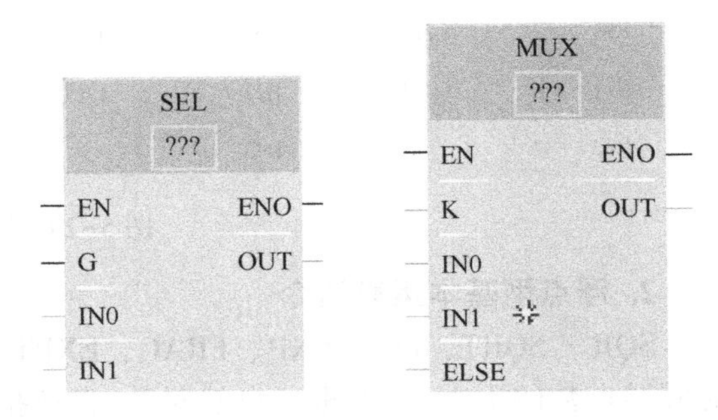

图 5-27　选择与多路复用指令

数 K 的数据类型为 UInt，与参数 INm、ELSE 和 OUT 的数据类型应该相同。

例 5-11 将 MW2 和 MW4 中的数据进行逻辑与后，送到 MW6。

程序编写步骤如下：

在项目树中打开 main 程序编辑器，选择逻辑与运算指令，单击问号处选择数据类型为 Word，在 IN1 端输入地址 MW2，IN2 端输入地址 MW4，在 OUT 端输入地址 MW6。

程序如图 5-28 所示。

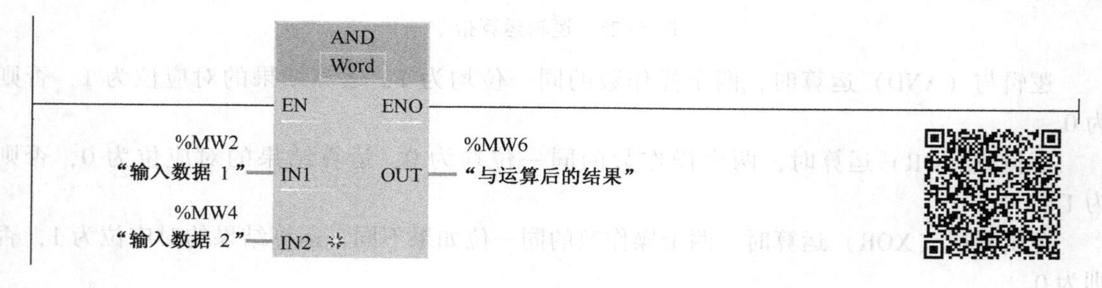

图 5-28 基本逻辑运算指令程序

在工作区打开监视表格编辑器，在地址列依次输入 MW2、MW4、MW6，在 MW2、MW4 的修改值列中分别输入 1234 和 00FF，将其显示格式均改为二进制，观察逻辑与运算结果。

5.1.8 数学运算指令

S7-1200 PLC 的数学运算指令包括四则运算指令、浮点型基本运算指令、三角函数运算指令、整数运算指令等。

1. 四则运算指令

四则运算指令（见图 5-29）包括 ADD、SUB、MUL、DIV，分别对应加法、减法、乘法、除法运算，其功能是将两个输入端 IN1、IN2 指定地址的数据进行四则运算，运算结果存放在 OUT 端指定的地址中。操作数的数据类型包括 SInt、Int、DInt、USInt、UInt、UDInt 和 Real 等。输入端 IN1、IN2 指定地址数据的数据类型必须相同。整数除法指令 DIV 将得到的商截取小数部分，以得到整数部分的输出格式。

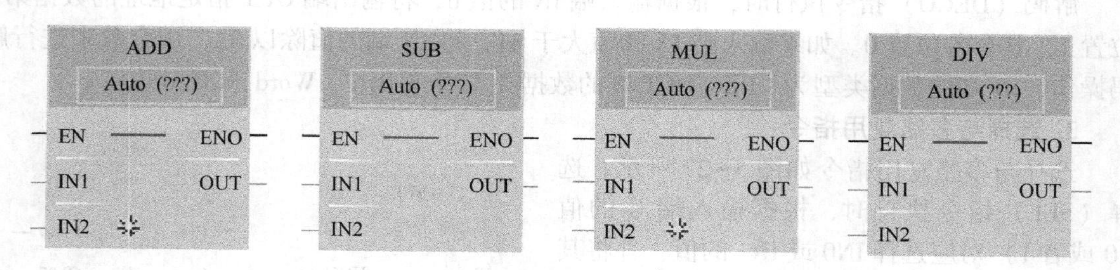

图 5-29 四则运算指令

2. 浮点型基本运算指令

SQR / SQRT、LN / EXP、FRAC、EXPT 均为浮点型基本运算指令（见图 5-30），分别对应浮点数的平方/平方根、自然对数/自然指数、求浮点数的小数部分、求浮点数的一般指

数运算。输入参数 IN 和输出参数 OUT 指定地址数据的数据类型为 Real。

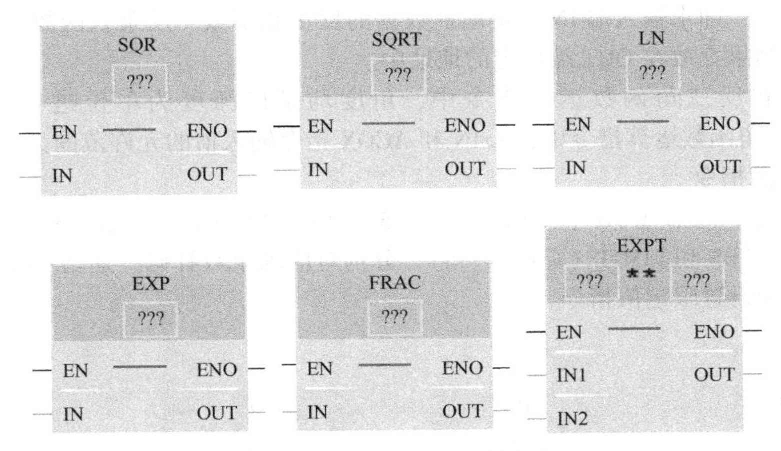

图 5-30　浮点型基本运算指令

SQR / SQRT 指令：求输入端 IN 指定地址数据的平方或平方根，运算结果存放在 OUT 端指定的地址中。浮点数的平方根（SQRT）指令中，如果输入端 IN 指定地址数据的数据值小于 0，则输出端 OUT 返回一个无效的浮点数值。

LN / EXP 指令：求输入端 IN 指定地址数据的自然对数或自然指数，运算结果存放在 OUT 端指定的地址中。指数和对数的底数 e = 2.71828。浮点数的自然对数指令（LN）中，如果输入端 IN 指定地址数据的数据值小于 0，则输出端 OUT 返回一个无效的浮点数值。

FRAC 指令：求输入端 IN 指定地址数据的小数部分，运算结果存放在 OUT 端指定的地址中。

EXPT 指令：求输入端 IN1 指定地址数据的幂，运算结果存放在 OUT 端指定的地址中，其中 $OUT = IN1^{IN2}$ 。

3. 三角函数和反三角函数运算指令

三角函数运算指令（见图 5-31）包括 SIN、COX、TAN，分别对应正弦、余弦、正切指令，即求输入端 IN 指定地址数据的正弦函数、余弦函数、正切函数的函数值，运算结果存放在 OUT 指定的地址中。

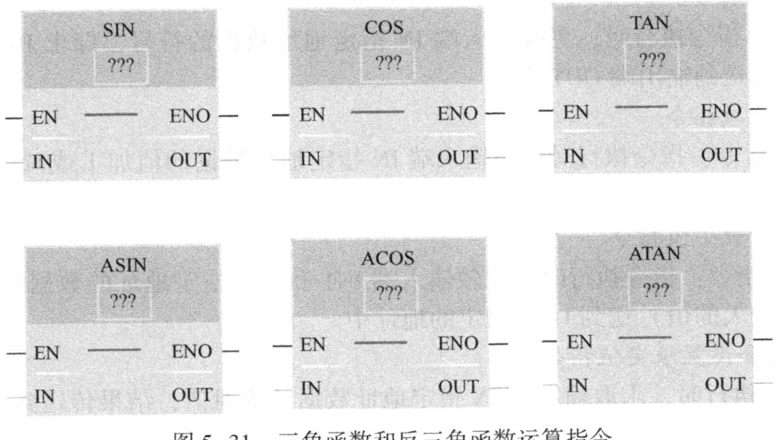

图 5-31　三角函数和反三角函数运算指令

反三角函数运算（见图5-31）指令包括ASIN、ACOX、ATAN，分别对应反正弦、反余弦、反正切指令，即求输入端IN指定地址数据的反正弦函数、反余弦函数、反正切函数的函数值，运算结果存放在OUT端指定的地址中。

三角函数和反三角函数运算指令中，角度均是以弧度为单位进行表示的，即为π/180.0。反三角函数运算指令中，ASIN和ACOX指令输入值的允许范围为［-1.0，1.0］。

4. 整数运算指令

整数运算指令包括MOD和NEG（见图5-32）、IEC/DEC（见图5-33）、MIN/MAX（见图5-34）、ABS和LIMIT（见图5-35），分别对应求余数补码、递增/递减、最大值/最小值、绝对值和设置限定值指令。

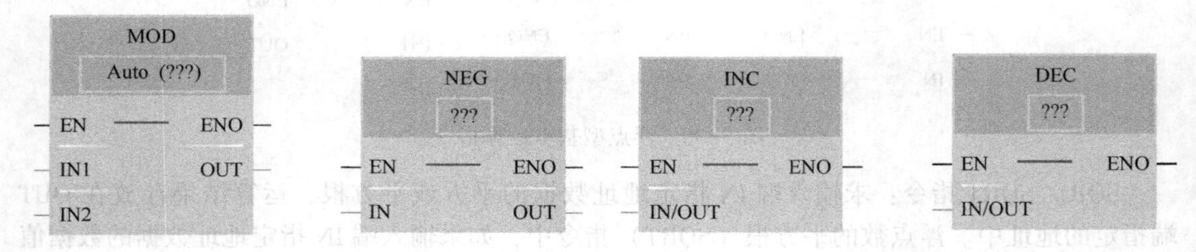

图5-32　求余数和补码指令　　图5-33　求递增和递减指令

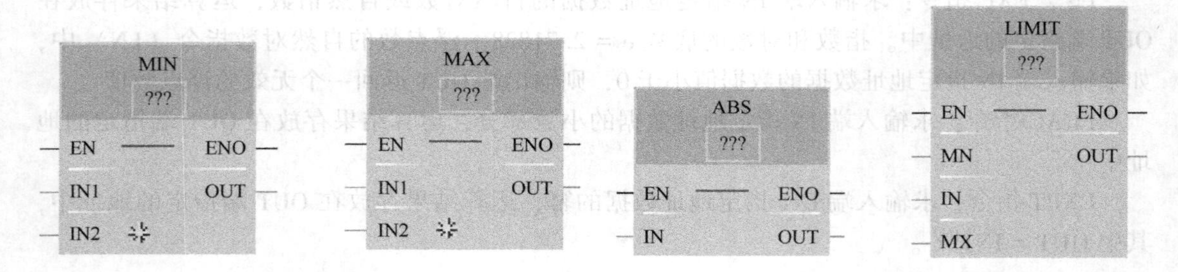

图5-34　求最大值和最小值指令　　图5-35　求绝对值和设置限定值指令

1）求余数和补码指令

MOD指令：将输入端IN1指定地址的数据除以IN2指定地址的数据，所得的余数结果送到输出端OUT中。

NEG指令：指令执行时，更改输入端IN指定地址数据的符号，即求IN指定地址数据的补码，结果传送到输出端OUT中。

2）递增/递减指令

INC/DEC指令：指令执行时，将输入端IN指定地址数据的值加1或减1，结果重新送到OUT中。

3）最大值/最小值指令

MIN/MAX指令：指令执行时，比较输入端IN1和IN2指定地址的数据的值，将其中较小的值（或者较大的值）送到OUT指定的地址中。

4）绝对值和设置限定值指令

ABS：指令执行时，求取输入端IN指定地址数据的绝对值，结果传送到输出端OUT指定的地址中。

LIMIT：指令执行时，检查输入端 IN 指定地址数据的值是否在 MIN 和 MAX 指定的范围内，若在该范围内，则将它传送到输出端 OUT 指定的地址中。若该值小于 MIN 或者大于 MAX 的值端，则将 MIN 或 MAX 的值传送到输出端 OUT 指定的地址中。

例 5-12　按照公式 $T=\frac{IW64}{27648}\times 100$，将 IW64 中的整型数值转换成对应的温度值。

程序编写步骤如下：

（1）在项目树中打开 main 程序编辑器，选择数据转换指令，在第一个问号处选择数据类型为 Int，在第二个问号处选择数据类型为 Real，在 IN 端输入地址 IW64，OUT 端输入地址 MD0。

（2）选择乘法运算指令插入到程序段 1 中，选择数据类型为 Real，在 IN1 端输入地址 MD0，IN2 端输入 100.0，OUT 端输入地址 MD4。

（3）选择两条指令之间的连接线，单击打开分支按钮，产生向下的分支，选择除法运算指令插入到程序段中，选择数据类型为 Real，在 IN1 端输入地址 MD4，IN2 端输入 27648.0，OUT 端输入地址 MD8。

程序如图 5-36 所示。

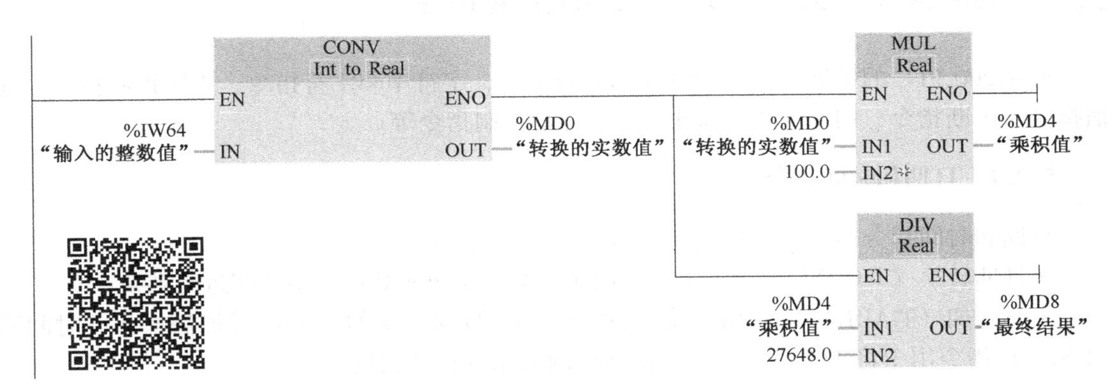

图 5-36　简单运算指令的指令程序

单击监视按钮，观察程序的执行情况，可以看到程序将 IW64 中的数值转换成对应的温度值。

5.1.9　跳转与标签指令

通常在没有执行跳转指令和循环指令时，各个程序块总是按从上到下、从左到右的先后顺序依次顺序扫描执行。执行跳转指令则终止当前程序的顺序扫描方式，直接跳转到程序块中的跳转标签地址（略过跳转指令与跳转标签地址之间的程序），继续按顺序扫描的方式顺序执行后续程序，跳转指令既可以往前跳转，也可以往后跳转。

跳转与标签指令包括：为 1 时跳转（JMP）指令、为 0 时跳转（JMPN）指令、跳转标签指令、返回（RET）指令，主要用于有条件地控制程序的执行顺序。跳转指令与对应的跳转标签地址必须在同一个代码块内，且跳转标签地址在同一个代码块内只能出现 1 次。跳转与标签指令功能描述如表 5-6 所示。

表 5-6　跳转与标签指令功能描述

指令符号	功能描述	指令符号	功能描述
—(JMP)—	为 1 时跳转	—(JMPN)—	为 0 时跳转
<???>	跳转标签	—(RET)—	返回

为 1 时跳转（JMP）指令：如果有能流通过该指令线圈，则程序将跳转到跳转标签地址后的第一条指令继续执行。

为 0 时跳转（JMPN）指令：如果没有能流通过该指令线圈，则程序将跳转到跳转标签地址后的第一条指令继续执行。

跳转标签指令：为跳转指令提供目标标签。标签在程序的开始处，首字符必须为字母，其余字符可以由字母、数字和下划线组成。

返回（RET）指令：用于终止当前块的执行并返回到调用它的块后，执行调用指令之后的指令。RET 指令用来有条件地结束块，RET 线圈上面的<??? >是块的返回值。

5.2　SIMATIC S7-1200 PLC 的扩展指令

S7-1200 PLC 的扩展指令包括日期和时间指令、字符串和字符指令、程序控制指令、通信指令、中断指令、PID 控制和脉冲指令、运动控制指令等。

5.2.1　日期和时间指令

日期和时间指令用于进行日期和时间的处理，其中：

·日期转换（T_CONV）指令用于数据在 TIME 与 DInt 数据类型之间进行转换。

·时间加（T_ADD）指令用于将 TIME 及 DTL 数据类型的数据进行加法操作。时间减（T_SUB）指令用于将 TIME 与 DTL 数据类型的数据进行减法操作。

·时差（T_DIFF）指令用于提供两个 DTL 数值之间的差并以 TIME 格式输出。

·写入系统时间（WR_SYS_T）指令用于设定 PLC 系统时间，读取系统时间（RD_SYS_T）指令用于从 PLC 读取系统时间，读取本地时间（RD_LOC_T）指令用于从 PLC 读取本地时间。

1. 日期转换指令

T_CONV 指令用于将数据类型 Time 转换为 DInt，或者作反向的转换，如图 5-37 所示。输入端 IN 和输出端 OUT 均可以取整数类型 Time 和 DInt。

输入程序时，需要单击指令名称下面的问号，在下拉列表中选择某些实时时钟指令的输入或输出参数的数据类型。

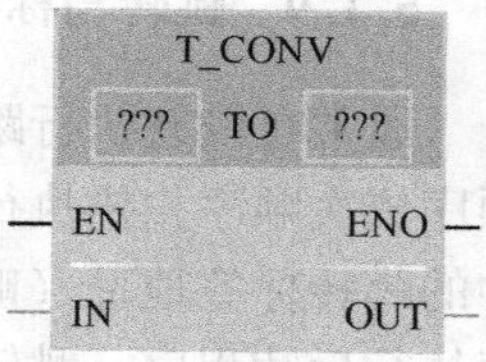

T_CONV
??? TO ???
EN　ENO
IN　OUT

图 5-37　日期转换指令

2. 时间加/减指令

时间加（T_ADD）和时间或（T_SUB）指令的输入端 IN1 和输出端 OUT 的数据类型可选 DTL 或 Time，它们的数据类型应相同，IN2 的数据类型为 Time，如图 5-38 所示。

T_ADD 指令用于将输入端 IN1 和 IN2 指定地址的值相加，输出端 OUT 用来指定保存运算结果的地址。可作下列两种数据类型的运算：Time+Time＝Time 或 DLT+Time＝DTL。

T_SUB 指令用于将输入端 IN1 和 IN2 指定地址的值相减，输出端 OUT 用来指定保存运算结果的地址。可作下列两种数据类型的运算：Time−Time＝Time 或 DLT−Time＝DTL。

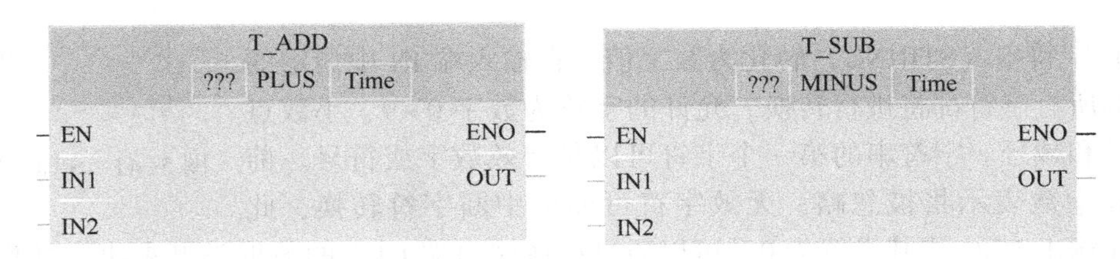

图 5-38　时间加/减指令

3. 时差指令

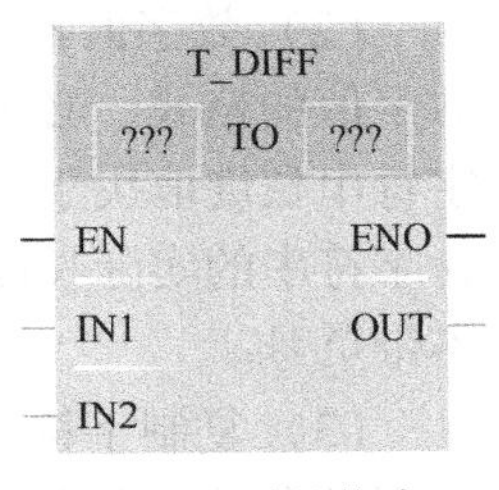

图 5-39　时差指令

时差（T_DIFF）指令（见图 5-39）将输入端 IN1 的 DLT 值减去 IN2 的 DLT 值，OUT 端输出结果。OUT 提供数据类型为 Time 的数值，即 DTL−DTL＝Time。如果 DTL 或 Time 值无效，ENO 为 0，OUT 为 0。

如果 IN2 指定的时间大于 IN1 的指定时间，OUT 输出结果为负值。如果运算结果超出允许的范围，运算结果被限幅，ENO 被置为 0 状态。

4. 系统时间指令

系统时间指令如图 5-40 所示。WR_SYS_T（写系统时间）指令将输入端 IN 的 DTL 值写入 PLC 的实时时钟。这个时间值不包括对本地时区和夏令时的补偿。RET_VAL 输出端返回指令执行的状态信息，数据类型为 Int。

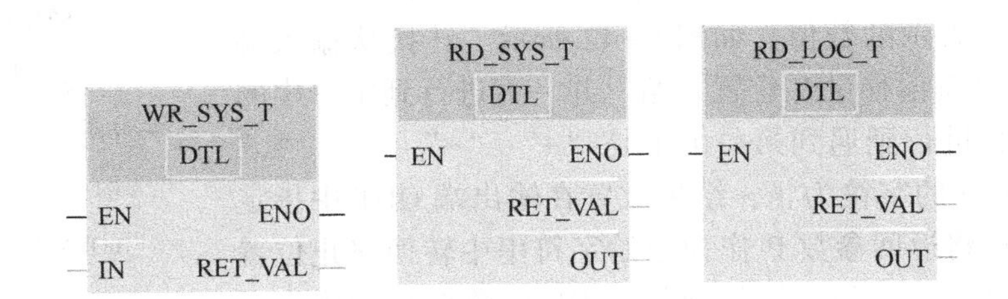

图 5-40　系统时间指令

RD_SYS_T（读系统时间）指令将读取的 PLC 当前系统时间保存在输出端 OUT 中，数据类型为 DTL。这个时间值不包括本地时区和夏令时的补偿。RET_VAL 输出端返回指令执行状态信息。

RD_LOC_T（读本地时间）指令输出端 OUT 中数据类型为 DTL 的 PLC 中的当前本地时间。为了保证读取到正确的时间，在组态 CPU 的属性时，应设置实时时间的时区为北京，不设置夏令时。读取实时时间时，应调用 RD_LOC_T 指令。

5.2.2　字符串和字符指令

1. 字符串转换指令

字符串转换指令包括 S_CONV 指令、STRG_VAL 指令、VAL_STRG 指令。

1）S_CONV 指令

S_CONV 指令可将输入端 IN 指定地址的值转换成在输出端 OUT 中指定的数据格式，如图 5-41 所示。S_CONV 指令可实现以下转换。

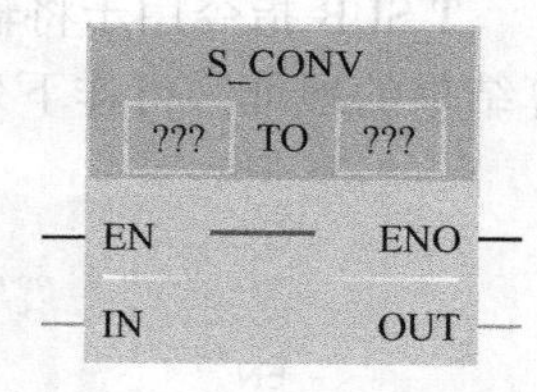

图 5-41　S_CONV 指令

（1）字符串（STRING）转化为数字值。在输入端 IN 中指定的字符串的所有字符都将进行转换。允许的字符为数字 0~9、小数点以及加号和减号。字符串的第一个字符可以是有效数字或符号。前导空格和指数表示将被忽略。无效字符可能会中断字符转换，此时，使能输出 ENO 将其设置为 0。可以通过选择输出端 OUT 的数据类型来决定转换的输出格式。

（2）数字值转换为字符串（STRING）。通过选择输入端 IN 的数据类型来决定要转换的数字值的格式。必须在输出端 OUT 中指定一个有效的 STRING 数据类型的变量。转换后的字符串长度取决于输入端 IN 的值。由于第一个字节包含字符串的最大长度，第二个字节包含字符串的实际长度，因此转换的结果从字符串的第三个字节开始存储。输出数值为正数时不带负号。

（3）复制字符串。如果在指令的输入端和输出端均输入 STRING 数据类型，则输入端 IN 的字符串将被复制到输出端 OUT。如果输入端 IN 字符串的实际长度超出输出端 OUT 字符串的最大长度，则将复制输入端 IN 字符串中完全适合输出端 OUT 的字符串的那部分，并且使能输出端 ENO 将其设置为 0 值。

2）STRG_VAL 指令

STRG_VAL（字符串到值）指令将数字字符串转换为相应的整型或浮点型表示的数值，如图 5-42 所示。转换从输入端 IN 中字符串的字符偏移量 P 位置开始，并一直进行到字符串的结尾，或者一直进行到遇到第一个不是“+”“-”“.”“,”“e”“E”或 0~9 的字符为止，结果放置在输出端 OUT 中指定的位置，同时还将返回参数 P 作为原始字符串中转换终止位置的偏移量进行计数。必须在执行前将 STRING 数据初始化为存储器中的有效字符串。无效字符可能会中断转换。

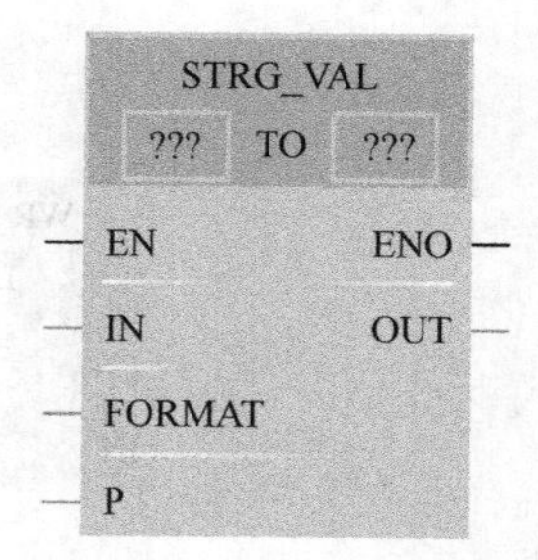

图 5-42　STRG_VAL 指令

使用 FORMAT 可指定要如何解释字符串中的字符，其含义如表 5-7 所示。注意，只能为 FORMAT 指定 USInt 数据类型的变量。

表 5-7　FORMAT 的可能值及其含义

值（W#16#....）	表示法	小数点表示法
0000	小数	“.”
0001		“,”
0002	指数	“.”
0003		“,”
0004~FFFF	无效值	

3）VAL_STRG 指令

VAL_STRG（值到字符串）指令将整数值、无符号整数值或浮点值转换为相应的字符串，如图 5-43 所示。输入端 IN 表示的值将被转换为输出端 OUT 所引用的字符串。在执行转换前，OUT 端参数必须为有效字符串。

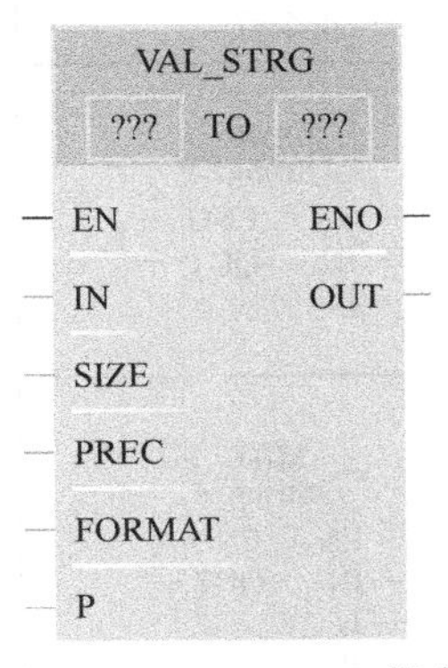

图 5-43　VAL_STRG 指令

转换后的字符串将从字符偏移量 P 位置开始计数，替换 OUT 字符串的字符，一直到 SIZE 指定的字符数。SIZE 中的字符数必须在 OUT 字符串长度范围内（从字符位置 P 开始计数）。该指令对于将数字字符嵌入到文本字符串中很有用。例如，可以将数字 120 放入字符串“Pump pressure = 120 psi”中。

PREC 用于指定字符串中小数部分的精度或位数。如果 IN 的值为整数，则 PREC 用来指定小数点的位置。例如，如果数据值为 123 而 PREC = 1，则结果为“12. 3”。

对于 Real 数据类型支持的最大精度为 7 位。

如果 P 大于 OUT 字符串的当前大小，则会添加空格，一直到位置 P，并将该结果附加到字符串末尾。如果达到了最大 OUT 字符串长度，则转换结束。其 FORMAT 的含义如表 5-8所示。

表 5-8　FORMAT 的可能值及其含义

值（W#16#....）	表示法	符号	小数点表示法
0000	小数	“ - ”	“ . ”
0001			“ , ”
0002	指数		“ . ”
0003			“ , ”
0004	小数	“ + ”和“ - ”	“ . ”
0005			“ , ”
0006	指数		“ . ”
0007			“ , ” \
0008 ~ FFFF	无效值		

2. 字符串操作指令

字符串操作指令，包括 LEN、CONCAT、LEFT、RIGHT、MID、DELETE、INSERT、REPLACE 等指令。其指令符号及功能描述如表 5-9 所示。

表 5-9　字符串操作指令

指令符号	功能描述	指令符号	功能描述
LEN String EN ENO IN OUT	获得字符串长度	CONCAT String EN ENO IN1 OUT IN2	连接两个字符串

（续）

指令符号	功能描述	指令符号	功能描述
LEFT String: EN ENO, IN OUT, L	获取字符串的左侧子串	RIGHT String: EN ENO, IN OUT, L	获取字符串的右侧子串
MID String: EN ENO, IN OUT, L, P	获取字符串的中间子串	DELETE String: EN ENO, IN OUT, L, P	删除字符串的子串
INSERT String: EN ENO, IN1 OUT, IN2, P	在字符串中插入子串	REPLACE String: EN ENO, IN1 OUT, IN2, L, P	替换字符串中的子串

5.2.3 程序控制指令

程序控制指令包括 RE_TRIGR、STP、GET_ERROR、GET_ERR_ID 等指令，其指令符号及功能描述如表 5-10 所示。

表 5-10 程序控制指令

指令符号	功能描述
RE_TRIGR: EN ENO	重新启动 CPU 周期监视指令，用来重新触发扫描周期看门狗，这样可以避免看门狗产生错误，并延长允许的最大程序扫描周期
STP: EN ENO	停止指令，可以停止 CPU 扫描周期，将 PLC 置于 STOP 模式
GET_ERROR: EN ENO, ERROR	GetError 指令，用来显示程序块错误，并且将错误信息输出到错误信息结构数据中，其中包括错误 ID、错误程序块类型、程序块编号等
GET_ERR_ID: EN ENO, ID	GetErrorID 指令，也用来显示程序块错误，不过只输出错误信息 ID

5.2.4 通信指令

通信指令包括开放式以太网的可自动连接/断开通信指令、开放式以太网的控制通信指令以及点对点通信指令。

1. 开放式以太网的可自动连接/断开通信指令（PROFINET 指令）

开放式以太网通信的可自动连接/断开指令（PROFINET 指令）包括 TSEND_C 和 TRCV_C 指令。其指令如图 5-44 和图 5-45 所示。

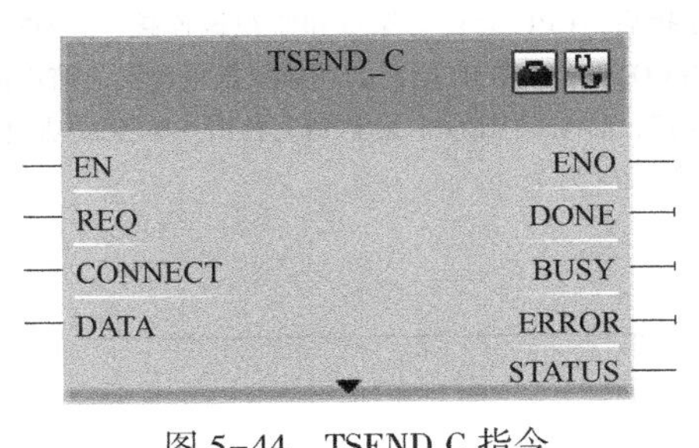

图 5-44　TSEND_C 指令

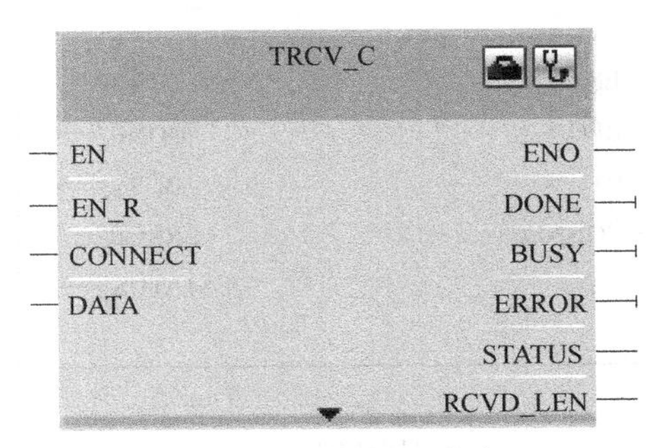

图 5-45　TRCV_C 指令

1）TSEND_C 指令

TSEND_C 指令可以设置并建立 TCP 或 ISO-on-TCP 通信连接，设置并建立连接后，CPU 会自动保持和监视该连接。CONNECT 中指定的连接描述用于设置通信连接。DATA 指定要发送的数据区域，包括要发送数据的地址和长度。使用 TSEND_C 指令可以传送的最小数据单位是字节，LEN 用于指定可发送数据的最大字节数。

若要建立连接，必须设置 CONNECT = 1。成功建立连接后，DONE 在一个周期内设置为 1。

若要建立连接并发送数据，必须设置 CONNECT = 1 且 REQ = 1 时执行 TSEND_C 指令，发送操作成功后，DONE 在一个周期内设置为 1。

若要接收数据，必须设置 EN_R = 1。

若要终止连接，必须设置 CONNECT = 0。随后终止连接，接收缓冲区内的数据可能会丢失。

若 CPU 转到 STOP 模式，则终止现有连接并删除所设置的相应参数。

2）TRCV_C 指令

TRCV_C 指令可以设置并建立 TCP 或 ISO-on-TCP 通信连接，设置并建立连接后，CPU 会自动保持和监视该连接。CONNECT 中指定的连接描述用于设置通信连接。LEN 指定接收区长度（如果 LEN< >0），或者通过 DATA 的长度信息来指定（如果 LEN=0）。

若要建立连接，必须设置 CONT=1，成功建立连接后，DONE 在一个周期内设置为 1。

若要接收数据，必须设置 EN_R = 1 时执行 TRCV_C 指令，EN_R = 1 且 CONNECT = 1 时，TRCV_C 指令连续接收数据。

若要终止连接，必须设置 CONNECT=0 时执行 TRCV_C 指令，连接将立即终止。

若 CPU 转到 STOP 模式，则终止现有连接并删除所设置的相应参数。

2. 开放式以太网的控制通信指令

开放式以太网通信的控制通信指令包括 TCON 指令、TDISCON 指令、TSEND 指令和 TRCV 指令。其指令符号及功能描述如表 5-11 所示。

表 5-11　开放式以太网的控制通信指令

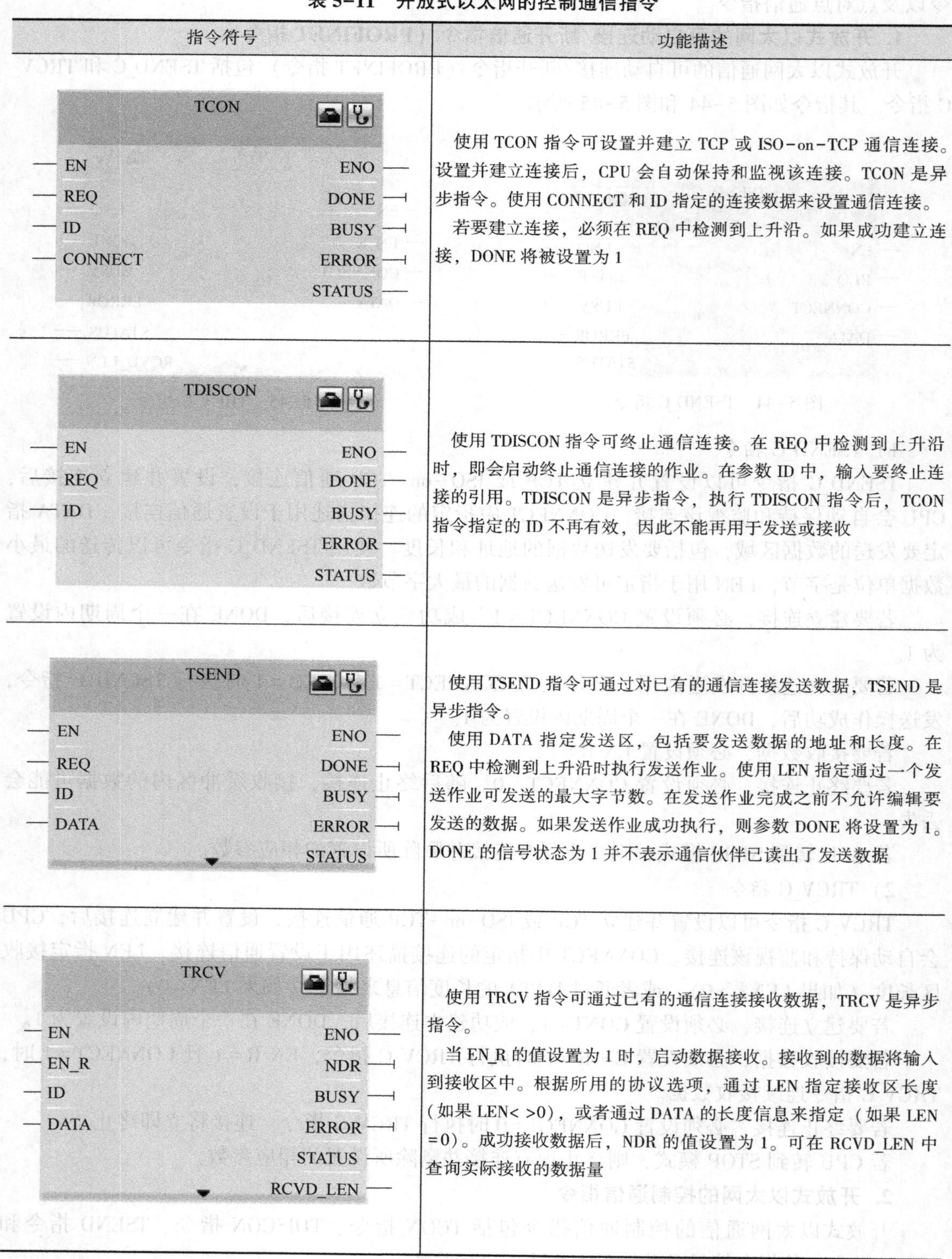

指令符号	功能描述
TCON EN　REQ　ID　CONNECT ENO　DONE　BUSY　ERROR　STATUS	使用 TCON 指令可设置并建立 TCP 或 ISO-on-TCP 通信连接。设置并建立连接后，CPU 会自动保持和监视该连接。TCON 是异步指令。使用 CONNECT 和 ID 指定的连接数据来设置通信连接。 若要建立连接，必须在 REQ 中检测到上升沿。如果成功建立连接，DONE 将被设置为 1
TDISCON EN　REQ　ID ENO　DONE　BUSY　ERROR　STATUS	使用 TDISCON 指令可终止通信连接。在 REQ 中检测到上升沿时，即会启动终止通信连接的作业。在参数 ID 中，输入要终止连接的引用。TDISCON 是异步指令，执行 TDISCON 指令后，TCON 指令指定的 ID 不再有效，因此不能再用于发送或接收
TSEND EN　REQ　ID　DATA ENO　DONE　BUSY　ERROR　STATUS	使用 TSEND 指令可通过对已有的通信连接发送数据，TSEND 是异步指令。 使用 DATA 指定发送区，包括要发送数据的地址和长度。在 REQ 中检测到上升沿时执行发送作业。使用 LEN 指定通过一个发送作业可发送的最大字节数。在发送作业完成之前不允许编辑要发送的数据。如果发送作业成功执行，则参数 DONE 将设置为 1。DONE 的信号状态为 1 并不表示通信伙伴已读出了发送数据
TRCV EN　EN_R　ID　DATA ENO　NDR　BUSY　ERROR　STATUS　RCVD_LEN	使用 TRCV 指令可通过已有的通信连接接收数据，TRCV 是异步指令。 当 EN_R 的值设置为 1 时，启动数据接收。接收到的数据将输入到接收区中。根据所用的协议选项，通过 LEN 指定接收区长度（如果 LEN< >0），或者通过 DATA 的长度信息来指定（如果 LEN =0）。成功接收数据后，NDR 的值设置为 1。可在 RCVD_LEN 中查询实际接收的数据量

3. 点对点通信指令

点对点通信指令包括 PORT_CFG 指令、SEND_CFG 指令、RCV_CFG 指令、SEND_PTP 指令、RCV_PTP 指令、RCV_RST 指令、SGN_GET 指令、SGN_SET 指令。其指令符号及功能描述如表 5-12 所示。在此只简要介绍通信指令的功能，关于通信指令的具体应用将在第 9 章进行介绍。

表 5-12　点对点通信指令

指令符号	功能描述
PORT_CFG EN　ENO REQ　DONE PORT　ERROR PROTOCOL　STATUS BAUD PARITY DATABITS STOPBITS FLOWCTRL XONCHAR XOFFCHAR	使用 PORT_CFG 指令可动态组态点对点通信端口的通信参数。 PORT_CFG 指令的组态更改不会永久存储在 CPU 中，CPU 从 RUN 模式切换到 STOP 模式后和循环上电后将恢复设备配置中的组态参数。
SEND_CFG EN　ENO REQ　DONE PORT　ERROR RTSONDLY　STATUS RTSOFFDLY BREAK IDLELINE	SEND_CFG 指令可用于动态组态点对点通信端口的串行传送参数。SEND_CFG 执行后将会放弃通信模块内所有等待传送的信息。 SEND_CFG 指令的组态更改不会永久存储在 CPU 中，CPU 从 RUN 模式切换到 STOP 模式后和循环上电后将恢复设备配置中的组态参数
RCV_CFG EN　ENO REQ　DONE PORT　ERROR CONDITIONS　STATUS	使用 RCV_CFG 指令可动态组态点对点通信端口的串行接收参数。可使用该指令来组态表示接收消息开始和结束的条件。RCV_CFG 指令执行后将会放弃通信模块内所有等待传送的信息 RCV_CFG 指令的组态更改不会永久存储在 CPU 中，CPU 从 RUN 模式切换到 STOP 模式后和循环上电后将恢复设备配置中的组态参数
SEND_PTP EN　ENO REQ　DONE PORT　ERROR BUFFER　STATUS PTRCL	SEND_PTP 指令用于启动数据传送。SEND_PTP 指令不执行实际的数据传送，它将指定的缓冲区数据传送到 CM，CM 以指定的波特率处理实际传送

(续)

指令符号	功能描述
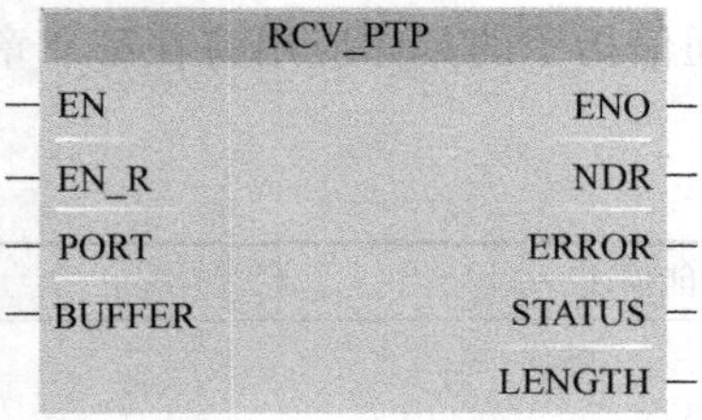 RCV_PTP: EN, EN_R, PORT, BUFFER; ENO, NDR, ERROR, STATUS, LENGTH	RCV_PTP 指令检查 CM 中已接收的消息，如果有消息，则将其从 CM 传送到 CPU
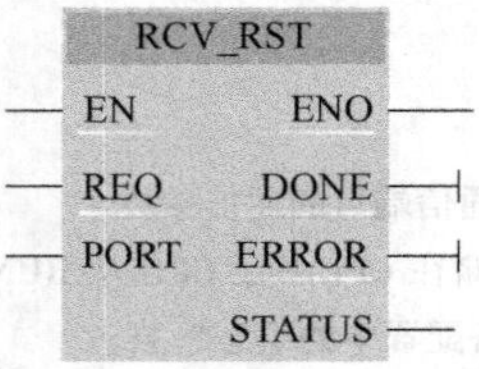 RCV_RST: EN, REQ, PORT; ENO, DONE, ERROR, STATUS	RCV_RST 指令可删除 CM 的接收缓冲区
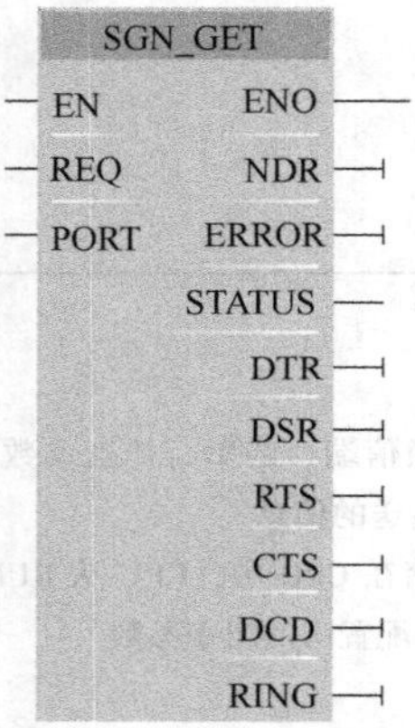 SGN_GET: EN, REQ, PORT; ENO, NDR, ERROR, STATUS, DTR, DSR, RTS, CTS, DCD, RING	SGN_GET 指令可查询 RS_232 通信模块的当前状态，该指令仅对 RS_232 通信模块有效
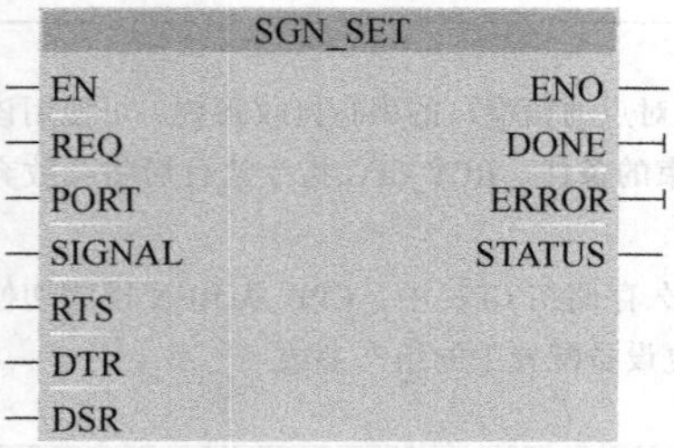 SGN_SET: EN, REQ, PORT, SIGNAL, RTS, DTR, DSR; ENO, DONE, ERROR, STATUS	SGN_SET 指令可设置 RS-232 通信模板输出信号状态，该指令仅对 RS_232 通信模块有效

5.2.5 中断指令

中断指令包括中断连接和分离指令、启动和取消延时中断指令、禁用和启用警报中断指令等。

1. 中断连接和分离指令

中断连接和分离指令可激活和禁用中断事件驱动的子程序，包括中断连接（ATTACH）

指令和中断分离（DETACH）指令，其指令符号及功能描述如表 5-13 所示。

表 5-13 中断连接和分离指令

指令符号	功能描述
ATTACH EN ENO OB_NR RET_VAL EVENT ADD	中断连接指令（ATTACH 指令）可启用响应硬件中断事件的中断 OB 子程序执行。该指令将 OB_NR 指定的组织块分配给由 EVENT 指定的事件，在 EVENT 指定的事件发生时，将调用由 OB_NR 指定的组织块并执行其程序。 通过参数 ADD 标识应取消还是保留先前对其他事件进行的组织块分配。ADD=0，该事件将取代先前为此 OB 附加的所有事件；ADD=1，该事件将添加到先前为此 OB 附加的事件中
DETACH EN ENO OB_NR RET_VAL EVENT	分离指令（DETACH 指令）指令用来断开硬件中断事件与中断 OB 的连接，输入 OB_NR 是 OB 的编号，EVENT 是指定的事件编号，将该事件与指定的 OB_NR 分离。当前附加到此 OB_NR 的任何其他事件保持附加状态。如果未指定 EVENT，则分离当前连接到 OB_NR 的所有事件

2. 启动和取消延时中断指令

启动和取消延时中断指令可以启动和取消延时中断处理过程，包括启动延时中断（SRT_DINT）指令和取消延时中断（CAN_DINT）指令，其指令符号及功能描述如表 5-14 所示。

表 5-14 启动和取消延时中断指令

指令符号	功能描述
SRT_DINT EN ENO OB_NR RET_VAL DTIME SIGN	启动延时中断指令（SRT_DINT 指令）可以启动延时中断处理过程，每个延时中断都是一个在指定的延迟时间过后发生的一次性事件
CAN_DINT EN ENO OB_NR RET_VAL	取消延时中断指令（CAN_DINT 指令）可以取消延时中断处理过程。如果在延时时间到期前取消延时中断事件，则不会发生程序中断

3. 禁用和启用报警中断指令

禁用和启用报警中断指令可禁用和启用报警中断处理过程，包括禁用报警中断指令（DIS_AIRT）指令和启用报警中断（EN_AIRT）指令，其指令符号及功能描述如表 5-15 所示。

表 5-15　禁用和启用报警中断指令

指令符号	功能描述
DIS_AIRT EN　ENO RET_VAL	DIS_AIRT 指令可以延迟处理优先级高于当前组织块优先级的中断 OB 子程序。可在组织块中多次调用 DIS_AIRT，操作系统会进行计数，在当前 OB 子程序完成之前或通过 EN_AIRT 指令取消之前，这些延迟处理的中断 OB 子程序都将保持有效
EN_AIRT EN　ENO RET_VAL	EN_AIRT 指令可启用由 DIS_AIRL 指令延迟组织块的执行。在当前 OB 子程序完成之后或通过 EN_AIRT 指令来启用先前使用 DIS_AIRT 指令禁用的中断事件处理之后，则会取消先前被操作系统记录的由 DIS_AIRT 调用的延迟处理。要取消所有延迟，EN_AIRT 的执行次数必须与 DIS_AIRT 的调用次数相等。参数 RET_VAL 表示尚未启用的中断延迟数

5.2.6　PID 控制和脉冲指令

PID 控制和脉冲指令的指令符号和功能描述如表 5-16 所示。

表 5-16　PID 控制和脉冲指令

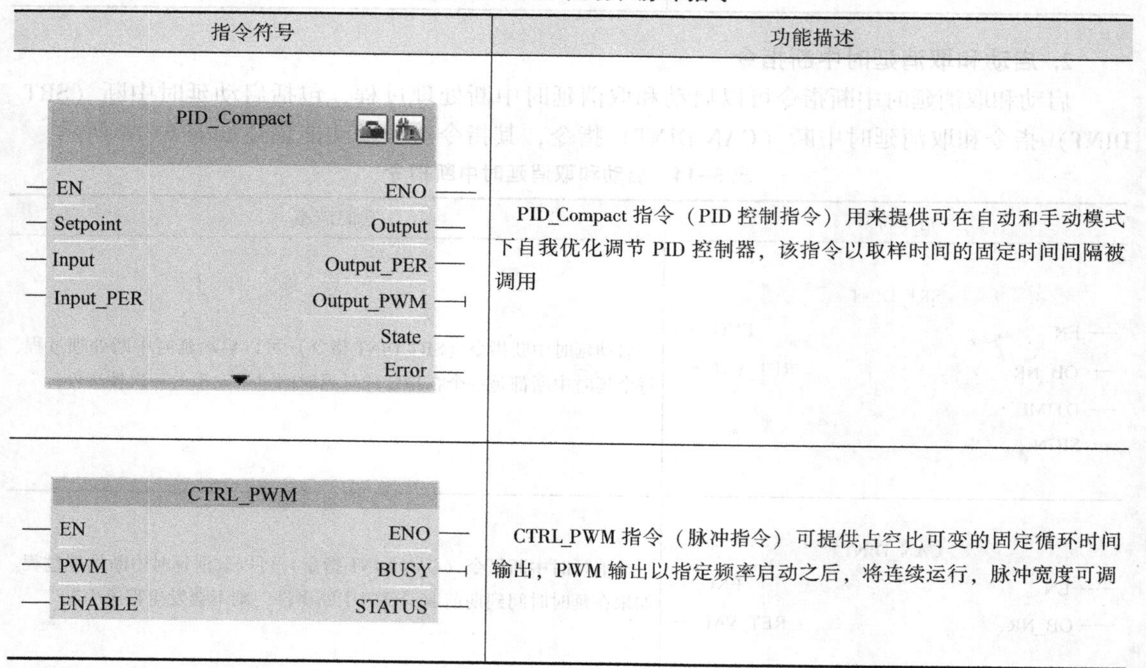

指令符号	功能描述
PID_Compact EN　ENO Setpoint　Output Input　Output_PER Input_PER　Output_PWM State Error	PID_Compact 指令（PID 控制指令）用来提供可在自动和手动模式下自我优化调节 PID 控制器，该指令以取样时间的固定时间间隔被调用
CTRL_PWM EN　ENO PWM　BUSY ENABLE　STATUS	CTRL_PWM 指令（脉冲指令）可提供占空比可变的固定循环时间输出，PWM 输出以指定频率启动之后，将连续运行，脉冲宽度可调

5.2.7　运动控制指令

运动控制指令可使用相关工艺数据块和 CPU 的专用脉冲串输出 PTO 来控制轴上的运动。所有运动控制指令都需要指定背景数据块。其指令符号及功能描述如表 5-17 所示。

表 5-17　运动控制指令

指令符号	功能描述
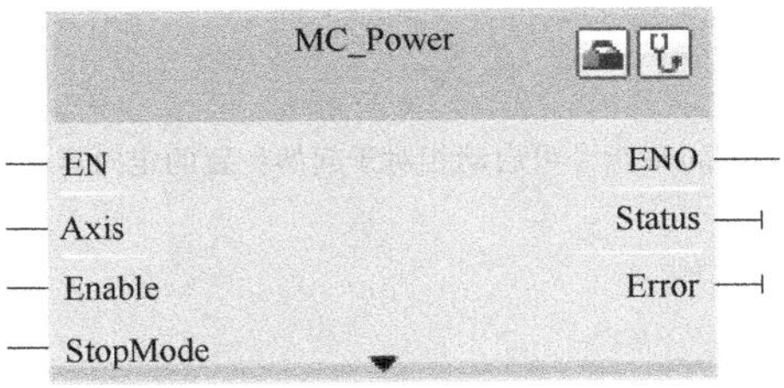 MC_Power EN　ENO Axis　Status Enable　Error StopMode	MC_Power 指令可启用和禁用运动控制轴
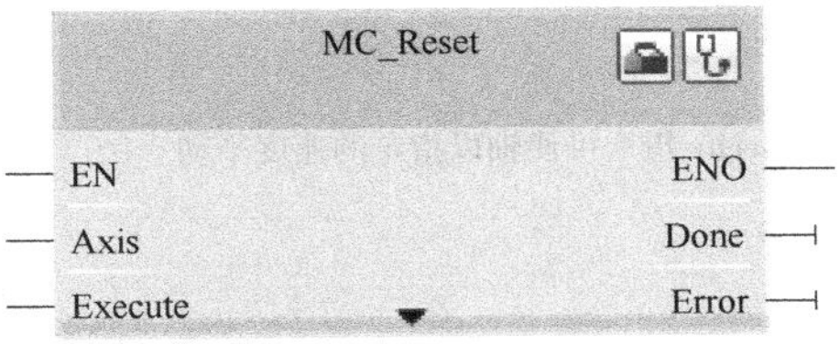 MC_Reset EN　ENO Axis　Done Execute　Error	MC_Reset 指令可复位所有运动控制错误。所有可确认的运动控制错误都会被确认
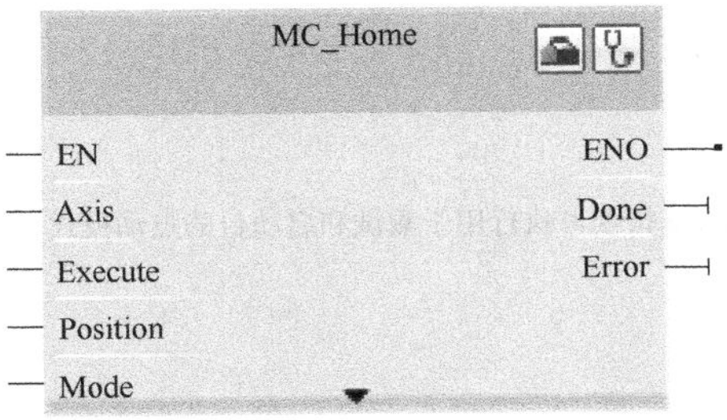 MC_Home EN　ENO Axis　Done Execute　Error Position Mode	MC_Home 指令可建立轴控制程序与轴机械定位系统之间的关系
MC_Halt EN　ENO Axis　Done Execute　Error	MC_Halt 指令可取消所有运动过程并使轴运动停止
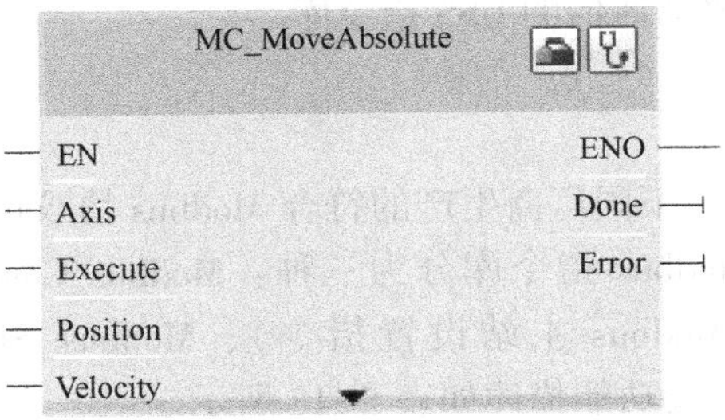 MC_MoveAbsolute EN　ENO Axis　Done Execute　Error Position Velocity	MC_MoveAbsolute 指令可启动到某个绝对位置运动，该作业在到达目的位置时结束

（续）

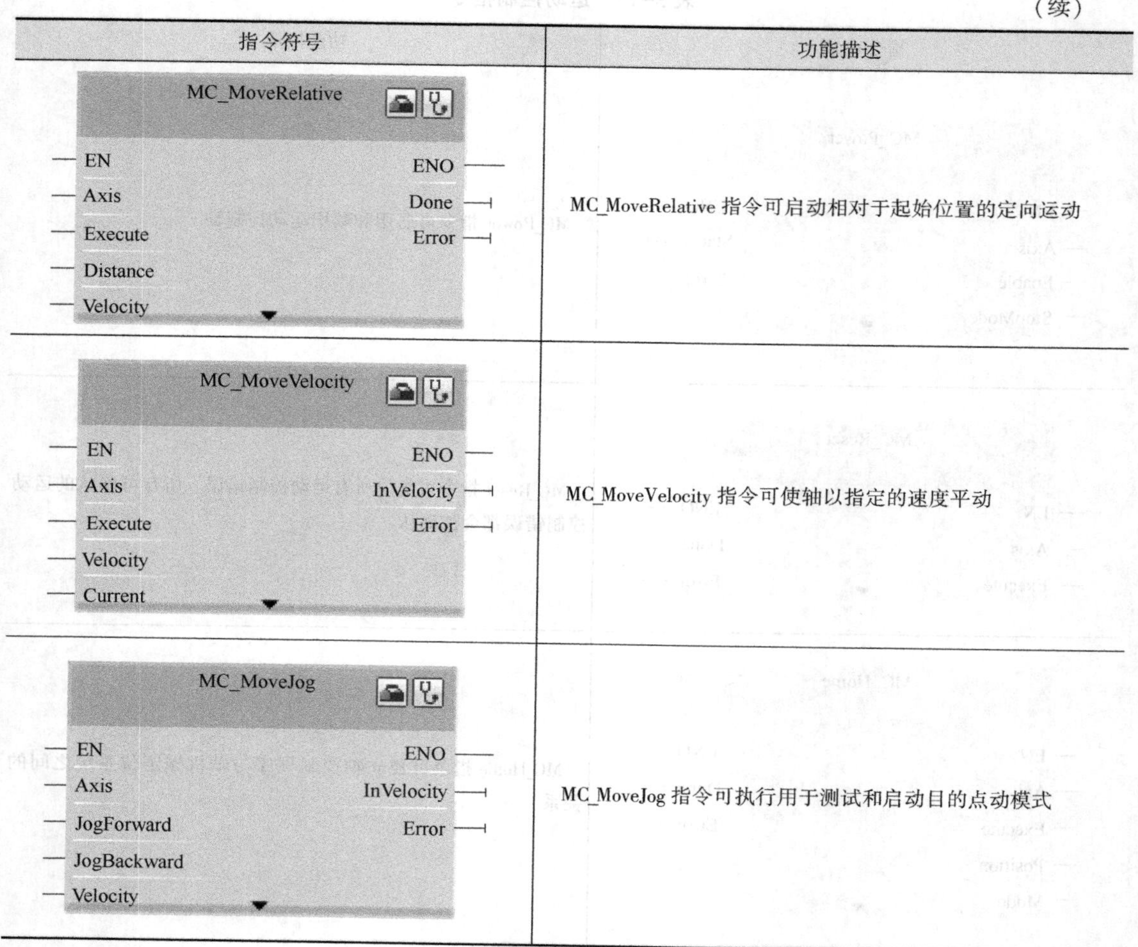

指令符号	功能描述
MC_MoveRelative EN　ENO Axis　Done Execute　Error Distance Velocity	MC_MoveRelative 指令可启动相对于起始位置的定向运动
MC_MoveVelocity EN　ENO Axis　InVelocity Execute　Error Velocity Current	MC_MoveVelocity 指令可使轴以指定的速度平动
MC_MoveJog EN　ENO Axis　InVelocity JogForward　Error JogBackward Velocity	MC_MoveJog 指令可执行用于测试和启动目的点动模式

5.3 SIMATIC S7-1200 PLC 的全局库指令

将需要重复使用的对象存储在全局库中，通过全局库，可以在整个项目中或者在项目之间重复使用存储的对象。该对象可以是 DB、FB、FC、设备配置、监视表格、过程画面和面板，还可以将 HMI 设备的组件保存在项目中。全局库指令包括支持 S7-1200 PLC 实现 Modbus 协议通信的 Modbus 指令库和支持与西门子驱动通信的 USS 指令库。

5.3.1 Modbus 指令库

Modbus 现场总线协议广泛应用于工业控制领域。不同厂商生产的符合 Modbus 协议的控制设备可以连成工业网络，从而实现集中控制。Modbus 指令库分为三种：Modbus_Comm_Load（Modbus 通信装载指令）、Modbus_Master（Modbus 主站设置指令）、Modbus_Slave（Modbus 从站设置指令）。Modbus 指令库的指令符号及功能描述如表 5-18 所示。

表 5-18　Modbus 协议库指令功能描述

指令符号	功能描述
Modbus_Comm_Load 输入：EN、REQ、PORT、BAUD、PARITY、FLOW_CTRL、RTS_ON_DLY、RTS_OFF_DLY、RESP_TO、MB_DB 输出：ENO、DONE、ERROR、STATUS	Modbus_Comm_Load 指令用于组态 RS-485 或 RS-232 模块上的端口，以进行 Modbus RTU 协议通信。用户程序必须先执行 Modbus 通信装载指令来组态端口，然后才能使用 Modbus_Master 指令或 Modbus_Slave 指令
Modbus_Master 输入：EN、REQ、MB_ADDR、MODE、DATA_ADDR、DATA_LEN、DATA_PTR 输出：ENO、DONE、BUSY、ERROR、STATUS	Modbus_Master 指令允许用户程序作为 Modbus 主站使用点对点 RS-485 或 RS-232 模块上的端口进行通信，来访问一个或多个 Modbus 从站设备中的数据。 用户在程序中放置 Modbus_Master 指令时，将分配背景数据块，指定 Modbus_Master 指令中的 Modbus_DB 参数时会用到该 Modbus_Slave 指令的背景数据块名称
Modbus_Slave 输入：EN、MB_ADDR、MB_HOLD_REG 输出：ENO、NDR、DR、ERROR、STATUS	Modbus_Slave 指令允许用户程序作为 Modbus 从站使用点对点 RS-485 或 RS-232 模块上的端口进行通信，Modbus RTU 主站可以发出请求，然后程序通过执行 Modbus_Slave 来响应。 Modbus_Slave 支持来自任何 Modbus 主站广播写入请求，只要该请求是用于访问有效位置的请求即可。不管请求是否有效，Modbus_Slave 都不对 Modbus 主站的广播请求做出任何响应

Modbus 指令不使用通信中断事件来控制通信过程，用户程序必须轮询 Modbus_Master 或 Modbus_Slave 指令以了解传送和接收的完成情况。

如果某个端口作为从站响应 Modbus 主站，则 Modbus_Master 无法使用该端口。对于给定的端口，只能使用一个 Modbus_Slave 执行实例。同样，如果要将某个端口用于初始化 Modbus 主站的请求，则 Modbus_Slave 将不能使用该端口。Modbus_Master 执行的一个或多个实例可使用该端口。如果用户程序操作 Modbus 从站，则对 Modbus_Slave 的轮询（周期性执行）速度有要求，即必须使该指令能及时响应来自 Modbus 主站的进入请求。如果用户程序操作 Modbus 主站并使用 Modbus_Master 向从站发送请求，则用户必须继续轮询（执行 Modbus_Master 指令）直到返回从站的响应。

5.3.2 USS 指令库

USS 协议是一种基于串行总线进行数据通信的协议。USS 协议库使 S7-1200 PLC 控制支持 USS 协议的西门子驱动器，通过 RS-485 通信模块与驱动器进行通信，可使用 USS 指令库控制物理驱动器和读/写驱动器参数，每个 RS-485 CM 最多可支持 16 个驱动器。USS 指令库包括 USS_DRV（USS 驱动指令）、USS_PORT（USS 端口指令）、USS_RPM（USS 读取指令）和 USS_WPM 指令（USS 写指令）等指令。

1. USS_DRV 指令

USS_DRV 指令通过创建请求消息和解释驱动器响应消息与驱动器交换数据，如图 5-46 所示。每个驱动器使用一个单独的 USS_DRV 指令，与某个 USS 网络和 CM 相关联的所有 USS 指令必须使用相同的背景数据块。USS_DRV 指令只能用于程序循环 OB，且必须在放置第一个 USS_DRV 指令时创建该 OB 名称，然后可重复使用通过该初始指令使用而创建的这个 OB。

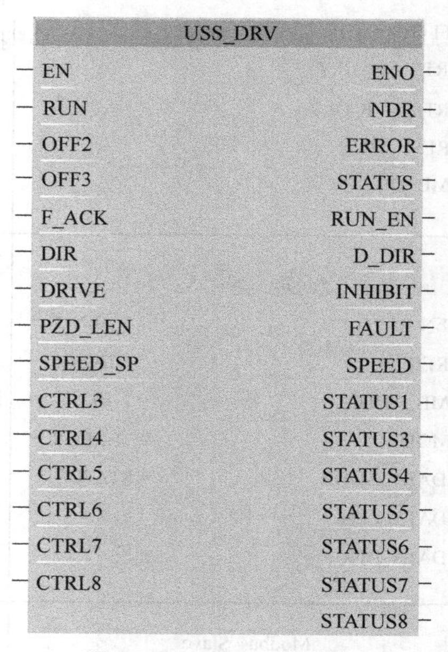

图 5-46 USS_DRV 指令

2. USS_PORT 指令

USS_PORT 指令（见图 5-47）用于处理 USS 网络上的通信，在应用程序中要分别为每个 CM 插入一个不同的 USS_PORT 指令。USS_PORT 指令用于程序循环 OB 或任何中断 OB，用于处理 USS 网络上的通信，通常每个 CM 只使用一个 USS_PORT 指令，用于处理与单个驱动器之间的通信，在延时中断 OB 中执行 USS_PORT 指令，以防驱动器超时，并使其可调用最新的 USS 更新数据。与同一个 USS 网络和 PtP 通信模块相关的所有 USS 功能必须使用同一个背景数据块。

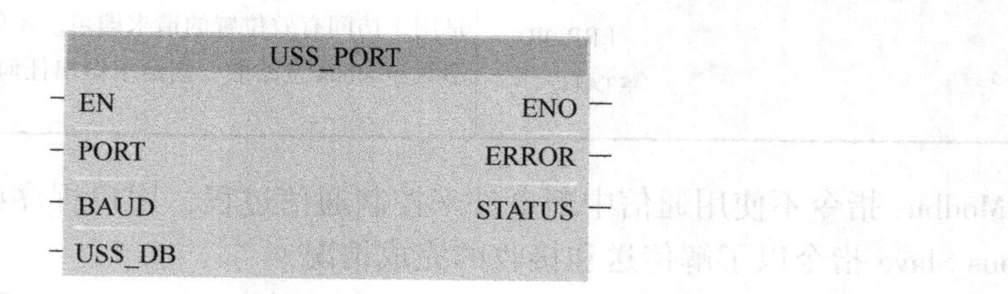

图 5-47 USS_PORT 指令

3. USS_RPM 和 USS_WPM 指令

USS_RPM 和 USS_WPM 指令（见图 5-48）用于从驱动器读取和写入参数。用户程序可以使用任意数量的此类指令，但在任何特定时刻，每个驱动器只能激活一个读取或写入请求，USS_RPM 和 USS_WPM 指令只能用于程序循环 OB。与同一个 USS 网络和 PtP 通信模块相关的 USS 的所有 USS 功能必须使用同一个背景数据块。

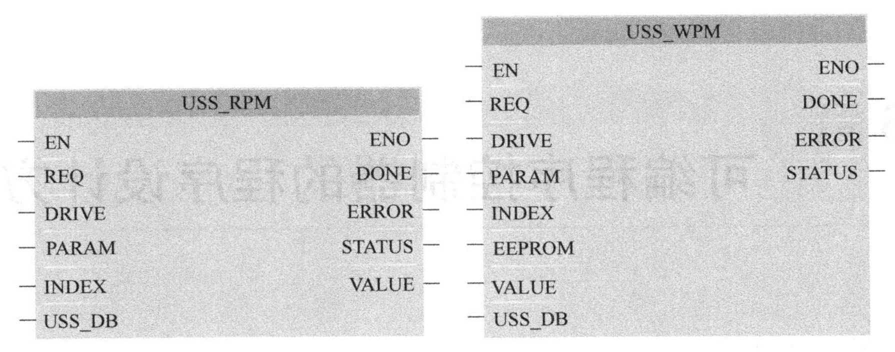

图 5-48　USS_RPM 和 USS_WPM 指令

习　　题

5-1　光电开关检测接在 PLC 的 I0.0 输入端，用来检测传送带上通过的产品，有产品通过时 I0.0 为 ON，如果在 10 s 内没有产品通过，Q0.0 发出报警信号，用 I0.1 输入端外接开关解除报警信号，试画出梯形图程序。

5-2　路灯定时接通、断开控制要求是 19:00 开灯，6:00 关灯，用时钟运算指令控制，试设计出梯形图。

5-3　通过边沿检测指令设计控制程序，每当 I0.0 接通 1 次，MB100 的值加 1，直到计数值达到 5，输出 Q0.0，接通显示，用 10.1 使 Q0.0 复位。

5-4　请描述接通延时定时器（TON）的定时规律，并画出接通延时定时器的时序波形图。

5-5　编写程序，将 MW100 的高、低字节内容互换并将结果送入脉冲定时器 TON 作为定时器的预设值。

5-6　请描述数据移位指令（SHR、SHL）和循环移位指令（ROR、ROL）的移位规律。

5-7　设计一个由 5 个灯组成的彩灯组，按下启动按钮后，相邻的两个彩灯同时点亮 5 s 和熄灭 5 s，不断循环。按下停止按钮后，所有彩灯均熄灭。

5-8　现有 3 台电动机 M1、M2、M3，要求按下启动按钮 10.0 后，电动机按 M1、M2、M3 的顺序依次启动，按下停止按钮 I0.1 后，电动机按 M3、M2、M1 顺序依次停止。

5-9　已知 MB10 = 18，MB20 = 28，MB30 = 38，MB40 = 48，将 MB10，MB20，MB30，MB40 中的数据分别送到 MB100，MB101，MB102，MB103 中，试画出梯形图程序。

5-10　用数据传送指令控制 Q0.0~Q0.7 对应的 8 个指示灯，当 I0.0 接通时，输出隔位接通，当 I0.1 接通时，输出取反后隔位接通，试设计出梯形图。

5-11　用数据转换指令实现将厘米转换为英寸，1 英寸 = 2.54 厘米。

5-12　用算术平均指令完成 cos 45°的算术运算。

5-13　描述 PID 控制器中三个参数的调整方法。

5-14　通过 PID 控制器设计闭环系统，如果响应的超调过大，应该调节哪些参数?

第6章 可编程序控制器的程序设计方法

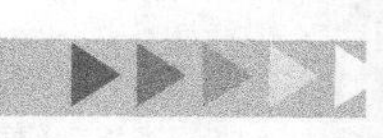

6.1 经验设计法

可编程序控制器的产生和发展与继电接触器控制系统密切相关，可以采用继电接触器电路图的设计思路进行 PLC 程序的设计，即在一些典型梯形图程序的基础上，结合实际控制要求和 PLC 的工作原理不断修改和完善，这种方法称为经验设计法。

下面首先介绍继电器控制系统的经验设计法常用的一些基本电路。

6.1.1 基本电路的梯形图

1. 启-保-停电路与置位、复位电路

启动-保持-停止电路（简称为启-停-保电路），如图 6-1（a）所示，图中的启动信号 I0.0 和停止信号 I0.1 持续为 1 状态的时间一般很短。启-保-停电路最主要的特点是具有“记忆”功能，按下启动按钮，I0.0 的常开触点接通，Q0.0 的线圈“通电”，它的常开触点同时接通。放开启动按钮，I0.0 的常开触点断开，“能流”经 Q0.0 的常开触点和 I0.1 的常闭触点流过 Q0.0 的线圈，Q0.0 仍为 1 状态，这就是所谓的“自锁”“自保持”功能。按下停止按钮，I0.1 的常闭触点断开，使 Q0.0 的线圈“断电”，其常开触点断开。以

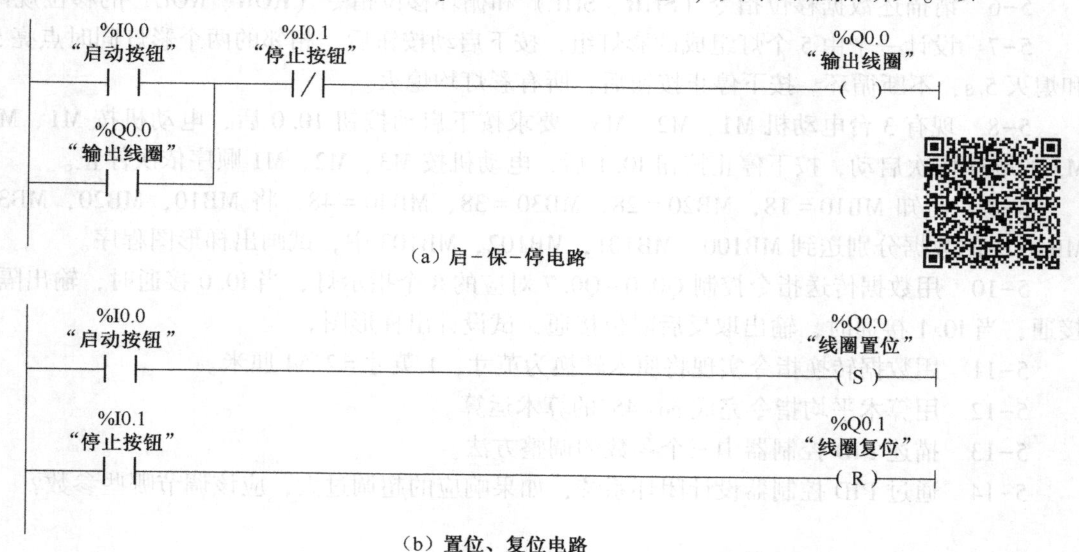

图 6-1 启-保-停电路和置位、复位电路的梯形图

后即使松开停止按钮，I0. 1 的常闭触点恢复接通状态，Q0. 0 的线圈仍然“断电”。

这种记忆功能也可以用图 6-1（b）中的 S 指令和 R 指令来实现。启—保—停电路与置位、复位电路是顺序控制设计法基本电路中要重点学习的内容。

2. 三相异步电动机的正反转控制电路

图 6-2 是三相异步电动机正反转控制电路的主电路和继电器电路的电路图，KM_1 和 KM_2 分别是控制正转运行和反转运行的交流接触器。用 KM_1 和 KM_2 的主触点改变进入电动机的三相电源的相序，就可以改变电动机的旋转方向。图中 FR 是热继电器，在电动机过载时，它的常闭触点断开，使 KM_1 和 KM_2 的线圈断电，电动机停转。

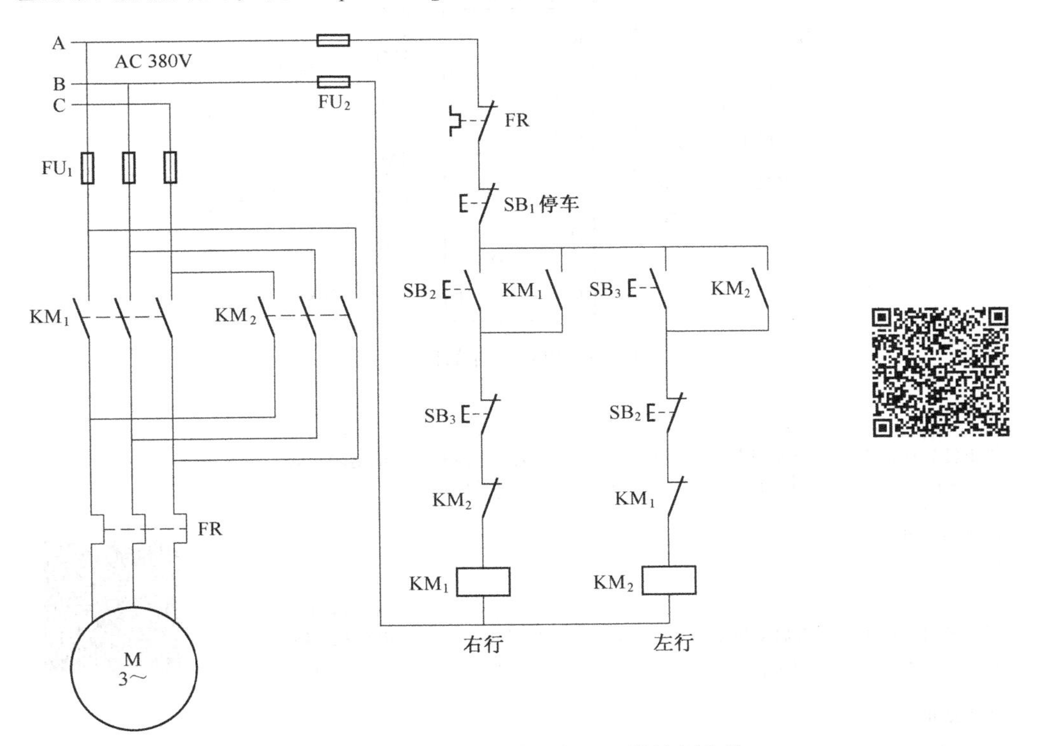

图 6-2　三相异步电动机的正反转控制电路

图 6-2 中的控制电路由两个启-保-停电路组成，为了节省触点，FR 和 SB_1 的常闭触点供两个启-保-停电路公用。

按下正转启动按钮 SB_2，KM_1 的线圈通电并自保持，电动机正转运行。按下反转启动按钮 SB_3，KM_2 的线圈通电并自保持，电动机反转运行。按下停止按钮 SB_1，KM_1 或 KM_2 的线圈断电，电动机停止运行。

为了保证 KM_1 和 KM_2 不会同时动作，在图 6-2 中设置了“按钮联锁”，将正转启动按钮 SB_2 的常闭触点与控制反转的 KM_2 的线圈串联，将反转启动按钮 SB_3 的常闭触点与控制正转的 KM_1 的线圈串联。设 KM_1 的线圈通电，电动机正转，这时如果想改为反转，可以不按停止按钮 SB_1，直接按反转启动按钮 SB_3，它的常闭触点断开，使 KM_1 的线圈断电，同时 SB_3 的常开触点接通，使 KM_2 的线圈得电，电动机由正转变为反转。

如果 KM_1 的线圈通电，其主触点闭合，电动机正转。因为 KM_1 的辅助常闭触点与主触点是联动的，此时与 KM_2 的线圈串联的 KM_1 的常闭触点断开，因此按反转启动按钮 SB_3 之后，要等到 KM_1 的线圈断电，它在主电路的常开触点断开，辅助常闭触点闭合，KM_2 的线圈才会通电，因此这种互锁电路可以有效地防止电源短路故障。

图 6-3 和图 6-4 是实现上述功能的 PLC 外部接线图和梯形图。将该电路图转换为梯形图时，首先应确定 PLC 的输入信号和输出信号。3 个按钮 SB_1、SB_2、SB_3 可以提供操作人员发出的指令信号，按钮信号必须输入到 PLC 中去，热继电器的常开触点提供了 PLC 的另一个输入信号，显然，两个交流接触器的线圈是 PLC 输出端的负载。

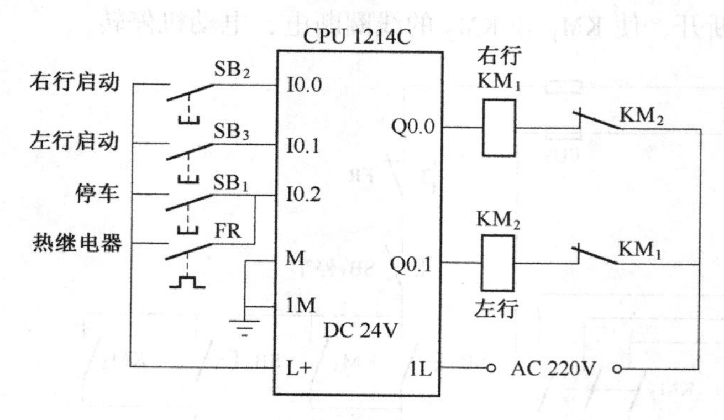

图 6-3　PLC 的外部接线图

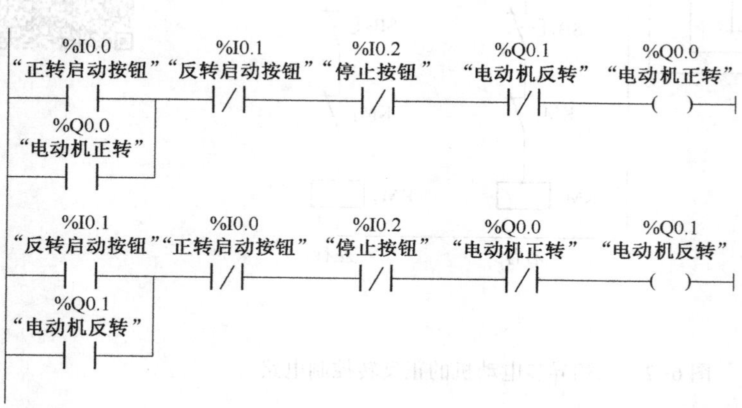

%I0.0 “正转启动按钮”　%I0.1 “反转启动按钮”　%I0.2 “停止按钮”　%Q0.1 “电动机反转”　%Q0.0 “电动机正转”

%Q0.0 “电动机正转”

%I0.1 “反转启动按钮”　%I0.0 “正转启动按钮”　%I0.2 “停止按钮”　%Q0.0 “电动机正转”　%Q0.1 “电动机反转”

%Q0.1 “电动机反转”

图 6-4　异步电动机正反转控制电路的梯形图

画出 PLC 的外部接线图后，同时也确定了外部输入/输出信号与 PLC 内的过程映像输入/输出位的地址之间的关系。可以将继电器电路图“翻译”为梯形图，即采用与图 6-2 中的继电器电路完全相同的结构来画梯形图。各触点的常开、常闭的性质不变，根据 PLC 外部接线图中给出的关系，来确定梯形图中各触点的地址。图 6-2 中 SB_1 和 FR 的常闭触点串联电路对应于图 6-4 中 I0.2 的常闭触点。

图 6-4 的梯形图将控制 Q0.0 和 Q0.1 的两个启-保-停电路分离开来，电路的逻辑关系比较清晰。

图 6-4 使用了 Q0.0 和 Q0.1 的常闭触点组成的软件互锁电路。如果没有图 6-3 的硬件互锁电路，从正转马上切换到反转时，由于切换过程中电感的延时作用，可能会出现原来接

通的接触器的主触点还未断弧，另一个接触器的主触点已经合上的现象，从而造成交流电源瞬间短路的故障。

此外，如果没有硬件互锁电路，且因为主电路电流过大或接触器质量不好，某一接触器的主触点被断电时产生的电弧熔焊而被粘结，其线圈断电后主触点仍然是接通的，这时如果另一个接触器的线圈通电，也会造成三相电源短路事故。为了防止出现这种情况，应在 PLC 外部设置有 KM_1 和 KM_2 的辅助常闭触点组成的硬件互锁电路，如图 6-3 所示。这种互锁与图 6-2 的继电器电路的互锁原理相同，假设 KM_1 的主触点被电弧熔焊，这时它与 KM_2 线圈串联的辅助常闭触点处于断开状态，因此 KM_2 的线圈不可能得电。

6.1.2　梯形图的经验设计法

经验设计法类似于通常设计继电器电路图的方法，在一些典型电路的基础上，根据被控制对象对控制系统的具体要求，不断地修改和完善梯形图。有时需要多次反复调试和修改梯形图，增加一些中间编程元件和触点，最后才能得到一个较为满意的结果。

经验设计法的特点：无规律可循，有较大的随意性和试探性，最后结果不是唯一的，设计所用的时间、设计的质量与设计者的经验有很大的关系，它一般用于比较简单的梯形图的设计。

1. 小车自动往返控制程序的设计

下面将介绍小车自动往返控制电路。其异步电动机的主回路与图 6-2 中的控制电路相同。在图 6-3 的基础上，增加了接在 I0.3 和 I0.4 输入端子的左限位开关 SQ_1 和右限位开关 SQ_2 的常开触点，其 PLC 的外部接线图如图 6-5 所示。

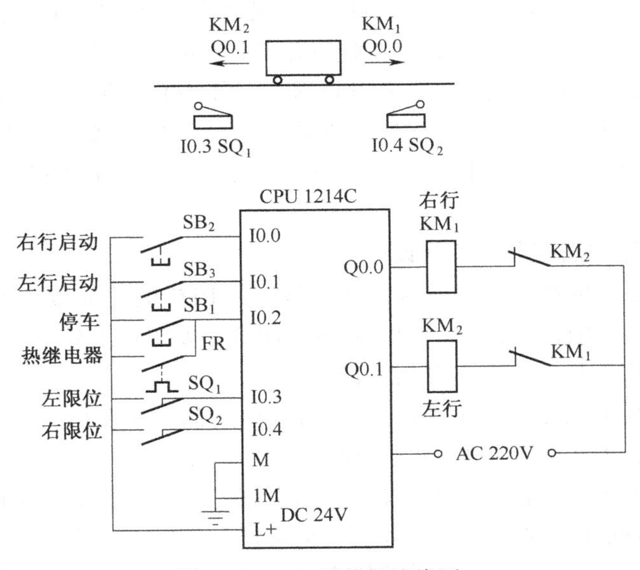

图 6-5　PLC 的外部接线图

按下右行启动按钮 SB_2 或左行启动按钮 SB_3 后，要求小车在两个限位开关之间不停地循环往返，按下停止按钮 SB_1 后，电动机断电，小车停止运动。可以在三相异步电动机正反转控制电路的基础上，设计出满足要求的梯形图，如图 6-6 所示。

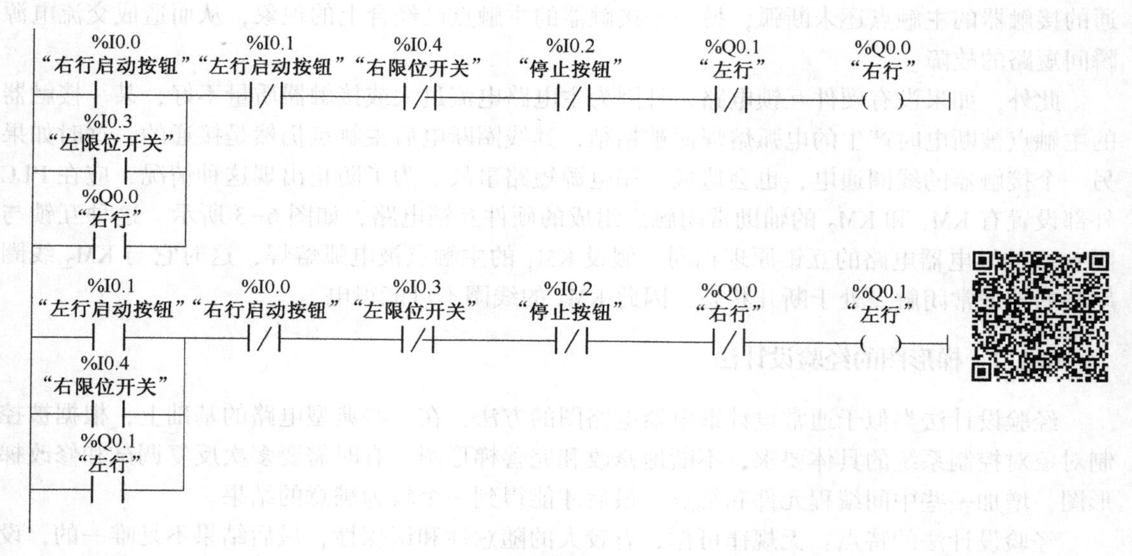

图 6-6 小车自动往返控制电路的梯形图

为了使小车的运动在极限位置自动停止，将左限位开关 I0.3 的常闭触点与控制左行的 Q0.1 的线圈串联，将右限位开关 I0.4 的常闭触点与控制右行的 Q0.0 的线圈串联。为了使小车自动改变运动方向，将左限位开关 I0.3 的常开触点与手动启动右行的 I0.0 的常开触点并联，将右限位开关 I0.4 的常开触点与手动启动左行的 I0.1 的常开触点并联。

假设按下左行启动按钮 I0.1，Q0.1 变为 1 状态，小车开始左行，碰到左限位开关时，I0.3 的常闭触点断开，使 Q0.1 的线圈"断电"，小车停止左行。I0.3 的常开触点接通，使 Q0.0 的线圈"通电"，开始右行。碰到右限位开关时，I0.4 的常闭触点断开，使 Q0.0 的线圈"断电"，小车停止右行。I0.4 的常开触点接通，使 Q0.1 的线圈"通电"，又开始左行。以后将这样不断地往返运动下去，直到按下停止按钮，I0.2 变为 1 状态，其常闭触点使 Q0.0 或 Q0.1 的线圈断电。这种控制方法适用于小容量的异步电动机，且往返不能太频繁，否则电动机将会过热。

2. 较复杂的自动往返控制程序的设计

下面将介绍较复杂的小车自动往返控制电路。其 PLC 的外部接线图与图 6-5 相同。小车开始时停在左边，左限位开关 SQ_1 的常开触点闭合。要求按下列顺序控制小车：

（1）按下右行启动按钮，小车开始右行。

（2）走到右限位开关处，小车停止运动，延时 8 s 后开始左行。

（3）回到左限位开关处，小车停止运动。

在异步电动机正反转控制电路的基础上设计的满足上述要求的梯形图如图 6-7 所示。

在控制右行的 Q0.0 的线圈回路中串联了 I0.4 的常闭触点，小车走到右限位开关 SQ_2 处时，I0.4 的常闭触点断开，使 Q0.0 的线圈断电，小车停止右行。同时 I0.4 的常开触点闭合，定时器 TON 的输入端 IN 为 1 状态，开始定时。8 s 后定时时间到，用定时器的输出端 Q 控制 M2.0 的常开触点闭合，使 Q0.1 的线圈通电并自保持，小车开始左行。离开限位开关 SQ_2 后，I0.4 的常开触点断开，定时器因为其输入端 IN 变为 0 状态而被复位。小车运行到左边的起始点时，左限位开关 SQ_1 的常开触点闭合，I0.3 的常闭触点断开，使 Q0.1 的线圈

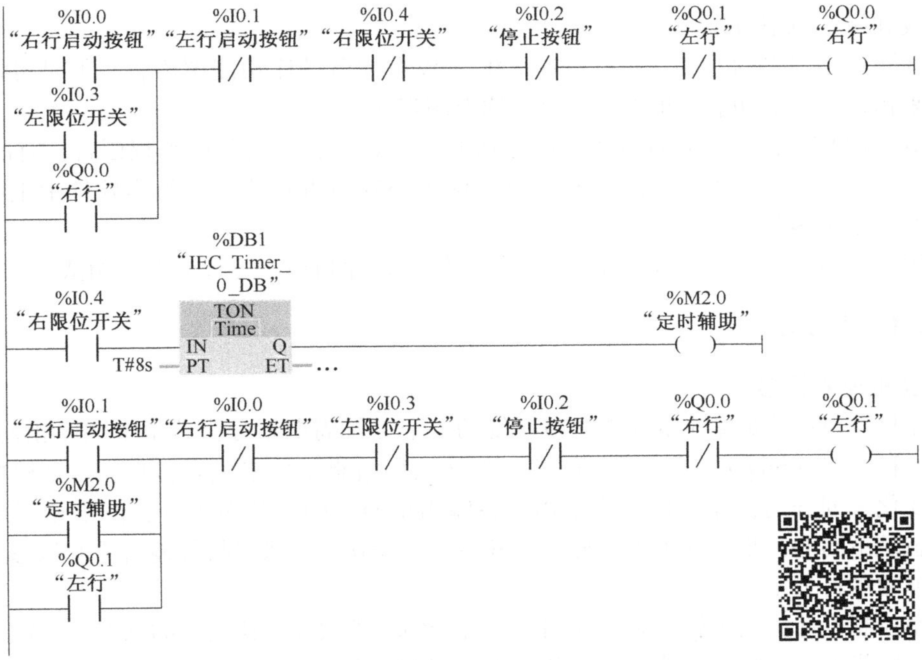

图 6-7　小车自动往返控制电路的梯形图

断电，小车停止运动。

在梯形图中，保留了左行启动按钮 I0.1 和停止按钮 I0.2 的触点，使系统有手动操作的功能。串联在启—保—停电路中的限位开关 I0.3 和 I0.4 的常闭触点在手动时可以防止小车的运动超限。

6.2　顺序控制设计法

用经验设计法设计梯形图时，没有一套固定的方法和步骤可以遵循，具有很大的试探性和随意性，对于不同的控制系统，没有一种通用的容易掌握的设计方法。在设计复杂系统的梯形图时，用大量的中间单元来完成记忆和互锁等功能，由于需要考虑的因素很多，它们往往又交织在一起，分析起来非常困难，并且很容易遗漏一些应该考虑的问题。修改某一局部电路时，很可能会“牵一发而动全身”，对系统的其他部分产生意想不到的影响，因此梯形图的修改也很麻烦，往往花了很长的时间还得不到一个满意的结果。用经验设计法设计出的复杂的梯形图很难阅读，给系统的维修和改进带来了很大的困难。

所谓顺序控制，就是按照生产工艺预先规定的顺序，在各个输入信号的作用下，根据内部状态和时间的顺序，在生产过程中自动地有秩序地操作各个执行机构。

顺序功能图（Sequential Function Chart，SFC）是描述控制系统的控制过程、功能和特性的一种图形，也是设计 PLC 的顺序控制程序的有力工具。

顺序功能图并不涉及所描述的控制功能的具体技术，它是一种通用的技术语言，可以供专业人员进一步设计或者不同专业的人员之间进行技术交流。而顺序控制设计法是一种先进的设计方法，很容易被初学者接受，对有经验的工程师，也会提高设计的效率，程序的调试、修改和阅读也很方便。

现在还有相当多的 PLC（包括 S7-1200）没有配备顺序功能图语言。但是可以用顺序功能图来描述系统的功能，根据它来设计梯形图程序。

在 IEC 61131-3 的 PLC 标准中，顺序功能图是 PLC 位居首位的编程语言，有的 PLC 为用户提供了顺序功能图语言，例如 S7-300/400 的 S7Graph 语言，在编程软件中生成顺序功能图后便完成了编程工作。

顺序功能图主要由步、有向连接、转换、转换条件和动作（或命令）组成。

6.2.1 步与动作

1. 步的基本概念

顺序控制设计法最基本的思想是将系统的一个工作周期划分为若干个顺序相连的阶段，这些阶段称为步（Step），并用编程软件（例如位存储器 M）来代表各步。步是根据输出量的状态变化来划分的，在任何一步之内，各输出量 ON/OFF 状态不变，但是相邻步输出量总的状态是不同的，步的这种方法使代表各步的编程软件的状态与各输出量的状态之间有着极为简单的逻辑关系。

顺序控制设计法是用转换条件控制代表各步的编程软件，让它们的状态按一定的顺序变化，然后用代表各步的编程软件去控制 PLC 的各输出位。

图 6-8 中的小车开始时停在最左边，限位开关 I0.2 为 1 状态，按下启动按钮，Q0.0 变为 1 状态，小车右行。碰到右限位开关 I0.1 时，Q0.0 变为 0 状态，Q0.1 变为 1 状态，小车改为左行。返回起始位置时，Q0.1 变为 0 状态，小车停止运行，同时 Q0.2 变为 1 状态，使制动电磁铁线圈通电，接通延时定时器开始定时。定时时间到，制动电磁铁线圈断电，系统返回初始状态。

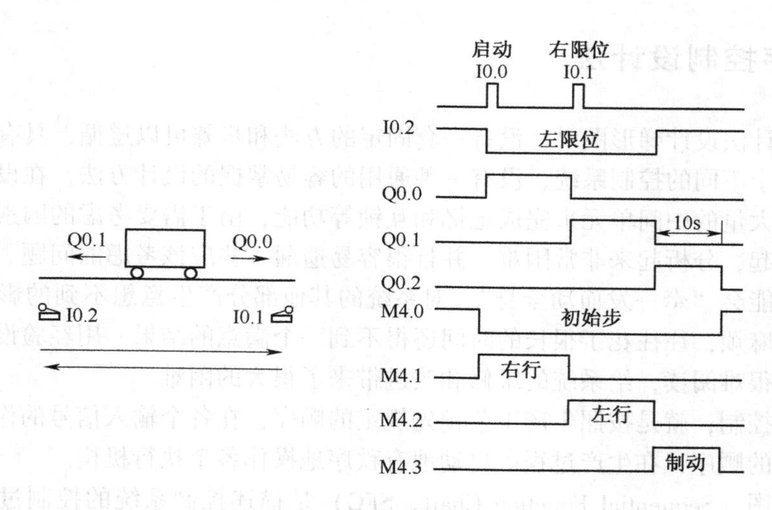

图 6-8 系统示意图与波形图

根据 Q0.0 至 Q0.2 的 ON/OFF 状态的变化，显然可以将上述工作过程分为 3 步，分别用 M4.1 至 M4.3 来代表这 3 步，另外还设置了一个等待启动的初始步。图 6-9 是描述该系统的顺序功能图，图中用矩形方框表示步，方框中可以用数字表示该步的编号，也可以用代表该步的编程元件的地址作为步的编号，例如 M4. 0 等。

为了便于将顺序功能图转化为梯形图，用代表各步的编程元件的地址作为步的代号，并用编程元件的地址来标注转换条件和各步的动作或命令。

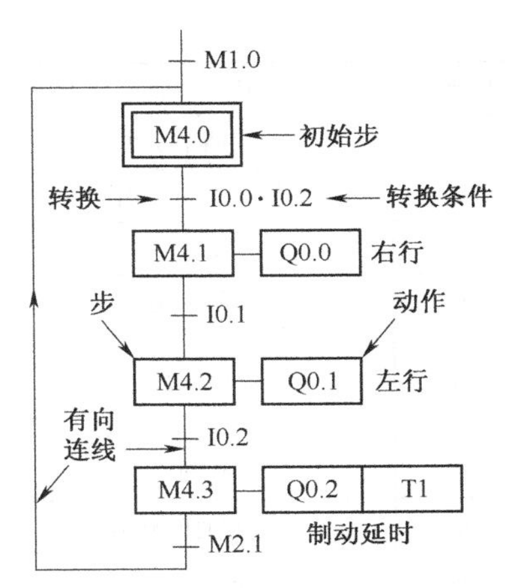

图 6-9　顺序功能图

2. 初始步

与系统的初始状态相对应的步称为初始步，初始状态一般是系统等待启动命令的相对静止的状态。系统在开始之前，首先应进入规定的初始状态。初始步用双线方框表示，每一个顺序功能图至少应该有一个初始步。

3. 活动步

当系统正处于某一步所在的阶段时，该步处于活动状态，称该步为“活动步”。步处于活动状态时，执行相应的非存储型动作；处于不活动状态（不活动步）时，则停止执行。

4. 与步对应的动作或命令

可以将一个控制系统划分为被控系统和施控系统，例如在数控车床系统中，数控装置是施控系统，而车床是被控系统。对于被控系统，在某一步中要完成某些“动作”，对于施控系统，在某一步中则要向被控系统发出某些“命令”。为了叙述方便，下面将命令或动作统称为动作，并用矩形框中的文字或变量表示动作，该矩形框应与它所在的步对应的方框相连。

如果某一步有几个动作，可以用图 6-10 中的两种画法来表示，但是并不隐含这些动作之间的任何顺序。应清楚地表明动作是存储型的还是非存储性的。图 6-9 中的 Q0. 0～Q0. 2 均为非存储型动作，例如在步 M4. 1 为活动步时，动作 Q0. 0 为 1 状态，步 M4. 1 为不活动步时，动作 Q0. 0 为 0 状态。步与它的非存储性动作的波形完全相同。

图 6-10　动作

某些动作在连续的若干步都应为 1 状态，可以在顺序功能图中，用动作的修饰词 S（见表 6-1）将它在应为 1 状态的第一步置位，用动作的修饰词 R 将它在应为 1 状态的最后一步的下一步复位为 0 状态。这种动作是存储型动作，在程序中用置位、复位指令来实现。在图 6-9 中，定时器 T1 的 IN 输入在步 M4. 3 为活动步时为 1 状态，步 M4. 3 为不活动步时为 0 状态，从这个意义上来说，T1 的 IN 输入相当于步 M4. 3 的一个非存储型动作，所以将 T1 放在步 M4. 3 的动作框内。

使用动作的修饰词（见表 6-1），可以在一步中完成不同的动作。修饰词允许在不增加逻辑的情况下控制动作。例如，可以使用修饰词 L 来限制配料阀打开的时间。

表 6-1　动作的修饰词及其功能

修饰词	功　能	描　述
N	非存储型动作	当步变为不活动步时动作终止
S	置位（存储型动作）	当步变为不活动步时动作继续，直到动作被复位
R	复位	被修饰词 S、SD、SL 或 DS 启动的动作被终止
L	时间限制	步变为活动步时动作被启动，直到不变为不活动步或设定时间到
D	时间延迟	步变为活动步时延迟定时器被启动，如果延迟之后步仍然是活动的，动作被启动和继续，直到步变为不活动步
P	脉冲	当步变为活动步，动作被启动并且只执行一次
SD	存储与时间延迟	在时间延迟之后动作被启动，一直到动作被复位
DS	延迟与存储	在延迟之后如果步仍然是活动的，动作被启动直到被复位
SL	存储与时间限制	步变为活动步时动作被启动，一直到设定的时间到或动作被复位

6.2.2　有向连接与转换条件

1. 有向连接

在顺序功能图中，随时间的推移和转换条件的实现，将会发生步的活动状态的进展，这种进展按有向连接规定的路线和方向进行。在画顺序功能图时，将代表各步的方框按它们成为活动步的先后顺序排列，并用有向连接将它们连接起来。步的活动状态习惯的进展方向是从上到下或从左至右，在这两个方向有向连接上的箭头可以省略。如果不是上述的方向，则应在有向连接上用箭头注明进展方向。为了更易于理解，在可以省略箭头的有向连接上也可以加箭头。

如果在画图时有向连接必须中断（例如在复杂的图中，或用几个图来表示一个顺序功能图时），应在有向连接中断之处标明下一步的标号和所在的页数，例如“步 8、12 页”。

2. 转换

转换用有向连接上与有向连接垂直的短划线来表示，转换将相邻两步分隔开。步的活动状态的进展是由转换的实现来完成的，并与控制过程的发展相对应。

3. 转换条件

使系统由当前步进入下一步的信号称为转换条件，转换条件可以是外部的输入信号，例如按钮、指令开关、限位开关的接通或断开等，也可以是 PLC 内部产生的信号，例如定时器、计数器常开触点的接通等，转换条件还可以是若干个信号的与、或、非逻辑组合。

转换条件可以用文字语言、布尔代数表达式或图像符号标注在表示转换的短线旁，使用得最多的是布尔代数表达式，如图 6-11 所示。

转换条件 I0.0 和 $\overline{\text{I0.0}}$ 分别表示当输入信号 I0.0 为 1 状态和 0 状态时转换实现。符号↑I0.0 和↓I0.0 分别表示当 I0.0 从 0 状态到 1 状态和从 1 状态至 0 状态时转换实现。实际上即使不加符号“↑”，转换一般也是在信号的上升沿实现的，因此一般不加“↑”。

图 6-11 用高电平表示步 M2.1 为活动步，反之则用低电平表示不活动步。转换条件 I0.0 · $\overline{\text{I2.1}}$ 表示 I0.0 的常开触点与 I2.1 的常闭触点同时闭合，在梯形图中则用两个触点的

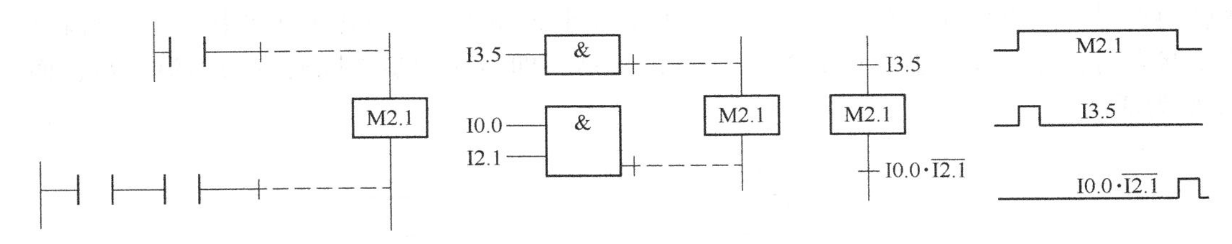

图 6-11 转换与转换条件

串联来表示这样一个逻辑“与”关系。

图 6-9 中步 M4.3 下面的转换条件 M2.1 对应于定时器 T1 的 Q 输出信号，T1 的定时时间到时，转换条件满足。

在顺序功能图中，只有当某一步的前级步是活动步时，该步才有可能变成活动步。如果用没有断电保持功能的编程元件来代表各步，进入 RUN 工作方式时，它们均处与 0 状态。

在对 CPU 组态时如果设置默认的 MB1 为系统存储器字节，则必须用开机时接通一个扫描周期的 M 1.0 的常开触点作为转换条件，将初始步预置为活动步，如图 6-9 所示，否则因为顺序功能图中没有活动步，系统将无法工作。如果系统有自动、手动两种工作方式，顺序功能图是用来描述自动工作过程的，这时还应在系统由手动工作方式进入自动工作方式时，用一个适当的信号将初始步置为活动步。

6.2.3 顺序功能图的基本结构

1. 单序列

单序列由一系列相继激活的步组成，每一步的后面仅有一个转换，每一个转换的后面只有一个步，如图 6-12（a），单序列的特点是没有分支与合并。

2. 选择序列

选择序列的开始称为分支，如图 6-12（b），转换符号只能在水平连线之下。如果步 5 是活动步，并且转换条件 h 为 1 状态，则发生由步 5 到步 8 的进展。如果步 5 不是活动步，并且 k 为 1 状态，则发生由步 5 到步 10 的进展。如果将选择条件 k 改为 $k \cdot \overline{h}$。则当 k 和 h 同时为 1 状态时。将优先选择 h 对应的序列，一般只允许同时选择一个序列。

选择序列的结束称为合并，如图 6-12（b），几个选择序列合并到一个公共序列时，用与需要重新组合的序列相同数量的转换符号和水平连线来表示，转换符号只允许在水平连线之上。

如果步 9 是活动步，并且转换条件 j 为 1 状态，则发生由步 9 到步 12 的进展。如果步 11 是活动步，并且 n 为 1 状态，则发生由步 11 到步 12 的进展。

3. 并行序列

并行序列用来表示系统的几个同时工作的独立部分的工作情况。并行序列的开始称为分支，如图 6-12（c），当转换的实现导致几个序列同时激活时，这些序列称为并行序列。当步 3 是活动的，并且转换条件 e 为 1 状态，步 4 和步 6 同时变为活动步，同时步 3 变为不活动步。为了强调转换的同步实现，水平连线用双线表示。步 4 和步 6 被同时激活后，每个序列中活动步的进展将是独立的。在表示同步的水平线之上，只允许有一个转换符号。

并行序列的结束称为合并，如图 6-12（c），在表示同步的水平双线之下，只允许有一个转换符号。当直接连在双线上的所有前级步（步 5 和步 7）都处于活动状态，并且转换 i 为 1 状态时，才会发生步 5 和步 7 到步 10 的进展，即步 5 和步 7 同时变为不活动步，而步 10 变为活动步。

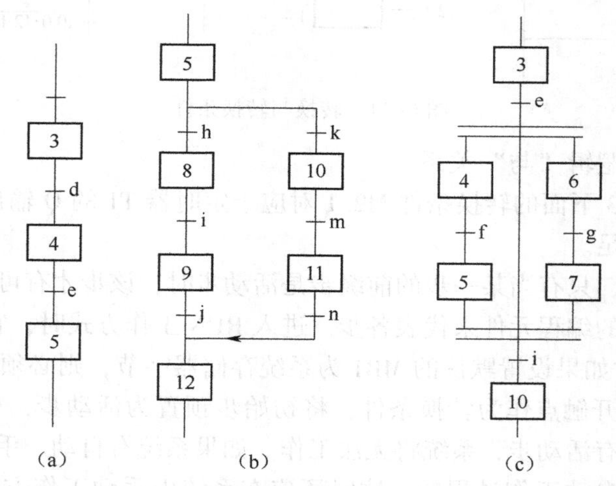

图 6-12　单序列、选择序列与并行序列

4. 复杂的顺序功能图举例

某专用钻床用来加工圆盘状零件上均匀分布的 6 个孔，如图 6-13 所示，上面是侧视图，下面是工件的俯视图。在进入自动运行之前，两个钻头应在最上面，上限位开关 I0. 3 和 I0. 5 为 1 状态，系统处于初始步，加计数器 C0 被复位，计数当前值 CV 被清零。用存储器位 M 来代表各步，顺序功能图中包含了选择序列和并行序列。操作人员放好工件后，按下启动按钮 I0. 0，转化条件 I0. 0 · I0. 3 · I0. 5 满足，由初始步转换到步 M4. 1，Q0. 0 变为 1 状态，工件被夹紧。夹紧后压力继电器 I0. 1 为 1 状态，由步 M4. 1 转换到步 M4. 2 和 M4. 5，Q0. 1 和 Q0. 3 使两只钻头同时开始向下钻孔。大钻头钻到由限位开关 I0. 2 设定的深度时，进入步 M4. 3，Q0. 2 使大钻头上升，升到由限位开关 I0. 3 设定的起始位置时停止上升，进入等待步 M4. 4。小钻头钻到由限位开关 I0. 4 设定的深度时，进入步 M4. 6，Q0. 4 使小钻头上升，设定值为 3 的加计数器 C0 的当前值加 1。升到由限位开关 I0. 5 设定的起始位置时停止上升，进入等待步 M4. 7。

C0 加 1 后的计数当前值为 1，C0 的 Q 输出端控制的 M2. 2 的常闭触点闭合，转换条件 $\overline{\text{M2. 2}}$ 满足。两个钻头都上升到位后，将转换到步 M5. 0。Q0. 5 使工件旋转 120°，旋转到位时 I0. 6 为 1 状态，又返回步 M4. 2 和 M4. 5，开始钻第二对孔。3 对孔都完成后，计数器的当前值变为 3，其 Q 输出端控制的 M2. 2 变为 1 状态，转换到步 M5. 1，Q0.6 使工件松开。松开到位时，限位开关 I0. 7 为 1 状态，系统返回初始步 M4. 0。

因为要求两个钻头向下钻孔和钻头提升的过程同时进行，故采用并行序列来描述上述的过程。

由 M4. 2 至 M4. 4 和 M4. 5 至 M4. 7 组成的两个单序列分别用来描述大钻头和小钻头的工作过程。在步 M4. 1 之后，有一个并行序列的分支。当 M4. 1 为活动步，并且转换条件 I0. 1 得到满足（I0. 1 为 1 状态），并行序列的两个单序列中的第 1 步（步 M 4. 2 和 M4. 5）同时

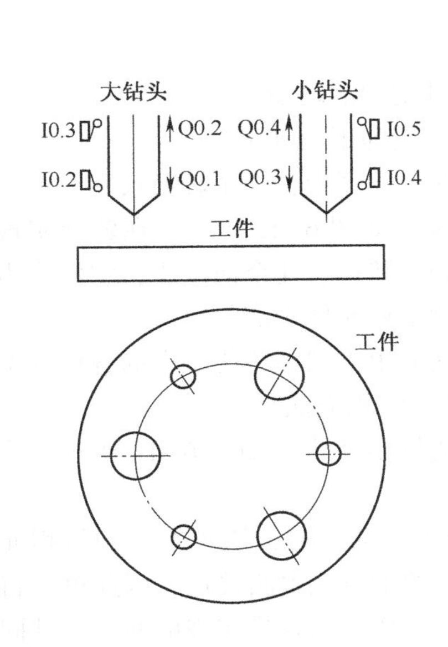

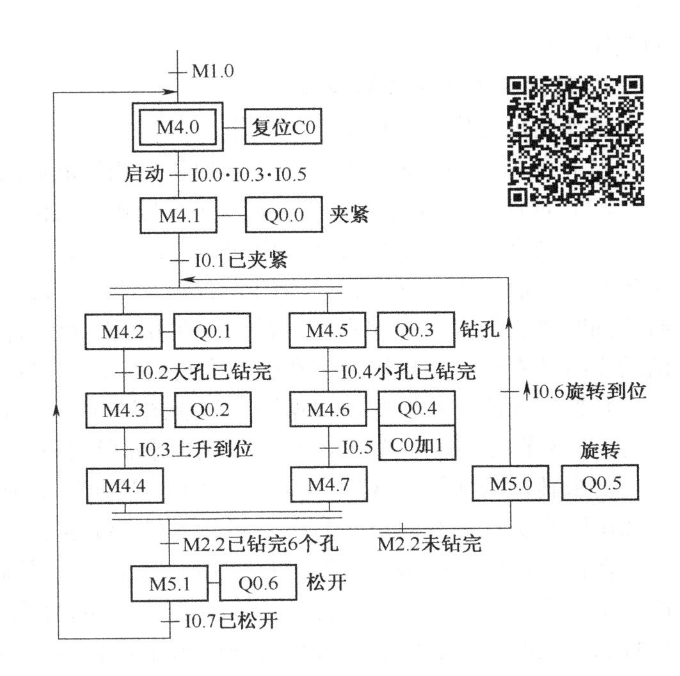

图 6-13　专用钻床控制系统及其顺序功能图

变为活动步。此后两个单序列内部各步的活动状态的转换是相互独立的，例如大孔或小孔钻完时的转换一般不是同步的。

两个单序列的最后 1 步（步 M4.4 和 M4.7）应同时变为不活动步。但是两个钻头一般不会同时上升到位，不可能同时结束运动，所以设置了等待步 M4.4 和 M4.7，它们用来同时结束两个并行序列。当两个钻头均上升到位，限位开关 I0.3 和 I0.5 分别为 1 状态，大、小钻头两个子系统分别进入两个等待步，并行序列将会立即结束。

在步 M4.4 和 M4.7 之后，有一个选择序列的分支。没有钻完 3 对孔时，M2.2 的常闭触点闭合，转换条件 $\overline{\text{M2.2}}$ 满足，如果两个钻头都上升到位，将从步 M4.4 和 M4.7 转换到步 M5.0。如果已经钻完了 3 对孔，M2.2 的常开触点闭合，转换条件 M2.2 满足，将从步 M4.4 和 M 4.7 转换到步 M5.1。

在步 M4.1 之后，有一个选择序列的合并。当步 M4.1 为活动步，而且转换条件 I0.1 得到满足（I0.1 为 1 状态），将转换到步 M4.2 和 M4.5 。当步 M5.0 为活动步，而且转换条件 ↑I0.6 得到满足，也会转换到步 M4.2 和 M4.5。

6.2.4　顺序功能图中转换实现的基本规则

1. 转换实现的条件

在顺序功能图中，步的活动状态的进展是由转换的实现来完成的。转换实现必须同时满足两个条件：

（1）该转换所有的前级步都是活动步。

（2）相应的转换条件得到满足。

这两个条件是缺一不可的，这样才能防止错误操作，保证系统严格地按顺序功能图规定的顺序工作。

2. 转换实现应完成的操作

转换实现时应完成以下两个操作：

（1）使所有由有向连线与相应转换符号相连的后续步都变为活动步。

（2）使所有由有向连线与相应转换符号相连的前级步都变为不活动步。

以上规则可以用于任意结构中的转换，其区别如下：在单序列中，一个转换仅有一个前级步和一个后续步。在并行序列的分支处，转换有几个后续步如图 6-12（c），在转换实现时应同时将它们对应的编程元件置位。在并行序列的合并处，转换有几个前级步，它们均为活动步时才有可能实现转换，在转换实现时应将它们对应的编程元件全部复位。

转换实现的基本原则是根据顺序功能图设计梯形图，它适用于顺序功能图中的各种基本结构，6.3 节将要介绍置位、复位顺序控制梯形图与功能图的编程方法。

如果转换的前级步或后续步不止一个，转换的实现成为同步实现，如图 6-14 所示。为了强调同步实现，有向连接的水平部分用双实线表示。

在梯形图中，用编程元件（例如 M）代表步，当某步为活动步时，该步对应的编程元件为 1 状态。当该步之后的转换条件满足时，转换条件对应的触点或电路接通，因此可以将该触点或电路与代表所有前级步的编程元件的常开触点串联，作为与转换实现的两个条件同时满足对应的电路。

以图 6-14 为例，转换条件的布尔代数表达式为 $\overline{I0.1}+I0.3$，它的两个前级步对应于 M4.2 和 M4.4，应将 M4.2、M4.4 的常开触点组成的串联电路与 I0.3 的常开触点和 I0.1 的常闭触点组成的并联电路串联，作为转换实现的两个条件同时满足对应的电路。在梯形图中，该电路接通时，应使代表前级步的 M4.2 和 M4.4 复位（变为 0 状态并保持），同时使代表后续步的 M4.5 和 M4.7 置位（变为 1 状态并保持），完成以上任务的电路将在 6.3.3 节中介绍。

3. 绘制顺序功能图时的注意事项

下面是针对绘制顺序功能图时常见的错误提出的注意事项：

（1）两个步绝对不能直接相连，必须用一个转换将它们隔开。

（2）两个转换也不能直接相连，必须用一个步将它们分隔开。第（1）条和第（2）条可以作为检验顺序功能图是否正确的判据。

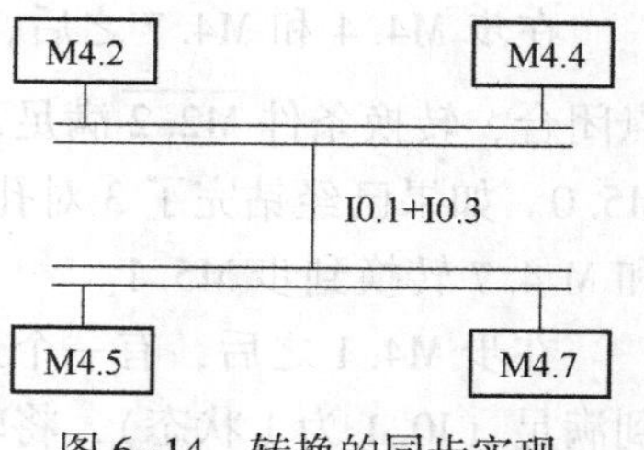

图 6-14　转换的同步实现

（3）顺序功能图中的初始步一般对应与系统等待启动的初始状态，这一步可能没有什么输出 ON 状态，因此有的初学者在画顺序功能图时很容易遗漏这一步。初始步是必不可少的，一方面因为该步与它的相邻步相比，从总体上说输出变量的状态各不相同；另一方面如果没有该步，无法表示初始状态，系统也无法返回等待启动的停止状态。

（4）自动控制系统应能多次重复执行同一工艺过程，因此在顺序功能图中一般应有由步和有向连线组成的闭环，即在完成一次工艺过程的全部操作之后，应从最后一步返回初始步，系统停留在初始状态（单周期操作），如图 6-9 所示，在连续循环工作方式时，应从最后一步返回下一工作周期开始运行的第一步，如图 6-13 所示。

4. 顺序控制设计法的本质

经验设计法实际上是试图用输入信号I直接控制输出信号Q，如图6-15（a）所示，如果无法直接控制，或者为了实现记忆和互锁等功能，只好被动地增加一些辅助元件和辅助触点。由于不同的系统的输出量Q与输入量I之间的关系各不相同，以及它们对联锁、互锁的要求千变万化，不可能找出一种简单通用的设计方法。

顺序控制设计法则是用输入量I控制代表各步的编程元件（例如内部位存储器M），再用它们控制输出量Q，如图6-15（b）所示。步是根据输出量Q的状态划分的，M与Q之间具有很简单的“或”或者相等的逻辑关系，输出电路的设计极为简单。任何复杂系统的代表步的存储器位M的控制电路，其设计方法都是通用的，并且很容易掌握，所以顺序控制设计法具有简单、规范、通用的优点。由于代表步的M是依次变为ON/OFF状态，实际上已经基本上解决了经验设计法中的记忆和联锁等问题。

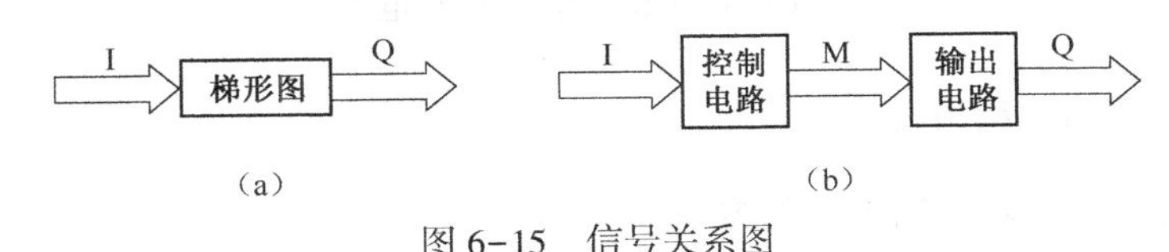

图6-15　信号关系图

6.3 置位复位顺序控制梯形图与功能图的编程方法

6.3.1 设计顺序控制梯形图的一些基本问题

本节将介绍根据顺序功能图设计梯形图的方法，6.3.2和6.3.3节将介绍多种工作方式系统的编程方法 。

本节介绍的编程方法很容易掌握，用它们可以迅速地、得心应手地设计出复杂的数字量控制系统的梯形图。

控制系统的梯形如图一般采用如图6-16所示的典型结构，程序中的汉字是添加的。在对CPU组态时，设置MB1为系统存储器字节，M1.2的常开触点一直闭合，每次扫描都会执行公用程序。系统有自动和手动两种工作方式，自动方式和手动方式都需要执行的操作放在公用程序FC1（功能1）中，公用程序还用于自动程序和手动程序相互切换的处理。M6.0是自动/手动切换开关，当它的状态为1时，调用手动程序FC2，状态为0时，调用自动程序FC3。开始执行自动程序时，要求系统处于自动程序的顺序功能图的初始步对应初始状态。如果开机时，系统没有处于初始状态，则应进入手动工作方式，用手动操作使系统进入初始状态后，再切换到自动工作方式，也可以设置使系统自动进入初始状态的工作方式。

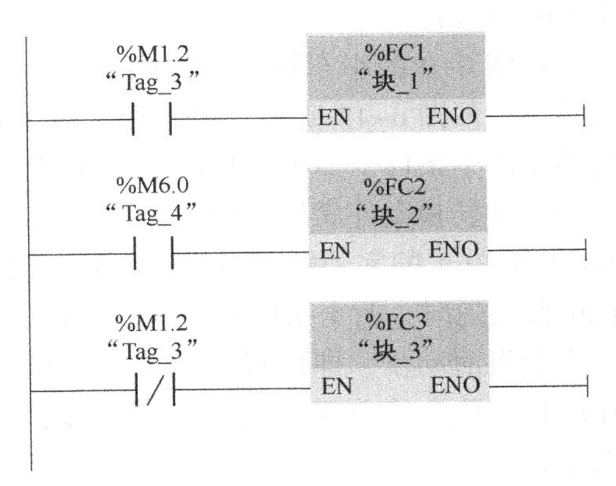

图6-16　OB1（组织块1）中的程序

在本节中，假设刚开始执行用户程序时，系统的机械部分已经处于要求的初始状态。在OB1中用仅在首次扫描循环时为1状态的M 1.0将初始步对应的编程元件（例如图6-17中的M4.0）置为1状态，其余各步的编程元件（例如图6-19中M4.1至M4.3）置为0状态，为转换的实现做好准备。如果MB4没有设置保持功能，启动时它被自动清零，可以删除图6-17中的MOVE指令。

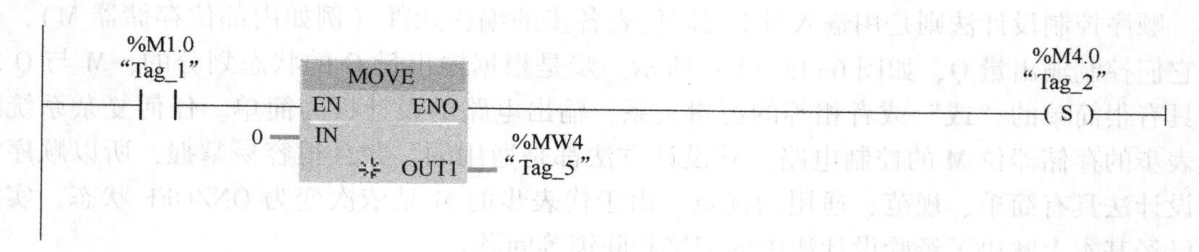

图6-17　OB1中的初始化电路

6.3.2　单序列的编程方法

1. 设计控制置位、复位的电路的方法

在顺序功能图中，如果某一转换所有的前级步都是活动步，并且满足相应的转换条件，则转换实现，即该转换所有的后续步都变为活动步，该转换所有的前级步都变为不活动步。用该转换所有的前级步对应的存储器位（M）的常开触点与转换对应的触点或电路串联，来使所有后续步对应的存储器位置位，和使所有前级步对应的存储器位复位。置位和复位操作分别使用置位指令和复位指令。在任何情况下，代表步的存储器位的控制电路都可以用这一原则来设计，每一个转换对应于一个这样的控制置位和复位的电路块，有多少个转换就有多少个这样的电路块。这种设计方法特别有规律，梯形图与转换实现的基本规则之间有着严格的对应关系，在设计复杂的顺序功能图的梯形图时既容易掌握又不容易出错。

2. 编程方法应用举例

在STEP 7 Basic的项目视图中生成一个名为“小车顺序控制”的新项目，CPU的型号为CPU 1214C。

将图6-9的小车控制系统的顺序功能图进行简化，重新绘制，如图6-18所示。实现图中I0.1对应的转换需要同时满足两个条件，即该转换的前级步是活动步（M4.1为1状态）和转换条件满足（I0.1为1状态）。在梯形图中，用M4.1和I0.1的常开触点组成的串联电路来表示上述条件。该电路接通时，两个条件同时满足。此时应该将转换后的后续步变为活动步，即用置位指令（S指令）将M4.2置位，还应将该转换的前级步变为不活动步，即用复位指令（R指令）将M4.1复位。

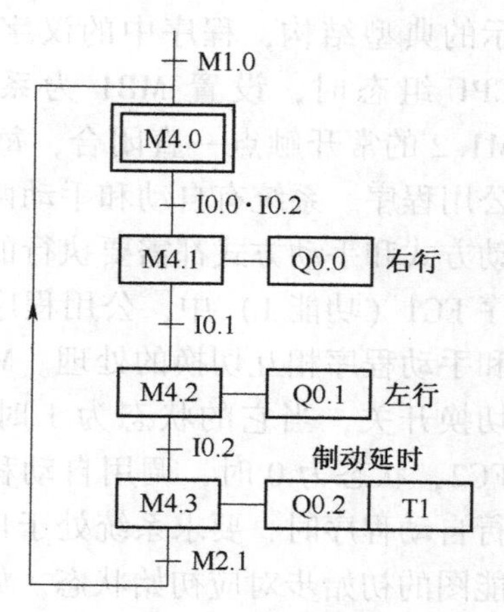

图6-18　顺序功能图

用上述的方法编写控制代表步的M4.0至M4.1的电路，每一个转换对应一个这样的电路，其梯形图如图6-19所示。

%M1.0 “初始脉冲” —— %M4.0 “初始步” (S)

%M4.0 “初始步” —— %I0.0 “启动按钮” —— %I0.2 “左限位开关” —— %M4.1 “右行辅助” (S)；%M4.0 “初始步” (R)

%M4.1 “右行辅助” —— %I0.1 “右限位开关” —— %M4.2 “左行辅助” (S)；%M4.1 “右行辅助” (R)

%M4.2 “左行辅助” —— %I0.2 “左限位开关” —— %M4.3 “制动辅助” (S)；%M4.2 “左行辅助” (R)

%M4.3 “制动辅助” —— %M2.1 “定时辅助” —— %M4.0 “初始步” ( )；%M4.3 “制动辅助” ( )

%M4.1 右行辅助 —— %Q0.0 “右行” ( )

%M4.2 “左行辅助” —— %Q0.1 “左行” ( )

%M4.3 “制动辅助” —— %Q0.2 “制动” ( )；%DB2 “IEC_Timer_0_DB” TON Time IN Q —— %M2.1 “定时辅助” ( )；T#8s — PT ET — ...

图 6-19　OB1 中的梯形图

3. 输出电路的处理

使用这种编程方法时，不能将输出位的线圈与置位指令和复位指令并联，这是因为图 6-19 中控制置位、复位的串联电路接通的时间是相当短的，只有一个扫描周期。转换条件 I0.1 满足后，前级步 M4.1 被复位，下一个扫描循环周期 M4.1 和 I0.1 的常开触点组成的串联电路断开，而输出位 Q 的线圈至少应该在某一步对应的全部时间内被接通。所以应根据顺序功能图，用代表步的存储器位的常开触点或它们的并联电路来驱动输出位的线圈。

在制动延时步，M4.3 为 1 状态，它的常开触点接通，使定时器 TON 开始定时。定时时间到时，定时器的 Q 输出端控制的 M2.1 变为 1 状态，转换条件满足，将转换到初始步 M4.0。

4. 程序的调试

顺序功能图是用来描述控制系统的外部性能的，因此应根据顺序功能图而不是梯形图来调试顺序控制程序。

将图 6-19 中用户程序下载到 CPU 后，将 CPU 切换到 RUN 模式。此时初始步 M4.0 应为活动步。接通 I0.2 对应的小开关，模拟左限位开关动作。用 I0.0 外接的小开关模拟启动按钮，小开关接通后马上断开。CPU 上 Q0.0 对应的 LED（发光二极管）点亮，说明控制右行的 Q0.0 为 1 状态，转换到了步 M4.1。

此时接通 I0.1 外接的小开关后马上断开，模拟右限位开关动作。Q0.0 应变为 0 状态，Q0.1 应变为 1 状态，表示转换到了步 M4.2，小车左行。

最后按通 I0.2 外接的小开关，模拟左限位开关动作。Q0.1 应变为 0 状态，停止左行。Q0.2 应变为 1 状态，开始制动。经过设定的延时后，Q0.2 应变为 0 状态。

上述的调试方法简单方便，但是看不到 CPU 内部代表步的 M4.0 至 M4.3 的状态变化。在调试时可用监视表监视与顺序控制有关的 MB0、QB1 和 IB0，如图 6-20 所示，显示模式均为二进制数（Bin），可以清楚地看到步的活动状态的转换情况，和有关的输入、输出点的状态。如果需要，可以在梯形图中设置定时器的 ET（已耗时间）输出地址，在监视表中监视该地址，可以看到定时期间定时器的已耗时间值。

	i	名称	地址	显示格式	监视值	修改值	
1			%MB4	二进制			☐
2			%QB0	二进制			☐
3			%IB0	二进制			☐

图 6-20 监视表

6.3.3 选择序列与并行序列的编程方法

在 STEP 7 Basic 的项目视图中生成一个名为“复杂的 SFC”的新项目，CPU 的型号为 CPU 1214C。

1. 选择序列的编程方法

如果某一转换与并行序列的分支、合并无关，则它的前级步和后续步都只有一个，需要复位、置位的存储器位也只有一个，因此选择序列的分支与合并的编程方法实际上与单序列的编程方法完全相同。

图 6-21 所示的顺序功能图中，除了 I0.3 与 I0.6 对应的转换以外，其余的转换均与并行序列的分支、合并无关，I0.0 至 I0.2 对应的转换与选择序列的分支、合并有关，它们都

只有一个前级步和一个后续步。与并行序列的分支、合并无关的转换对应的梯形图是非常标准的，每一个控制置位、复位的电路块都由前级步对应的一个存储器位的常开触点和转换条件对应的触点组成的串联电路，以及一条置位指令、一条复位指令构成。

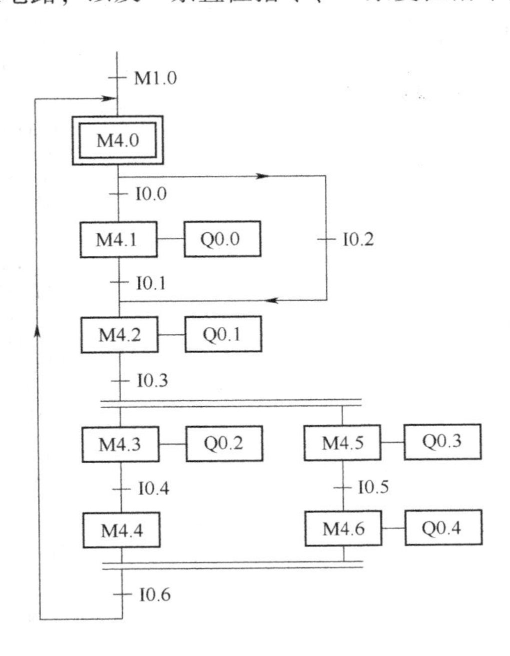

图 6-21　选择序列与并行序列顺序功能图

2. 并行序列的编程方法

图 6-22 中步 M4. 2 之后有一个并行序列的分支，当 M4. 2 是活动步，并且转换条件 I0. 3 满足时，步 M4. 3 与步 M4. 5 应同时变为活动步，这是用 M4. 2 和 I0. 3 的常开触点组成的串联电路使 M4. 3 和 M4. 5 同时置位来实现的。与此同时，步 M4. 2 应变为不活动步，这是用复位指令来实现的。

I0. 6 对应的转换之前有一个并行序列的合并，该转换实现的条件是所有的前级步（即步 M4. 4 与步 M4. 6）都是活动步，和转换条件 I0. 6 满足。由此可知，应将 M4. 4、M4. 6 和 I0. 6 的常开触点串联，作为控制后续步 M4. 0 置位和前级步 M4. 4、M4. 6 复位的电路。

图 6-23 的顺序功能图中，转换的上面是并行序列的合并，转换的下面是并行序列的分支，该转换实现条件是所有的前级步（即步 M4. 2 和 M4. 4）都是活动步和转换条件 $\overline{\text{I0. 1}}$ + I0. 3 满足。因此应将 M4. 2、M4. 4、I0. 3 的常开触点与 I0. 1 的常闭触点组成的串并联电路，作为使 M4. 5、M4. 7 置位和使 M4. 2、M4. 4 复位的条件。

3. 复杂的顺序功能图的调试方法

调试复杂的顺序功能图（如图 6-21 所示）时，应充分考虑各种可能的情况，对系统的各种工作方式、顺序功能图中的每一条支路、各种可能的进展路线，都应逐一检查，不能遗漏。特别要注意并行序列中各子序列的第 1 步（图 6-21 中步 M4. 3 和 M4. 5）是否同时变为活动步，最后一步（图 6-21 中步 M4. 4 和步 M4. 6）是否同时变为不活动步。

%M1.0 "Tag_1" —— (S) %M4.0 "Tag_2"

%M4.0 "Tag_2" —— %I0.0 "Tag_3" —— (S) %M4.1 Tag_4 ; (R) %M4.0 "Tag_2"

%M4.1 "Tag_4" —— %I0.1 "Tag_5" —— (S) %M4.2 Tag_6 ; (R) %M4.1 "Tag_4"

%M4.0 "Tag_2" —— %I0.2 "Tag_7" —— (S) %M4.2 "Tag_6" ; (R) %M4.0 "Tag_2"

%M4.2 "Tag_6" —— %I0.3 "Tag_8" —— (S) %M4.3 "Tag_9" ; (S) %M4.5 "Tag_10" ; (R) %M4.2 "Tag_6"

%M4.1 "Tag_4" —— ( ) %Q0.0 "Tag_11"

%M4.3 "Tag_9" —— %I0.4 "Tag_12" —— (S) %M4.4 "Tag_13" ; (R) %M4.3 "Tag_9"

%M4.5 "Tag_10" —— %I0.5 "Tag_14" —— (S) %M4.6 "Tag_15" ; (R) %M4.5 "Tag_10"

%M4.4 "Tag_13" —— %M4.6 "Tag_15" —— %I0.6 "Tag_16" —— (S) %M4.0 "Tag_2" ; (R) %M4.4 "Tag_13" ; (R) %M4.6 "Tag_15"

%M4.2 "Tag_6" —— ( ) %Q0.1 "Tag_17"

%M4.3 "Tag_9" —— ( ) %Q0.2 "Tag_18"

%M4.5 "Tag_10" —— ( ) %Q0.3 "Tag_19"

%M4.6 "Tag_15" —— ( ) %Q0.4 "Tag_20"

图 6-22　选择序列与并行序列的梯形图

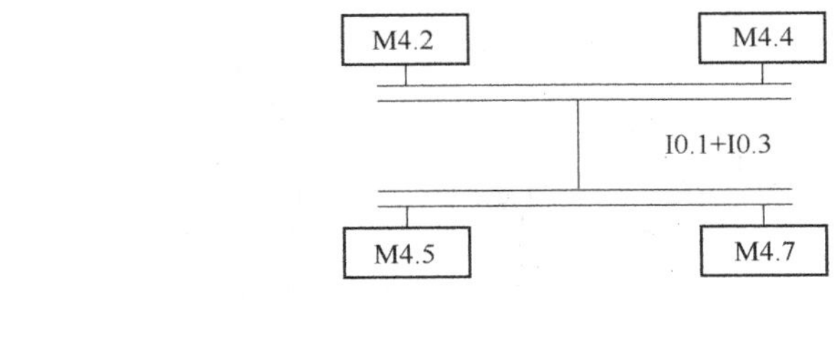

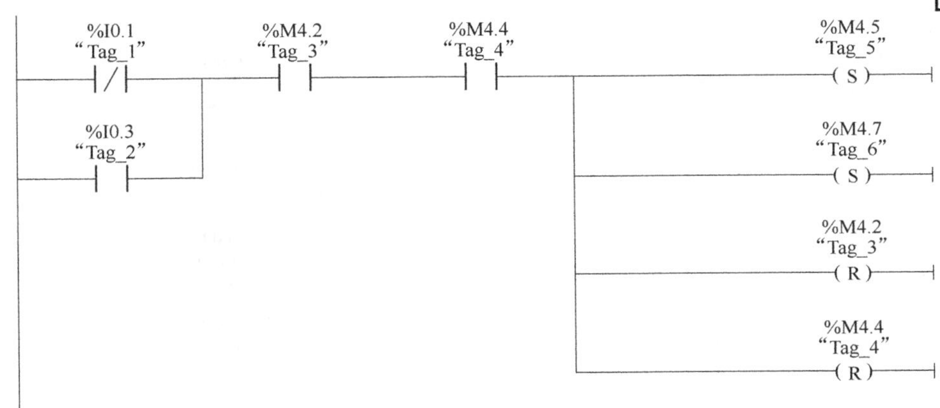

图 6-23　转换的同步实现

发现问题后应及时修改程序，直到每一条进展路线上步的活动状态的顺序变化和输出点的变化都符合顺序功能图的规定。

将图 6-22 中的程序输入到 OB1。调试时可以在监听表中用二进制格式监视 MB4、QB0 和 IB0，如图 6-24 所示，在 RUN 模式时单击状态表工具栏上的按钮，启动监控功能。

地址	显示格式	监视值
%MB4	二进制	
%QB0	二进制	
%IB0	二进制	

图 6-24　监视表

第一次调试时从初始步转换到步 M4.1，经过并行序列，最后返回初始步。第二次调试时从初始步开始，跳过步 M4.1，进入步 M4.2。经过并行序列，最后返回初始步。

6.3.4　应用举例

根据图 6-13 专用钻床控制系统的顺序功能图，用置位、复位指令编制梯形图，如图 6-25 所示。

在 STEP 7 Basic 的项目视图中生成一个名为“专用钻床控制”的新项目，CPU 的型号为 CPU 1214C。将与图 6-13 对应的程序输入到 OB1。

图 6-13 中分别由 M4.2 至 M4.4 和 M4.5 至 M4.7 组成的两个单序列是并行工作的，设计梯形图时应保证这两个序列同时开始工作和同时结束工作，即两个序列的第一步 M4.2 和 M4.5 应同时变为活动步，两个序列的最后一步 M4.4 和 M4.7 应同时变为不活动步。

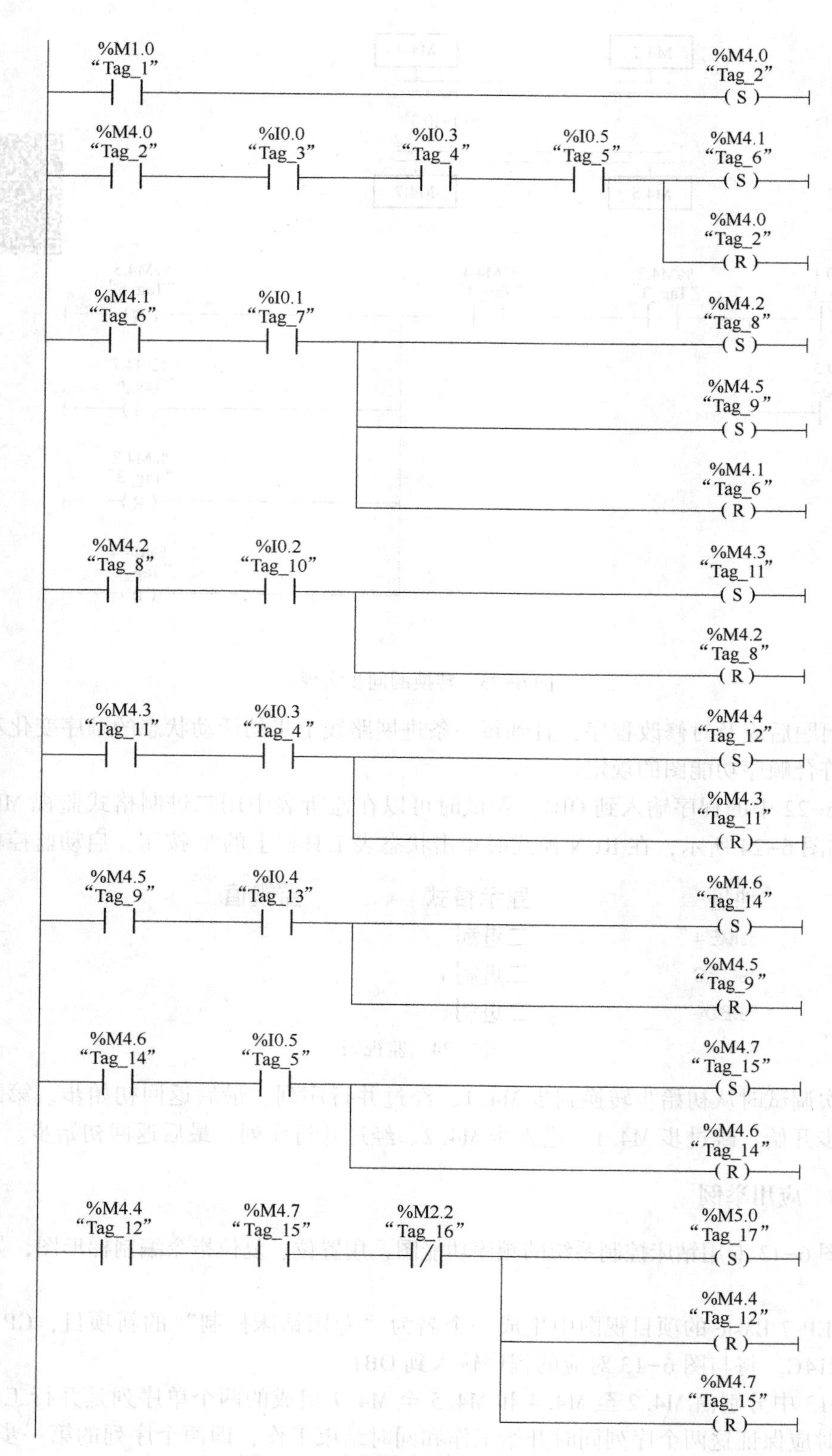

图 6-25　专用钻床控制系统的梯形图

%M5.0 "Tag_17"
%I6.0 "Tag_18" P
%M6.0 "Tag_19"
%M4.2 "Tag_8" (S)
%M4.5 "Tag_9" (S)
%M5.0 "Tag_17" (R)

%M4.4 "Tag_12"
%M4.7 "Tag_15"
%M2.2 "Tag_16"
%M5.1 "Tag_20" (S)
%M4.4 "Tag_12" (R)
%M4.7 "Tag_15" (R)

%M5.1 "Tag_20"
%I0.7 "Tag_21"
%M4.0 "Tag_2" (S)
%M5.1 "Tag_20" (R)

%M4.1 "Tag_6"
%Q0.0 "Tag_22" ( )

%M4.2 "Tag_8"
%Q0.1 "Tag_23" ( )

%M4.3 "Tag_11"
%Q0.2 "Tag_24" ( )

%M4.5 "Tag_9"
%Q0.3 "Tag_25" ( )

%M4.6 "Tag_14"
%Q0.4 Tag_26 ( )

%M5.0 "Tag_17"
%Q0.5 "Tag_27" ( )

%M5.1 "Tag_20"
%Q0.6 "Tag_28" ( )

%DB3 "IEC_Counter_0_DB"
%M4.6 "Tag_14"
CTU Int
CU Q
CV ...
%M4.0 "Tag_2" R
3 PV
%M2.2 "Tag_16" ( )

图 6-25 专用钻床控制系统的梯形图（续）

并行序列的分支的处理是很简单的，在图 6-13 中，当步 M4.1 是活动步，并且转换条件 I0.1 为 1 状态时，步 M4.2 和 M4.5 同时变为活动步，两个序列开始同时工作。在梯形图中，用 M4.1 和 I0.1 的常开触点组成的串联电路来控制对 M4.2 和 M4.5 的同时置位和对前级步 M4.1 的复位。

另一种情况是当步 M5.0 为活动步，并且转换条件 ↑I0.6 为 1 状态时，步 M4.2 和 M4.5 也应同时变为活动步，两个序列开始同时工作。在梯形图中，用 M5.0 和 I0.6 的常开触点组成的串联电路，来控制对 M4.2 和 M4.5 的同时置位和对前级步 M5.0 的复位。

图 6-13 的并行序列合并处的转换有两个前级步 M4.4 和 M4.7，根据转换实现的基本规则，当它们均为活动步并且转换条件满足时，将实现并行序列的合并。未钻完 3 对孔时，加计数器 C0 的当前值小于设定值 3，其常闭触点闭合，转换条件 $\overline{\text{M2.2}}$ 满足，将转换到步 M5.0。在梯形图中，用 M4.4、M4.7 的常开触点和 M2.2 的常闭触点组成的串联电路将 M5.0 置位，使后续步 M5.0 变为活动步，同时用 R 指令将 M4.4 和 M4.7 复位，使前级步 M4.4 和 M4.7 变为不活动步。

钻完 3 对孔时，C0 的当前值等于设定值 3，其常开触点闭合，转换条件 M2.2 满足，将转换不到 M5.1。在梯形图中，用 M4.4、M4.7 和 M2.2 的常开触点组成的串联电路将 M5.1 置位，使后续步 M5.1 变为活动步，同时用 R 指令将 M4.4 和 M4.7 复位，使前级步 M4.4 和 M4.7 变为不活动步。

6.4 程序结构设计方法

6.4.1 程序结构概括

在使用 S7-1200 CPU 编程的过程中，推荐使用结构化编程的理念。如图 6-26 所示为典型结构化程序结构，图中将不同的程序划分为 FC（功能）1、FB（功能块）1、FB2 等，然后在 OB（组织块）1 中单次或多次或嵌套调用这些程序块，从而实现高效、简洁、易读性强的程序编程。图 6-26 中，OB1 调用了 FB1，FB1 又调用了 FC1，应创建块的顺序是：先创建 FC1，然后创建 FB1 及其背景数据块，也就是说在编程时要保证被调用的块已经存在了。

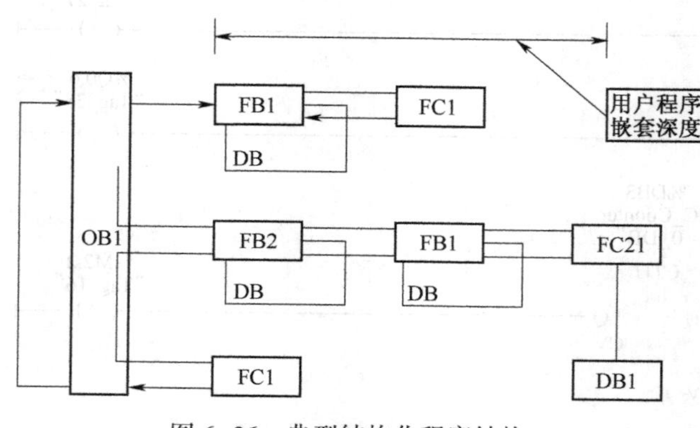

图 6-26　典型结构化程序结构

块调用即子程序调用，调用者可以是 OB、FB、FC 等各种逻辑块，被调用的块是除 OB 之外的逻辑块。调用 FB 时需要指定背景数据块。块可以嵌套调用，即被调用的块又可以调用别的块，允许嵌套调用的层数与 CPU 的型号有关。块嵌套调用的层数还受到 L 堆栈大小的限制。每个 OB 至少需要 20B 的 L 内存。

在设计一个 PLC 系统时有多种多样的设计方法，推荐如下操作步骤：

（1）分解控制过程或机械设备为多个子部分。

（2）生成每个子部分的功能描述。

（3）设计安全回路。

（4）基于每个子部分的功能描述，为每个子部分设计电气及机械部分、分配开关、显示设备、绘制图纸。

（5）为每个子部分的电气设计分配模块，指定模块输入/输出地址。

（6）生成程序输入/输出中需要的地址的符号名。

（7）为每个子部分编写相应的程序，单独调试这些子程序。

（8）设计程序结构，联合调试子程序。

（9）项目程序差错/改进。

6.4.2　功能与功能块

1. 功能及功能块的特点

功能（FC）和功能块（FB）是用户编写的子程序，它们包含完成特定任务的子程序。FC 和 FB 有与调用它的块共享的输入/输出参数，执行完成 FC 和 FB 后，将执行结果返回给调用它的代码块。

功能（FC）没有固定的存储区，功能执行结束后，其局部变量中的临时数据就丢失了。可以用全局变量来存储那些在功能执行结束后需要保存的数据。

功能块（FB）是用户编写的有自己存储区（背景数据块）的块，FB 的典型应用是执行不能在一个扫描周期结束的操作。每次调用功能块时，都需要指定一个背景数据块。被指定的背景数据块随功能块的调用而打开，在调用结束时自动关闭。功能块的输入、输出参数和静态变量用指定的背景数据块保存，但是不会保存临时局部变量中的数据。功能块执行完成后，背景数据块中的数据不会丢失。

2. 生成功能及功能块

生成功能：打开 STEP 7 Basic 的项目视图，生成一个名为 FB_FC 的新项目。双击项目树中的“添加新设备”，添加一个新设备，CPU 的型号为 CPU1214C。

打开项目视图中的文件夹“\ PLC_1 \ 程序块”，双击其中的“添加新块”（见图 6-27），打开“添加新块”对话框，单击其中的“功能”按钮，FC 默认的编号为 1，语言为“LAD（梯形图）”。设置功能的名称为 Pressure，单击“确定”按钮，自动生成 FC1，可以在项目树的文件夹“\ PLC_1 \ 程序块”中看到新生成的 FC1。

生成功能块：打开项目树中的文件夹“\ PLC_1 \ 程序块”，双击其中的“添加新块”，单击打开的对话框中的“功能块”按钮，FB 默认的编号为 1，语言为“LAD（梯形图）”。设置功能的名称为“Motor”，功能和功能块的名称也可以使用汉字。单击“确定”按钮，自动生成 FB1，可以在项目树的文件夹“\ PLC_1 \ 程序块”中看到新生成的 FB1。

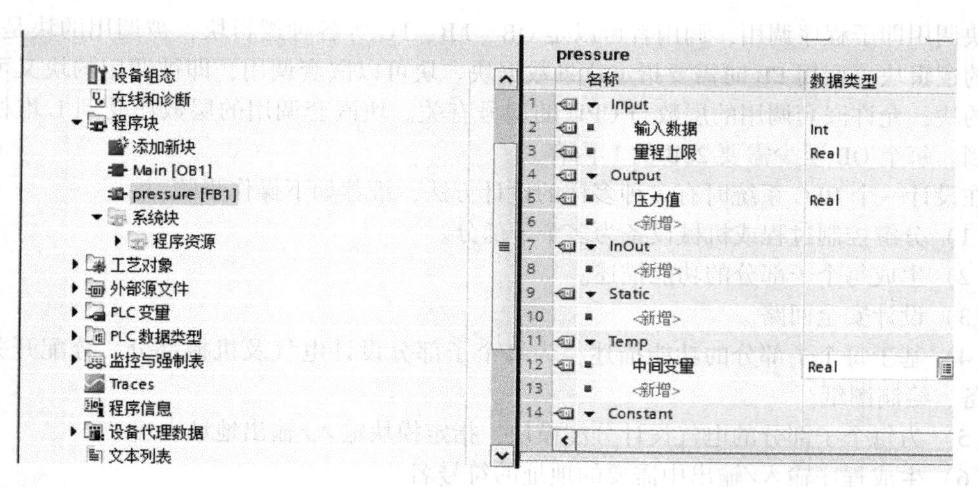

图 6-27　FC1 的局部变量

3. 生成功能的局部数据

将鼠标的光标放在 FC1 的程序区最上面的分隔条上，按住鼠标的左键，往下拉动分隔条，分隔条上面是各功能的界面（Interface）区（见图 6-28 的右边），下面是程序区。将水平分隔条拉至程序编辑器视窗的顶部，不再显示界面区，但是它仍然存在。

在界面区中生成局部变量，后者只能在它所在的模块中使用。块的局部变量的名称由字符和数字组成。由图 6-28 可知，功能主要有如下五种局部变量。

（1）Input（输入参数）：由调用它的块提供的输入数据。

（2）Output（输出参数）：返回给调用它的块的程序执行结果。

（3）InOut（输入输出参数）：初值由调用它的块提供，块执行后将它的值返回给调用它的块。

（4）Temp（临时数据）：暂时保存在局部数据堆栈中的数据。只是在执行块时使用临时数据，执行完成后，不再保存临时数据的数值，它可能被别的块的临时数据覆盖。

（5）Return 中的 Ret_Val（返回值）：属于输出参数。

在 Input 下面的“名称”列生成参数“输入数据”，单击“数据类型”列的按钮，从下拉列表设置其数据类型为 Int（16 位整数）。用同样的方法生成输入参数“量程上限”、输出参数“压力值”和临时变量“中间变量”，它们的数据类型均为 Real。

生成局部变量时，不需要指定存储器地址，程序编辑器根据各变量的数据类型，会自动为所有局部变量指定存储器地址。

图 6-28 中的返回值 Ret_Val 属于输出参数，默认的数据类型为 Void，该数据类型不保存数值，用于功能不需要返回值的情况。在调用 FC1 时，看不到 Ret_Val。如果将它设置为 Void 之外的数据类型，在 FC1 内部编程时可以使用该变量，调用 FC1 时可以在方框的右边看到作为输出参数的 Ret_Val。

4. 生成功能块的局部变量

将鼠标的光标放在 FB1 的程序区最上面的分隔条上，按住鼠标的左键，往下拉动分隔条，分隔条上面是各功能的界面区。与功能相同，功能块的局部变量中也有输入参数、输出参数、输入输出参数和临时数据。

功能块执行完成后，下一次重新调用它时，其静态变量的值保持不变。

背景数据块中的变量就是其功能块的局部变量中的输入参数、输出参数、输入输出参数和静态变量（见图 6-28）。功能块的数据永久性地保存在它的背景数据块中，在功能块执行完成后也不会丢失，以供下次执行时使用。其他代码块可以访问背景数据块中的变量。不能直接删除和修改背景数据块中的变量，只能在它的功能块的界面中删除和修改这些变量。

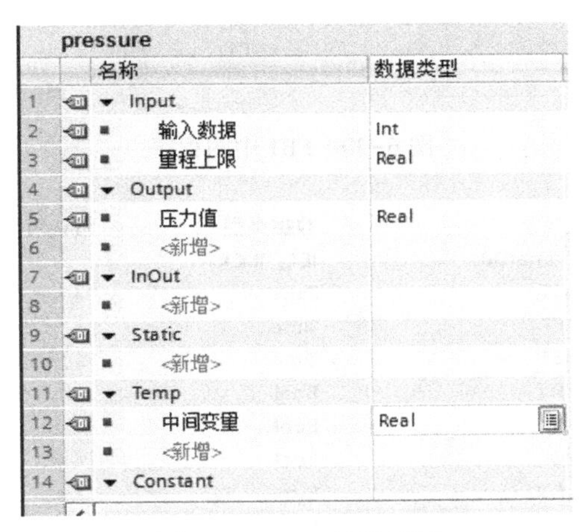

	名称	数据类型
1	▼ Input	
2	■ 输入数据	Int
3	■ 量程上限	Real
4	▼ Output	
5	■ 压力值	Real
6	■ <新增>	
7	▼ InOut	
8	■ <新增>	
9	▼ Static	
10	■ <新增>	
11	▼ Temp	
12	■ 中间变量	Real
13	■ <新增>	
14	▼ Constant	

图 6-28　FB1 的界面区

生成功能块的输入参数、输出参数和静态变量时，他们被自动指定一个默认值，可以修改这些默认值。可以在背景数据块中修改变量的初始值。调用 FB 时没有指定实参的形参使用背景数据块中的初始值。

5. FC1 程序设计

图 6-29 是 FC1 中的压力测量值计算程序。首先用 CONV 指令将参数“输入数据”接收的 A/D 转换后的整数值（0~27648）转换为实数（Real），再用实数乘法指令和除法指令完成式的运算。运算的中间结果用临时局部变量“中间变量”保存。STEP 7 Basic 自动地在局部变量的前面添加#号，例如“#压力值”。

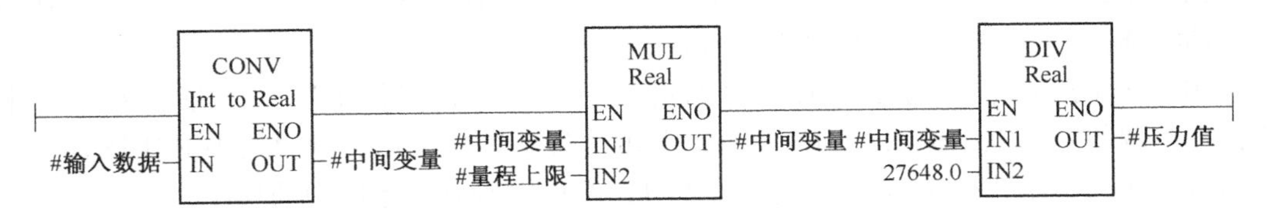

图 6-29　FC1 中的压力测量值计算程序

6. 编写 FB1 程序

图 6-30 是 FB1 中编写的程序。FB1 的控制要求如下：用输入参数“启动按钮”和“停止按钮”控制输出参数“电动机”。按下停止按钮，断电延时定时器（TOF）开始定时，输出参数“制动器”为 1 状态，经过输入参数“定时时间”设置的时间预置值后，停止制动。

TOF 的参数用静态变量 TimerDB 来保存，其数据类型为 IEC_Timer。图 6-31 是 FB1 中的界面区中静态变量 TimerDB 内部的数据。

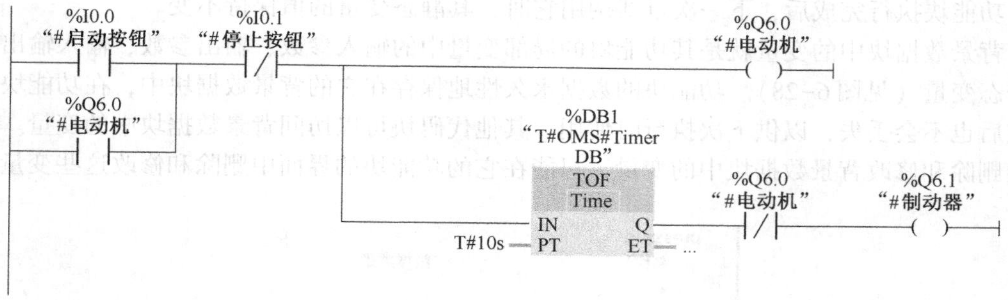

图 6-30　FB1 中的程序

名称	数据类型	默认值
▸ TimerDB	IEC_TIMER	
ST	Time	T#0ms
PT	Time	T#0ms
ET	Time	T#0ms
RU	Bool	false
IN	Bool	false
Q	Bool	false
PAD	Byte	16#0
PAD_1	Byte	16#0
PAD_2	Byte	16#0
▾ Temp		
中间变量	Real	

图 6-31　定时器的数据结构

7. 块的密码保护

选中生成的 FC1，执行菜单命令“编辑”→“专有技术保护”→“启用专有技术保护”，在打开的对话框中输入密码和密码的确认值。单击“确定”按钮后，项目树中的 FC1 图标上出现了一把锁的符号，表示 FC1 受到保护。双击打开 FC1，可以看到界面区的变量，但是看不到程序区的程序。

选中生成的 FC1，执行菜单命令“编辑”→“专有技术保护”→“更改密码”，在出现的对话框中输入原始密码后，可以修改密码。

选中生成的 FC1，执行菜单命令“编辑”→“专有技术保护”→“禁用专有技术保护”，在出现的对话框中输入正确的密码，单击“确认”按钮后，项目树中 FC1 图标上的锁符号消失，FC1 的保护被取消。双击打开 FC1，又可以看到程序区中的程序。

8. 功能与功能块的区别

功能块（FB）和功能（FC）均为用户编写的子程序，界面区中均有 Input、Output、InOut 参数和 Temp 数据。FC 的返回值 Ret_Val 实际上属于输出参数。下面是 FB 和 FC 的区别：

（1）功能块有背景数据块，功能没有背景数据块。

（2）只能在功能内部访问它的局部变量。其他代码块或 HMI（人机界面）可以访问功能块的背景数据块中的变量。

（3）功能没有静态变量（Static），功能块有保存在背景数据块中的静态变量。

功能如果有执行完后需要保存的数据，只能存放在全局变量（例如全局数据块和M区）中，但是这样会影响功能的可移植性。如果功能和功能块的内部不使用全局变量，只使用局部变量，不需要做任何修改，就可以将他们移植到其他项目。如果块的内部使用了全局变量，在移植时需要考虑块使用的全局变量是否会与别的块产生地址冲突。

（4）功能块的局部变量（不包括Temp）有默认初始值，功能的局部变量没有初始值。在调用功能块时如果没有设置某些输入、输出参数的实参，将使用背景数据块中的初始值。调用功能时应给所有的形参指定实参。

6.4.3 数据块与组织块

1. 数据块

数据块（DB）是用于存放执行代码块时所需的数据的数据区。与代码块不同，数据块没有指令，STEP 7 Basic按数据生成的顺序自动地为数据块中的变量分配地址。有两种类型的数据块，全局数据块和背景数据块。

（1）全局数据块存储供所有的代码块使用的数据，所有的组织块（OB）、功能块（FB）和功能（FC）都可以访问。

（2）背景数据块存储的数据供特定的FB使用。背景数据块中保存的是对应的FB的输入参数、输出参数、输入输出参数和静态变量。FB的临时数据没有用背景数据块保存。

数据块可以按位、字节和双字来访问。在访问数据块中的数据时，应指明数据块名称。

2. 组织块

组织块（OB）控制用户程序的执行，每个OB都有唯一的OB编号，对于编号低于200的OB，系统保留使用，被赋予特殊定义，用户自定义的OB可以使用200或以上的编号。OB操作控制如下：

（1）周期循环扫描程序OB，此OB在CPU为RUN模式时被循环执行。一般情况下，用户可以将主程序放置在此OB中，此OB块的默认编号为OB1。

（2）启动OB，当CPU由STOP模式转换到RUN时，此OB被执行一次，当此OB执行完毕后，周期扫描程序OB开始执行。启动OB的默认编号为OB100。

（3）时间延迟OB，此OB可以通过SRT_DINT指令设置其延迟时间，当延迟时间到达时，延迟中断OB被触发。

（4）周期中断OB，此OB将在指定间隔之间被执行，此OB的执行可以中断周期扫描程序OB的执行过程。

（5）硬件中断OB，此OB将在指定的硬件时间发生时被执行，例如数字量输入信号的上升沿或下降沿，此OB的执行可以中断周期扫描程序OB的执行过程。

（6）时间错误中断OB，此OB将在检测到时间错误时被执行，此OB的执行可以中断周期扫描程序OB的执行过程。此OB块的编号只能为OB80。当CPU中没有此OB时，用户可以指定当时间错误发生时，CPU是忽略此错误还是转换到STOP模式。

（7）诊断错误中断OB，此OB将在检测到诊断错误时被执行，此OB的执行可以中断周期扫描程序OB的执行过程。此OB块的编号只能是OB82。

3. 组织块与FB和FC的区别

（1）对应的事件发生时，由操作系统调用组织块，FB和FC是用户程序在代码块中调用的。

(2) 组织块没有输入参数、输出参数和静态变量，只有临时局部数据。有的组织块自动生成的临时局部数据包含了与启动组织块的事件有关的信息，它们由操作系统提供。

习 题

6-1 设计电动机正反转控制的梯形图及 PLC 外部接线图。

要求：正反转启动信号为 I0.1、I0.2，停止信号为 I0.3，输出信号为 Q0.2、Q0.3，该控制系统具有电气互锁和机械互锁功能。

6-2 设计一工作台自动往复控制程序。

要求：正反转启动信号为 I0.0、I0.1、停止信号为 I0.2，左右限位开关为 I0.3、I0.4，输出信号为 Q0.0、Q0.1，该控制系统具有电气互锁和机械互锁功能。

6-3 有一个具有三台皮带运输机传输系统，分别用电动机 M_1、M_2、M_3 带动，控制要求如下：

按下启动按钮，先启动最末一台皮带机 M_3，经 5s 后再依次启动其他皮带机。正常运行时，M_3、M_2、M_1 均工作。按下停止按钮时，先停止最前面一台皮带机 M_1，待料送完毕后，再依次停止其他皮带机。画出 PLC 的外部接线图及其梯形图。

6-4 使用传送机，将大、小球分类后分别传送，控制系统的工艺动作要求如下：

左上为原点，按启动按钮 SB_1 后，其动作顺序为：下降→吸收（延时 1 s），上升→右行→下降→释放（延时 1s）→上升→左行。

其中，LS_1 为左限位；LS_3 为上限位；LS_4 为小球右限位；LS_5 为大球右限位；LS_2 为大球下限位；LS_0 为小球下限位。

注意：机械臂下降时，吸住大球，则下限位 LS_2 接通，然后将大球放到大球容器中；若吸住小球，则下限位 LS_0 接通，然后将小球放到小球容器中。

画出 PLC 的外部接线图及其梯形图。

6-5 设计喷泉电路。

要求：喷泉有 A、B、C 三组喷头。启动后，A 组先喷水 5 s 之后，B、C 组同时喷水，10 s 后 B 组停；再经过 5 s 后，C 组停，而 A、B 组又开始喷水；再经过 2 s，C 组也喷水，持续 5 s 后，全部停；再经过 3 s，重复上述过程。

其中：A（Q0.0），B（Q0.1），C（Q0.2），启动信号 I0.0。

6-6 设计十字路口交通灯控制系统的梯形图程序。

要求：按下启动按钮，东西方向红灯亮，同时，南北方向绿灯亮 7 s，随后南北方向绿灯闪烁 3 s，之后南北方向黄灯亮 2 s；紧接着南北方向红灯亮，东西方向绿灯亮 7 s，随后东西方向绿灯闪烁 3 s，之后东西方向亮 2 s，实现一个循环。如此循环，实现交通灯的控制。按下停止按钮，交通灯立即停止工作。

6-7 设计一个报警器的梯形图程序。

要求：当条件 I0.0 为 ON（接通状态）后，蜂鸣器响，同时报警灯连续闪烁 16 次，每次亮 2 s，灭 3 s，16 次后停止声光报警。

第7章 可编程序控制器控制系统设计

在对 PLC 的基本工作原理和编程技术有了一定的了解之后，就可以用 PLC 来构成一个实际的控制系统。PLC 控制系统的设计主要包括系统设计、程序设计、施工设计和安装调试等四方面的内容。本章主要介绍 PLC 控制系统的设计步骤和内容、设计与实施过程中应该注意的事项，使读者初步掌握 PLC 控制系统的设计方法。要想能顺利地完成 PLC 控制系统的设计，就需要不断地实践。

7.1 PLC 控制系统设计的基本原则与内容

7.1.1 PLC 控制系统设计的基本原则

任何一种控制系统设计都是为了实现对被控对象的工艺要求，以提高生产效率和产品质量。因此，在设计 PLC 控制系统时，应遵循以下基本原则。

（1）最大限度地满足被控对象的控制要求。充分发挥 PLC 的功能，最大限度地满足被控对象的控制要求，是设计 PLC 控制系统的首要前提，这也是设计中最重要的一条原则。这就要求设计人员在设计前就要深入现场进行调查研究，收集控制现场的资料，收集相关先进的国内、国外资料。同时要注意和现场的工程管理人员、工程技术人员、操作人员紧密配合，拟定控制方案，共同解决设计中的重点问题和疑难问题。

（2）保证 PLC 控制系统安全可靠。保证 PLC 控制系统能够长期安全、可靠、稳定运行，是设计控制系统的重要原则。这就要求设计者在系统设计、元器件选择、软件编程上要全面考虑，以确保控制系统安全可靠，即应该保证 PLC 程序不仅在正常条件下运行，而且在非正常情况下（如突然掉电再上电、按钮按错等情况），也能正常工作。

（3）力求简单、经济、使用及维修方便。一个新的控制工程固然能提高产品的质量和数量，带来巨大的经济效益和社会效益，但新工程的投入、技术的培训、设备的维护也将导致运行资金的增加。因此，在满足控制要求的前提下，一方面要注意不断地扩大工程的效益，另一方面也要注意不断地降低工程的成本。这就要求设计者不仅应该使控制系统简单、经济，而且要使控制系统的使用和维护方便、成本低，不宜盲目追求自动化和高指标。

（4）适应发展的需要。由于技术的不断发展，控制系统的要求也将会不断地提高，设计时要适当考虑到今后控制系统发展和完善的需要。这就要求在选择 PLC、输入/输出模块、I/O 点数和内存容量时，要适当留有余量，以满足今后生产的发展和工艺的改进。

如图 7-1 所示为 PLC 控制系统设计与调试的一般步骤。

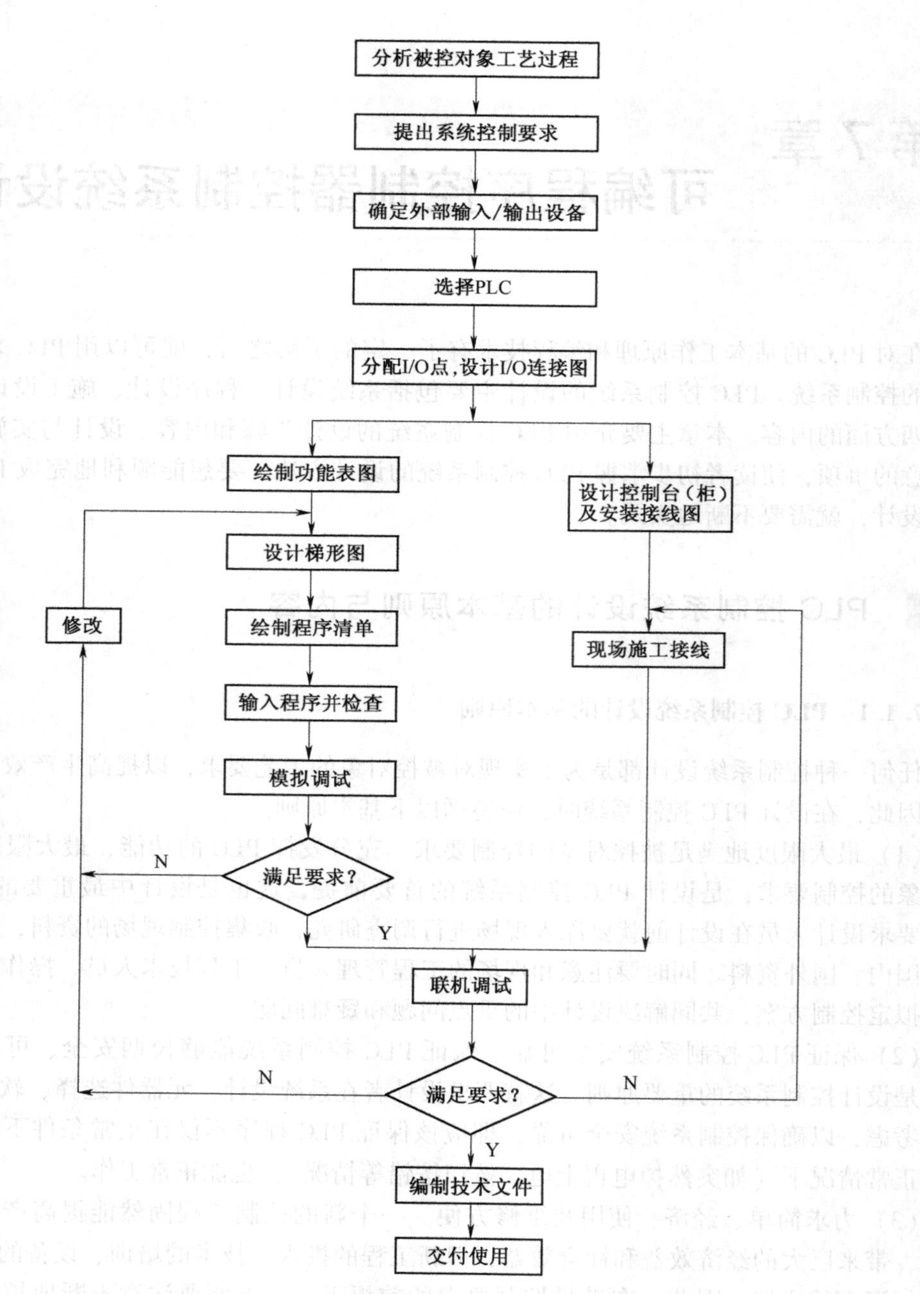

图 7-1　PLC 控制系统设计与调试的一般步骤

7.1.2　PLC 的选择

随着 PLC 技术的发展，PLC 产品的种类也越来越多。不同型号的 PLC，其结构形式、性能、容量、指令系统、编程方式、价格等也各有不同，适用的场合也各有侧重。因此，合理选用 PLC，对于提高 PLC 控制系统的技术指标和经济指标有着重要的意义。

PLC 的选择主要应从 PLC 的机型、容量、I/O 模块、电源模块、特殊功能模块、通信联网能力等方面加以综合考虑。

1. PLC 机型的选择

PLC 机型选择的基本原则是在满足功能要求及保证可靠、维护方便的前提下，力争最佳的性能价格比。选择时主要考虑以下几点：

（1）合理的结构形式。PLC 主要有整体式和模块式两种结构形式。

整体式 PLC 的每一个 I/O 点的平均价格比模块式的便宜，且体积相对较小，一般用于系统工艺过程较为固定的小型控制系统中。而模块式 PLC 的功能扩展灵活方便，在 I/O 点数、输入点数与输出点数的比例、I/O 模块的种类等方面选择余地大，且维修方便，一般用于较复杂的控制系统。

（2）安装方式的选择。PLC 系统的安装方式分为集中式、远程 I/O 式以及多台 PLC 联网的分布式。

集中式不需要设置驱动远程 I/O 硬件，系统反应快、成本低。远程 I/O 式适用于大型系统，系统的装置分布范围很广，远程 I/O 可以分散安装在现场装置附近，连线短，但需要增设驱动器和远程 I/O 电源。多台 PLC 联网的分布式适用于多台设备分别独立控制，又相互联系的场合，可以选用小型 PLC，但必须要附加通信模块。

（3）相应的功能要求。一般小型（低档）PLC 具有逻辑运算、定时、计数等功能，对于只需要开关量控制的设备都可满足。

对于以开关量控制为主，带少量模拟量控制的系统，可选用带 A/D 和 D/A 转换单元，具有加减算术运算、数据传送功能的增强型低档 PLC。

对于控制较复杂，要求实现 PID 运算、闭环控制、通信联网等功能的系统，可视控制规模大小及复杂程度，选用中档或高档 PLC。但是中、高档 PLC 价格较贵，一般用于大规模过程控制和集散控制系统等场合。

（4）响应速度要求。PLC 是为工业自动化设计的通用控制器，不同档次 PLC 的响应速度一般都能满足其应用范围内的需要。如果要跨范围使用 PLC，或者某些功能或信号有特殊的速度要求时，则应该慎重考虑 PLC 的响应速度，可选用具有高速 I/O 处理功能的 PLC，或选用具有快速响应模块和中断输入模块的 PLC 等。

（5）系统可靠性的要求。对于一般系统 PLC 的可靠性均能满足。对可靠性要求很高的系统，应考虑是否采用冗余系统或热备用系统。

（6）机型尽量统一。一个企业，应尽量做到 PLC 的机型统一。主要考虑到以下三方面问题：

①机型统一，其模块可互为备用，便于备品备件的采购和管理。

②机型统一，其功能和使用方法类似，有利于技术力量的培训和技术水平的提高。

③机型统一，其外部设备通用，资源可共享，易于联网通信，配上位计算机后易于形成一个多级分布式控制系统。

2. PLC 容量的选择

PLC 的容量包括 I/O 点数和用户存储容量两个方面。

（1）I/O 点数的选择。PLC 平均的 I/O 点的价格比较高，因此应该合理选用 PLC 的 I/O 点的数量，在满足控制要求的前提下力争使用的 I/O 点最少，但必须留有一定的裕量。

通常 I/O 点数是根据被控对象的输入、输出信号的实际需要，再加上 10%～15%的裕量来确定。

（2）存储容量的选择。用户程序所需的存储容量大小不仅与PLC系统的功能有关，而且还与功能实现的方法、程序编写水平有关。一个有经验的程序员和一个初学者，在完成同一复杂功能模块时，其程序量可能相差25%之多，所以对于初学者应该在存储容量估算时多留裕量。

PLC的I/O点数的多少，在很大程度上反映了PLC系统的功能要求，因此可在I/O点数确定的基础上，按下式估算存储容量后，再加20%~30%的裕量。

存储容量（字节）= 开关量I/O点数×10 + 模拟量I/O通道数×100

另外，在存储容量选择的同时，注意对存储器的类型的选择。

3. I/O模块的选择

一般I/O模块的价格占PLC价格的一半以上。PLC的I/O模块有开关量I/O模块、模拟量I/O模块及各种特殊功能模块等。不同的I/O模块，其电路及功能也不同，直接影响PLC的应用范围和价格，读者应当根据实际需要加以选择。这里仅以开关量I/O模块的选择为例来进行讨论。

（1）开关量输入模块的选择。开关量输入模块是用来接收现场输入设备的开关信号，将信号转换为PLC内部接收的低电压信号，并实现PLC内、外信号的电气隔离。选择时主要应考虑以下几个方面：

①输入信号的类型及电压等级。开关量输入模块有直流输入、交流输入和交流/直流输入三种类型。选择时主要根据现场输入信号和周围环境因素等决定。直流输入模块的延迟时间较短，还可以直接与接近开关、光电开关等电子输入设备连接；交流输入模块可靠性好，适合在有油雾、粉尘的恶劣环境下使用。开关量输入模块的输入信号的电压等级有直流5 V、12 V、24 V、48 V、60 V等以及交流110 V、220 V等。选择时主要根据现场输入设备与输入模块之间的距离来考虑。一般5 V、12 V、24 V用于传输距离较近的场合，如5V输入模块最远不得超过10米。距离较远的应选用输入电压等级较高的模块。

②输入接线方式。开关量输入模块主要有汇点式和分组式两种接线方式，如图7-2所示。

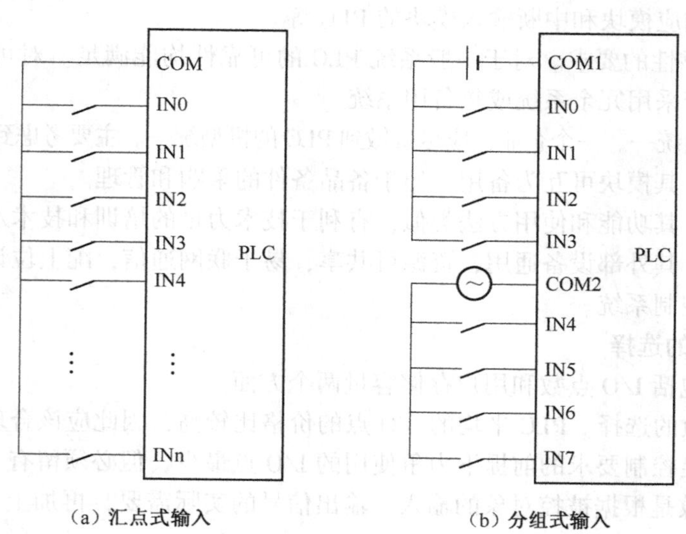

图7-2 开关量输入模块的接线方式

汇点式的开关量输入模块所有输入点共用一个公共端（COM），而分组式的开关量输入模块是将输入点分成若干组，每一组（几个输入点）有一个公共端，各组之间是分隔的。分组式的开关量输入模块价格较汇点式的高，如果输入信号之间不需要分隔，一般选用汇点式的开关量输入模块。

③同时接通的输入点数量。对于选用高密度的输入模块（如 32 点、48 点等），应考虑该模块同时接通的输入点数量点数，同时接通输入设备的累计点数一般不要超过输入点数的 60%。

④输入门槛电平。为了提高系统的可靠性，必须考虑输入门槛电平的大小。输入门槛电平越高，抗干扰能力越强，传输距离也越远，具体可参阅 PLC 说明书。

（2）开关量输出模块的选择。开关量输出模块是将 PLC 内部低电压信号转换成驱动外部输出设备的开关信号，并实现 PLC 内、外信号的电气隔离。选择时主要应考虑以下几个方面：

①输出方式。开关量输出模块有继电器输出、晶闸管输出和晶体管输出三种方式。

继电器输出的价格便宜，既可以用于驱动交流负载，又可用于直流负载，而且适用的电压大小范围较宽、导通压降小，同时承受瞬时过电压和过电流的能力较强，但其属于有触点元件，动作速度较慢（驱动感性负载时，触点动作频率不得超过 1 Hz）、寿命较短、可靠性较，只能适用于不频繁通断的场合。

对于频繁通断的负载，应该选用晶闸管输出或晶体管输出方式，它们属于无触点元件。但晶闸管输出只能用于交流负载，而晶体管输出只能用于直流负载。

②输出接线方式。开关量输出模块主要有分组式和分隔式两种接线方式，如图 7-3 所示。

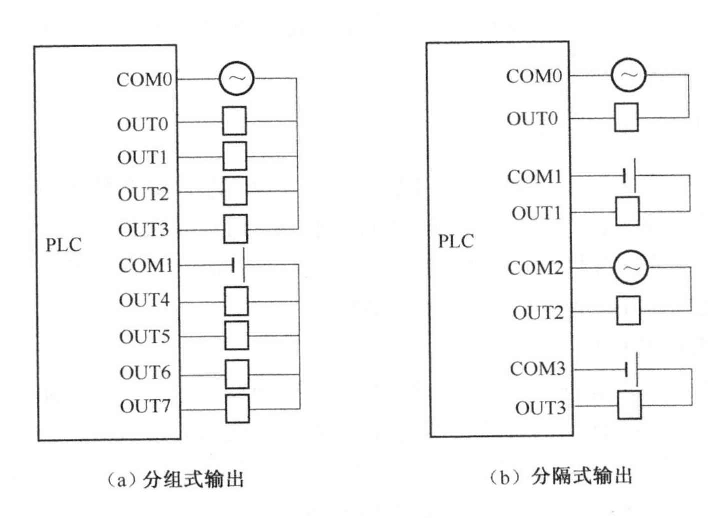

（a）分组式输出　（b）分隔式输出

图 7-3　开关量输出模块的接线方式

分组式输出是几个输出点为一组，一组有一个公共端，各组之间是分隔的，可分别用于驱动不同电源的外部输出设备。分隔式输出是每一个输出点就有一个公共端，各输出点之间相互隔离。选择时主要根据 PLC 输出设备的电源类型和电压等级的多少而定。一般整体式 PLC 既有分组式输出，也有分隔式输出。

③驱动能力。开关量输出模块的输出电流（驱动能力）必须大于PLC外接输出设备的额定电流。用户应根据实际输出设备的电流大小来选择输出模块的输出电流。如果实际输出设备的电流较大，输出模块无法直接驱动，可增加中间放大环节。

④同时接通的输出点数量。选择开关量输出模块时，还应考虑能同时接通的输出点数量。同时接通输出设备的累计电流值必须小于公共端所允许通过的电流值，如一个220V/2A的8点输出模块，每个输出点可承受2A的电流，但输出公共端允许通过的电流并不是16A（8×2A），通常要比此值小得多。一般来讲，同时接通的点数不要超出同一公共端输出点数的60%。

⑤输出的最大电流与负载类型、环境温度等因素有关。开关量输出模块的技术指标，与不同的负载类型密切相关，特别是输出的最大电流。另外，晶闸管的最大输出电流随环境温度的升高会降低，在实际使用中也应注意。

4. 电源模块及其他外设的选择

（1）电源模块的选择。电源模块选择仅对于模块式结构的PLC而言，对于整体式PLC不存在电源模块的选择问题。电源模块的选择主要考虑电源输出额定电流和电源输入电压。电源模块的输出额定电流必须大于CPU模块、I/O模块和其他特殊模块等消耗电流的总和，同时还应考虑今后I/O模块的扩展等因素。电源输入电压一般根据现场的实际需要而定。

（2）编程器的选择。对于小型控制系统或不需要在线编程的系统，一般选用价格便宜的简易编程器。对于由中、高档PLC构成的复杂系统或需要在线编程的PLC系统，可以选配功能强、编程方便的智能编程器，但智能编程器价格较贵。如果有现成的个人计算机，也可以选用PLC的编程软件，在个人计算机上实现编程器的功能。

（3）写入器的选择。为了防止由于干扰或锂电池电压不足等原因破坏RAM中的用户程序，可选用EPROM写入器，通过它将用户程序固化在EPROM中。有些PLC或其编程器本身就具有EPROM写入的功能。

7.1.3 减少I/O点数的措施

PLC在实际应用中常碰到这样两个问题：一是PLC的I/O点数不够，需要扩展，然而增加I/O点数将提高成本；二是已选定的PLC可扩展的I/O点数有限，无法再增加。因此，在满足系统控制要求的前提下，合理使用I/O点数，尽量减少所需的I/O点数是很有意义的。下面将介绍几种常用的减少I/O点数的措施。

1. 减少输入点数的措施

（1）分组输入。一般系统都存在多种工作方式，但系统同时又只能选择其中一种工作方式运行，也就是说，各种工作方式的程序不可能同时被执行。因此，可将系统输入信号按其对应工作方式的不同分成若干组，PLC运行时只会用到其中的一组信号，所以各组输入可共用PLC的输入点，这样就使所需的输入点减少。

如图7-4所示为分组输入电路，系统有“自动”和“手动”两种工作方式，其中S_1～S_8为自动工作方式用到的输入信号、SQ_1～SQ_8为手动工作方式用到的输入信号。两组输入信号共用PLC的输入点I0.0～I0.7，如S_1与SQ_1共用输入点I0.0。用“工作方式”选择开关SA来切换“自动”和“手动”信号的输入电路，并通过I1.0让PLC识别是“自动”，还是“手动”，从而执行自动程序或手动程序。

图 7-4 中的二极管是为了防止出现寄生回路，产生错误输入信号而设置的。例如当 SA 扳到“自动”位置，若 S_1 闭合，S_2 断开，虽然 SQ_1、SQ_2 闭合，也应该是 I0.0 有输入，而 I0.1 无输入，但如果无二极管隔离，则电流从 I0.0 流出，经 $SQ_2 \rightarrow SQ_1 \rightarrow S_1 \rightarrow$COM 形成寄生回路，从而使得 I0.1 错误地接通。因此，必须串入二极管切断寄生回路，避免错误输入信号的产生。

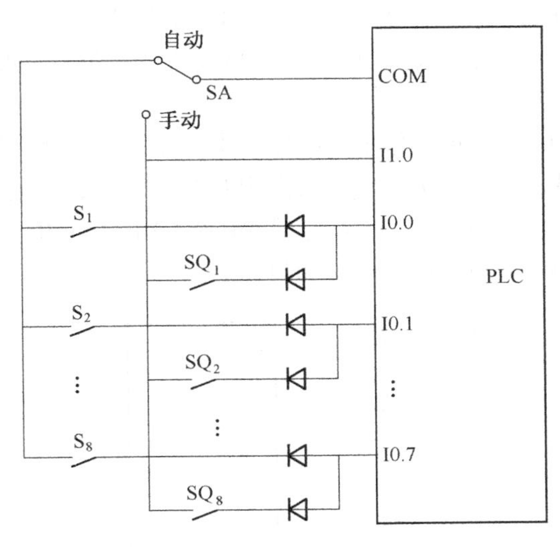

图 7-4　分组输入

（2）矩阵输入。如图 7-5 所示为 3×3 矩阵输入电路，用 PLC 的三个输出点 Q0.0、Q0.1、Q0.2 和三个输入点 I0.0、I0.1、I0.2 来实现 9 个开关量输入设备的输入。在图 7-5 中，输出 Q0.0、Q0.1、Q0.2 的公共端 COM 与输入继电器的公共端 COM 连在一起。当 Q0.0、Q0.1、Q0.2 轮流导通，则输入端 I0.0、I0.1、I0.2 也轮流得到不同的三组输入设备的状态，即 Q0.0 接通时读入 SB_1、SB_2、SB_3 的通断状态，Q0.1 接通时读入 SB_4、SB_5、SB_6 的通断状态，Q0.2 接通时读入 SB_7、SB_8、SB_9 的通断状态。

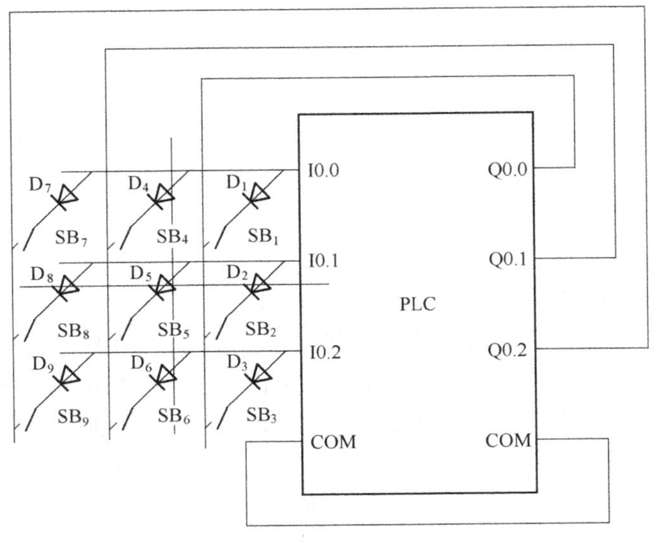

图 7-5　矩阵输入

当 Q0.0 接通时，如果 SB_1 闭合，则电流从 I0.0 端流出，经过 $D_1 \rightarrow SB_1 \rightarrow$Q0.0 端，再经过 Q0.0 的触点，从输出公共端 COM 流出，最后流回输入 COM 端，从而使输入继电器 I0.0 接通。在梯形图程序中应该用 Q0.0 常开触点和 I0.0 常开触点串联，来表示 SB_1 提供的输入信号。图 7-5 中二极管也是起切断寄生回路的作用。

采用矩阵输入方法除了要按图 7-5 的硬件连接外，还必须编写对应的 PLC 程序。由于矩阵输入的信号是分时被读入 PLC，所以读入的输入信号为一系列断续的脉冲信号，在使用时应注意这个问题。另外，应保证输入信号的宽度要大于 Q0.0、Q0.1、Q0.2 轮流导通一遍的时间，否则可能会丢失输入信号。

（3）组合输入。对于不会同时接通的输入信号，可采用组合编码的方式输入。如图 7-6（a）所示，三个输入信号 SQ_1、SQ_2、SQ_3 只占用两个输入点，再通过如图 7-6（b）所示程序的译码，又还原成与 SQ_1、SQ_2、SQ_3 对应的 M0.0、M0.1、M0.2 三个信号。采用这种方法应特别注意要保证各输入开关信号不会同时接通。

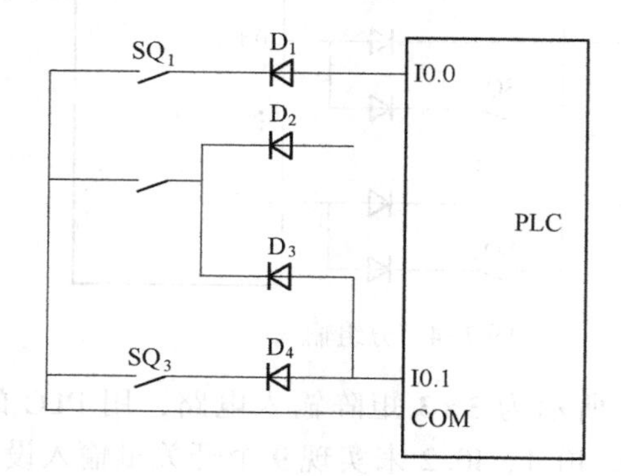

图 7-6　组合输入

（4）输入设备多功能化。在传统的继电器电路中，一个主令电器（开关、按钮等）只产生一种功能的信号。而在 PLC 系统中，可借助于 PLC 强大的逻辑处理功能，来实现一个输入设备在不同条件下，产生的信号作用不同。下面通过一个简单的例子来说明。

如图 7-7 所示的梯形图只用一个按钮 I0.0 输入去控制输出 Q0.0 的接通与断开。图 7-7 中，当 Q0.0 断开时，按下按钮（I0.0 按通），M0.0 得电，使 Q0.0 得电并自锁；再按一下按钮，M0.0 得电，由于此时 Q0.0 已得电，所以 M0.1 也得电，其常闭触点得电断开使

Q0.0 失电断开。即按一下按钮，I0.0 接通一下，Q0.0 得电；再按一下按钮，I0.0 又接通一下，Q0.0 失电。改变了传统继电器控制中要用两个按钮（启动按钮和停止按钮）的作法，从而减少了 PLC 的输入点数。同样道理，我们可以用这种思路来实现使一个输入具有三种或三种以上的功能。

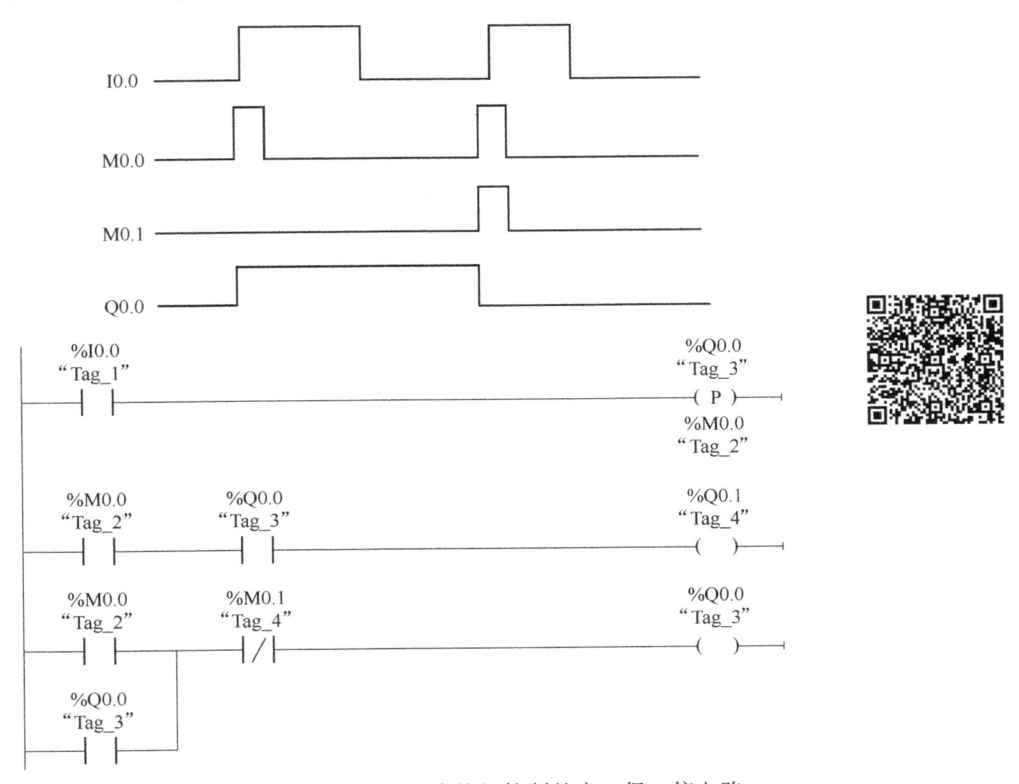

图 7-7　用一个按钮控制的启—保—停电路

（5）合并输入。将某些功能相同的开关量输入设备合并输入。如果是几个常闭触点，则串联输入；如果是几个常开触点，则并联输入。因此，几个输入设备就可共用 PLC 的一个输入点。

（6）某些输入设备可不进入 PLC。系统中有些输入信号功能简单、涉及面很窄，如某些手动按钮、电动机过载保护的热继电器触点等，有时就没有必要作为 PLC 的输入，将它们放在外部电路中同样可以满足要求，如图 7-8 所示。

2. 减少输出点数的措施

（1）矩阵输出。图 7-9 中采用 8 个输出组成 4×4 矩阵，可接 16 个输出设备（负载）。要使某个负载接通工作，只要控制它所在的行与列对应的输出继电器接通即可，例如要使负载 KM_1 得电工作，必须控制 Q1.0 和 Q1.4 输出接通。

应该特别注意：当只有某一行对应的输出继电器接通，各列对应的输出继电器才可任意接通，或者当只有某一列对应的输出继电器接通，各行对应的输出继电器才可任意接通，否则将会出现错误接通负载。因此，采用矩阵输出时，必须要将同一时间段接通的负载安排在同一行或同一列中，否则无法控制。

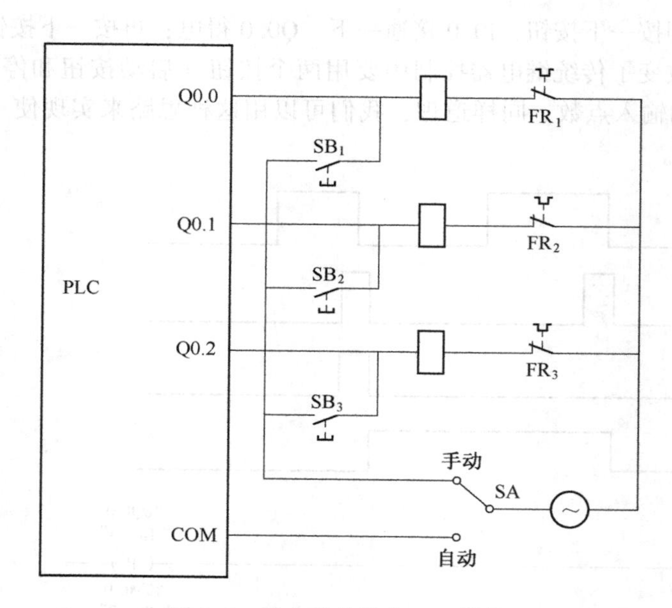

图 7-8　输入信号设在 PLC 外部

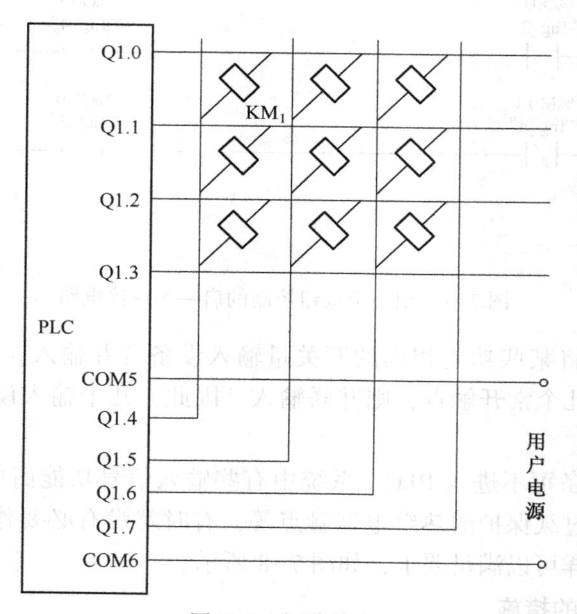

图 7-9　矩阵输出

（2）分组输出。当两组输出设备或负载不会同时工作时，可通过外部转换开关或通过受 PLC 控制的电器触点进行切换，所以 PLC 的每个输出点可以控制两个不同时工作的负载。如图 7-10 所示，KM_1、KM_3、KM_5 与 KM_2、KM_4、KM_6 两组不会同时接通，用转换开关 SA 进行切换。

（3）并联输出。当有两个通断状态完全相同的负载时，可并联后共用 PLC 的一个输出点。但要注意 PLC 输出点同时驱动多个负载时，应考虑 PLC 输出点的驱动能力是否足够。

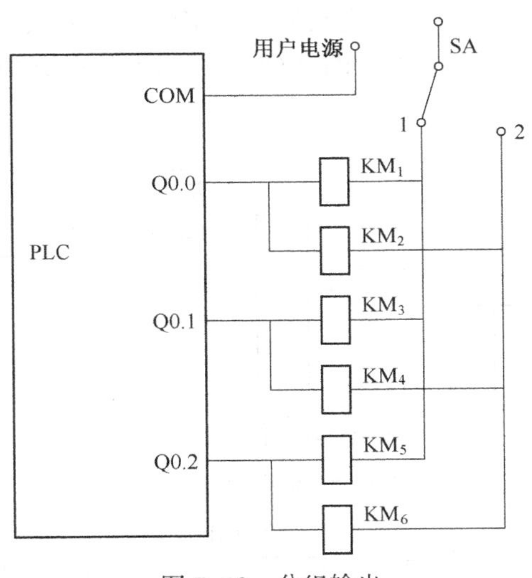

图 7-10　分组输出

（4）输出设备多功能化。利用 PLC 的逻辑处理功能，一个输出设备可实现多种用途。例如在继电器系统中，一个指示灯指示一种状态，而在 PLC 系统中，很容易实现用一个输出点控制指示灯的常亮和闪烁，这样一个指示灯就可指示两种状态，既节省了指示灯，又减少了输出点数。

（5）某些输出设备可不进入 PLC。系统中某些相对独立、比较简单的控制部分，可直接采用 PLC 外部硬件电路实现控制。

以上一些常用的减少 I/O 点数的措施，仅供读者参考，实际应用中应该根据具体情况，灵活使用。同时应该注意不要过分减少 PLC 的 I/O 点数，而使外部附加电路变得复杂，从而影响系统的可靠性。

7.2　PLC 在控制系统中的应用

7.2.1　机械手及其控制要求

为了满足生产的需要，很多设备要求设置多种工作方式，例如手动和自动（包括连续、单周期、单步和自动返回初始状态）工作方式。手动程序比较简单，一般用经验设计法设计，复杂的自动程序一般用顺序控制法设计。

如图 7-11 所示是一台工件传送的气动机械手的动作示意图，其作用是将工件从 A 点传递到 B 点。气动机械手的升降和左右移行动作分别由两个具有双线圈的两位电磁阀驱动气缸来完成，其中上升与下降对应电磁阀的线圈分别为 Q0. 2 与 Q0. 0，左行、右行对应电磁阀的线圈分别为 Q0. 4 与 Q0. 3。一旦电磁阀线圈通电，就一直保持现有的动作，直到相对的另一线圈通电为止。气动机械手的夹紧、松开的动作由只由一个线圈的两位电磁阀驱动的气缸完成，线圈（Q0. 1）断电，夹住工件，线圈（Q0. 1）通电，松开工件，以防止停电时的工件跌落。机械手的工作臂都设有上、下限位位置开关 I0. 2、I0. 1 和左、右限位的位置开关

I0.4、I0.3，夹持装置不带限位开关，它是通过一定的延时来表示其夹持动作的完成。机械手在最上面、最左边且除松开的电磁线圈（Q0.1）通电外的其他线圈处于全部断电的状态为机械手的原位。

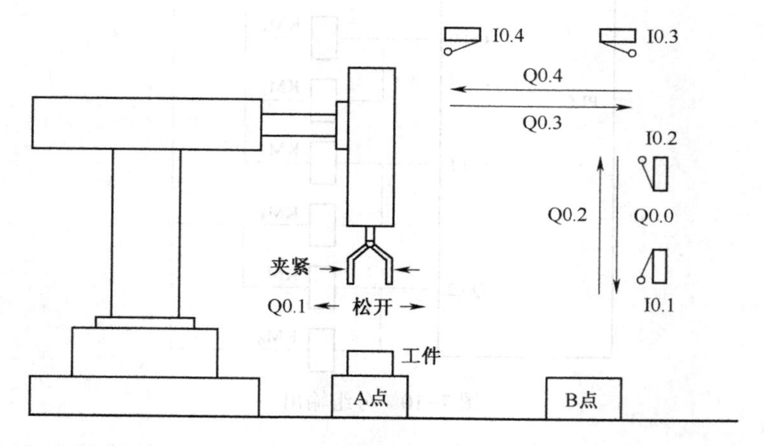

图 7-11　气动机械手动作示意图

机械手的操作面板示意图如图 7-12 所示，机械手具有手动、单步、单周期、连续和回原位五种工作方式，用开关进行选择。手动工作方式时，用各操作按钮（如 I0.5、I1.0、I0.6、I1.1、I0.7、I1.2、I2.1）来点动执行相应的各动作；单步工作方式时，每按一次启动按钮（I0.0），向前执行一步动作；单周期工作方式时，机械手在原位，按下启动按钮 I0.0，自动地执行一个工作周期的动作，最后返回原位（如果在动作过程中按下停止按钮 I1.3，机械手停在该工序上，再按下启动按钮 I0.0，则又从该工序继续工作，最后停在原位）；连续工作方式时，机械手在原位，按下启动按钮（I0.0），机械手就连续重复进行工作（如果按下停止按钮 I1.3，机械手运行到原位后停止）；返回原位工作方式时，按下“回原位”按钮 I2.1，机械手自动回到原位状态。

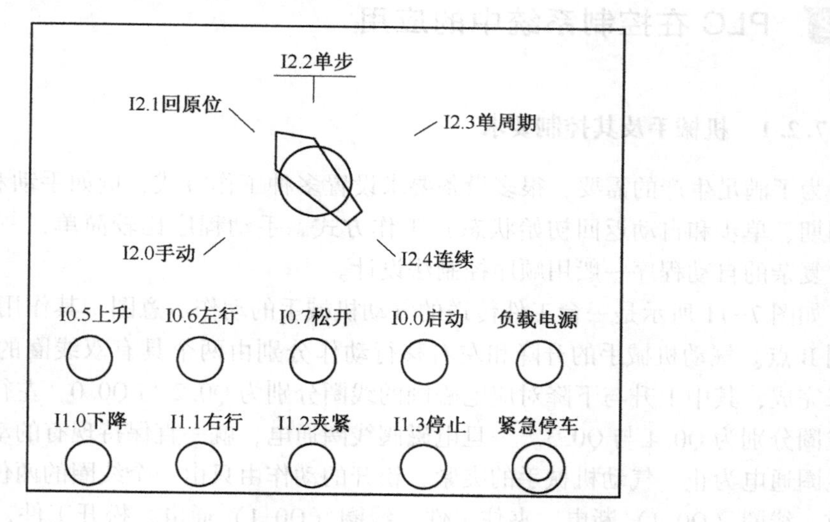

图 7-12　机械手操作面板示意图

7.2.2　PLC 的 I/O 分配

如图 7-13 所示为机械手控制系统 PLC 的 I/O 接线图，选用 S7-1200 的 PLC，请读者考虑是否可以用本章 7.1.3 节介绍的方法来减少占用 PLC 的 I/O 点数。为了保证在紧急情况下（包括 PLC 发生故障时），能可靠地切断 PLC 的负载电源，设置了交流接触器 KM。在 PLC 开始运行时按下“电源”按钮，使 KM 线圈得电并自锁，KM 的主触点接通，给输出设备提供电源；出现紧急情况时，按下“急停”按钮，KM 触点断开电源。

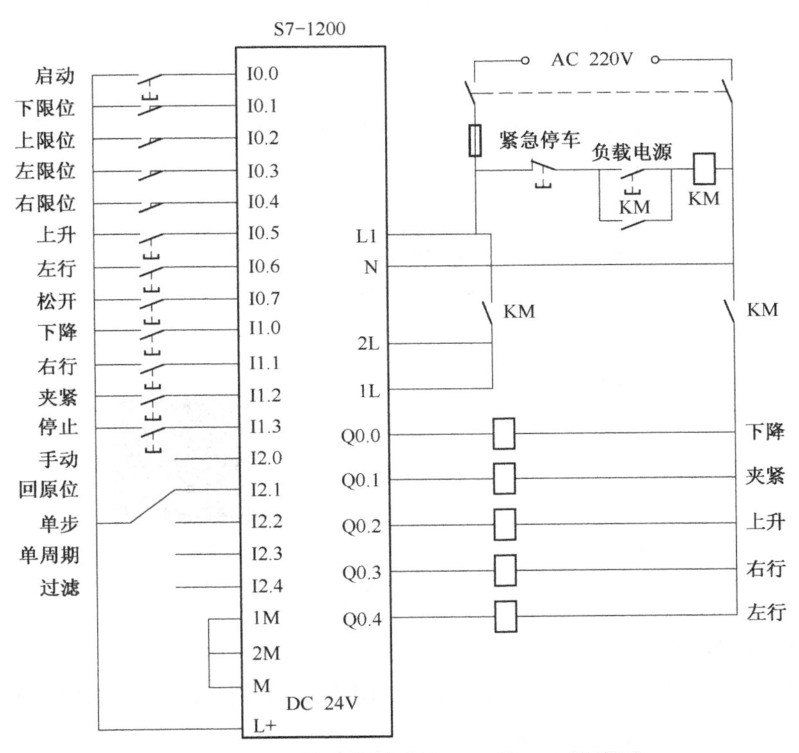

图 7-13　机械手控制系统 PLC 的 I/O 接线图

7.2.3　PLC 程序设计

1. 程序的总体结构

在 STEP 7 Basic 的项目视图中生成一个名为“机械手控制”的新项目，CPU 的型号为 CPU 1214C。本例需要添加一块 8 点的 DI 模块，在硬件组态时将自动分配的模块字节地址改为 2。

图 7-14 是本例在 OB1 中的程序。在 CPU 组态时设置系统存储器字节为 MB6，M6.2 的常开触点一直闭合，公用程序 FC1 是无条件执行的。在手动方式，I2.0 为 1 状态，执行手动子程序 FC2。在自动回原位方式，I2.1 为 1 状态，执行回原位子程序 FC3。可以为其他 3 种工作方式分别设计一个单独的子程序。考虑到这些工作方式使用相同的顺序功能图，程序有很多共同之处，为了简化程序，减少程序设计的工作量，将单步、单周期和连续这 3 种工作方式的程序合并为自动子程序 FC4。在自动程序中，应考虑用什么方法区分这 3 种工作方

式。故把程序分为公用程序、自动程序、手动程序和回原位程序四个部分，梯形图中使用跳转指令使得自动程序、手动程序和回原位程序不会同时执行。

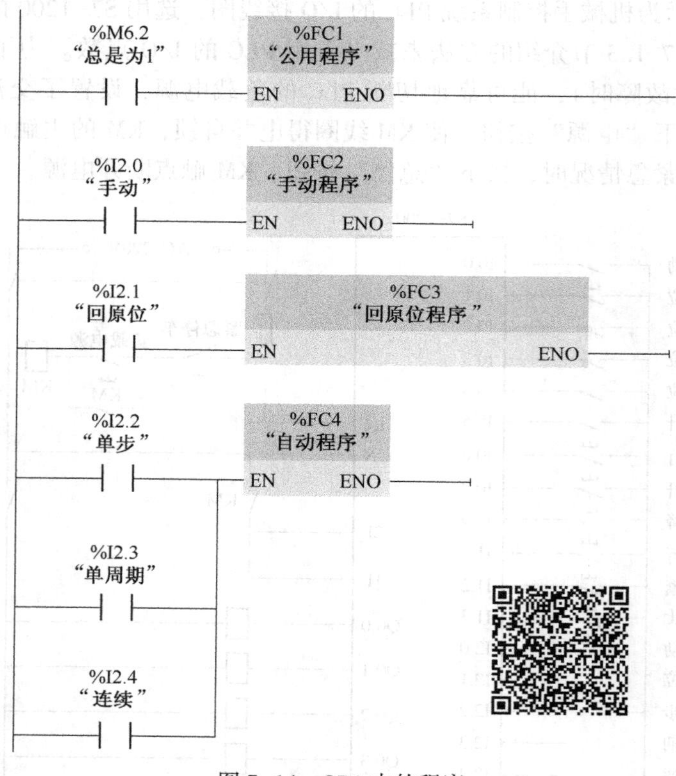

图 7-14　OB1 中的程序

2. 各部分程序的设计

（1）公用程序。公用程序如图 7-15 所示，用于处理各种工作方式都要执行的任务，以及不同的工作方式之间相互切换的处理。

左限位开关 I0.4、上限位开关 I0.2 的常开触点和表示机械手松开的 Q0.1 的常闭触点的串联电路接通时，"原位条件" M0.5 变为 1 状态。当机械手处于原位状态（M0.5 为 1 状态），在开始执行用户程序（M6.0 为 1 状态）时，系统处于手动方式（I0.2 为 1 状态）或自动回原位方式（I2.1 为 1 状态）时，图 7-16（图 7-16 是处理单周期、连续和单步工作方式的顺序功能图）中的初始步对应的 M0.0 被置位，为进入单步、单周期和连续工作方式做好准备。如果此时 M0.5 为 0 状态，M0.0 被复位，初始步为不活动步，按下启动按钮也不能转换到顺序功能图的第 2 步 M2.0，系统不能在单步、单周期和连续工作方式工作。

从一种工作方式切换到另一种工作方式，应将有存储功能的位元件复位。工作方式较多时，应仔细考虑各种可能的情况，分别进行处理。在切换工作方式时应执行下列操作：

①当系统从自动工作方式切换到手动或自动回原位工作方式时，必须将图 7-16 中除初始步以外的各步对应的存储器位（M2.0 至 M2.7）复位，否则以后返回自动工作方式时，可能会出现同时有两个活动步的异常情况，引起错误的动作。

②在退出自动回原位工作方式时，I2.1 的常闭触点闭合。此时应将自动回原位的顺序

功能图中所有的步对应的存储器位（M1.0 至 M1.5）复位，以防止下次进入自动回原位方式时，可能会出现同时有两个活动步的异常情况。

③非连续工作方式时 I2.4 的常闭触点闭合，将表示连续工作状态的标志 M0.7 复位。

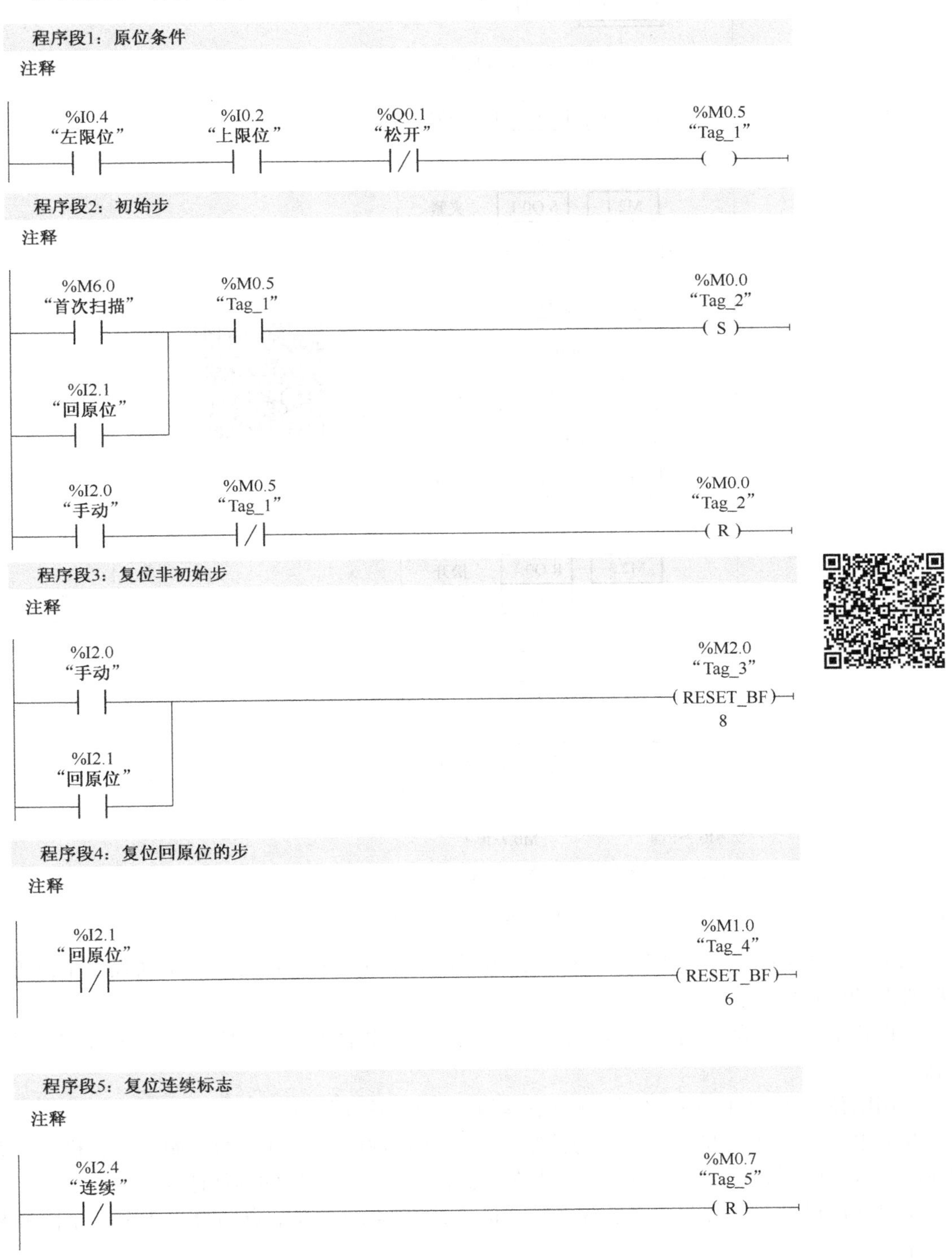

图 7-15　公用程序

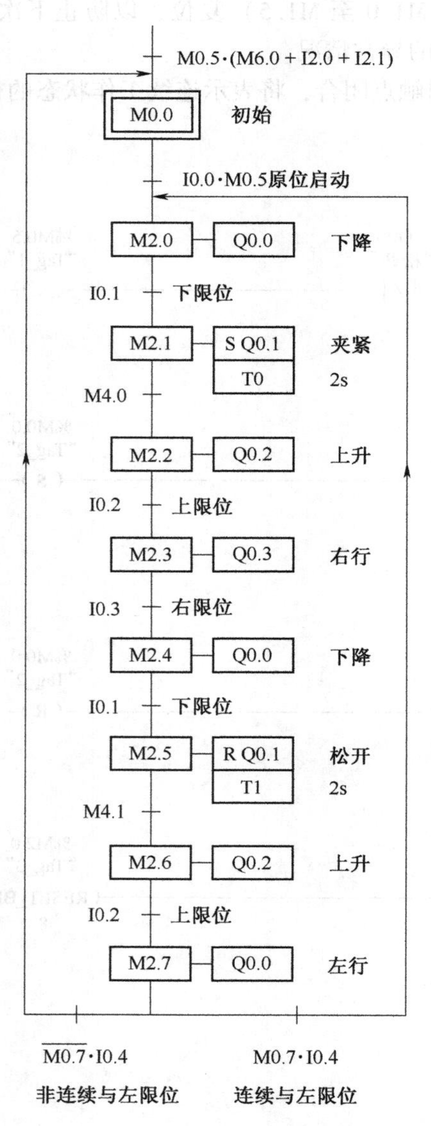

图 7-16　顺序功能图

（2）手动程序。图 7-17 是手动程序，为了保证系统的安全运行，在手动程序中设置了一些必要的联锁电路：

①设置上升与下降之间、左行和右行之间的互锁，以防止功能相反的两个输出同时为 1 状态。

②用限位开关 I0.1 至 I0.4 的常闭触点限制机械手移动的范围。

③上限位开关 I0.2 的常开触点与控制左、右行的 Q0.4 和 Q0.3 的线圈串联，机械手升到最高位置才能左右移动，以防止机械手在较低位置运行时与别的物体碰撞。

④只允许机械手在最左边或最右边时（I0.3 或 I0.4 的常开触点闭合）上升、下降和松开工作。

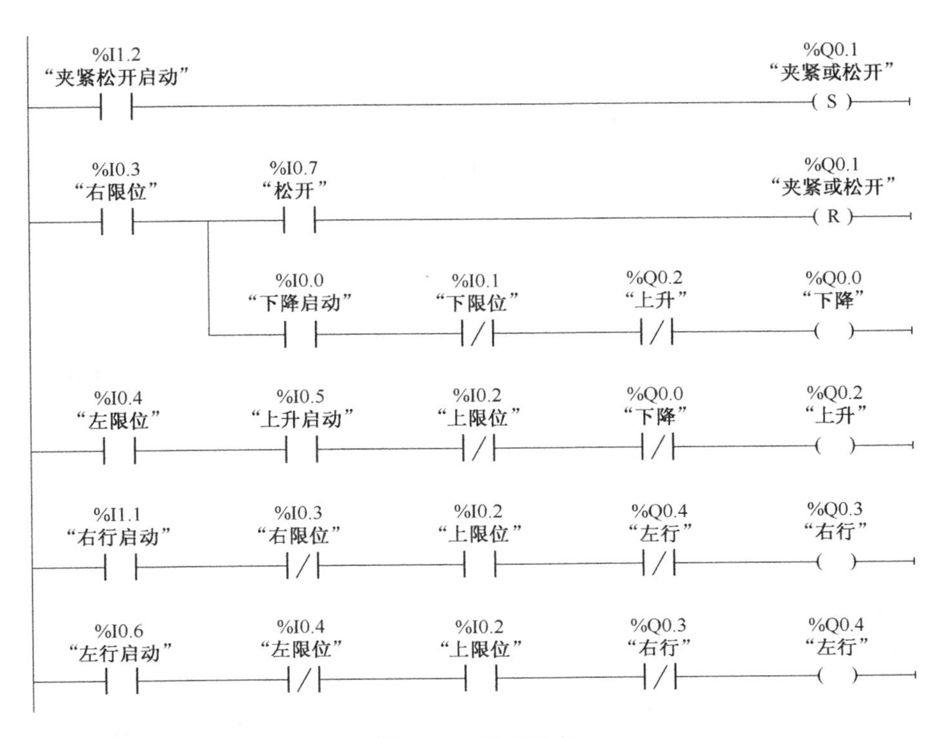

图7-17　手动程序

(3) 自动程序。图7-16是处理单周期、连续和单步工作方式的顺序功能图，最上面的转换条件与公用程序有关。图7-18是用置位、复位指令设计的自动程序。

单周期、连续和单步这3种工作方式主要是用"连续"标志M0.7和"转换允许"标志M0.6来区分的。

①单步与非单步的区分。M0.6的常开触点串接在每一个控制置位、复位操作的串联电路中，它们断开时禁止步的活动状态的转换。

系统工作在连续和单周期（非单步）工作方式时，I2.2的常闭触点接通，使M0.6为1状态，控制置位、复位电路中M0.6的常开触点接通，允许步与步之间的正常转换。

M0.6对单步方式步的活动状态的转换过程的控制见后面对单步工作方式的介绍。

②单周期与连续的区分。PLC上电后如果原点条件不满足，应首先进入单步或回原位方式，通过相应的操作使原位条件满足，公用程序使初始步M0.0为1状态，然后切换到自动方式。

在单周期和连续工作方式，I2.2（单步方式）的常闭触点闭合，M0.6的线圈"通电"，如图7-18所示，允许转换。

连续工作方式时，I2.4为1状态。在初始步为活动步时按下启动按钮I0.0，控制连续工作的M0.7的线圈"通电"并自保持。图7-18程序的第5行的M0.0、I0.0、M0.5（原位条件）和M0.6的常开触点均接通，将M2.0置位，系统进入下降步，Q0.0的线圈"通电"机械手下降。

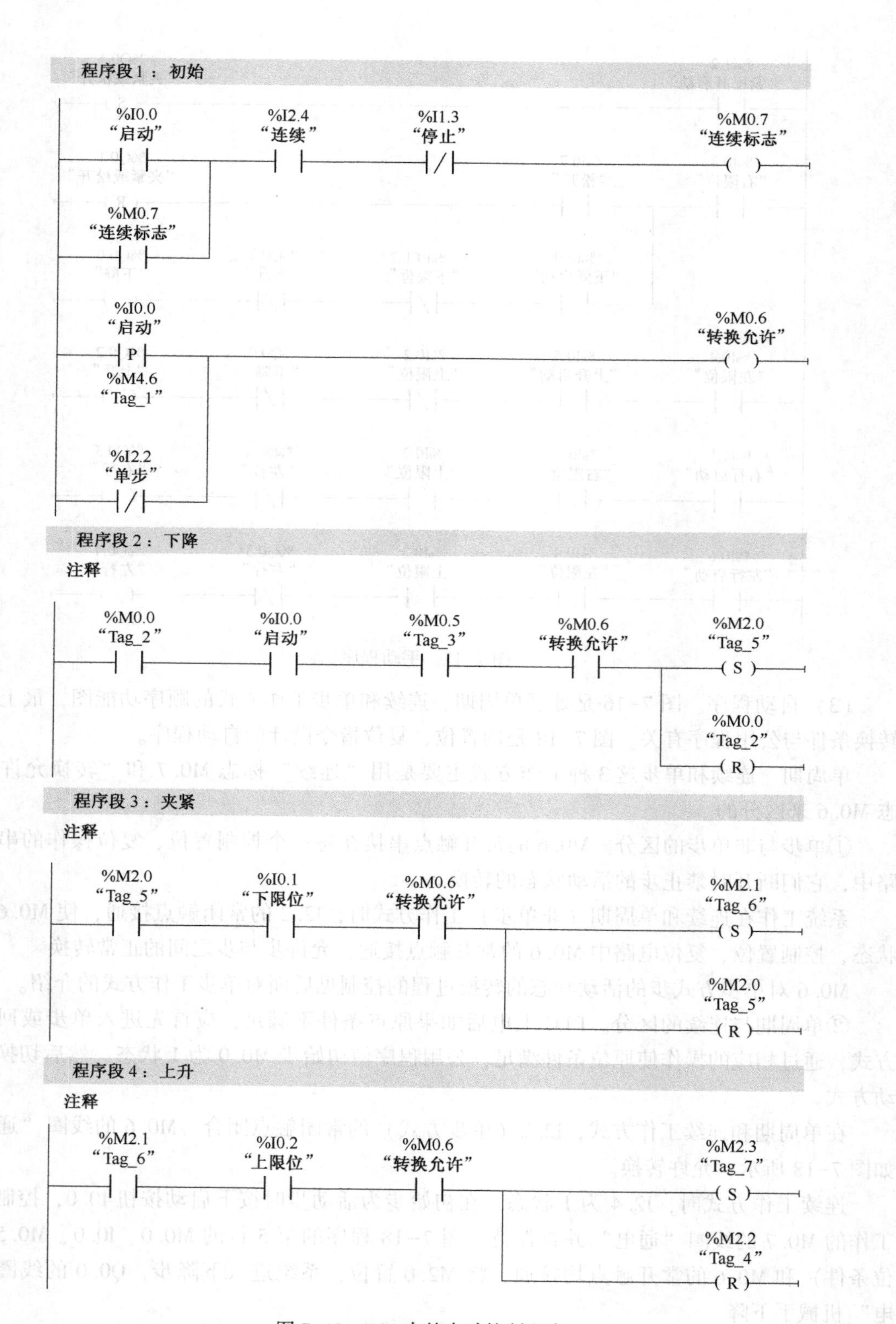

图 7-18 FC4 中的自动控制程序

程序段 5：右行

注释

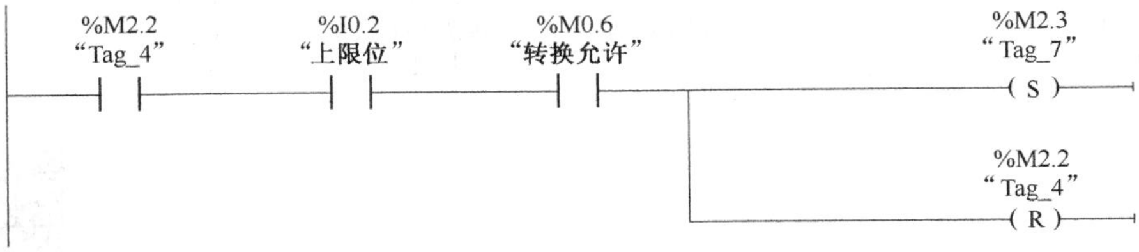

%M2.2 "Tag_4"　%I0.2 "上限位"　%M0.6 "转换允许"　%M2.3 "Tag_7" (S)　%M2.2 "Tag_4" (R)

程序段 6：下降

注释

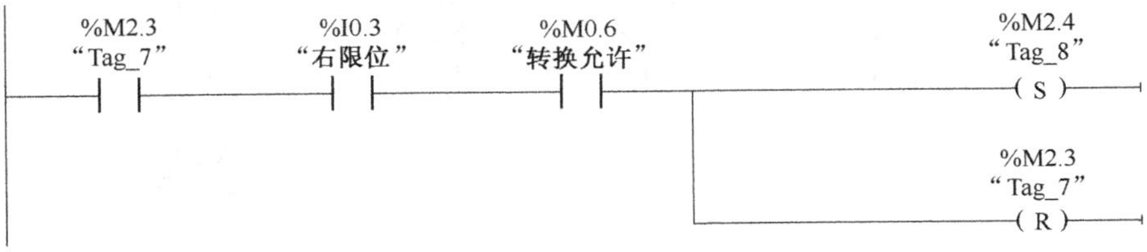

%M2.3 "Tag_7"　%I0.3 "右限位"　%M0.6 "转换允许"　%M2.4 "Tag_8" (S)　%M2.3 "Tag_7" (R)

程序段 7：松开

注释

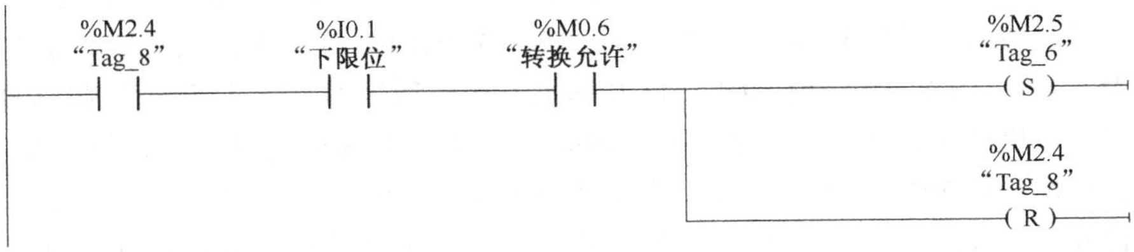

%M2.4 "Tag_8"　%I0.1 "下限位"　%M0.6 "转换允许"　%M2.5 "Tag_6" (S)　%M2.4 "Tag_8" (R)

程序段 8：上升

注释

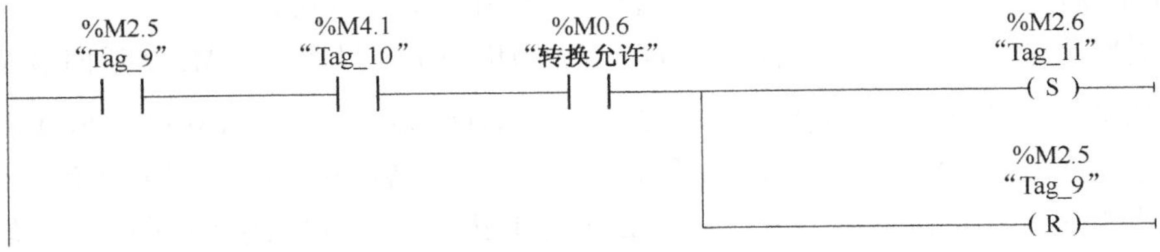

%M2.5 "Tag_9"　%M4.1 "Tag_10"　%M0.6 "转换允许"　%M2.6 "Tag_11" (S)　%M2.5 "Tag_9" (R)

程序段 9：左行

注释

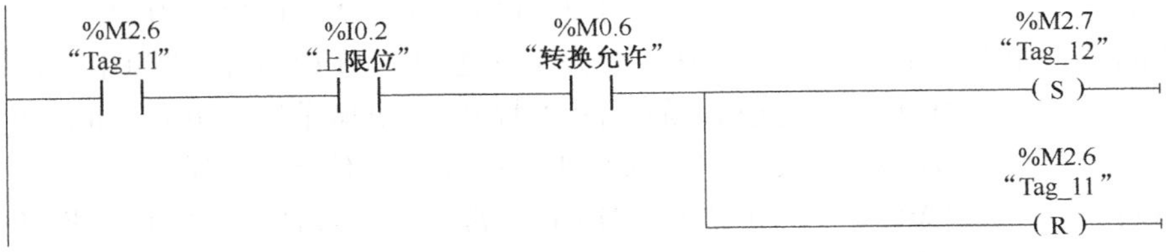

%M2.6 "Tag_11"　%I0.2 "上限位"　%M0.6 "转换允许"　%M2.7 "Tag_12" (S)　%M2.6 "Tag_11" (R)

图 7-18　FC4 中的自动控制程序（续）

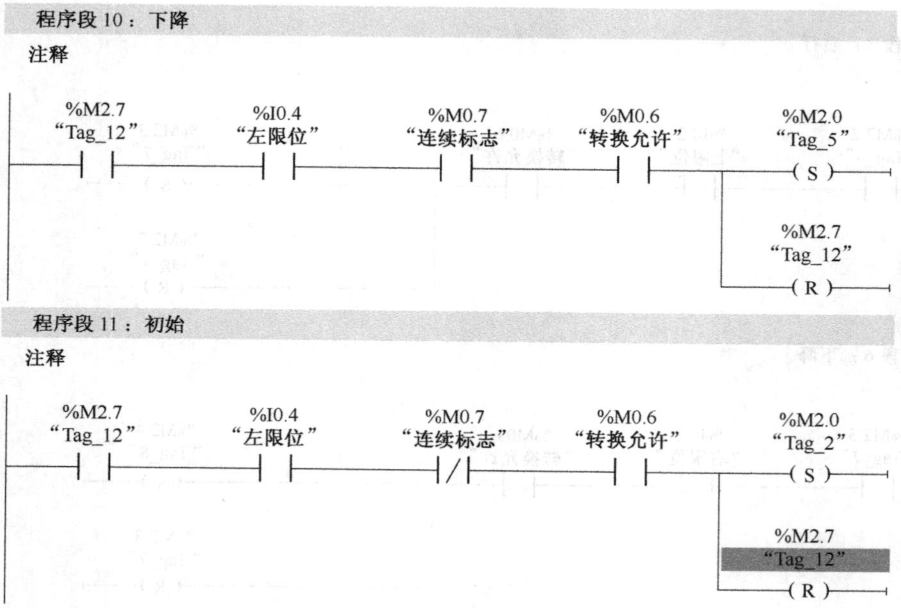

程序段 10：下降

注释

%M2.7 "Tag_12"　%I0.4 "左限位"　%M0.7 "连续标志"　%M0.6 "转换允许"　%M2.0 "Tag_5" (S)

%M2.7 "Tag_12" (R)

程序段 11：初始

注释

%M2.7 "Tag_12"　%I0.4 "左限位"　%M0.7 "连续标志"　%M0.6 "转换允许"　%M2.0 "Tag_2" (S)

%M2.7 "Tag_12" (R)

图 7-18　FC4 中的自动控制程序（续）

机械手碰到下限位开关 I0.1 时，转换到夹紧步 M2.1，Q0.1 被置位，夹紧电磁阀的线圈通电并保持。同时接通延时定时器 T0 开始定时。2s 后定时时间到，工件被夹紧，定时器 Q 输出端控制的 M4.0 变为 1 状态，转换条件 M4.0 满足，转换到步 M2.2。以后系统将这样一步一步地工作下去。当机械手在步 M2.7 返回最左边时，I0.4 为 1 状态，因为“连续”标志位 M0.7 为 1 状态，转换条件 M0.7 · I0.4 满足，系统将返回步 M2.0，反复连续地工作下去。

按下停止按钮 I1.3 以后，M0.7 变为 0 状态，但是机械手不会立即停止工作，在完成当前工作周期的全部操作后，机械手返回最左边，左限位开关 I0.4 为 1 状态，转换条件 $\overline{\text{M0.7}}$ · I0.4 满足，系统才会从步 M2.7 返回并停留在初始步 M0.0。

在单周期工作方式，M0.7 一直处于 0 状态。当机械手在最后一步 M2.7 返回最左边时，左限位开关 I0.4 为 1 状态，因为连续工作标志 M0.7 为 0 状态，转换条件 $\overline{\text{M0.7}}$ · I0.4 满足，系统才会返回并停留在初始步 M0.0，机械手停止运动。按一次启动按钮，系统只工作一个周期。

③单步工作过程。在单步工作方式，I2.2 为 1 状态，它的常闭触点断开，“转换允许”辅助继电器 M0.6 在一般情况下为 0 状态，不允许步与步之间的转换。设初始步时系统处于原位状态，M0.5 和 M0.0 为 1 状态，按下启动按钮 I0.0，M0.6 变为 1 状态，使 M2.0 的启动电路接通，系统进入下降步。在启动按钮上升沿之后，M0.6 变为 0 状态。在下降步，Q0.0 的线圈“通电”，当下限位开关 I0.1 变为 1 状态时，与 Q0.0 的线圈串联的 I0.1 的常闭触点断开，如图 7-19 所示，使 Q0.0 的线圈“断电”，机械手停止下降。I0.1 的常开触点闭合后，如果没有按启动按钮，I0.0 和 M0.6 处于 0 状态，不会转换到下一步。一直要等到按下启动按钮，I0.0 和 M0.6 变为 1 状态，M0.6 的常开触点接通，才能使转换条件 I0.1 起作用，M2.1 被置位，系统才能由步 M2.0 进入步 M2.1。以后在完成某一步的操作后，都必须按一次启动按钮，系统才能转换到下一步。

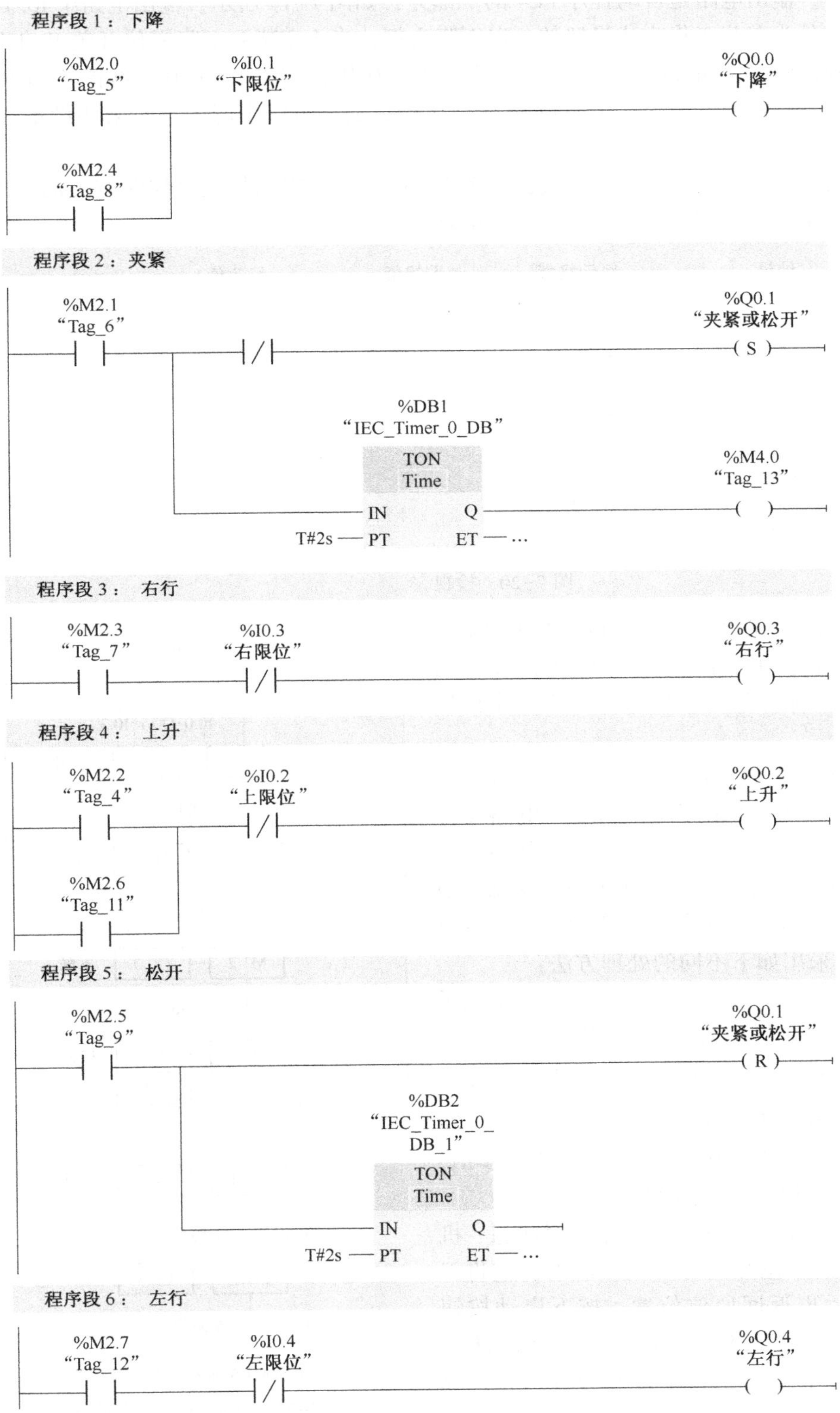

程序段 1：下降

%M2.0
"Tag_5"
%I0.1
"下限位"
%Q0.0
"下降"
%M2.4
"Tag_8"

程序段 2：夹紧

%M2.1
"Tag_6"
%Q0.1
"夹紧或松开"
S
%DB1
"IEC_Timer_0_DB"
TON
Time
IN　Q
T#2s — PT　ET — …
%M4.0
"Tag_13"

程序段 3：右行

%M2.3
"Tag_7"
%I0.3
"右限位"
%Q0.3
"右行"

程序段 4：上升

%M2.2
"Tag_4"
%I0.2
"上限位"
%Q0.2
"上升"
%M2.6
"Tag_11"

程序段 5：松开

%M2.5
"Tag_9"
%Q0.1
"夹紧或松开"
R
%DB2
"IEC_Timer_0_DB_1"
TON
Time
IN　Q
T#2s — PT　ET — …

程序段 6：左行

%M2.7
"Tag_12"
%I0.4
"左限位"
%Q0.4
"左行"

图 7-19　FC4 中的输出电路

④输出电路。输出电路是自动程序 FC4 的一部分，如图 7-19 所示，输出电路中 I0.1 至 I0.4 的常闭触点是为单步工作方式设置的。以下降为例，当小车碰到下降限位开关 I0.1 后，与下降步对应的存储器位 M2.0 或 M2.4 不会马上变为 0 状态。如果 Q0.0 的线圈不与 I0.1 的常闭触点串联，机械手不能停在下限位开关 I0.1 处，还会继续下降。对于某些设备，可能造成事故。

⑤程序的调试。在调试时可用监视表，如图 7-20 所示，监视与顺序控制有关的 MB0、MB1、MB2 和 QB0，显示模式均为二进制数（Bin）。

名称	地址	显示格式	监视值	修改值	
	%MB0	二进制			☐
	%MB2	二进制			☐
	%QB0	二进制			☐
	%MB1	二进制			☐
"手动"	%I2.0	布尔型			☐
"回原位"	%I2.1	布尔型			☐
"单步"	%I2.2	布尔型			☐
"单周期"	%I2.3	布尔型			☐
"连续"	%I2.4	布尔型			☐

图 7-20　检视表

如果仅仅是作为编程练习，可以不增加 DI 模块，在调试程序时，用监视表将 I2.0 至 I2.4 中的某一位置为 1，其他位清零，用这样的方法来设置工作方式。

（4）回原位程序。图 7-21 是自动回原位程序的顺序功能图，图 7-22 是用置位、复位电路设计的梯形图。在回原位工作方式，I2.1 为 1 状态。按下启动按钮 I0.0 时，机械手可能处于任意状态。根据机械手当时所处的位置和夹紧装置的状态，可以分为 3 种情况，采用如下不同的处理方法：

①Q0.1 为 0 状态，表示夹紧装置松开，机械手没有夹持工件，应上升和左行，直接返回原位位置。按下启动按钮 I0.0，应进入图 7-21 中的上升步 M1.4，转换条件为 $I0.0 \cdot \overline{Q0.1}$。如果机械手已经在最上面，上限位开关 I0.2 为 1 状态，进入上升步后，因为转换条件已经满足，将马上转换到左行步。

②Q0.1 为 1 状态，夹紧装置处于夹紧状态。机械手在最右边，右限位开关 I0.3 为 1 状态，应将工件搬运到 B 点后再返回原位位置。按下启动按钮 I0.0，机械手应进入下降步 M1.2，转换条件为 I0.0 · Q0.1 · I0.3，首先执行下降和松开操作，释放工件后，再返回原位位置。

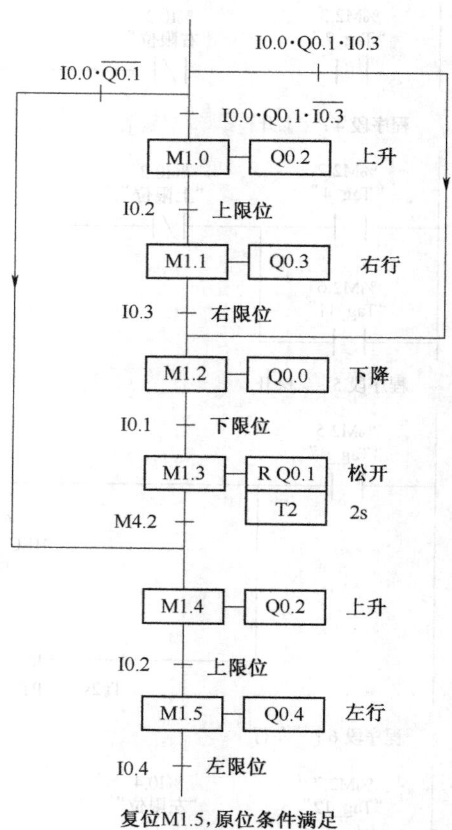

图 7-21　回原位顺序功能图

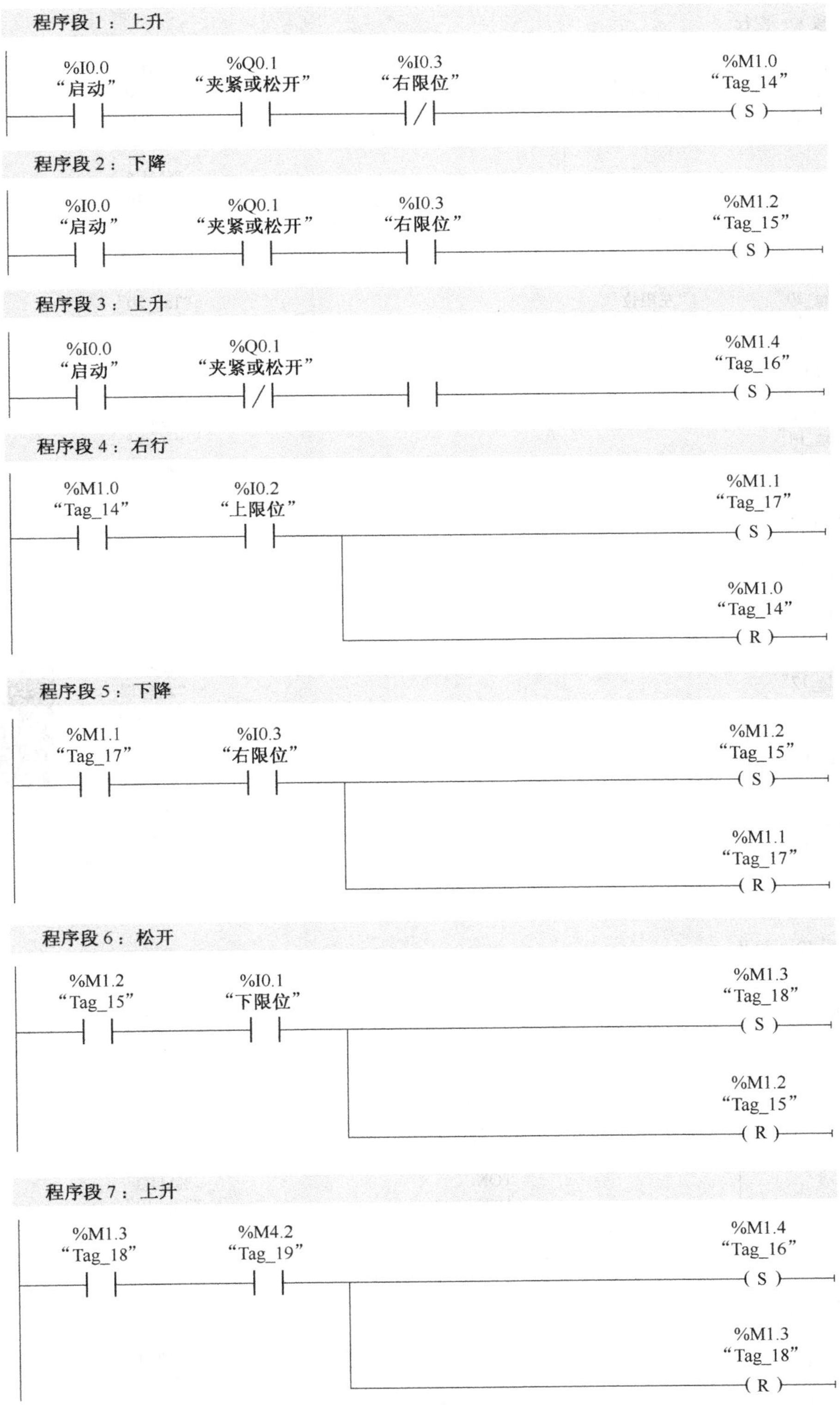

程序段 1：上升

%I0.0 “启动”　%Q0.1 “夹紧或松开”　%I0.3 “右限位”　%M1.0 “Tag_14” (S)

程序段 2：下降

%I0.0 “启动”　%Q0.1 “夹紧或松开”　%I0.3 “右限位”　%M1.2 “Tag_15” (S)

程序段 3：上升

%I0.0 “启动”　%Q0.1 “夹紧或松开”　%M1.4 “Tag_16” (S)

程序段 4：右行

%M1.0 “Tag_14”　%I0.2 “上限位”　%M1.1 “Tag_17” (S)　%M1.0 “Tag_14” (R)

程序段 5：下降

%M1.1 “Tag_17”　%I0.3 “右限位”　%M1.2 “Tag_15” (S)　%M1.1 “Tag_17” (R)

程序段 6：松开

%M1.2 “Tag_15”　%I0.1 “下限位”　%M1.3 “Tag_18” (S)　%M1.2 “Tag_15” (R)

程序段 7：上升

%M1.3 “Tag_18”　%M4.2 “Tag_19”　%M1.4 “Tag_16” (S)　%M1.3 “Tag_18” (R)

图 7-22　自动回原位的梯形图

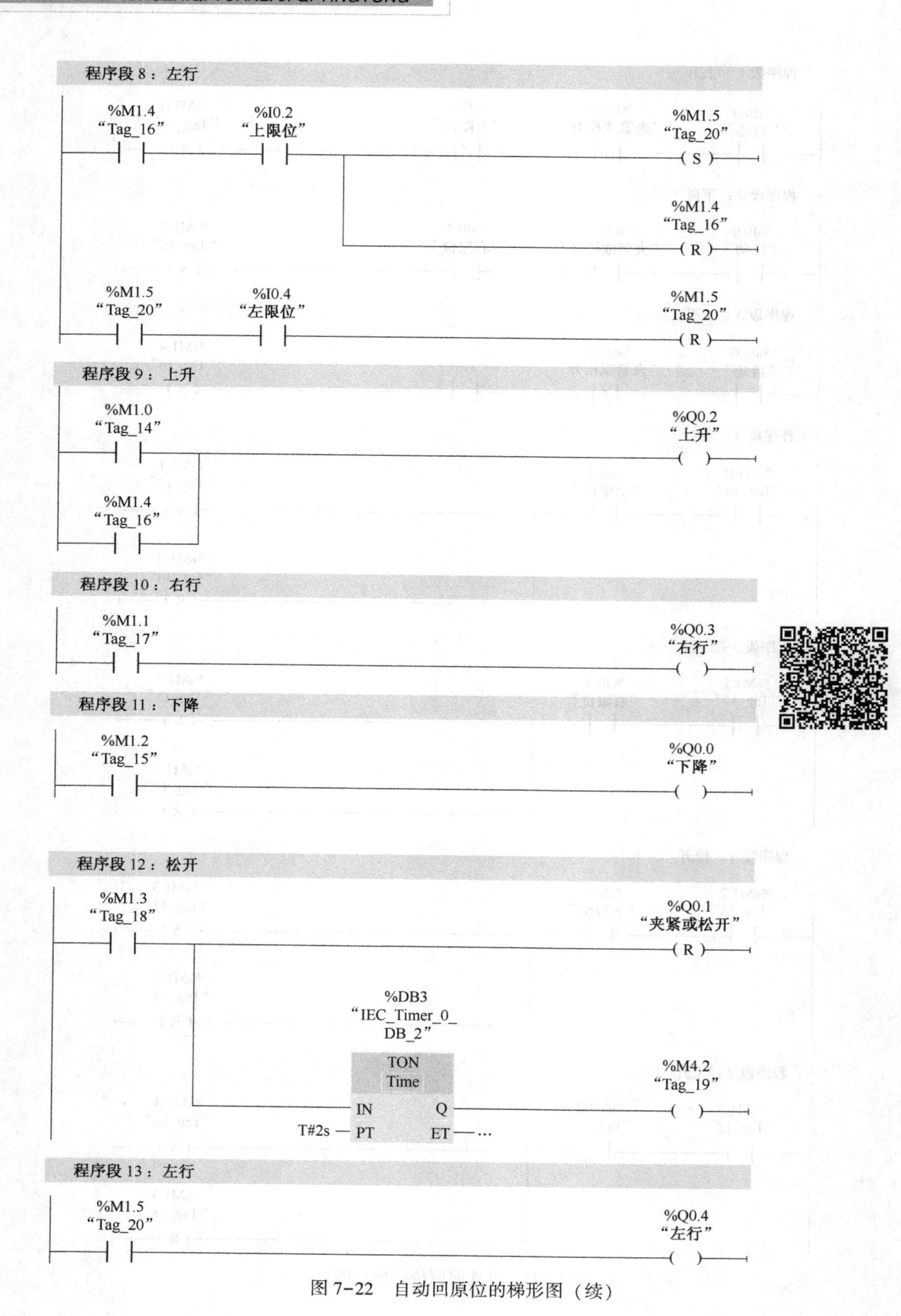

图 7-22　自动回原位的梯形图（续）

③Q0.1 为 1 状态，夹紧装置处于夹紧状态，机械手不在最右边，I0.3 为 0 状态，按下启动按钮 I0.0，应进入步 M1.0，转换条件为 $I0.0 \cdot Q0.1 \cdot \overline{I0.3}$，首先上升、右行、下降和松开工件，将工件搬运到 B 点后再返回原位位置。

机械手返回原位位置后，原位条件满足，公用程序中的原位条件标志 M0.5 为 1 状态，因为此时 I2.1 为 1 状态，图 7-16 的顺序功能图中的初始步 M0.0 在公用程序中被置位，为进入单周期、连续和单步工作方式做好了准备，因此可以认为自动程序的顺序功能图的初始步 M0.0 是步 M1.5 的后续步。

7.2.4　程序综合与模拟调试

由于在分部分程序设计时已经考虑各部分之间的相互关系，因此只要将公用程序、手动程序、自动程序和回原位程序按照机械手程序总体结构综合起来即为机械手控制系统的 PLC 程序。

模拟调试时，各部分程序可先分别调试，然后再进行全部程序的调试，也可直接进行全部程序的调试。

7.3　提高 PLC 控制系统可靠性的措施

虽然 PLC 具有很高的可靠性，并且有很强的抗干扰能力，但在过于恶劣的环境或安装使用不当等情况下，都有可能引起 PLC 内部信息的破坏而导致控制混乱，甚至造成内部元件损坏。为了提高 PLC 系统运行的可靠性，使用时应注意以下几个方面的问题。

7.3.1　适合的工作环境

1. 环境温度适宜

各生产厂家对 PLC 的环境温度都有一定的规定。通常 PLC 允许的环境温度约在 0～55 ℃。因此，安装时不要把发热量大的元件放在 PLC 的下方。PLC 四周要有足够的通风散热空间，不要把 PLC 安装在阳光直接照射或离暖气、加热器、大功率电源等发热器件很近的场所。安装 PLC 的控制柜最好有通风的百叶窗，如果控制柜温度太高，应该在柜内安装风扇强迫通风。

2. 环境湿度适宜

PLC 工作环境的空气相对湿度一般要求小于 85%，以保证 PLC 的绝缘性能。湿度太大也会影响模拟量输入/输出装置的精度。因此，不能将 PLC 安装在结露水、雨淋的场所。

3. 注意环境污染

不宜把 PLC 安装在有大量污染物（如灰尘、油烟、铁粉等）、腐蚀性气体和可燃性气体的场所，尤其是有腐蚀性气体的地方，易造成元件及印刷线路板的腐蚀。如果只能安装在这种场所，在温度允许的条件下，可以将 PLC 封闭，或将 PLC 安装在密闭性较高的控制室内，并安装空气净化装置。

4. 远离振动和冲击源

安装 PLC 的控制柜应当远离有强烈振动和冲击的场所，尤其是连续、频繁的振动。必要时可以采取相应措施来减轻振动和冲击的影响，以免造成接线或插件的松动。

5. 远离强干扰源

PLC 应远离强干扰源，如大功率晶闸管装置、高频设备和大型动力设备等，同时 PLC 还应该远离强电磁场和强放射源，以及易产生强静电的地方。

7.3.2 合理的安装与布线

1. 注意电源安装

电源是外部干扰进入 PLC 的主要途径。PLC 系统的电源有两类：外部电源和内部电源。

外部电源是用来驱动 PLC 输出设备（负载）和提供输入信号的，又称用户电源，同一台 PLC 的外部电源可能有多种规格。外部电源的容量与性能由输出设备和 PLC 的输入电路决定。由于 PLC 的 I/O 电路都具有滤波、隔离功能，所以外部电源对 PLC 性能影响不大。因此，对外部电源的要求不高。

内部电源是 PLC 的工作电源，即 PLC 内部电路的工作电源。它的性能好坏直接影响到 PLC 的可靠性。因此，为了保证 PLC 的正常工作，对内部电源有较高的要求。一般 PLC 的内部电源都采用开关式稳压电源或原边带低通滤波器的稳压电源。

在干扰较强或可靠性要求较高的场合，应该用带屏蔽层的隔离变压器，对 PLC 系统供电。还可以在隔离变压器二次侧串接 LC 滤波电路。同时，在安装时还应注意以下问题：

（1）隔离变压器与 PLC 和 I/O 电源之间最好采用双绞线连接，以控制串模干扰。

（2）系统的动力线应足够粗，以降低大容量设备启动时引起的线路压降。

（3）PLC 输入电路用外接直流电源时，最好采用稳压电源，以保证正确的输入信号。否则可能使 PLC 接收到错误的信号。

2. 远离高压

PLC 不能在高压电器和高压电源线附近安装，更不能与高压电器安装在同一个控制柜内。在控制柜内，PLC 应远离高压电源线，二者间距离应大于 200 mm。

3. 合理的布线

合理布线要注意以下几点：

（1）I/O 线、动力线及其他控制线应分开走线，尽量不要在同一线槽中布线。

（2）交流线与直流线、输入线与输出线最好分开走线。

（3）开关量与模拟量的 I/O 线最好分开走线，对于传送模拟量信号的 I/O 线最好用屏蔽线，且屏蔽线的屏蔽层应一端接地。

（4）PLC 的基本单元与扩展单元之间电缆传送的信号小、频率高，很容易受干扰，不能与其他的连线敷埋在同一线槽内。

（5）PLC 的 I/O 回路配线，必须使用压接端子或单股线，不宜用多股绞合线直接与 PLC 的接线端子连接，否则容易出现火花。

（6）与 PLC 安装在同一控制柜内但不是由 PLC 控制的感性元件，也应并联 RC 或二极管消弧电路。

7.3.3 正确接地

正确接地是 PLC 安全可靠运行的重要条件。为了抑制干扰，PLC 一般最好单独接地，与其他设备分别使用各自的接地装置，如图 7-23（a）所示。也可以采用公共接地，如图 7-23（b）所示。但禁止使用如图 7-23（c）所示的串联接地方式，因为这种接地方式会产生 PLC 与设备之间的电位差。

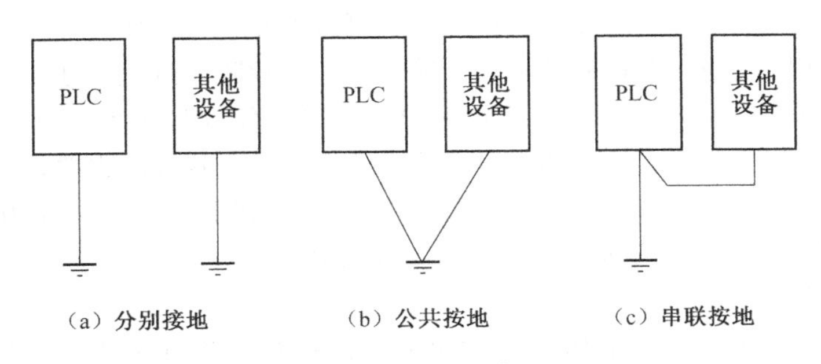

图 7-23　PLC 的接地

PLC 的接地线应尽量短，使接地点尽量靠近 PLC。同时，接地电阻要小于 100Ω，接地线的截面应大于 2 mm^2。

另外，PLC 的 CPU 单元必须接地，若使用了 I/O 扩展单元等，则 CPU 单元应与它们具有共同的接地体，而且从任一单元的保护接地端到地的电阻都不能大于 100 Ω。

7.3.4　必需的安全保护环节

1. 短路保护

当 PLC 输出设备短路时，为了避免 PLC 内部输出元件损坏，应该在 PLC 外部输出回路中装上熔断器，进行短路保护。最好在每个负载的回路中都装上熔断器。

2. 互锁与联锁措施

除在程序中保证电路的互锁关系，PLC 外部接线中还应该采取硬件的互锁措施，以确保系统安全可靠地运行，如电动机正、反转控制，要利用接触器 KM_1、KM_2 常闭触点在 PLC 外部进行互锁。在不同电动机或电器之间有联锁要求时，最好也在 PLC 外部进行硬件联锁。采用 PLC 外部的硬件进行互锁与联锁，这是 PLC 控制系统中常用的做法。

3. 失压保护与紧急停车措施

PLC 外部负载的供电线路应具有失压保护措施，当临时停电再恢复供电时，不按下“启动”按钮，PLC 的外部负载就不能自行启动。这种接线方法的另一个作用是，当特殊情况下需要紧急停机时，按下“停止”按钮就可以切断负载电源，而与 PLC 毫无关系。

7.3.5　必要的软件措施

有时硬件措施不一定能完全消除干扰的影响，采用一定的软件措施加以配合，对提高 PLC 控制系统的抗干扰能力和可靠性起到很好的作用。

1. 消除开关量输入抖动信号

在实际应用中，有些开关输入信号接通时，由于外界的干扰而出现信号时通时断的“抖动”现象。这种现象在继电器系统中由于继电器的电磁惯性一般不会造成什么影响，但在 PLC 系统中，由于 PLC 扫描工作的速度快，扫描周期比实际继电器的动作时间短得多，所以抖动信号就可能被 PLC 检测到，从而造成错误的结果。因此，必须对某些“抖动”信号进行处理，以保证系统正常工作。

2. 故障的检测与诊断

PLC 的可靠性很高，因其本身有很完善的自诊断功能。如果 PLC 出现故障，借助其自诊断程序可以方便地找到故障的原因，排除后就可以恢复正常工作。

大量的工程实践表明，PLC 外部输入、输出设备的故障率远远高于 PLC 本身的故障率，而这些设备出现故障后，PLC 一般不能觉察出来，可能使故障扩大，直至强电保护装置动作后才停机，有时甚至会造成设备和人身事故。停机后，查找故障也要花费很多时间。为了及时发现故障，在没有酿成事故之前应该使 PLC 自动停机和报警。为了方便查找故障，提高维修效率，可用 PLC 程序实现故障的自诊断和自处理。

3. 消除预知干扰

某些干扰是可以预知的，如 PLC 的输出命令使执行机构（如大功率电动机、电磁铁）动作，常常会伴随产生火花、电弧等干扰信号，这些干扰信号可能使 PLC 接收到错误的信息。在容易产生这些干扰的时间内，可用软件封锁 PLC 的某些输入信号，在干扰易发期过去后，再取消封锁。

7.3.6 采用冗余系统或热备用系统

某些领域的控制系统（如化工、造纸、冶金、核电站等）的控制系统要求有极高的可靠性，如果控制系统出现故障，由此引起停产或设备损坏将造成极大的经济损失。因此，仅仅通过提高 PLC 控制系统的自身可靠性是满足不了要求的。在这种要求极高可靠性的大型系统中，常采用冗余系统或热备用系统来有效地解决上述问题。

1. 冗余系统

所谓冗余系统是指系统中有多余的部分，没有它系统照样工作，但在系统出现故障时，这多余的部分能立即替代故障部分而使系统继续正常运行。冗余系统一般是在控制系统中最重要的部分（如 CPU 模块），由两套相同的硬件组成，当某一套出现故障立即由另一套来控制。是否使用两套相同的 I/O 模块，取决于系统对可靠性的要求程度。

2. 热备用系统

热备用系统的结构较冗余系统简单，虽然也有两个 CPU 模块在同时运行一个程序，但没有冗余处理单元 RPU。系统两个 CPU 模块的切换，是由主 CPU 模块通过通信口与备用 CPU 模块进行通信来完成的。

7.4 PLC 控制系统的维护和故障诊断

7.4.1 PLC 控制系统的维护

PLC 的可靠性很高，但环境的影响及内部元件的老化等因素，也会造成 PLC 不能正常工作。如果等到 PLC 报警或故障发生后再去检查、修理，总归是被动的。如果能经常定期地做好维护、检修，就可以做到系统始终工作在最佳状态下。因此，定期检修与做好日常维护是非常重要的。一般情况下检修时间以每 6 个月至一年 1 次为宜，当外部环境条件较差时，可根据具体情况缩短检修间隔时间。

PLC 日常维护的检修项目和内容如表 7-1 所示。

表 7-1　PLC 日常维护的检修项目和内容

序号	检修项目	检修内容
1	供电电源	在电源端子处测电压变化是否在标准范围内
2	外部环境	环境温度（控制柜内）是否在规定范围 环境湿度（控制柜内）是否在规定范围 积尘情况（一般不能积尘）
3	输入、输出电源	在输入、输出端子处测电压变化是否在标准范围内
4	安装状态	各单元是否可靠固定、有无松动 连接电缆的连接器是否完全插入旋紧 外部配件的螺钉是否松动
5	寿命元件	锂电池寿命等

7.4.2　PLC 的故障诊断

任何 PLC 都具有自诊断功能，当 PLC 异常时，应该充分利用其自诊断功能以分析故障原因。一般当 PLC 发生异常时，首先请检查电源电压、PLC 及 I/O 端子的螺丝和接插件是否松动，以及有无其他异常。然后再根据 PLC 基本单元上设置的各种 LED 的指示灯状况，以检查 PLC 自身和外部有无异常。

CPU 单元的故障状态一般可以分为 4 种：CPU 发生异常、CPU 待机、发生致命错误和非致命错误。

CPU 发生异常时，CPU 单元发生监视定时器异常，CPU 单元不能动作、停止运行。CPU 处于待机状态时，不具备开始运行的条件，故待机。CPU 发生致命错误时，由于发生重大的问题，故不能继续运行，停止运行。CPU 发生非致命错误时，发生轻微问题，继续运行。

1. 总体检查

总体检查用于判断故障的大致范围，为进一步详细检查做前期工作，总体检查流程如图 7-24 所示。

2. 电源检查

如果在总体检查中发现电源指示灯不亮，则需要进行电源检查。可以考虑电源和 CPU 单元的额定值是否一致，确认是否是布线上的问题或者是 CPU 单元的故障。具体操作如下：

（1）确认 CPU 单元额定值，提供符合额定值的电源。

（2）确认是否有布线错误、断线等问题。

（3）确认 CPU 单元的电源端子的电压，如果电压正常而 POWER LED 灯不亮，可考虑是 CPU 单元的故障，此时更换 CPU 单元。

3. 致命错误检查

当出现严重错误时，PLC 将停止工作。此时，如果电源指示灯能亮，则可按图 7-25 所示流程检查系统错误。

4. 非致命错误的检查

在出现非致命错误时，虽然 PLC 仍会继续运行，但是应尽快查出错误原因加以排除，以保证 PLC 的正常运行。可在必要时停止 PLC 操作以排除某些非致命错误。

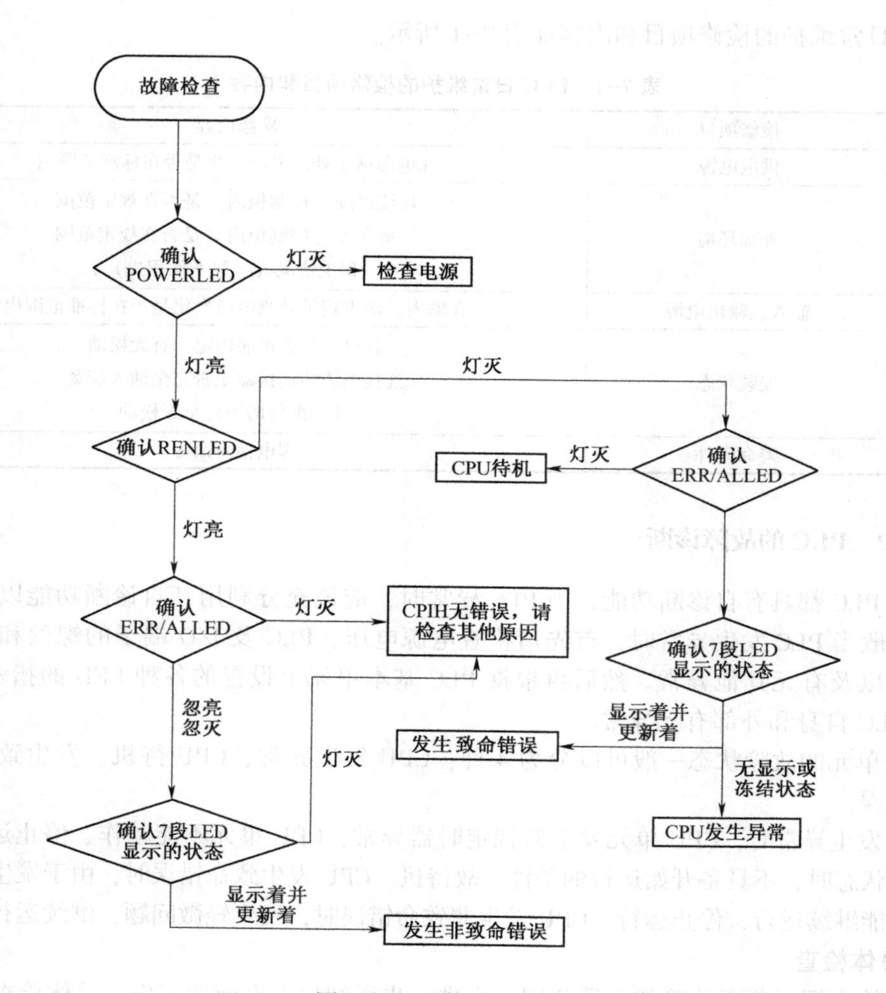

图 7-24 总体检查流程

5. 利用 S7-1200 的诊断缓冲区检测

S7-1200 的诊断缓冲区是 CPU 系统存储器的一部分，诊断缓冲区中记录了由 CPU 或者具有诊断功能的模块所检测到的事件或错误等。下面通过一个诊断事例来演示通过诊断缓冲区查看 CPU 停机原因的方法。在主程序 OB1 中，编写一段数据传送程序，将 23 送给数据块 DB1 中的 DBW0，保存项目并将 OB1 下载。

在项目视图的项目树中，双击 PLC 站下的“在线和诊断”即可打开“在线诊断”对话框，单击工具栏中的“转到在线”按钮，进入“在线连接状态”，选择“在线工具”中的“操作圆面板”，单击其中的“运行”按钮，因为我们未装载数据块 DB1，可以发现 CPU 无法运行而处于停止状态。单击“诊断缓冲区”，查看诊断缓冲区的内容，可以看到最近发生的事件。事件 1 提示的是“启动信息”，事件 2 提示的是“未装载 DB1”，这样就可以查找到导致 CPU 无法运行的原因。在同一时刻，诊断缓冲区记录了多个事件，要综合这些事件信息对 CPU 停机的原因进行分析和判断，选中某一提示事件时，单击“打开块”按钮，则可直接打开出错的块，如图 7-26 所示。

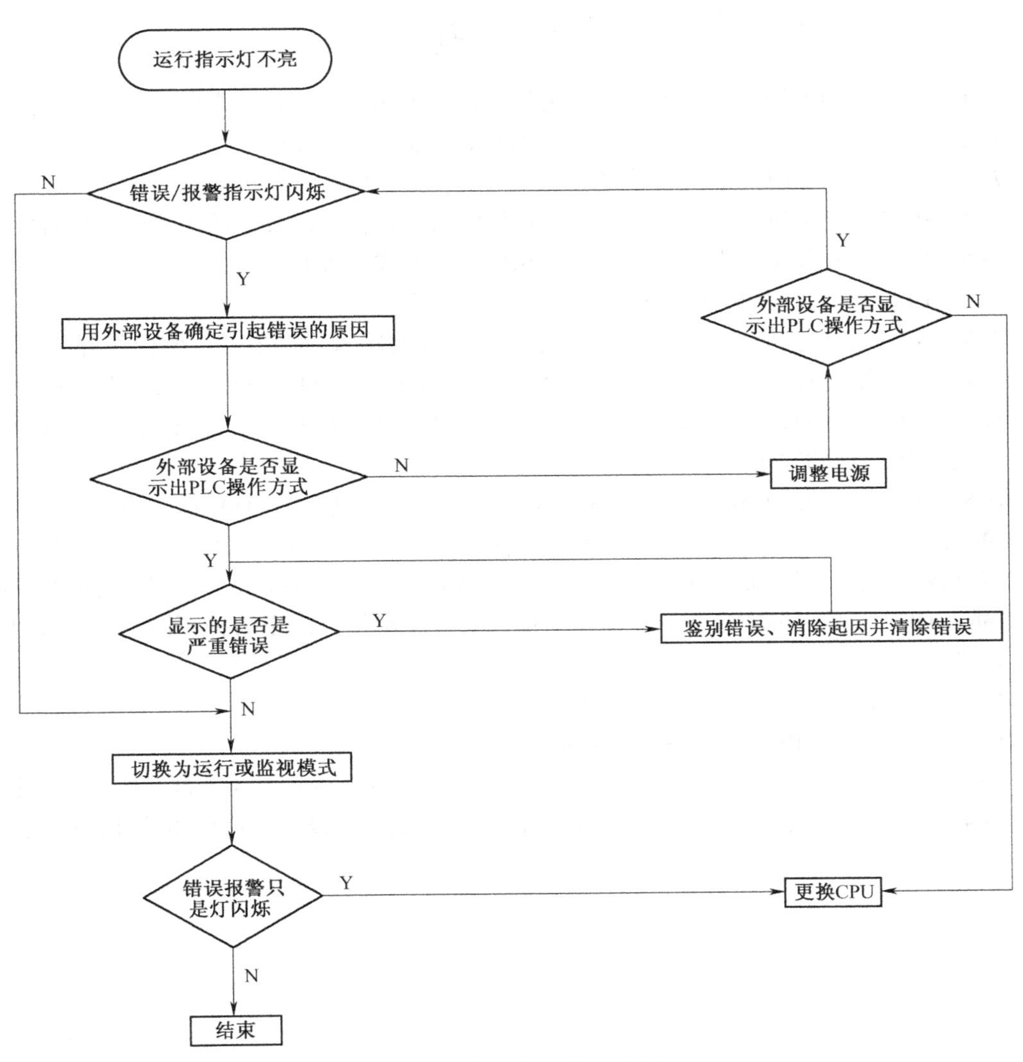

图 7-25　致命错误检查流程

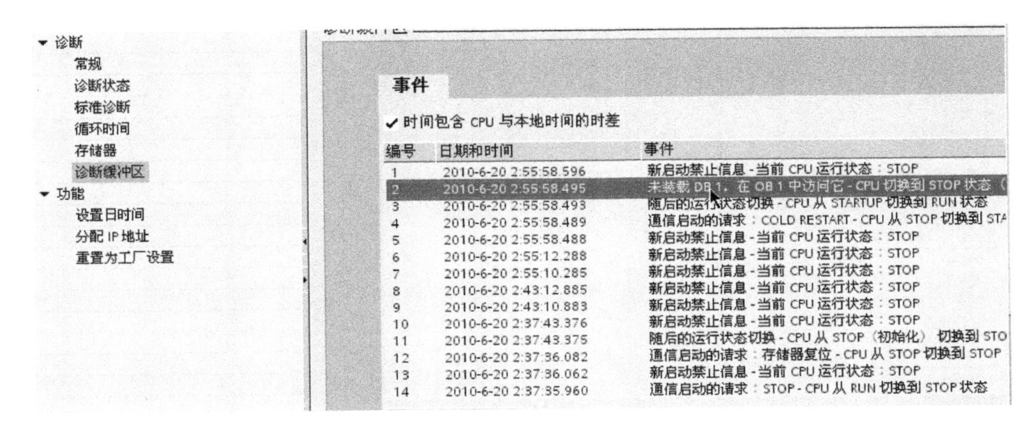

图 7-26　诊断缓冲区事件

习　题

7-1　PLC 控制系统与继电器控制系统的设计过程相比，有何特点？

7-2　在什么情况下需要将 PLC 的用户程序固化到 EPROM 中？

7-3　选择 PLC 的主要依据是什么？

7-4　PLC 的开关量输入单元一般有哪几种输入方式？它们分别适用于什么场合？

7-5　PLC 的开关量输出单元一般有哪几种输出方式？各有什么特点？

7-6　PLC 输入和输出有哪几种接线方式？为什么？

7-7　某系统有自动和手动两种工作方式。现场的输入设备有：6 个行程开关（SQ_1～SQ_6）和 2 个按钮（SB_1～SB_2）仅供自动时使用；6 个按钮（SB_3～SB_8）仅供手动时使用；3 个行程开关（SQ_7～SQ_9）为自动、手动共用。是否可以使用一台输入只有 12 点的 PLC？若可以，试画出 PLC 的输入接线图。

7-8　用一个按钮（I0.1）来控制三个输出（Q0.1、Q0.2、Q0.3）。当 Q0.1、Q0.2、Q0.3 都为 OFF（断开）时，按一下 I0.1，Q0.1 为 ON（接通），再按一下 I0.1，Q0.1、Q0.2 为 ON，再按一下 I0.1，Q0.1、Q0.2、Q0.3 都为 ON，再按 I0.1，回到 Q0.1、Q0.2、Q0.3 都为 OFF 状态。再操作 I0.1，输出又按以上顺序动作。试用两种不同的程序设计方法设计其梯形图程序。

7-9　PLC 控制系统安装布线时应注意哪些问题？

7-10　如何提高 PLC 控制系统的可靠性？

7-11　设计一个可用于四支比赛队伍的抢答器。系统至少需要 4 个抢答按钮、1 个复位按钮和 4 个指示灯。试试画出该系统的 PLC 的 I/O 接线图、设计出梯形图并加以调试。

第8章 可编程序控制器通信与网络技术

近年来，工厂自动化网络得到了迅速的发展，相当多的企业已经在大量地使用可编程序控制设备，如PLC、工业控制计算机、变频器、机器人、柔性制造系统等。将不同厂家生产的这些设备连在一个网络上，相互之间进行数据通信，由企业集中管理，已经是很多企业必须考虑的问题。本章主要介绍有关PLC的通信与工厂自动化通信网络方面的基础知识。

8.1 PLC通信

8.1.1 PLC通信概述

当任意两台设备之间有信息交换时，它们之间就产生了通信。PLC通信是指PLC与PLC、PLC与计算机、PLC与现场设备或远程I/O之间的信息交换。

PLC通信的任务就是将地理位置不同的PLC、计算机、各种现场设备等，通过通信介质连接起来，按照规定的通信协议，以某种特定的通信方式高效率地完成数据的传送、交换和处理。PLC通信涉及通信方式、通信介质、常用的通信接口及通信标准等内容。

1. 通信方式

1）并行通信与串行通信

数据通信主要有并行通信和串行通信两种方式。

并行通信是以字节或字为单位的数据传输方式，除了8根或16根数据线、一根公共线外，还需要数据通信联络用的控制线。并行通信的传送速度快，但是传输线的根数多，成本高，一般用于近距离的数据传送。并行通信一般用于PLC的内部，如PLC内部元件之间、PLC主机与扩展模块之间或近距离智能模块之间的数据通信。

串行通信是以二进制的位（bit）为单位的数据传输方式，每次只传送一位，除了地线外，在一个数据传输方向上只需要一根数据线，这根线既作为数据线又作为通信联络控制线，数据和联络信号在这根线上按位进行传送。串行通信需要的信号线少，最少的只需要两根线，适用于距离较远的场合。计算机和PLC都备有通用的串行通信接口，工业控制中一般使用串行通信。串行通信多用于PLC与计算机之间、多台PLC之间的数据通信。

2）单工通信与双工通信

串行通信按信息在设备间的传送方向又分为单工、双工两种方式。

单工通信方式只能沿单一方向发送或接收数据。双工通信方式信息可沿两个方向传送，每一个站既可以发送数据，也可以接收数据。

双工方式又分为全双工和半双工两种方式。数据的发送和接收分别由两根或两组不同的数据线传送，通信的双方都能在同一时刻接收和发送信息，这种传送方式称为全双工方式。用同一根线或同一组线接收和发送数据，通信的双方在同一时刻只能发送数据或接收数据，这种传送方式称为半双工方式。在 PLC 通信中常采用半双工和全双工通信。

3）异步通信与同步通信

在串行通信中，通信的速率与时钟脉冲有关，接收方和发送方的传送速率应相同，但是实际的发送速率与接收速率之间总是有一些微小的差别，如果不采取一定的措施，在连续传送大量的信息时，将会因积累误差造成错位，使接收方收到错误的信息。为了解决这一问题，需要使发送和接收同步。按同步方式的不同，可将串行通信分为异步通信和同步通信。

异步通信发送的数据字符由 1 个起始位、7~8 个数据位、1 个奇偶校验位（可以没有）和停止位（1 位、1.5 位或 2 位）组成。通信双方需要对所采用的信息格式和数据的传输速率作相同的约定。接收方检测到停止位和起始位之间的下降沿后，将它作为接收的起始点，在每一位的中点接收信息。由于一个字符中包含的位数不多，即使发送方和接收方的收发频率略有不同，也不会因两台机器之间的时钟周期的误差积累而导致错位。异步通信传送附加的非有效信息较多，它的传输效率较低，对于低速通信，PLC 一般使用异步通信。

同步通信以字节为单位（一个字节由 8 位二进制数组成），每次传送 1~2 个同步字符、若干个数据字节和校验字符。同步字符起联络作用，用它来通知接收方开始接收数据。在同步通信中，发送方和接收方要保持完全的同步，这意味着发送方和接收方应使用同一时钟脉冲。在近距离通信时，可以在传输线中设置一根时钟信号线。在远距离通信时，可以在数据流中提取出同步信号，使接收方得到与发送方完全相同的接收时钟信号。由于同步通信方式不需要在每个数据字符中加起始位、停止位和奇偶校验位，只需要在数据块（往往很长）之前加一两个同步字符，所以传输效率高，但是对硬件的要求较高，一般用于高速通信。

4）基带传输与频带传输

基带传输是按照数字信号原有的波形（以脉冲形式）在信道上直接传输，它要求信道具有较宽的通频带。基带传输不需要调制解调，设备花费少，适用于较小范围的数据传输。基带传输时，通常对数字信号进行一定的编码，常用数据编码方法有非归零码（NRZ）、曼彻斯特编码和差动曼彻斯特编码等。后两种编码不含直流分量，包含时钟脉冲，便于双方自同步，所以应用广泛。

频带传输是一种采用调制解调技术的传输形式。发送端采用调制手段，对数字信号进行某种变换，将代表数据的二进制数 1 和 0，变换成具有一定频带范围的模拟信号，以适应在模拟信道上传输；接收端通过解调手段进行相反变换，把模拟的调制信号复原为 1 或 0。常用的调制方法有频率调制、振幅调制和相位调制。具有调制、解调功能的装置称为调制解调器，即 Modem。频带传输较复杂，传送距离较远，若通过市话系统配备 Modem，则传送距离可不受限制。

在 PLC 通信中，基带传输和频带传输两种传输形式都有采用，但多采用基带传输。

2. 通信介质

通信介质就是在通信系统中位于发送端与接收端之间的物理通路。通信介质一般可分为导向性和非导向性介质两种。导向性介质有双绞线、同轴电缆和光纤等，这种介质将引导信号的传播方向；非导向性介质一般通过空气传播信号，它不为信号引导传播方向，如短波、微波和红外线通信等。

3. 常用通信接口

PLC 通信主要采用串行异步通信，其常用的串行通信接口标准有 RS-232C、RS-422A 和 RS-485 等。

1）RS-232C

RS-232C 是美国电子工业协会（Electronic Industry Association，EIA）于 1969 年公布的串行通信接口标准，该标准定义了数据终端设备（DTE）和数据通信设备（DCE）之间按位串行传输的接口信息，合理安排了接口的电气信号和机械要求，是目前计算机与 PLC 中最常用的一种串行通信接口。

由于 RS-232C 并未定义连接器的物理特性，所以出现了 DB-9、DB-15 和 DB-25 等各种类型的连接器，其引脚的定义也各不相同。RS-232C 一般使用 9 针和 25 针 DB 型连接器，表 8-1 列出了 RS-232C 接口各引脚信号的定义以及 9 针与 25 针引脚的对应关系。PLC 一般使用 9 针连接器。如图 8-1 所示为 RS-232C 连接器与 PLC 的连接图。

表 8-1　RS-232C 接口引脚信号的定义

引脚号（9 针）	信号	功能说明	引脚号（25 针）	信号	功能说明
1	DCD	数据载波检测	8	DCD	数据载波检测
2	RXD	接收数据	3	RXD	接收数据
3	TXD	发送数据	2	TXD	发送数据
4	DTR	数据终端准备	20	DTR	数据终端准备
5	GND	信号地	7	GND	信号地
6	DSR	数据设备准备好	6	DSR	数据设备准备好
7	RTS	请求发送	4	RTS	请求发送
8	CTS	清除发送	5	CTS	清除发送
9	CI	振铃指示	22	CI	振铃指示

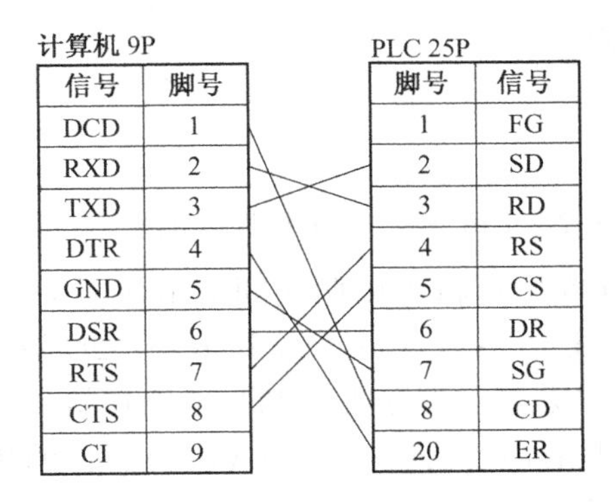

（a）计算机与PLC的连接　（b）9芯对25芯连接

图 8-1　RS-232C 接口连接图

RS-232C 使用单端驱动、单端接收的电路，容易受到公共地线上的电位差和外部引入的干扰信号的影响，同时存在以下不足之处：

（1）传输距离短，最大通信距离为 15 m。

（2）传输速率较低，最高传输速率为 20 kb/s。

（3）接口的信号电平值较高，易损坏接口电路的芯片，与 TTL 电平不兼容。

2）RS-422A

针对 RS-232C 的不足，EIA 于 1977 年推出了串口通信标准 RS-499，对 RS-232C 的电气特性作了改进，RS-422A 是 RS-499 的子集。

由于 RS-422A 采用平衡驱动、差分接收电路（见图 8-2），从根本上取消了信号地线，大大减少了地电平所带来的共模干扰。平衡驱动器相当于两个单端驱动器，其输入信号相同，两个输出信号互为反相信号，图中的小圆圈表示反相。外部输入的干扰信号是以共模方式出现的，两极传输线上的共模干扰信号相同，因接收器是差分输入，共模信号可以互相抵消。只要接收器有足够的抗共模干扰能力，就能从干扰信号中识别出驱动器输出的有用信号，从而克服外部干扰的影响。

RS-422 在最大传输速率 10 Mb/s 时，允许的最大通信距离为 12 m。传输速率为 100 kb/s 时，最大通信距离为 1 200 m。一台驱动器可以连接 10 台接收器。

3）RS-485

RS-485 是 RS-422 的变形，RS-422A 是全双工，两对平衡差分信号线分别用于发送和接收，所以采用 RS-422 接口通信时最少需要 4 根线。RS-485 为半双工，只有一对平衡差分信号线，不能同时发送和接收，最少只需二根连线。

使用 RS-485 通信接口和双绞线可组成串行通信网络（见图 8-3），构成分布式系统，系统最多可连接 128 个站。

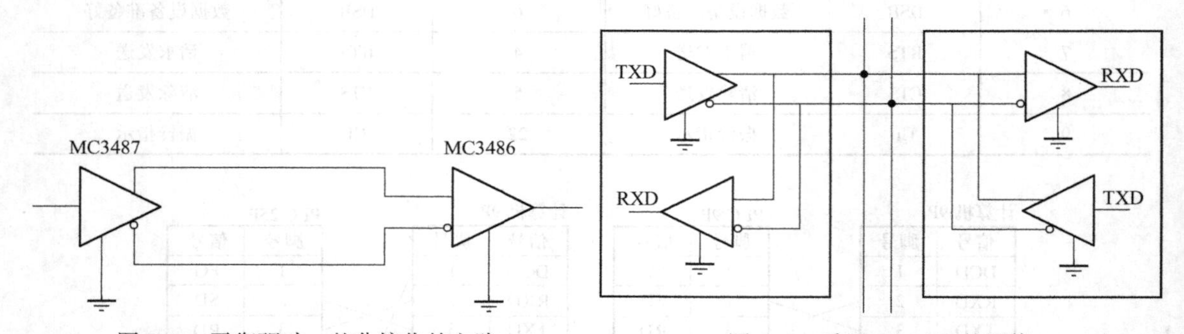

图 8-2　平衡驱动、差分接收的电路　　　　图 8-3　采用 RS-485 的网络

RS-485 的逻辑 1 以两线间的电压差为+(2~6) V 表示，逻辑 0 以两线间的电压差为-(2~6) V表示。接口信号电平比 RS-232C 降低了，就不易损坏接口电路的芯片，且该电平与 TTL 电平兼容，可方便与 TTL 电路连接。由于 RS-485 接口具有良好的抗噪声、抗干扰性，以及具有高传输速率（10 Mb/s）、长的传输距离（1 200 m）和多站能力（最多 128 站）等优点，所以在工业控制中广泛应用。

RS-422/RS-485 接口一般使用 9 针的 D 型连接器。普通微机一般不配备 RS-422 和RS-485 接口，但工业控制微机基本上都有配置。如图 8-4 所示为 RS-232C/RS-422 转换器的电路原理图。

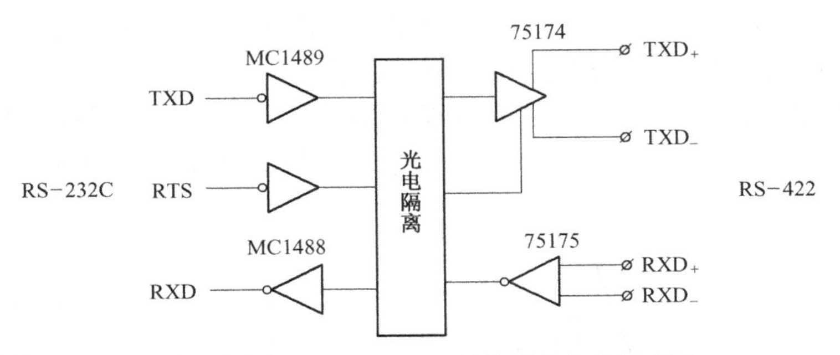

图 8-4　RS-232C/RS-422 转换器的电路原理图

4. 通信标准

1）开放系统互连模型

为了实现不同厂家生产的智能设备之间的通信，国际标准化组织（ISO）提出了如图 8-5 所示开放系统互连（Open System Interconnection，OSI）模型，将它作为通信网络国际标准化的参考模型。它详细描述了软件功能的七个层次。七个层次自下而上依次为：物理层、数据链路层、网络层、传送层、会话层、表示层和应用层。每一层都尽可能自成体系，均有明确的功能。

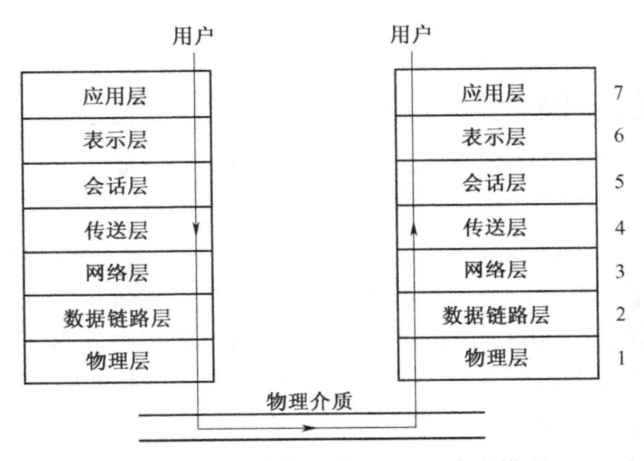

图 8-5　开放系统互连（OSI）参考模型

OSI 七层参考模型只是要求对等层遵守共同的通信协议，并没有给出协议本身。OSI 七层协议中，高四层提供用户功能，低三层提供网络通信功能。

2）IEEE 802 通信标准

IEEE 802 通信标准是 IEEE（国际电工与电子工程师学会）的 802 分委员会从 1981 年至今颁布的一系列计算机局域网分层通信协议标准草案的总称。它把 OSI 参考模型的底部两层分解为逻辑链路控制子层（LLC）、媒体访问子层（MAC）和物理层。前两层对应于 OSI 模型中的数据链路层，数据链路层是一条链路（Link），规定了其两端的两台设备进行通信时共同遵守的规则和约定。

IEEE802 的媒体访问控制子层对应于多种标准，其中最常用的标准为三种，即带冲突检测的载波侦听多路访问（CSMA/CD）协议、令牌总线（Token Bus）和令牌环（Token Ring）。

8.1.2　PLC 网络

1. 生产金字塔结构与工厂计算机控制系统模型

PLC 制造厂家常用生产金字塔（Productivity Pyramid）结构来描述它的产品能提供的功能。如图 8-6 所示为美国 A-B 公司和德国 Siemens 公司的生产金字塔。尽管这些生产金字塔结构层数不同，各层功能有所差异，但它们都表明 PLC 及其网络在工厂自动化系统中，由上到下，在各层都发挥着作用。这些金字塔的共同特点是：上层负责生产管理，下层负责现场控制与检测，中间层负责生产过程的监控及优化。

美国国家标准局曾为工厂计算机控制系统提出过一个如图 8-7 所示的 NBS 模型，它分为六级，并规定了每一级应当实现的功能，这一模型获得了国际广泛的承认。

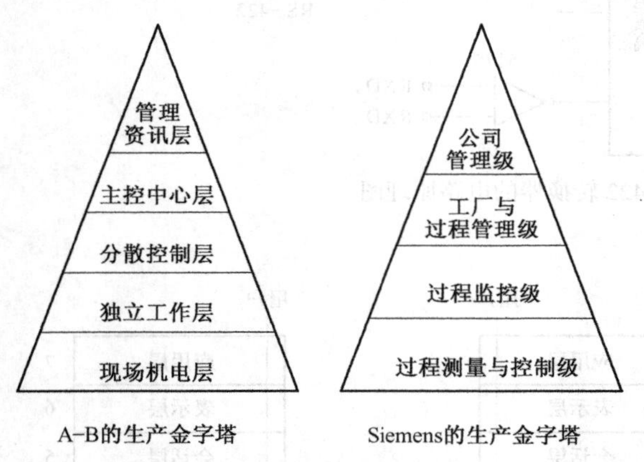

图 8-6　生产金字塔结构示意图

Corporate	公司级
Plant	工厂级
Area	区间级
Cell/Supervisory	单元/监控级
Equipment	设备级
Device	装置级

图 8-7　NBS 模型

国际标准化组织（ISO）对企业自动化系统的建模进行了一系列研究，也提出了一个如图 8-8 所示的六级模型。尽管它与 NBS 模型各级内涵，特别是高层内涵有所差别，但两者在本质上是相同的，这说明现代工业企业自动化系统应当是一个既负责企业管理经营又负责控制监控的综合自动化系统。它的高三级负责经营管理，低三级负责生产控制与过程监控。

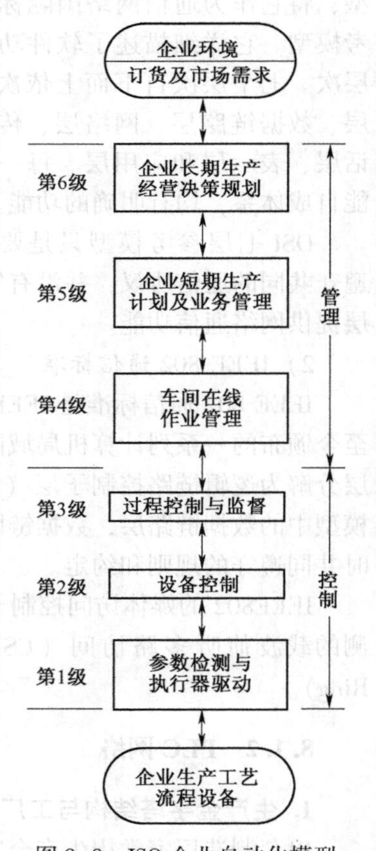

图 8-8　ISO 企业自动化模型

2. PLC 网络的拓扑结构

PLC 及其网络发展到现在，已经能够实现 NBS 或 ISO 模型要求的大部分功能，至少可以实现四级以下 NBS 模型或 ISO 模型功能。

PLC 要提供金字塔功能或者说要实现 NBS 或 ISO 模型要求的功能，采用单层子网显然是不行的。因为不同层所实现的功能不同，所承担的任务的性质不同，导致它们对通信的要求也就不一样。在上层所传送的主要是些生产管理信息，通信报文长，每次传输的信息量大，要求通信的范围也比较广，但对通信实时性的要求却不高。而在底层传送的主要是一些过程数据及控制命令，报文不长，每次通信量不大，通信距离也比较近，但对实时性及可靠性的要求却比较高。中间层对通信的要求正好居于两者之间。

由于各层对通信的要求相差甚远，如果采用单级子网，只配置一种通信协议，势必顾此失彼，无法满足所有各层对通信的要求。只有采用多级通信子网，构成复合型拓扑结构，在不同级别的子网中配置不同的通信协议，才能满足各层对通信的不同要求。

PLC 网络的分级与生产金字塔的分层不是一一对应的关系，相邻几层的功能，若对通信要求相近，则可合并，由一级子网去实现。采用多级复合结构不仅使通信具有适应性，而且具有良好的可扩展性，用户可以根据投资情况及生产的发展，从单台 PLC 到网络、从底层向高层逐步扩展。下面以 Siemens 公司的 PLC 网络结构为例进行简介。

西门子 PLC 的网络是适合不同的控制需要制定的，也为各个网络层次之间提供了互连模块或装置，利用它们可以设计出满足各种应用需求的控制管理网络。西门子 S7 系列 PLC 网络如图 8-9 所示，它采用 3 级总线复合型结构，最底一级为远程 I/O 链路，负责与现场设备通信，在远程 I/O 链路中配置周期 I/O 通信机制。中间一级为 Profibus 现场总线或主从式多点链路。前者是一种新型现场总线，可承担现场、控制、监控三级的通信，采用令牌方式与主从轮询相结合的存取控制方式；后者为一种主从式总线，采用主从轮询式通信。最高一层为工业以太网，它负责传送生产管理信息。在工业以太网通信协议的下层中配置以 802.3 为核心的以太网协议，在上层向用户提供 TF 接口，实现 AP 协议与 MMS 协议。

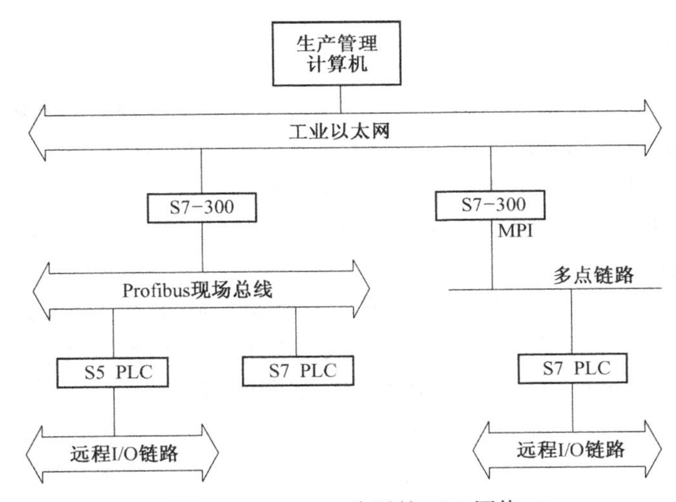

图 8-9 Siemens 公司的 PLC 网络

3. PLC 网络各级子网通信协议配置的规律

通过以上典型 PLC 网络的介绍，可以看出 PLC 网络各级子网通信协议配置的规律如下：

(1) PLC 网络通常采用三级或四级子网构成的复合型拓扑结构，各级子网中配置不同的通信协议，以适应不同的通信要求。

(2) 在 PLC 网络中配置的通信协议分两类：一类是通用协议，一类是公司专用协议。

(3) 在 PLC 网络的高层子网中配置的通用协议主要有两种：一种是 MAP 规约（全 MAP3.0），一种是 Ethernet 协议，这反映 PLC 网络标准化与通用化的趋势。PLC 网的互联，PLC 网与其他局域网的互联将通过高层进行。

(4) 在 PLC 网络的低层子网及中间层子网采用公司专用协议。其最底层由于传递过程数据及控制命令，这种信息很短，对实时性要求又较高，常采用周期 I/O 方式通信；中间层负责传送监控信息，信息长度居于过程数据及管理信息之间，对实时性要求也比较高，其通信协议常用令牌方式控制通信，也有采用主从方式控制通信的。

(5) 计算机加入不同级别的子网，必须按所连入的子网配置通信模板，并按该级子网配置的通信协议编制用户程序，一般在 PLC 中不需编制程序。对于协议比较复杂的干网，可购置厂家供应的通信软件装入个人计算机（PC）中，将使用用户通信程序编制变得比较简单方便。

(6) PLC 网络低层子网对实时性要求较高，其采用的协议大多为塌缩结构，只有物理层、链路层及应用层。而高层子网传送管理信息，与普通网络性质接近，又要考虑异种网互联，因此高层子网的通信协议大多为七层。

4. PLC 网络中常用的通信方式

PLC 网络是由几级子网复合而成，各级子网的通信过程是由通信协议决定的，而通信方式是通信协议最核心的内容。通信方式包括存取控制方式和数据传送方式。所谓存取控制（也称访问控制）方式是指如何获得共享通信介质使用权的问题，而数据传送方式是指一个站取得了通信介质使用权后如何传送数据的问题，包含周期 I/O 通信方式、全局 I/O 通信方式、主从总线通信方式、令牌总线通信方式、浮动主站通信方式、CSMA/CD 通信方式。

8.1.3 现场总线技术

随着控制、计算机、通信、网络等技术的发展，信息交换沟通的领域正在迅速覆盖从工厂的现场设备层到控制、管理的各个层次，覆盖从工段、车间、工厂、企业乃至世界各地的市场。信息技术的飞速发展，引起了自动化系统结构的变革，逐步形成以网络集成自动化系统为基础的企业信息系统。现场总线（Fieldbus）就是顺应这一形势发展起来的新技术。

1. 现场总线概述

现场总线（Fieldbus）是应用在生产现场，在测量控制设备之间实现双向、串行、多点数字通信的系统，也被称为开放式、数字化、多点通信的底层控制网络。它在制造业、流程工业、交通、楼宇等方面的自动化系统中具有广泛的应用前景。

基于现场总线的控制系统被称为现场总线控制系统（Fieldbus Control System，FCS）。FCS 实质是一种开放的，具有互操作性的、彻底分散的分布式控制系统。

1984 年国际电工技术委员会/国家标准协会（IEC/ISA）就开始制定现场总线的标准，然而统一的标准至今仍未完成。很多公司推出其各自的现场总线技术，但彼此的开放性和互操作性难以统一。

经过长达 12 年的讨论，终于在 1999 年底通过了 IEC61158 现场总线标准。这个标准容纳了 8 种互不兼容的总线协议。后来又经过不断讨论和商议，在 2003 年 4 月，IEC61158 Ed. 3 现场总线标准第 3 版正式成为国际标准，确定了 10 种不同类型的现场总线为 IEC61158 现场总线。2007 年 7 月，第 4 版现场总线增加到了 20 种，新增的现场总线中，工业以太网就有 7 个，见表 8-2。

表 8-2 IEC61158 的现场总线

类型	名 称	发起的公司
类型 1	TS61158 现场总线	原 IEC 技术报告
类型 2	ControlNet 和 Ethernet/IP 现场总线	美国 Rockwell 公司
类型 3	PROFIBUS 现场总线	德国 Simens 公司

（续）

类型	名　　称	发起的公司
类型 4	P-Net 现场总线	丹麦 Process Data 公司
类型 5	FF HSH 现场总线	美国 Fisher Rosemount 公司
类型 6	SwiftNet 现场总线	美国波音公司（已被撤销）
类型 7	World FIP 现场总线	法国 Alstom 公司
类型 8	INTERBUS 现场总线	德国 Phoenix Contact 公司
类型 9	FF H1 现场总线	现场总线基金会
类型 10	PROFINET 现场总线	德国 Simens 公司
类型 11	TC net 实时以太网	
类型 12	Ether CAT 实时以太网	德国倍福
类型 13	Ethernet Powerlink 实时以太网	法国 Alstom 公司
类型 14	EPA 实时以太网	中国浙大、中科院沈阳自动化所等
类型 15	Modbus RTPS 实时以太网	法国施耐德公司
类型 16	SERCOS Ⅰ、Ⅱ现场总线	数字伺服和传动系统数据通信
类型 17	VNET/IP 实时以太网	法国 Alstom 公司
类型 18	CC-Link 现场总线	日本三菱电机公司
类型 19	SERCOS Ⅲ现场总线	数字伺服和传动系统数据通信
类型 20	HART 现场总线	美国 Rosemount 公司

2. 现场总线系统的特点与优点

如图 8-10 所示，现场总线系统（FCS）打破了传统 DCS（集散控制系统）的结构形式。DCS 中位于现场的设备与位于控制室的控制器之间均为一对一的物理连接。FCS 采用了智能设备，把原 DCS 中处于控制室的控制模块、输入/输出模块置于现场设备中，加上现场设备具有通信能力，现场设备之间可直接传送信号，因而控制系统的功能可不依赖于控制室里的计算机或控制器，直接在现场完成，实现了彻底的分散控制。另外，由于 FCS 采用数字信号代替模拟信号，可以实现一对电线上传输多个信号，同时又为多个设备供电。这为简化系统结构、节约硬件设备、节约连接电缆与各种安装、维护费用创造了条件。

现场总线系统打破了传统控制系统的结构形式，其在技术上具有以下特点：

（1）系统的开放性。现场总线致力于建立统一的工厂底层网络的开放系统。用户可根据自己的需要，通过现场总线把来自不同厂商的产品组成大小随意的开放互连系统。

（2）互操作性与互用性。互操作性是指实现互连设备间、系统间的信息传送与沟通，而互用性则意味着不同生产厂家的性能类似的设备可实现相互替换。

（3）现场设备的智能化与功能自治性。它将传感测量、补偿计算、工程量处理与控制等功能分散到现场设备中完成，仅靠现场设备即可完成自动控制的基本功能，并可随时诊断设备的运行状态。

（4）系统结构的高度分散性。现场总线构成一种新的全分散式控制系统的体系结构，从根本上改变了集中与分散相结合的 DCS 体系，简化了系统结构，提高了可靠性。

（5）对现场环境的适应性。现场总线是专为现场环境而设计的，支持各种通信介质，具有较强的抗干扰能力，能采用两线制实现供电与通信，并可满足本质安全防爆要求等。

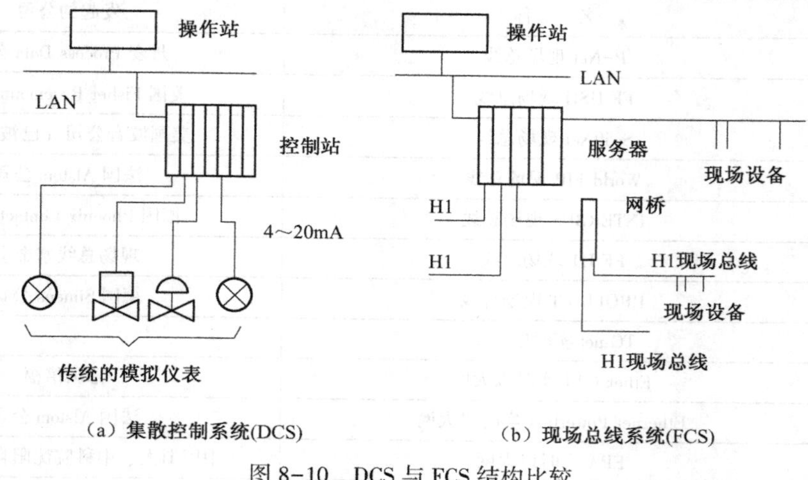

(a) 集散控制系统(DCS)　　(b) 现场总线系统(FCS)

图 8-10　DCS 与 FCS 结构比较

8.2　PLC 网络应用实例

8.2.1　汽车发动机装配线系统构成与要求

汽车发动机装配线 PLC 控制系统，主要针对包括转台、举升台、举升转移台、翻转机五种工位的控制。在汽车发动机装配过程中，由于被装配零件的多样性，需要在装配线的每个工段适当调整发动机的方位以方便装配零件。装配线上共计 20 余个工位，包括 7 个普通转台、2 个维修转台、4 个无滚轮举升台、7 个单向滚轮举升台以及 2 个翻转机。

整个被控对象包括 22 个工位，每个工位上包含必需的转移电动机或举升电动机，此外还有 32 个生产线传输电动机。每个工位均由一个 ET200S 和一个 ET200eco 从站组成，用于该工位的 I/O 点数据采集和发送以及分散控制。

8.2.2　系统结构及功能

汽车发动机装配线系统包括操作员站、工程师站、自动化系统、现场总线和现场 I/O 站等几个部分。

系统各部分功能如下：

(1) 操作员站：提供全汉化人机界面，实现控制系统的监控操作功能（操作、显示、报表、报警、趋势），并且可以在人机界面上直接查看对应的 step7 源程序。

(2) 工程师站：用于系统的组态和维护。

(3) 自动化系统：使用 SIMATIC 控制器完成回路调节和逻辑运算。

(4) 现场 I/O 站：使用现场总线技术，在设备现场直接采集现场仪表的信号，控制现场的执行机构。

(5) 现场总线（Profibus）：用于连接控制单元与操作员站以及管理网络。

本系统采用 PLC S7-300 CPU 和 CP342-5、CP343-1 的接口模块相连构成系统的主站。

CP342-5 是用于连接 S7-300 和 Profibus-DP 的主/从站接口模块，CP343-1 是用于连接 S7-300 和工业以太网的接口模块。在该控制系统中，除了上述主站外，从站是由 22 个 ET200S 和 22 个 ET200eco 组成，分别分布在两条 Profibus 网络上。CPU 上自带的 Profibus-DP 接口构成 Profibus Ⅰ线，CP342-5 接口模块构成 Profibus Ⅱ线。系统配置功能图如图 8-11 所示。

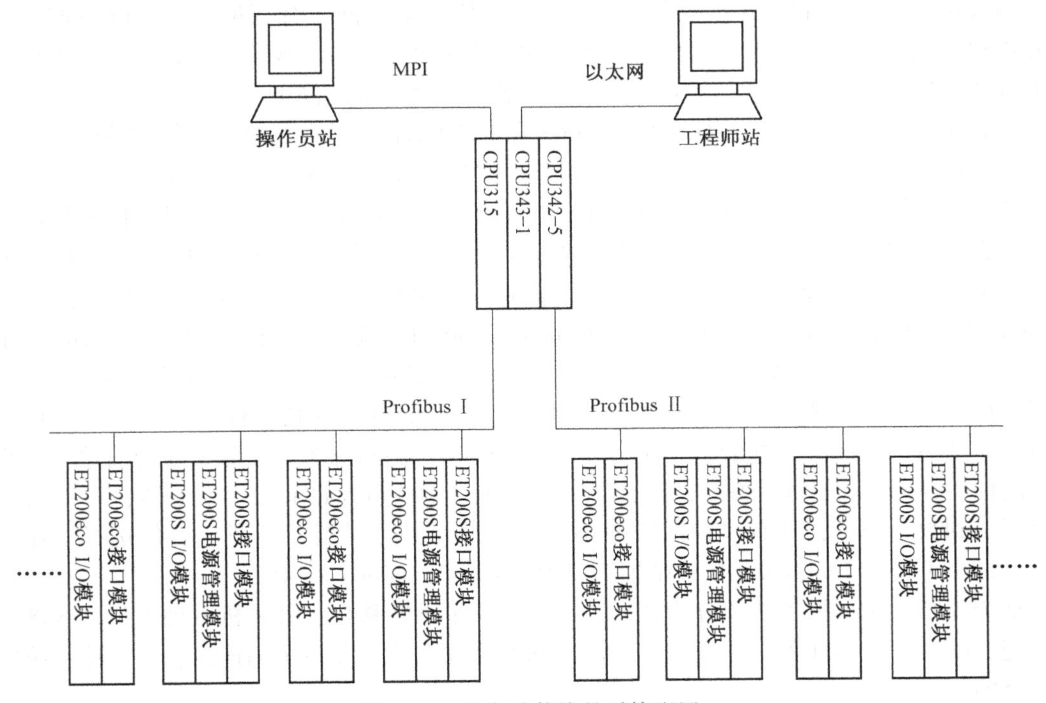

图 8-11　汽车总装线的系统配置

系统中 ET200S 从站上采用的 IM151-1 接口模块有两种：基本型和标准型，基本型的接口模块所能挂接的电源管理模块和 I/O 模块个数范围为 2~12 个，标准型的接口模块范围为 2~63 个。所以当从站 I/O 模块较多时，宜选用标准型的接口模块。接口模块上带有 Profibus 地址设定拨码开关。

系统中 ET200eco 从站中选用了 8DI 和 16DI 两种模板，模板结构紧凑，模板的供电采用 7/8’ 电源线。模板的通信采用 M12 通信接头。接线灵活而快速，方便拔插。其接口模块上带有 2 个旋转式编码开关用于 Profibus 地址分配。

网络设备按照适应工业现场环境的程度，以及生产线的布局来考虑选用不同防护等级。控制箱中的模块采用防护等级为 20 的 ET200S I/O 模块，对应每个控制箱的还有一个防护等级为 67 的 ET200eco 模块，置于生产线滚轮下方，由于该模块需要接触到现场较为恶劣的生产环境，因此需要有防水、防油、防尘等功能。

8.2.3　目标控制系统

1. 系统设计

汽车发动机装配线系统是一个对发动机顺序装配的流水线工艺过程。由于工艺的繁琐性，工程的计算机控制系统考虑采用分散控制和集中管理的分布式控制模式，采用以 PLC

为核心构成的计算机控制系统，各独立工位控制系统之间通过网络实现数据信息、资源共享。该装配线在整个生产过程中较为关键，由于每个工位之间是流水线生产，因此每个环节的控制都必须具备高可靠性和一定的灵敏度，才能保证生产的连续性和稳定性。从站中的每个 ET200S 站和其对应的 ET200eco 站共同构成一个工位，ET200eco 主要是采集现场数据之用。ET200S 站的模块置于小型控制箱内，对于工位的基本操作有两种方式：就地控制箱手动方式和就地自动方式。由于每个控制工位的操作进度不一致，操作工可以按照装配要求进行手自动切换，特殊情况下亦可通过手动操作进行工件位置的修正。

安装在各工位的分布式 I/O 模块 ET200S 和 ET200eco 通过现场检测元件和传感器将系统主要的监控参数（主要是开关量）采集进来，ET200S 和 ET200eco 将现场模拟量信号转换为高精度的数据量，通过最高速度可达 12 Mb/s 的 Profibus-DP 现场总线网络将采集数据上传到中央控制器，控制器根据具体工艺要求进行处理，再通过 Profibus-DP 网络将控制输出下传给 ET200S，实现各工位的控制流程。Profibus 是全球应用最广泛的过程现场总线系统。Profibus 有三种类型：FMS、DP 和 PA。Profibus-FMS 用于通用自动化；Profibus-DP 用于制造业自动化；Profibus-PA 用于过程自动化。使用 Profibus 过程现场总线技术可以使硬件、工程设计、安装调试和维修费用节省 40%以上。Profibus-DP 的技术性能使它可以应用于工业自动化的一切领域，包括冶金、化工、环保、轻工、制药等领域。除了安装简单外，它有极高的传输速率，可达 12 Mb/s，通信距离可达到 1 000 m，如果加入中继器，可以将通信距离延长到数十公里，具有多种网络拓扑结构（总线型、星型、环型）可供选择。在一个网段上最多可连接 Profibus-DP 从站即 ET200S 或是 ET200eco 32 个。

整个控制系统根据工艺划分为转台、举升台、举升转移台、翻转机五种工位。各部分可独立完成各自的控制任务，并通过工业以太网实现和上位监控系统的连接，由上位系统实现各部分的协调控制。

装配 I 线工程 PLC 控制系统和网络通信系统具有下列特点：

（1）计算机集成自动化过程控制系统具有分布式、高可靠性、高稳定性的特点。

（2）从站作为相对独立的系统分散控制各个工位的运行。

2. 系统控制要点

（1）该系统网络中一个主站 CPU 下两条 Profibus 网络所带的从站有 44 个之多，在利用 SIMATIC Manager 编程软件进行硬件配置时，根据 S7-300 CPU 中 CPU31XC 的地址分配的参数规范，对于数字量输入输出，其地址分配的参数范围为 0. 0~127. 7。因此在进行硬件配置时，S7~300 CPU 自带的 Profibus-DP 接口上的 Profibus I 线上的模块数字量 I/O 地址一般规定在 0. 0~127. 7 的范围中，如有超出则采用间接寻址的方式来处理。Profibus Ⅱ线上的模块的数字量 I/O 地址无论处在哪个范围中，都必须采用间接寻址方式。

（2）关于接触器的硬件互锁。对于转台工位，转台有正转和反转两种工作状态，因此转台的回转电动机需要有一个负荷开关和两个接触器一并来控制（而举升电动机一般只需要一个负荷开关和对应的一个接触器即可进行控制），接触器分正转接触器和反转接触器，输入端为 380AV。正转接触器的三相电压 A、B、C 分别和反转接触器的 C、B、A 短接，如图 8-12 所示，当程序在执行过程中，若存在某些漏洞使得正转接触器和反转接触器的输出点同时置 1 时，则会出现正转接触器和反转接触器各自的 A 相和 C 相短接，造成接触器短路损坏，主电源开关跳闸。为了避免这种事故的发生，首先保证程序中不能出现两个接触器同时置 1 的情况，其次即是采用接触器上硬件互锁，如图 8-12 所示，点 Q1、点 Q2 是输出控制点，Q1 两端本应接正向接触器的两个输入端子，同理，Q2 两端本应接反向接触器的两个输入端子，但是改接成如图 8-12所示。接触器上有自带的一个常开触点和一个常闭触点，互锁中只需用到常闭触点，当输出点 Q1 闭合时，正向接触器上常闭触点随之断开，则 Q2 输出点两端之间不可能形成回路，也就不会出现短路跳闸的事故。

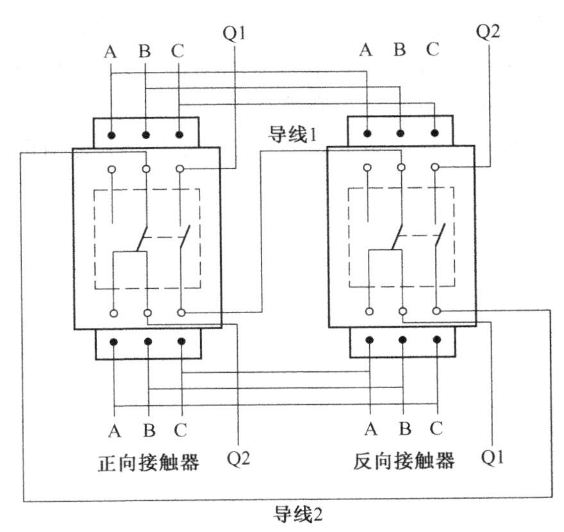

图 8-12　硬件互锁示意图

（3）该项目中涉及的变量数目较多，根据现场情况随时可能有更改，为了便于管理，采取 step 7 程序界面和 Wincc 人机界面共用一套变量。这样可以将建立变量的工作量减少一半，也将出错概率减少一半。先安装 step 7 软件，之后自定义安装 Wincc 软件，将 Wincc 通信组件安装完整。然后在 step 7 软件中插入 OS 站，可单击鼠标右键打开并编辑 Wincc 项目。在 Wincc 项目中需要引用变量的位置进行变量选择，出现变量选择对话框，即可在 step 7 项目变量表中选择需要的变量，从而保证人机界面和下位机所用变量的一致性。

3. 系统控制功能

（1）手动和自动回路的切换。在 Wincc 人机界面上可以很方便地知道每个工位的手动和自动状态，但是手动和自动状态的切换是在从站的控制箱面板上实现的。在自动状态下，工位的操作全由下位控制，可实现全自动控制机械的操作流程。在手动状态下，操作具有自保护功能，在某些机械操作动作下通过软件互锁可杜绝相应的危险动作的发生。

（2）安全保护。上位监控系统设定了若干级操作密码，管理员和操作员分别有自己的操作权限，且操作员在进行操作时有必要的警告提示框和信息提示框出现。

（3）查询源程序代码。当上位机画面显示某个工位出现故障时，可从画面直接单击按钮进入相应的下位机梯形图程序界面，即可迅速查找出故障的根本原因，节省了维修时间。

（4）故障报警和报表打印。当设备出现故障时，报警框中会出现提示，并伴随有声音报警。操作员可根据需要打印与生产相关的报表信息。

西门子 S7-300 CPU 通过两条 Profibus-DP 网络连接若干 ET200S 和 ET200eco 从站构成的集中分散式控制系统已经在该发动机装配线成功投运，能够保证生产线连续稳定地生产，其在机械动作灵敏度上有较大提高，完全满足了用户的要求。

习　题

8-1　简述 RS-232C、RS-422 和 RS-485 在原理、性能上的区别。

8-2　异步通信中为什么需要起始位和停止位？

8-3　如何实现 PC 与 PLC 的通信？有几种互联方式？

8-4 试说明 S7-200 或 FX 或 CPM1A 系列 PLC 与计算机实现通信的原理。

8-5 PLC 网络中常用的通信方式有哪几种？

8-6 现场总线有哪些优点？

8-7 通过对 FCS 与 DCS 的比较来说明现场总线的特点。

第9章

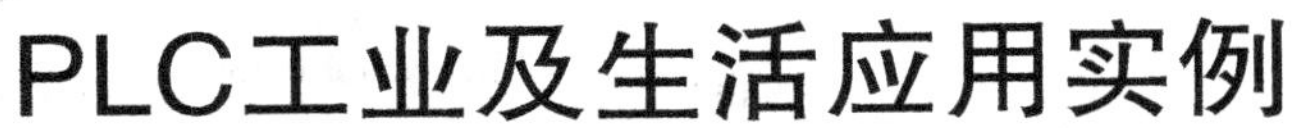

PLC工业及生活应用实例

9.1 交通信号灯的控制

9.1.1 控制要求

十字路口交通信号灯控制要求如下：

（1）当东西方向的启动开关 X_0 或是南北方向的启动开关 X_1 合上时，信号灯控制系统开始工作，设此时南北向红灯亮，东西向绿灯亮。当 X_0 和 X_1 都断开时，所有信号灯都熄灭。

（2）南北红灯维持亮 20 s。同时东西绿灯持续亮 15 s，到 15 s 时东西绿灯闪亮 3 s 后熄灭，接着东西黄灯持续亮 2 s 后熄灭。而后，东西红灯亮，南北绿灯亮。

（3）东西红灯持续亮 20 s。南北绿灯持续亮 15 s，然后闪亮 3 s 后熄灭。接着南北黄灯持续亮 2 s 后熄灭，这时南北红灯亮，东西绿灯亮。

上述工作过程周而复始，东西绿灯和南北绿灯不能同时亮，否则关闭信号灯系统并报警。

9.1.2 I/O 地址分配和程序设计

采用 PLC 控制时，交通信号灯输入/输出（I/O）地址分配见表 9-1。

表 9-1 交通信号灯 I/O 地址分配表

序号	名称	输入地址	名称	输出地址
1	东西方向启动按钮 X_0	I0.0	东西方向绿灯 Y_2	Q0.0
2	南北方向启动按钮 X_1	I0.1	东西方向黄灯 Y_1	Q0.1
3			东西方向红灯 Y_0	Q0.2
4			南北方向绿灯 Y_4	Q0.4
5			南北方向黄灯 Y_5	Q0.5
6			南北方向红灯 Y_3	Q0.6

采用 PLC 控制的交通信号灯程序设计如图 9-1 所示。

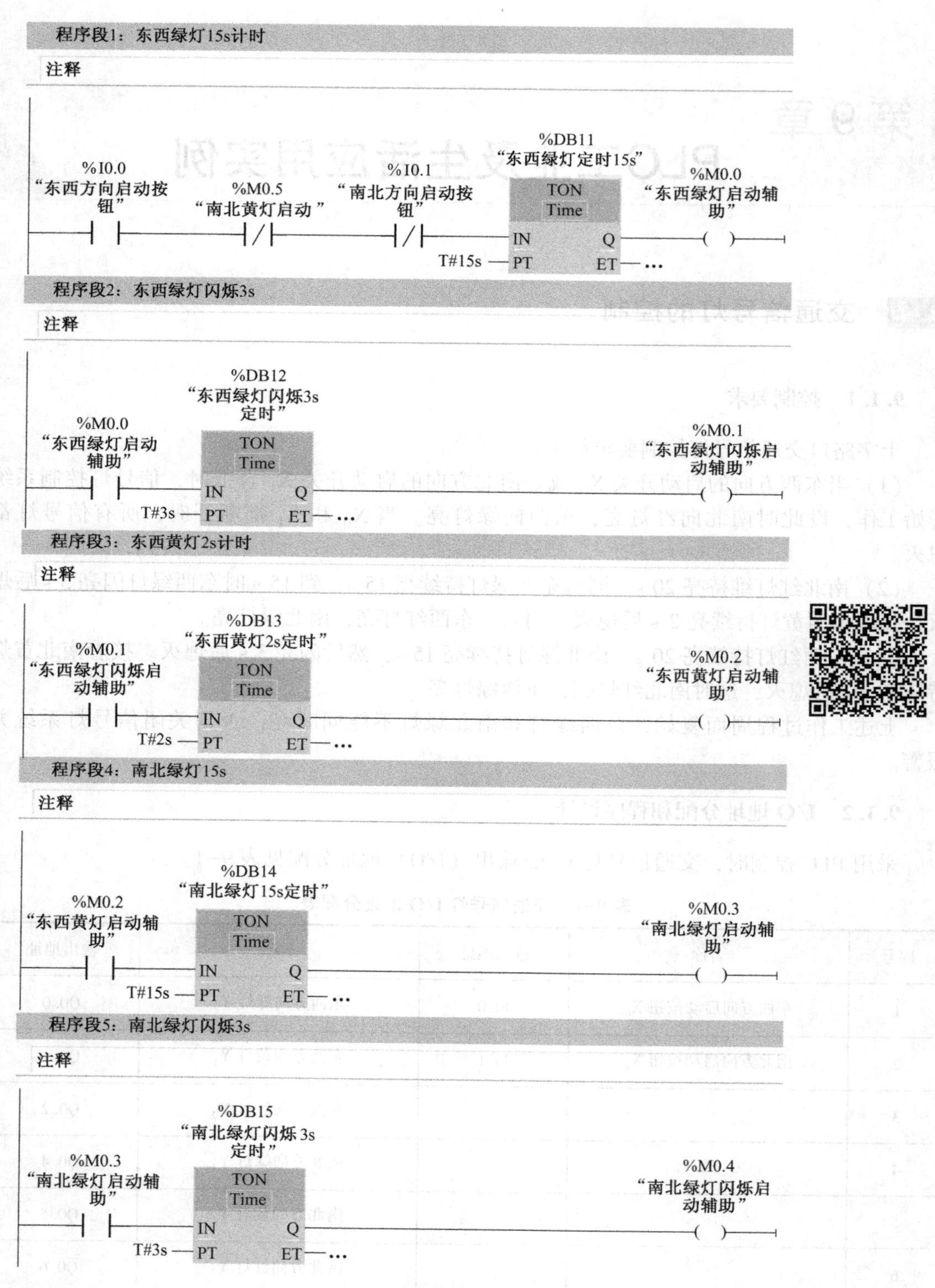

图 9-1　十字路口交通信号灯自动控制梯形图

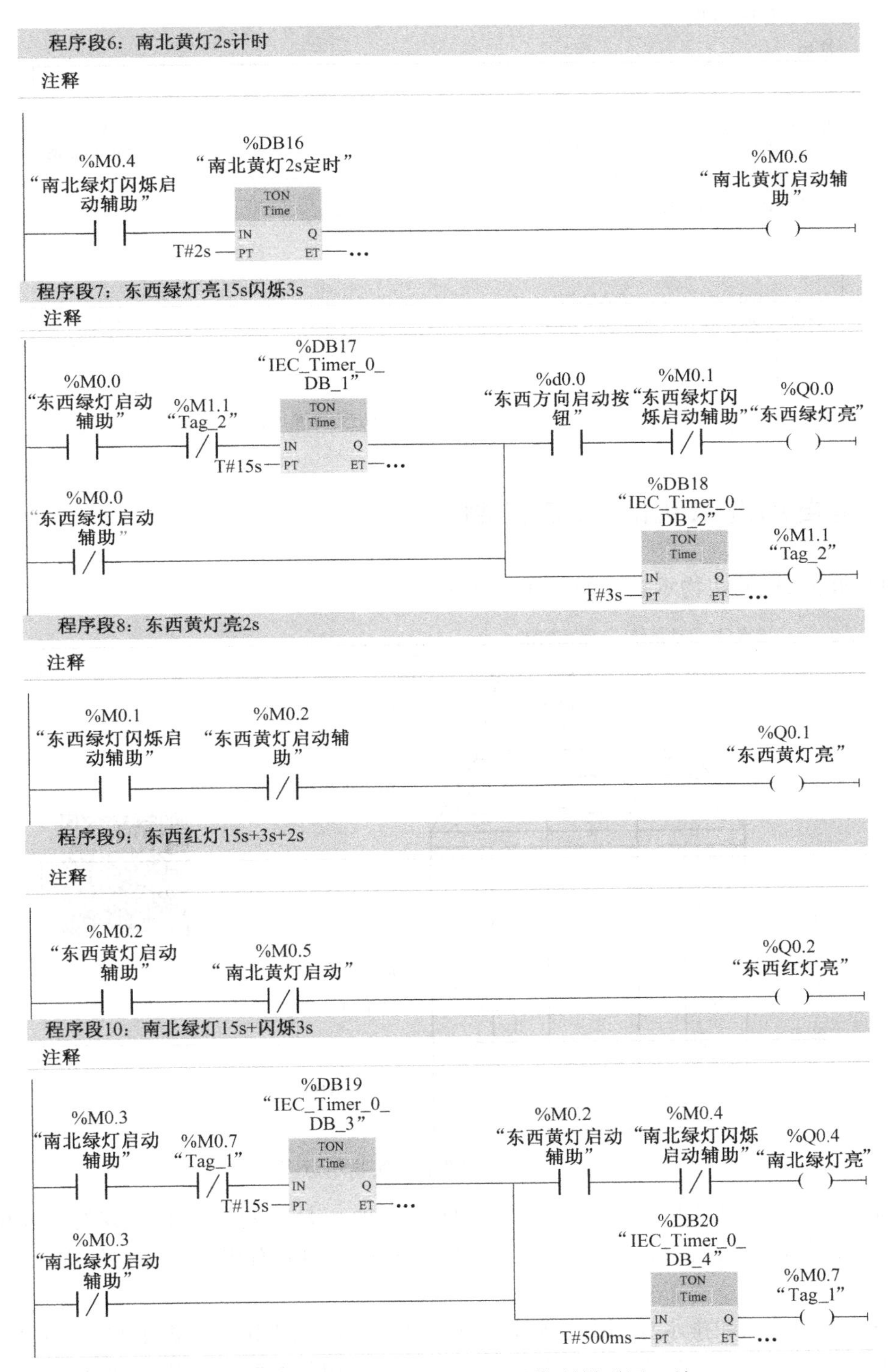

图 9-1　十字路口交通信号灯自动控制梯形图（续）

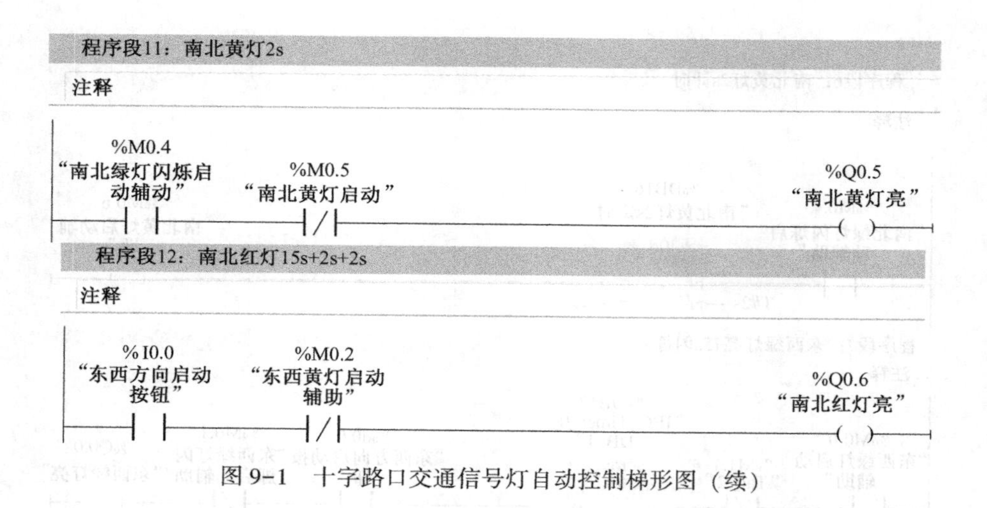

图 9-1　十字路口交通信号灯自动控制梯形图（续）

9.2　全自动洗衣机的 PLC 控制

全自动洗衣机的实物示意图如图 9-2 所示。

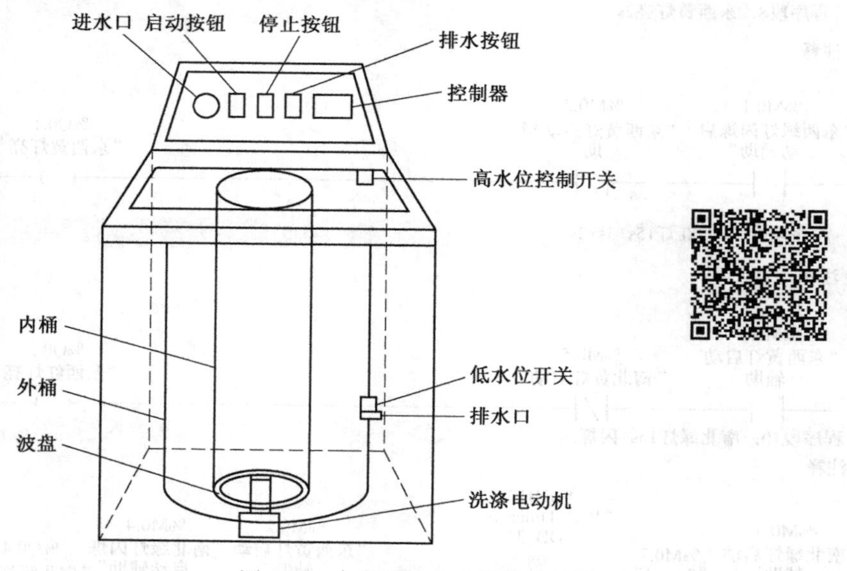

图 9-2　全自动洗衣机实物示意图

全自动洗衣机的洗衣桶（外桶）和脱水桶（内桶）是以同一中心安放的。外桶固定，作盛水用。内桶可以旋转，作脱水（甩干）用。内桶的四周有很多小孔，使内、外桶的水流相通。

该洗衣机的进水和排水分别由进水电磁阀和排水电磁阀来执行。进水时，通过电控系统使进水阀打开，经进水管将水注入外桶。排水时，通过电控系统使用排水阀打开，将水由外桶排到机外。洗涤正转、反转由洗涤电动机驱动波盘正、反转来实现，此时脱水桶并不旋转。脱水时，通过电控系统将离合器合上，由洗涤电动机带动内桶正转进行甩干。高、低水位开关分别来检测高、低水位。启动按钮用来启动洗衣机工作。停止按钮用来实现手动停止进水、排水、脱水及报警。排水按钮用来实现手动排水。

9.2.1　控制要求

该全自动洗衣机的控制要求可以用如图 9-3 所示的流程图来表示。

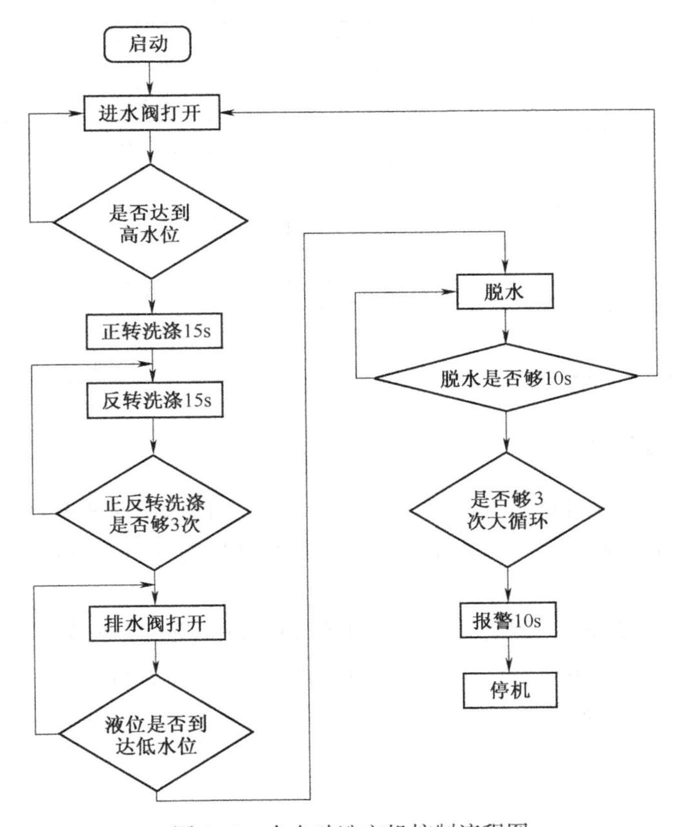

图 9-3　全自动洗衣机控制流程图

（1）按下启动按钮后，进水闸打开，进水直到高水位阀闭合后结束。

（2）首先进行正向洗涤，洗涤 15 s 后暂停。

（3）暂停 3 s 后，进行反向洗涤，洗涤 15 s 后暂停。

（4）暂停 3 s 后，完成一次洗涤过程。

（5）再返回进行从正向洗涤开始的全部动作，连续重复 3 次后结束。

（6）开排水闸进行排水。

（7）排水一直排到低水位，开始进行脱水（同时排水）。

（8）脱水动作 10 s 结束后，又返回进行从进水开始的全部动作连续重复 2 次（第 2、3 次为漂洗）。

（9）最后进行洗完报警，报警 10 s 后自动停止。

此外，还要求可以按排水按钮以实现手动排水，按停止按钮以实现手动停止进水、排水、脱水及报警。

9.2.2 I/O 地址分配

根据如图 9-2 所示的示意图和如图 9-3 所示的控制要求可知，该系统需要 5 个输入点和 10 个输出点。其地址分配如表 9-2 所示。

表 9-2 I/O 地址分配表

序号	名称	输入地址	名称	输出地址
1	启动按钮 SB_1	I0.0	进水阀 YV_1	Q0.0
2	停止按钮 SB_2	I0.1	出水阀 YV_2	Q0.1
3	手动排水按钮 SB_3	I0.2	正转洗涤	Q0.2
4	低液位传感器 SQ_1	I0.3	反转洗涤	Q0.3
5	高液位传感器 SQ_2	I0.4	脱水	Q0.4
6			报警	Q0.5
7			低水位指示	Q0.6
8			高水位指示	Q0.7
9			运行指示	Q1.0
10			停机指示	Q1.1

9.2.3 软件系统设计

根据图 9-3 的流程图编制梯形图，如图 9-4 所示。梯形图是根据工艺流程图而得出的结果，也可作为全自动洗衣机控制系统程序图，其本身具有如下特点：

（1）整个工作程序所需的时间约 50 min 左右。

（2）洗涤时间为 12 min；漂洗有两次，共有 24 min；脱水为 3 次，共 15 min。

（3）整个程序有 3 次循环，每一循环过程都改变洗涤物的洗净度。

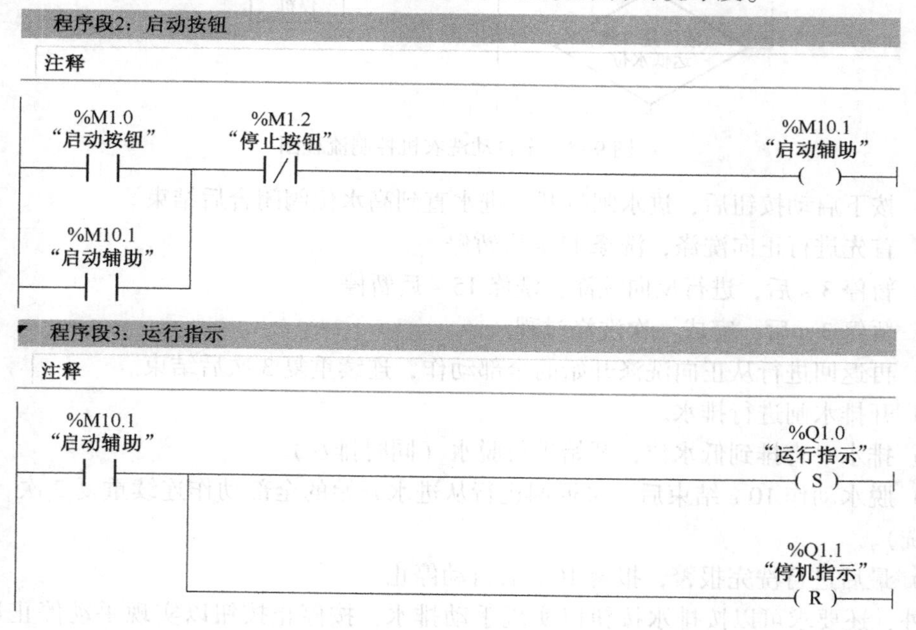

图 9-4 全自动洗衣机控制梯形图

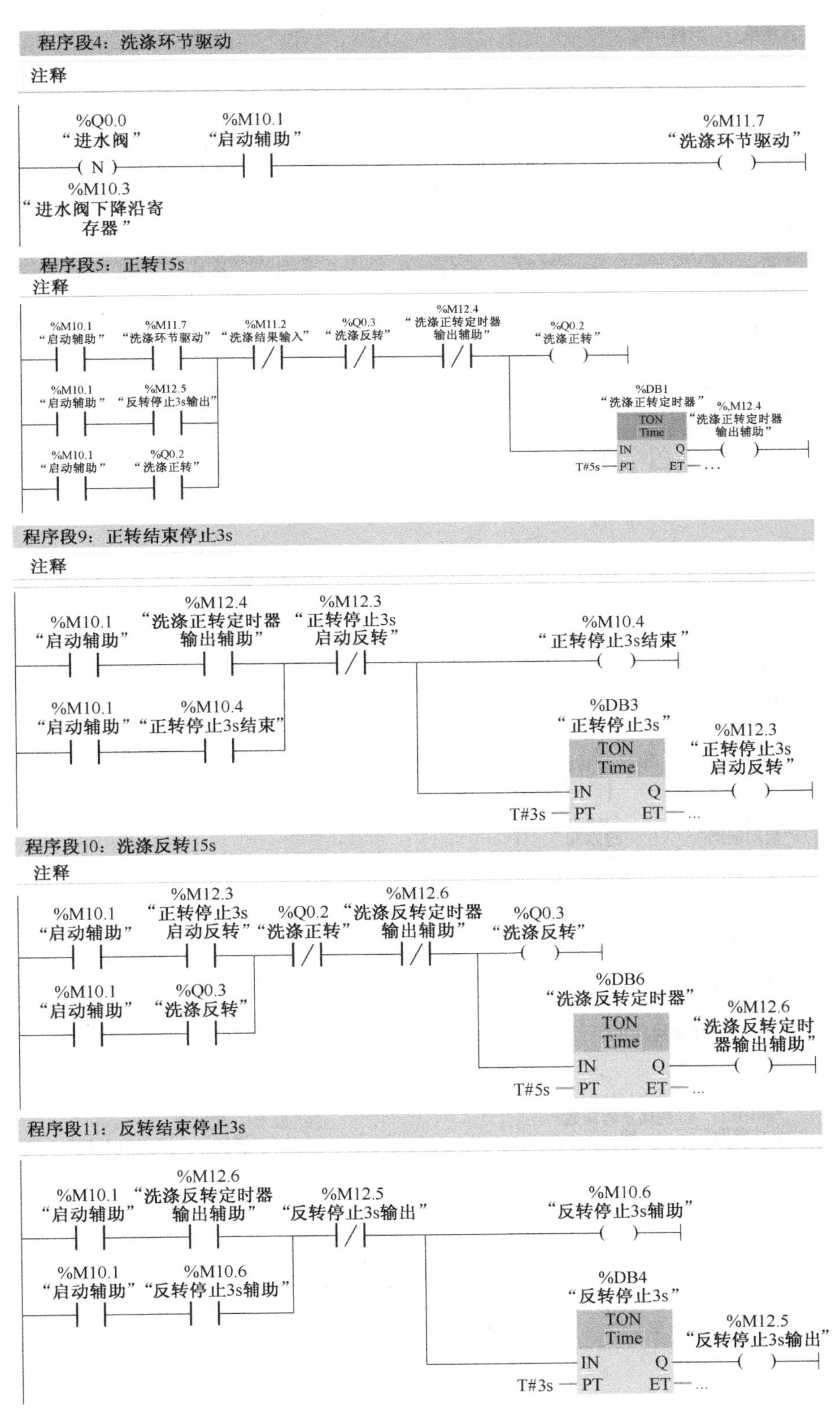

图 9-4　全自动洗衣机控制梯形图（续）

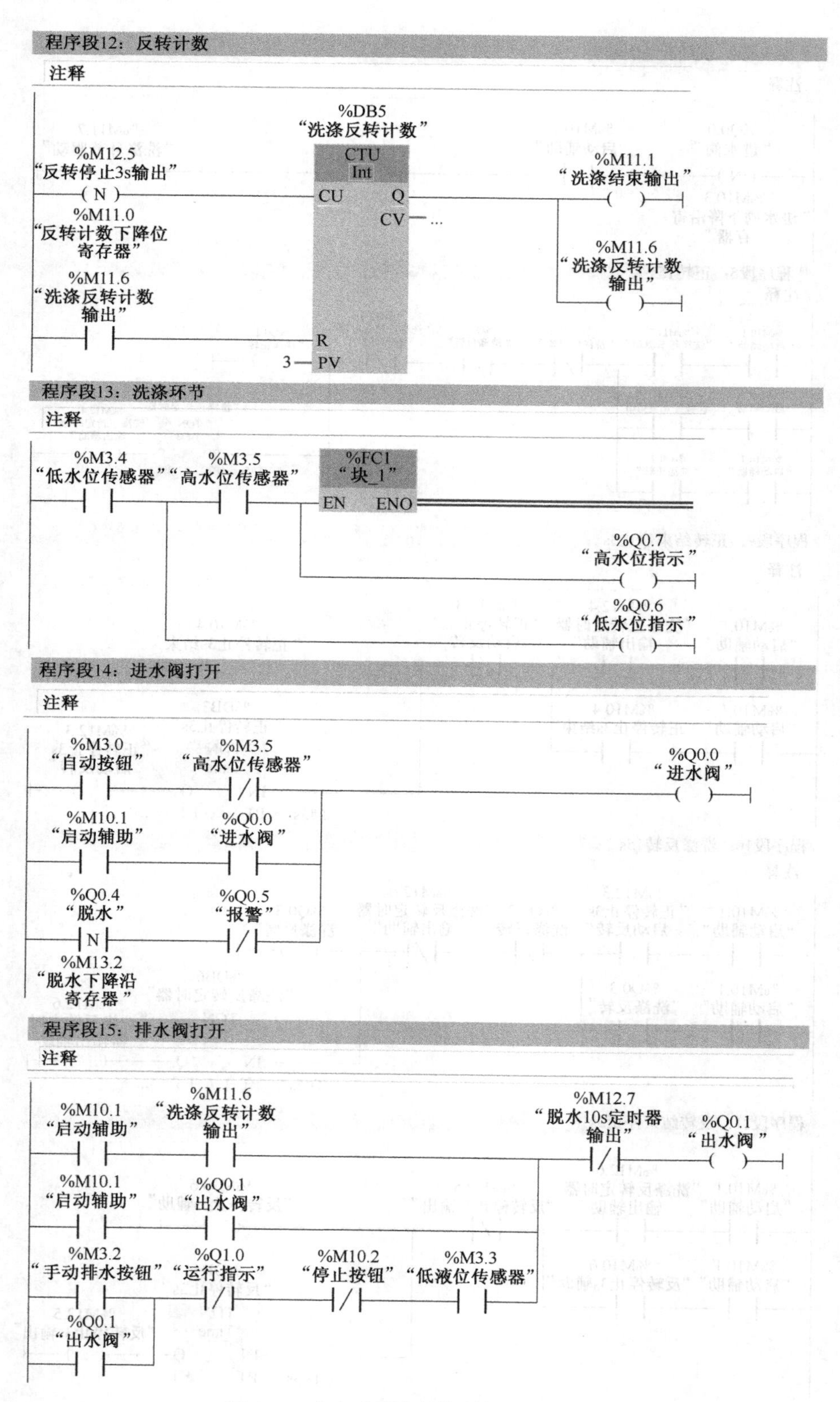

图 9-4　全自动洗衣机控制梯形图（续）

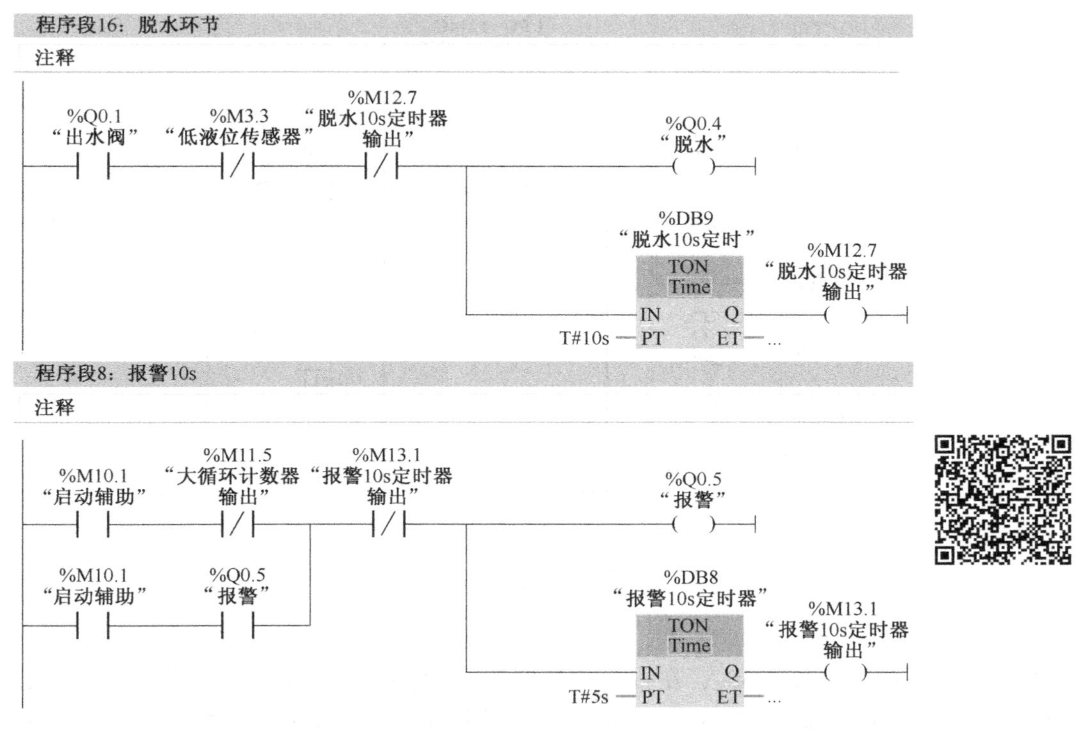

图 9-4　全自动洗衣机控制梯形图（续）

9.3　运料小车的往返运行控制

9.3.1　控制要求

1. 工作原理

小车开始时停在左边，左限位开关 SQ_1 的常开触点闭合。要求按下列顺序控制小车，使小车在 SQ_1 和 SQ_2 之间来回运动，如图 9-5 所示。

（1）按下右行启动按钮，小车开始右行。

（2）走到右限位开关 SQ_2 处，小车停止运动，延时 8 s 后开始左行。

（3）回到左限位开关 SQ_1 处，小车停止运动。

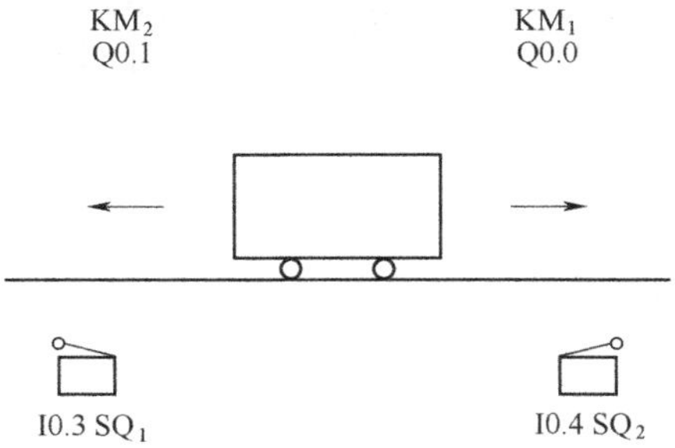

KM_2 Q0.1　　KM_1 Q0.0

I0.3 SQ_1　　I0.4 SQ_2

图 9-5　运料小车的往返运行控制示意图

2. I/O 点的分配

根据图 9-5 所示运料小车的往返运行控制示意图，确定 PLC 输入/输出（I/O）点的地址分配，如图 9-6 所示，图 9-6 也是 PLC 的外部接线图。

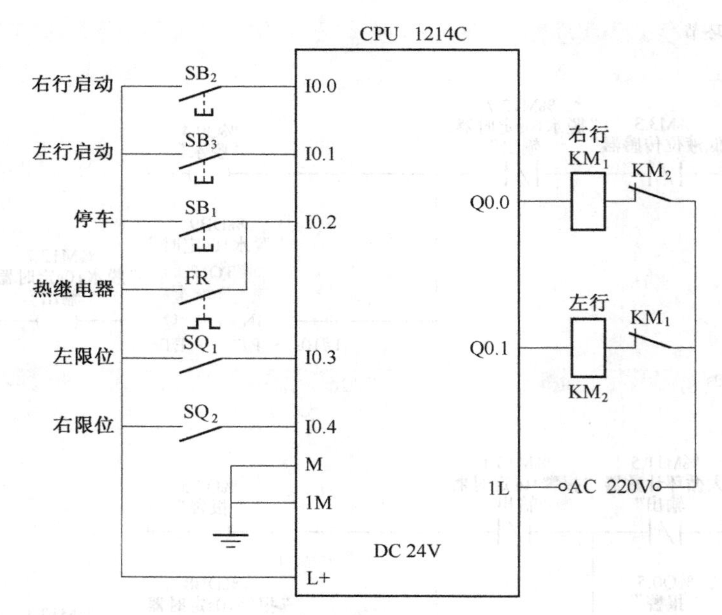

图 9-6　PLC 外部接线图

输入点：右行启动按钮 SB_2，左行启动按钮 SB_3，停止按钮 SB_1，左限位开关 SQ_1，右限位开关 SQ_2。对应的输入端：I0. 0 对应右行启动按钮 SB_2；I0. 1 对应左行启动开关 SB_3；I0. 2 对应停止按钮 SB_1；I0. 3 对应左限位开关 SQ_1；I0. 4 对应右限位开关 SQ_2。

输出点：向右运行 Q0. 0；向左运行 Q0. 1。

3. 设计梯形图

根据控制电路的 I/O 分配图，设计梯形图，如图 9-7 所示。

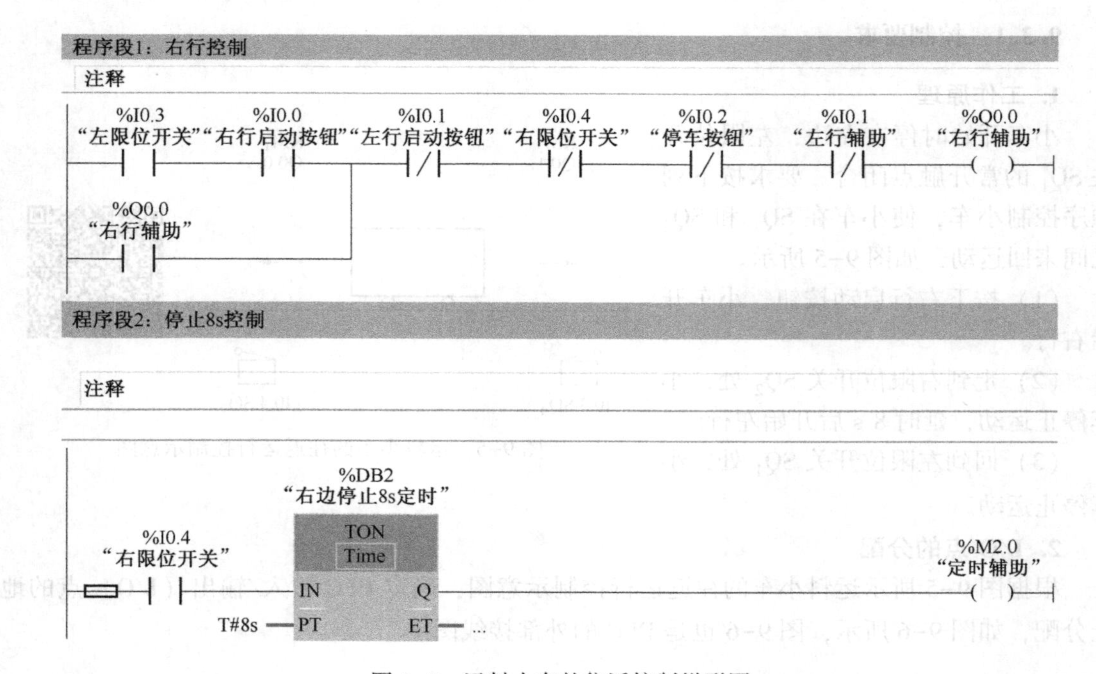

图 9-7　运料小车的往返控制梯形图

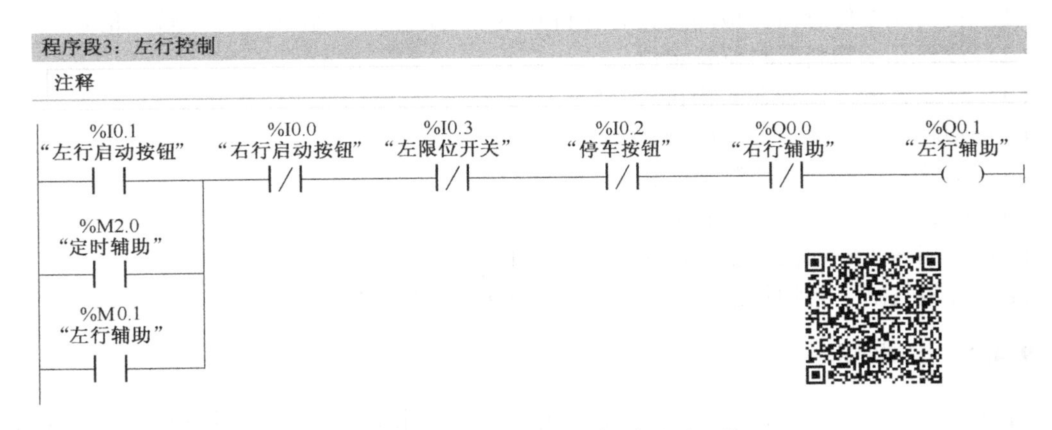

图 9-7　运料小车的往返控制梯形图（续）

9.3.2　注意事项

用 PLC 对运料小车的往返运行进行控制时，用行程开关作为限位控制，在外部接线时应注意其特点，在线调试程序时应掌握其编程规律。

9.4　自动分拣装置的 PLC 控制

自动分拣装置具有自动化程度高、运行稳定、精度高、易控制的特点。相对于传统的人工分拣，能在很大程度上提高效率，即使在恶劣的环境下，也能完成分拣操作。自动分拣装置是模拟自动化工业生产过程的微缩模型，运用 PLC 控制、传感器、位置控制、电气传动和气动等技术，对不同材料、不同颜色、不同大小的物料进行自动分选和归类。本例采用的是对不同材料的小球进行分拣。

自动分拣装置如图 9-8 所示。

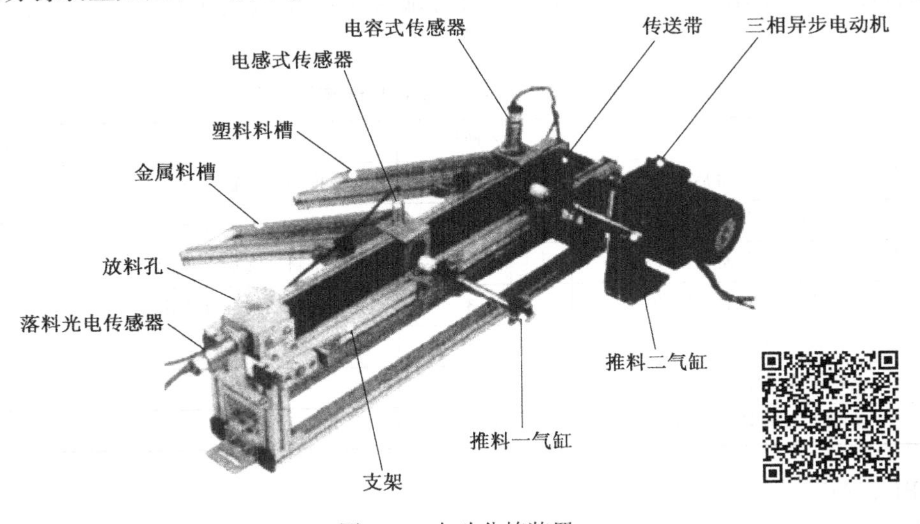

图 9-8　自动分拣装置

（1）物料光电传感器：检测是否有物料到达传送带上，并给 PLC 一个输入信号。
（2）放料孔：物料落料位置定位。
（3）金属料槽：放置金属物料。
（4）塑料料槽：放置非金属物料。
（5）电感式传感器：检测金属物料。
（6）电容式传感器：检测非金属物料。
（7）三相异步电动机：驱动传送带转动，低速运行。
（8）推料气缸：将物料推入料槽，由双向电控气阀控制。

9.4.1 控制要求

通过所选的传感器，系统检测出物料，并且按照要求进行分类。在把物料经过下料装置送到传送带后，几种传感器按照顺序依次进行物料检测。在物料被其中一种传感器检测出来后，PLC 控制气动装置，把物料推入料槽中；否则，继续前行。其控制要求有如下 5 个方面：

（1）在系统接通电源之后，光电编码器就会产生系统需要的脉冲。
（2）当落料光电传感器检测到物料后，电动机马上启动运转，拉动传送带，将物料往前传递。
（3）在电感传感器检测出物料属于金属材料后，推料一气缸开始动作，将物料推入金属料槽。
（4）在电容传感器检测出物料属于塑料材料后，推料二气缸开始动作，将物料推入塑料料槽。
（5）当下料槽内无法下料时，系统会延时一段时间后自动停止运转，以节约资源。

9.4.2 I/O 分配及 PLC 外部接线图

1. I/O 资源配置

根据自动分拣控制工艺要求，列出物料传输和分拣机构的 I/O 资源配置，如表 9-3 所示。

表 9-3 自动分拣装置的 I/O 资源配置

序号	名称	输入地址	名称	输出地址
1	推料一气缸后限位	I0.0	推料一气缸（缩回）	Q0.0
2	推料一气缸前限位	I0.1	推料一气缸（推出）	Q0.1
3	推料二气缸后限位	I0.2	推料二气缸（缩回）	Q0.2
4	推料二气缸前限位	I0.3	推料二气缸（推出）	Q0.4
5	电感式传感器（推料 1 气缸）	I0.4	传动带启停	
6	电容式传感器（推料 2 气缸）	I0.5		
7	传送带物料检测光电传感器	I0.6		

2. PLC 外部接线图

按照 I/O 点的分配和实例描述的控制要求，设计 PLC 的接线图，如图 9-9 所示。

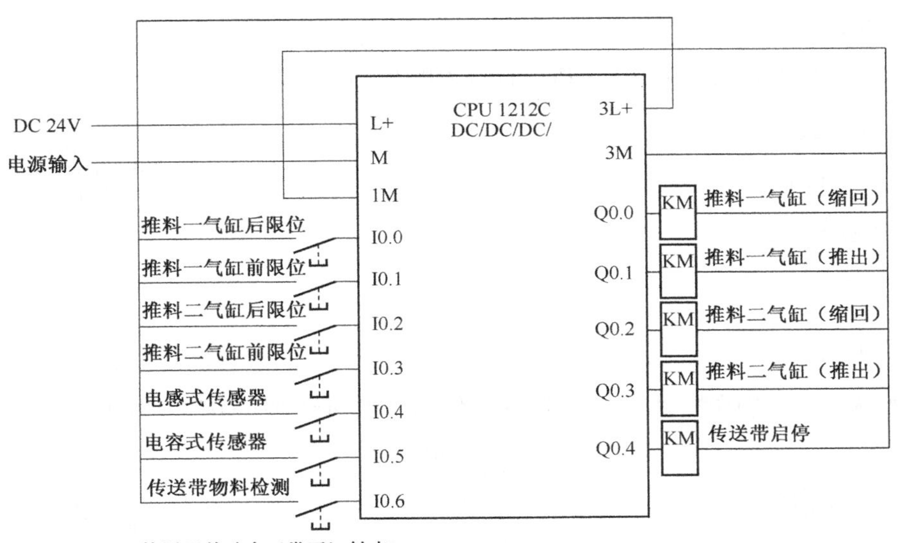

图 9-9　自动分拣装置的 PLC 外部接线图

3. PLC 变量表

自动分拣控制的 PLC 变量表如表 9-4 所示，除输入信号和输出信号外，新增了进口物料检测上升沿%M0.0（布尔变量）和未检测到物料定时器%MD4（时间变量）。

表 9-4　自动分拣控制 PLC 变量表

		名称	数据类型	地址
1		进口物料检测	Bool	%I0.6
2		进口物料检测上升沿	Bool	%M0.0
3		传送带启动	Bool	%Q0.4
4		未检测到物料定时器	Time	%MD4
5		电感式传感器	Bool	%I0.4
6		推料一气缸推出	Bool	%Q0.1
7		推料一气缸前限位	Bool	%I0.1
8		推料一气缸缩回	Bool	%Q0.0
9		推料一气缸后限位	Bool	%I0.0
10		电容式传感器	Bool	%I0.5
11		推料二气缸推出	Bool	%Q0.3
12		推料二气缸前限位	Bool	%I0.3
13		推料二气缸缩回	Bool	%Q0.2
14		推料二气缸后限位	Bool	%I0.2

9.4.3　程序设计

根据表 9-3 所示自动分拣装置的 I/O 资源配置和图 9-9 所示的 PLC 外部接线图，编制自动分拣装置梯形图，如图 9-10 所示。

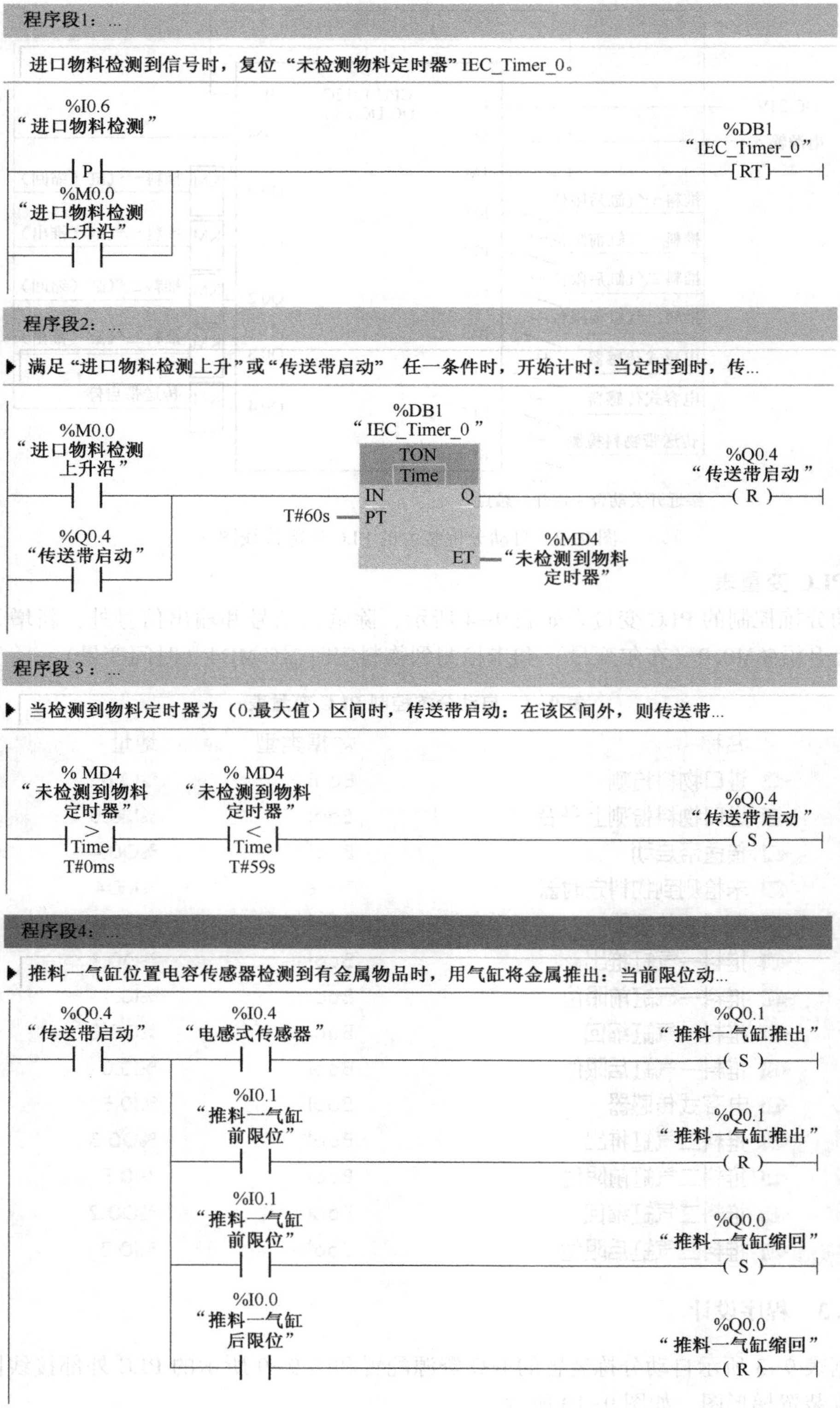

程序段1：...

进口物料检测到信号时，复位“未检测物料定时器”IEC_Timer_0。

%I0.6 “进口物料检测” —|P|—
%M0.0 “进口物料检测上升沿”
%DB1 “IEC_Timer_0” —[RT]—

程序段2：...

▶ 满足“进口物料检测上升”或“传送带启动” 任一条件时，开始计时：当定时到时，传...

%M0.0 “进口物料检测上升沿”
%Q0.4 “传送带启动”
%DB1 “IEC_Timer_0” TON Time IN Q PT ET
T#60s
%Q0.4 “传送带启动” —(R)—
%MD4 “未检测到物料定时器”

程序段 3：...

▶ 当检测到物料定时器为（0.最大值）区间时，传送带启动：在该区间外，则传送带...

% MD4 “未检测到物料定时器” > Time T#0ms
% MD4 “未检测到物料定时器” < Time T#59s
%Q0.4 “传送带启动” —(S)—

程序段4：...

▶ 推料一气缸位置电容传感器检测到有金属物品时，用气缸将金属推出：当前限位动...

%Q0.4 “传送带启动”
%I0.4 “电感式传感器” —(S)— %Q0.1 “推料一气缸推出”
%I0.1 “推料一气缸前限位” —(R)— %Q0.1 “推料一气缸推出”
%I0.1 “推料一气缸前限位” —(S)— %Q0.0 “推料一气缸缩回”
%I0.0 “推料一气缸后限位” —(R)— %Q0.0 “推料一气缸缩回”

图 9-10　自动分拣装置的梯形图

程序段5：...

▶ 推料二气缸位置电容传感器检测到有非金属物品时，用气缸将非金属推出：当前限...

%Q0.4
"传送带启动"

%I0.5
"电容式传感器"

%Q0.3
"推料二气缸推出"
(S)

%I0.3
"推料二气缸
前限位"

%Q0.3
"推料二气缸推出"
(R)

%I0.3
"推料二气缸
前限位"

%Q0.2
"推料二气缸缩回"
(S)

%I0.2
"推料二气缸
后限位"

%Q0.2
"推料二气缸缩回"
(R)

图 9-10　自动分拣装置的梯形图（续）

9.5 机械手搬运控制

无论是生产流水线，还是大型机床设备，机械手都起到了关键的作用，随着加工设备的不断发展，机械手已经在各个领域得到广泛的应用。机械手作为工件取送设备，虽然应用于不同的场合，其具体的工作情况不同，但其本质的工作过程却是类似的。采用可编程控制器对机械手进行控制也是目前常见的控制方式，这里给出的机械手控制程序，可以应用于大部分类似的控制场合。

9.5.1 控制要求与解决思路

1. 控制要求

根据实际需要，设计机械手控制程序，按照如下过程进行：手爪前伸→手爪逆时针旋转→下降→抓取物块→上升→手爪后缩（同时底盘继续顺时针旋转一定角度）→气爪顺时针旋转→下降→松开物料块→上升→整体达到复位位置，循环往复，实现对机械手移送工件的过程控制。

2. 解决思路

可以根据机械手的工作需求，实现的控制程序要在可以完成正常的运转周期的基础上进行设计开发。

程序的设计主要是考虑周期动作的实现，也就是如何控制各个状态的转换，实现在各个阶段的控制任务。根据运转的要求，在系统启动初期先判断转盘是否位于原始位置，当转盘未在原位时，按下复位按钮（黄色），使其各个机构达到预定复位状态。当到达原位时，机械手表示待机状态。按下启动按钮（绿色），旋转电动机使转盘顺时针旋转，当旋转过一定角度之后，转盘停止。然后，按照动作顺序要求，依据位置检测反馈信号来控制各部分动作的启动与结束。通过上述分析，对机械手的控制程序就有一个比较清楚的思路，运用可编程控制的常规处理功能就可以比较方便地实现控制程序的开发。

9.5.2 硬件设计

机械手控制系统的 I/O 分配图如图 9-11 所示。

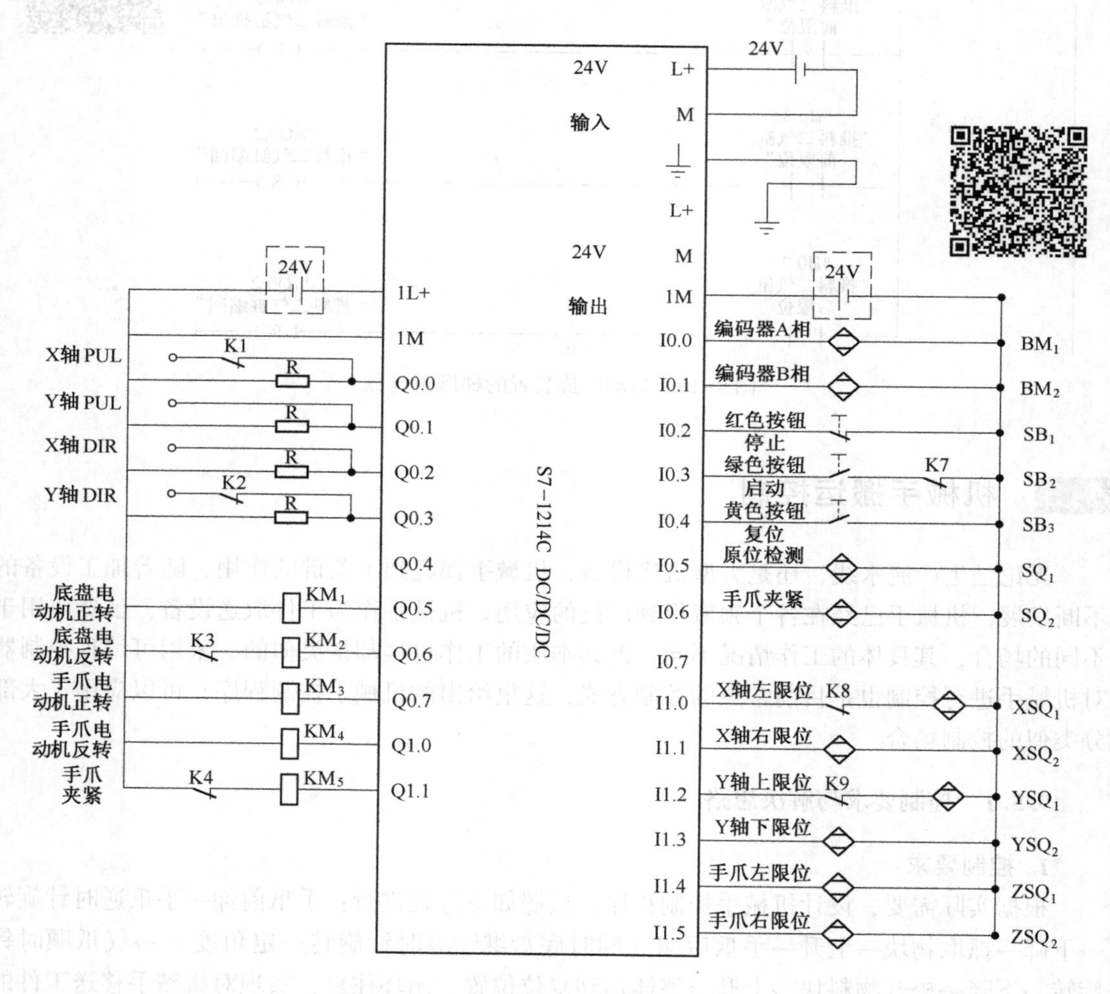

图 9-11 机械手控制系统的 I/O 分配图

9.5.3 程序设计

根据图 9-10 的 I/O 分配图及控制要求，编制机械手控制系统梯形图，如图 9-12 所示。

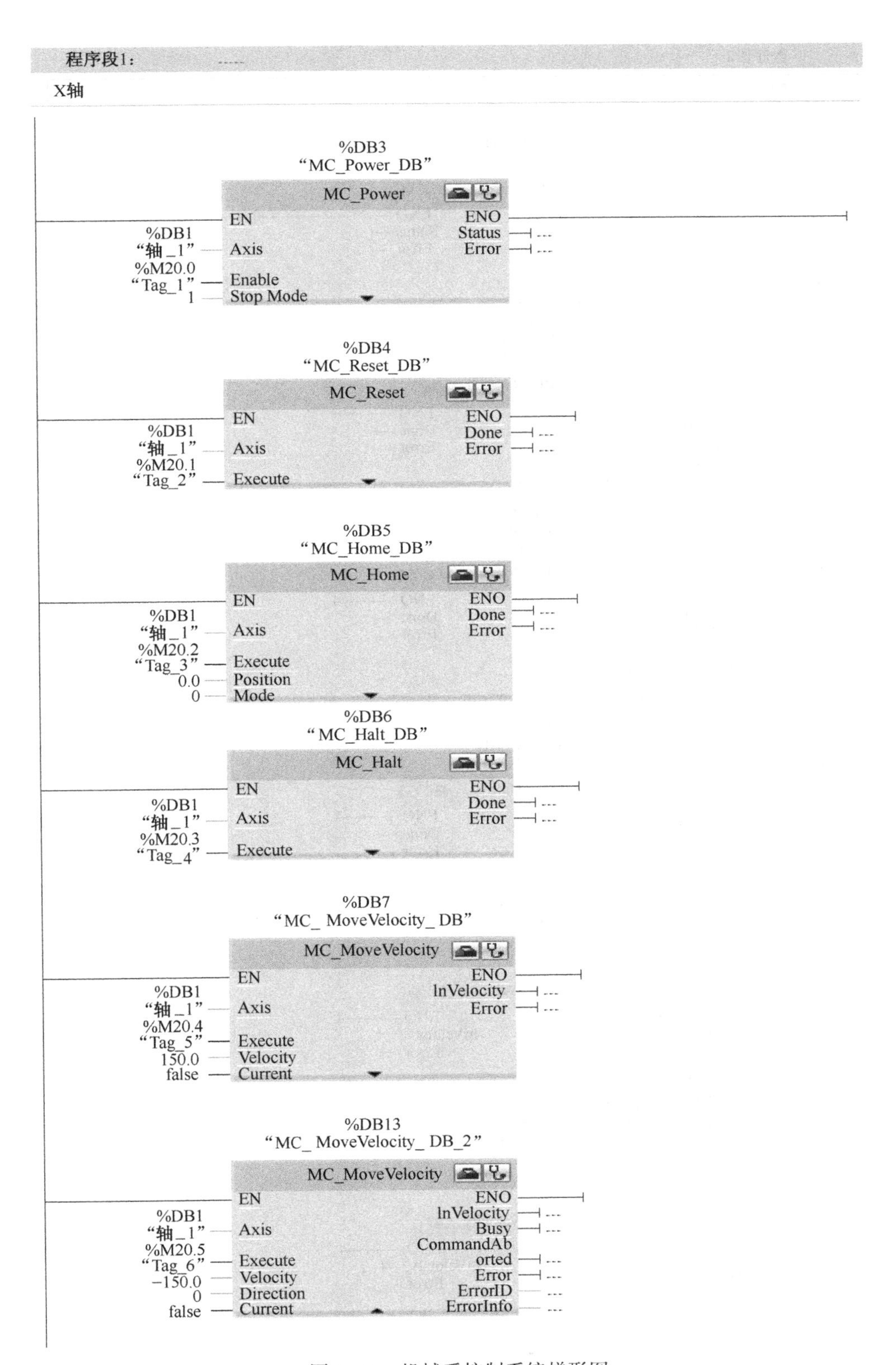

图 9-12 机械系控制系统梯形图

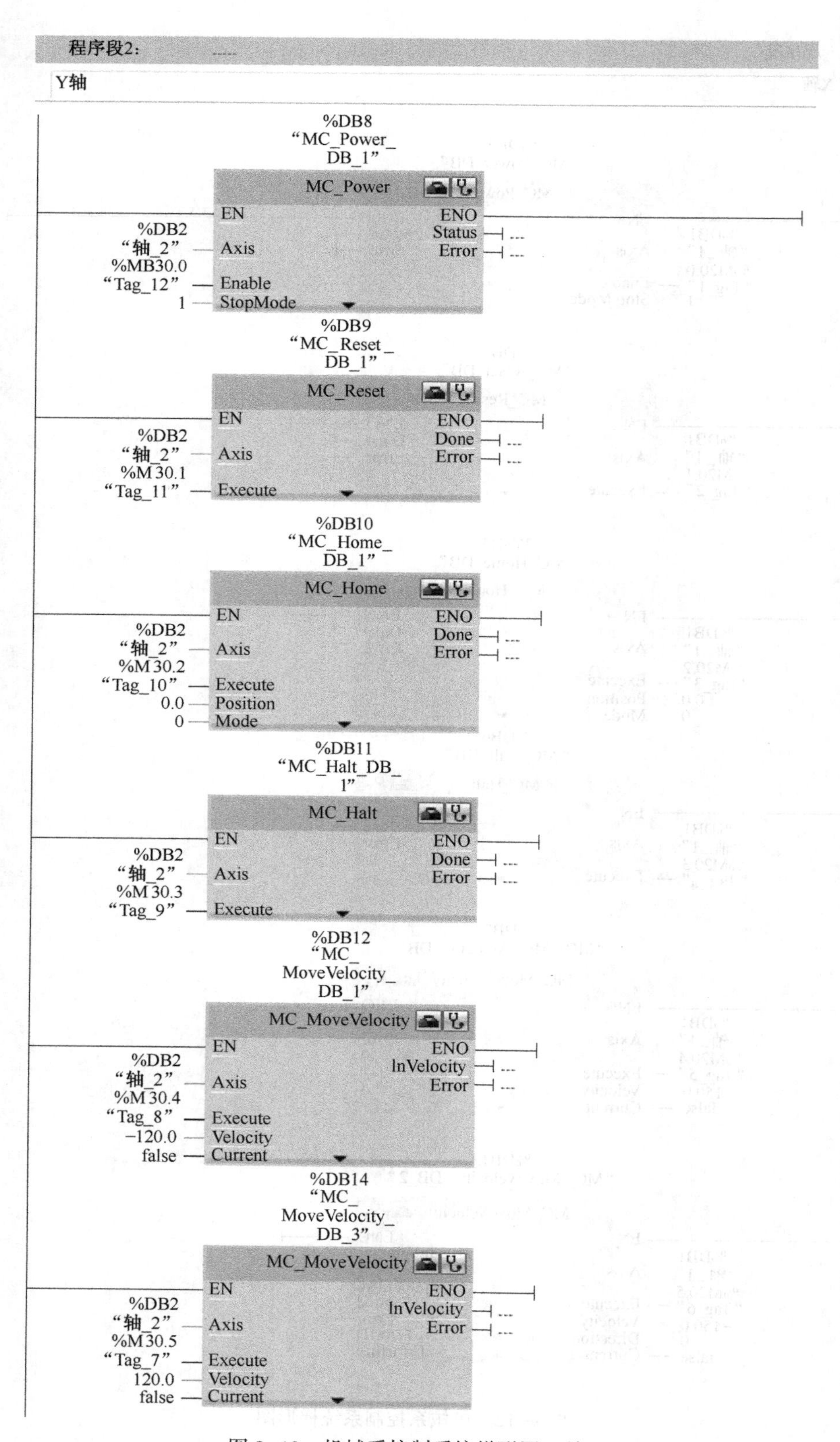

图 9-12　机械系控制系统梯形图（续）

程序段3: -----

转盘复位控制I0.4

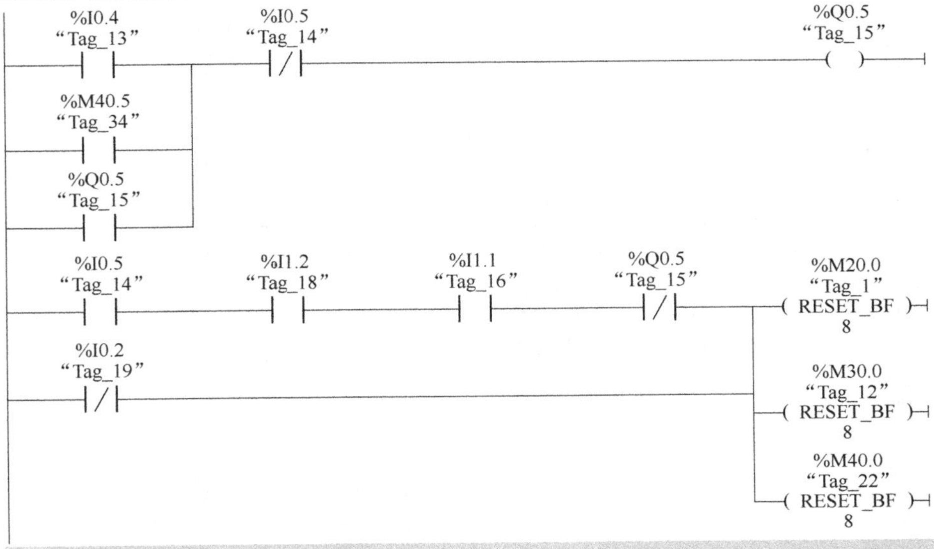

%I0.4 "Tag_13"　%I0.5 "Tag_14"　%Q0.5 "Tag_15" ( )

%M40.5 "Tag_34"

%Q0.5 "Tag_15"

%I0.5 "Tag_14"　%I1.2 "Tag_18"　%I1.1 "Tag_16"　%Q0.5 "Tag_15"　%M20.0 "Tag_1" (RESET_BF) 8

%I0.2 "Tag_19"　%M30.0 "Tag_12" (RESET_BF) 8

%M40.0 "Tag_22" (RESET_BF) 8

程序段4: -----

X轴I0.4复位M40.1取物料

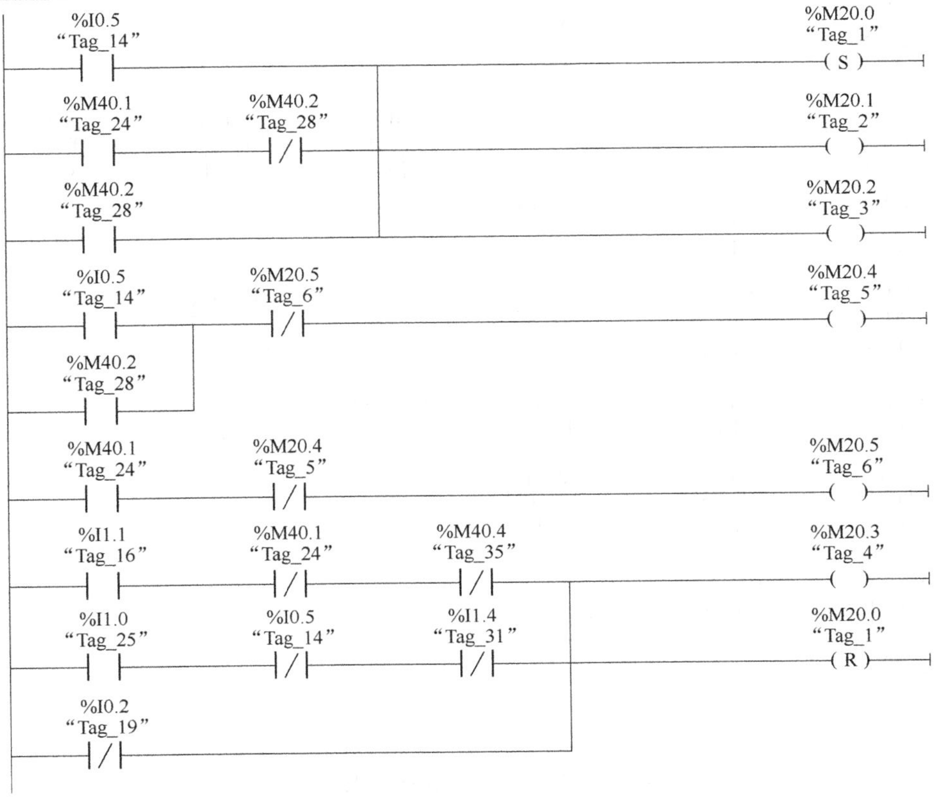

%I0.5 "Tag_14"　%M20.0 "Tag_1" (S)

%M40.1 "Tag_24"　%M40.2 "Tag_28"　%M20.1 "Tag_2" ( )

%M40.2 "Tag_28"　%M20.2 "Tag_3" ( )

%I0.5 "Tag_14"　%M20.5 "Tag_6"　%M20.4 "Tag_5" ( )

%M40.2 "Tag_28"

%M40.1 "Tag_24"　%M20.4 "Tag_5"　%M20.5 "Tag_6" ( )

%I1.1 "Tag_16"　%M40.1 "Tag_24"　%M40.4 "Tag_35"　%M20.3 "Tag_4" ( )

%I1.0 "Tag_25"　%I0.5 "Tag_14"　%I1.4 "Tag_31"　%M20.0 "Tag_1" (R)

%I0.2 "Tag_19"

图 9-12　机械系控制系统梯形图（续）

程序段5: .....

Y轴复位

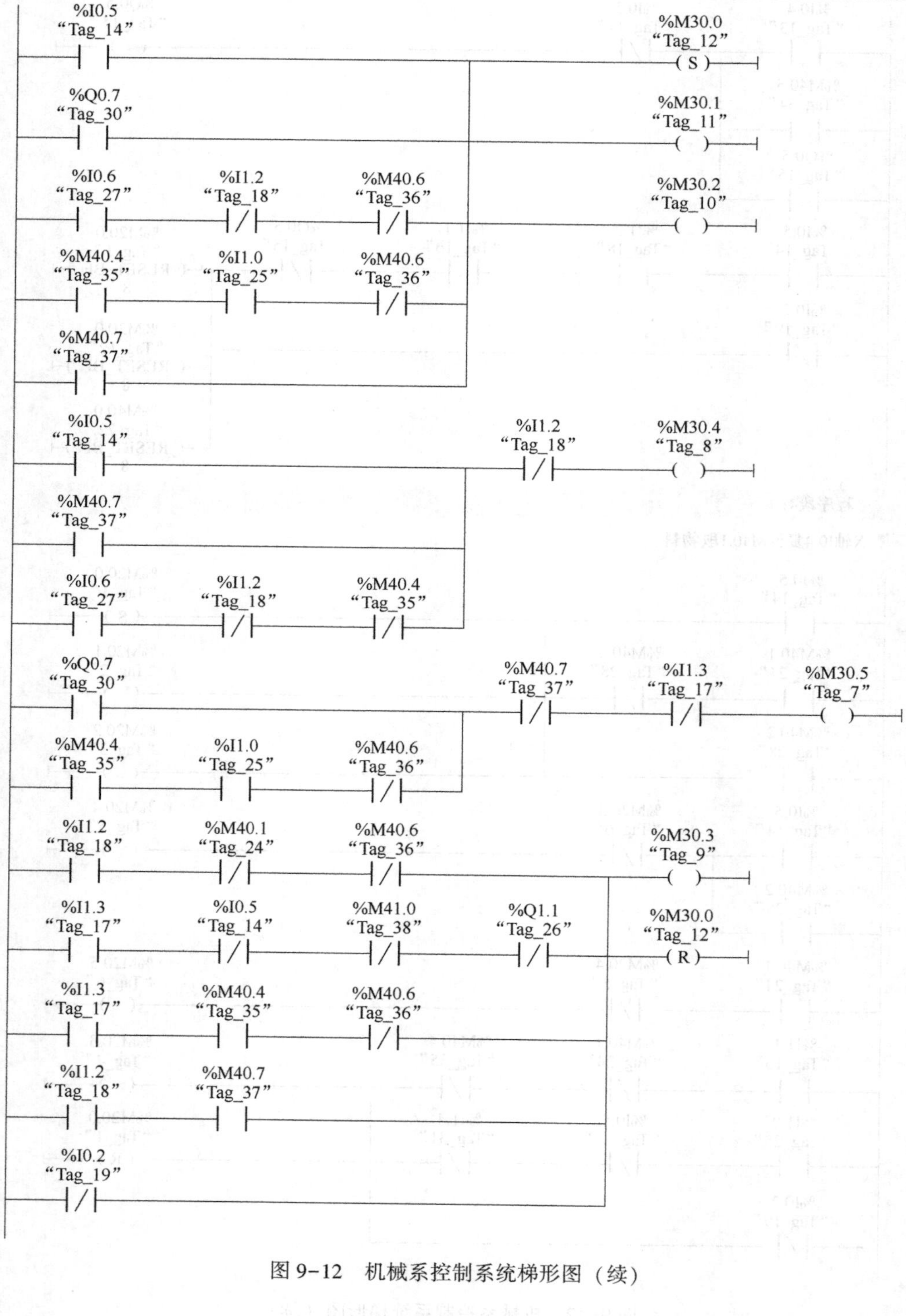

%I0.5 "Tag_14"
%M30.0 "Tag_12" (S)
%Q0.7 "Tag_30"
%M30.1 "Tag_11" ( )
%I0.6 "Tag_27" %I1.2 "Tag_18" %M40.6 "Tag_36"
%M30.2 "Tag_10" ( )
%M40.4 "Tag_35" %I1.0 "Tag_25" %M40.6 "Tag_36"
%M40.7 "Tag_37"

%I0.5 "Tag_14" %I1.2 "Tag_18" %M30.4 "Tag_8" ( )
%M40.7 "Tag_37"
%I0.6 "Tag_27" %I1.2 "Tag_18" %M40.4 "Tag_35"

%Q0.7 "Tag_30" %M40.7 "Tag_37" %I1.3 "Tag_17" %M30.5 "Tag_7" ( )
%M40.4 "Tag_35" %I1.0 "Tag_25" %M40.6 "Tag_36"

%I1.2 "Tag_18" %M40.1 "Tag_24" %M40.6 "Tag_36"
%M30.3 "Tag_9" ( )
%I1.3 "Tag_17" %I0.5 "Tag_14" %M41.0 "Tag_38" %Q1.1 "Tag_26"
%M30.0 "Tag_12" (R)
%I1.3 "Tag_17" %M40.4 "Tag_35" %M40.6 "Tag_36"
%I1.2 "Tag_18" %M40.7 "Tag_37"
%I0.2 "Tag_19"

图 9-12 机械系控制系统梯形图（续）

程序段6:　......

启动控制

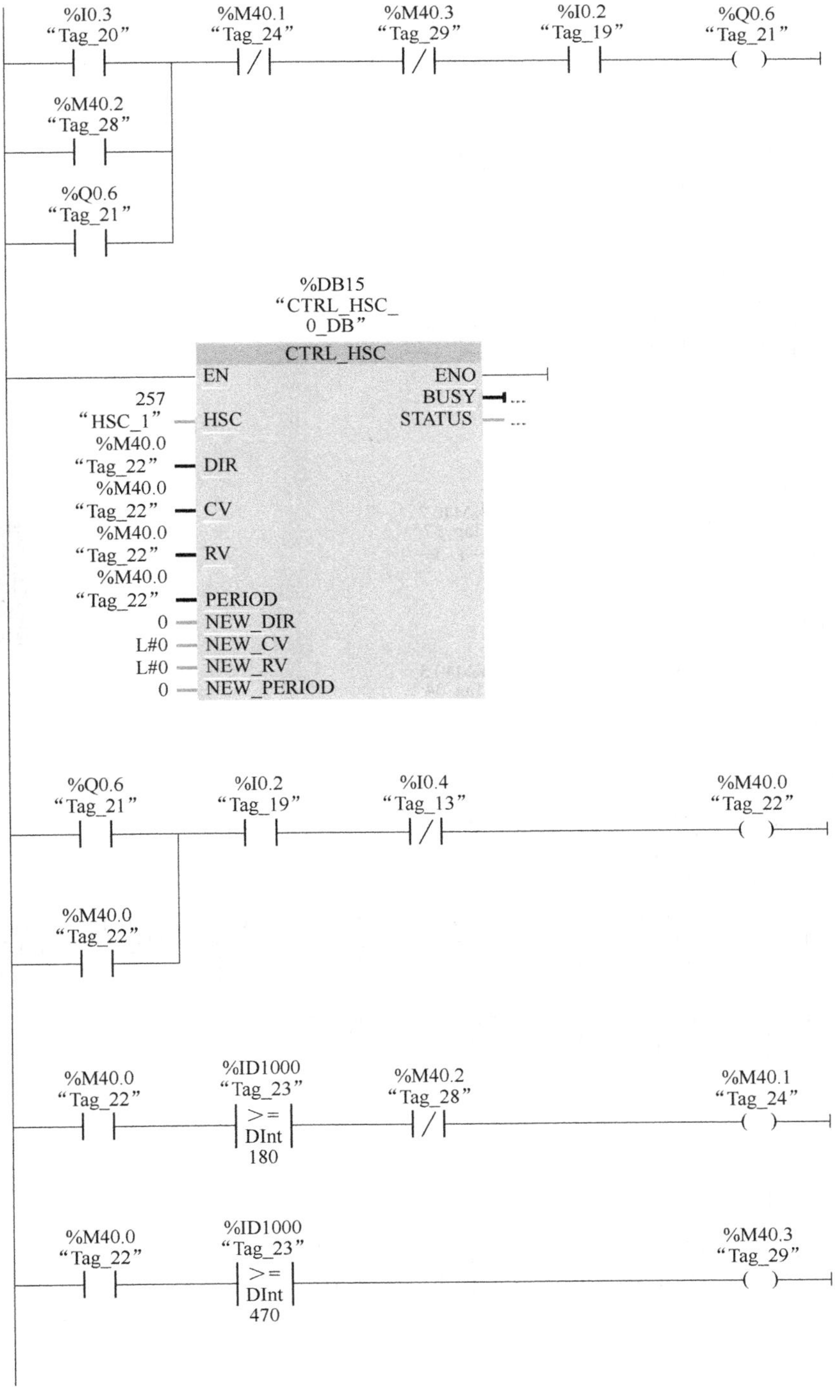

%I0.3 "Tag_20"
%M40.1 "Tag_24"
%M40.3 "Tag_29"
%I0.2 "Tag_19"
%Q0.6 "Tag_21"
%M40.2 "Tag_28"
%Q0.6 "Tag_21"

%DB15 "CTRL_HSC_0_DB"
CTRL_HSC
EN　ENO
257 "HSC_1" — HSC　BUSY — ...
STATUS — ...
%M40.0 "Tag_22" — DIR
%M40.0 "Tag_22" — CV
%M40.0 "Tag_22" — RV
%M40.0 "Tag_22" — PERIOD
0 — NEW_DIR
L#0 — NEW_CV
L#0 — NEW_RV
0 — NEW_PERIOD

%Q0.6 "Tag_21"
%I0.2 "Tag_19"
%I0.4 "Tag_13"
%M40.0 "Tag_22"
%M40.0 "Tag_22"

%M40.0 "Tag_22"
%ID1000 "Tag_23" >= DInt 180
%M40.2 "Tag_28"
%M40.1 "Tag_24"

%M40.0 "Tag_22"
%ID1000 "Tag_23" >= DInt 470
%M40.3 "Tag_29"

图 9-12　机械系控制系统梯形图（续）

程序段7：......

拿取物料

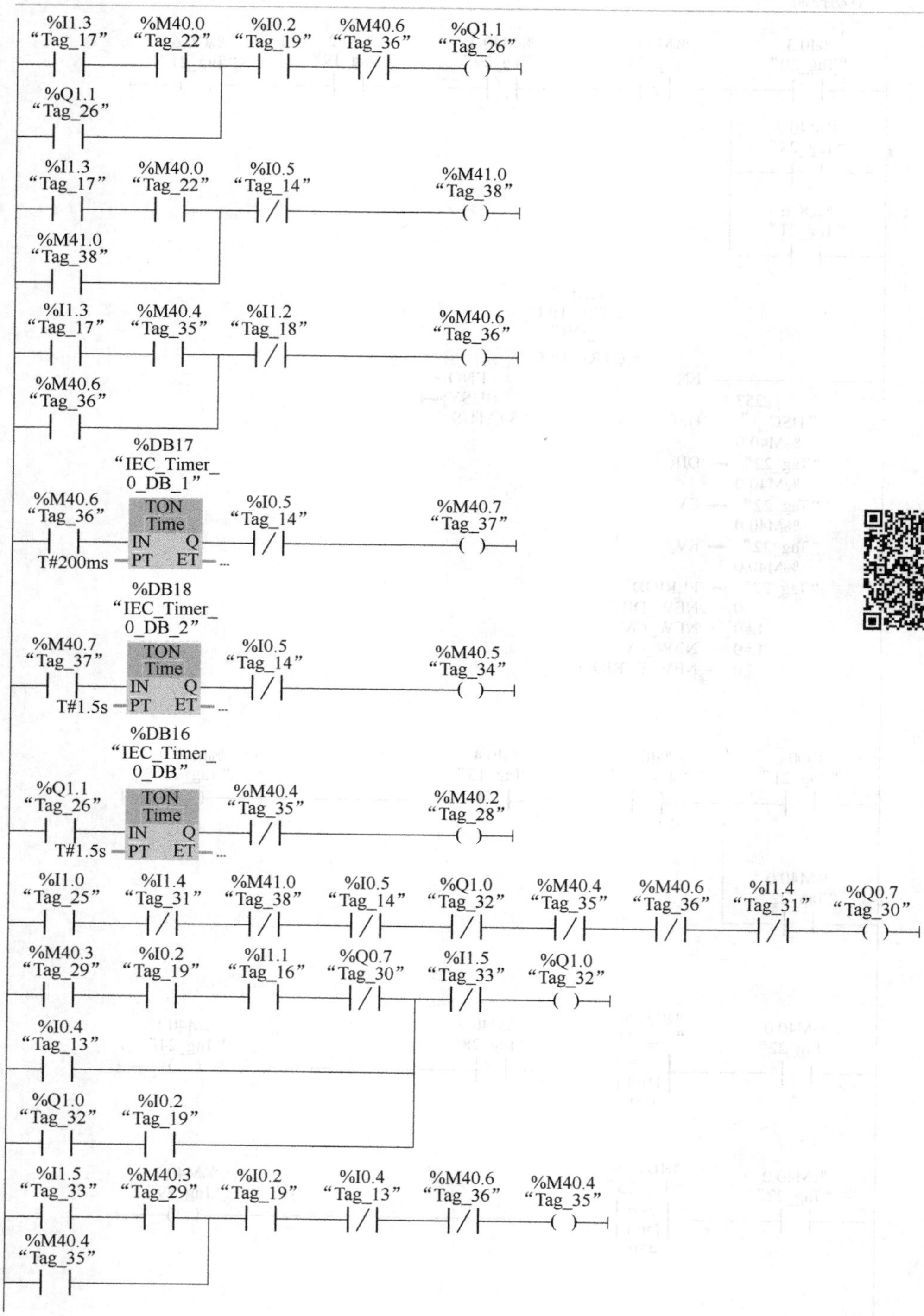

%I1.3 "Tag_17"　%M40.0 "Tag_22"　%I0.2 "Tag_19"　%M40.6 "Tag_36"　%Q1.1 "Tag_26"
%Q1.1 "Tag_26"

%I1.3 "Tag_17"　%M40.0 "Tag_22"　%I0.5 "Tag_14"　%M41.0 "Tag_38"
%M41.0 "Tag_38"

%I1.3 "Tag_17"　%M40.4 "Tag_35"　%I1.2 "Tag_18"　%M40.6 "Tag_36"
%M40.6 "Tag_36"

%DB17 "IEC_Timer_0_DB_1"
%M40.6 "Tag_36"　TON Time　IN　Q　T#200ms　PT　ET　...　%I0.5 "Tag_14"　%M40.7 "Tag_37"

%DB18 "IEC_Timer_0_DB_2"
%M40.7 "Tag_37"　TON Time　IN　Q　T#1.5s　PT　ET　...　%I0.5 "Tag_14"　%M40.5 "Tag_34"

%DB16 "IEC_Timer_0_DB"
%Q1.1 "Tag_26"　TON Time　IN　Q　T#1.5s　PT　ET　...　%M40.4 "Tag_35"　%M40.2 "Tag_28"

%I1.0 "Tag_25"　%I1.4 "Tag_31"　%M41.0 "Tag_38"　%I0.5 "Tag_14"　%Q1.0 "Tag_32"　%M40.4 "Tag_35"　%M40.6 "Tag_36"　%I1.4 "Tag_31"　%Q0.7 "Tag_30"

%M40.3 "Tag_29"　%I0.2 "Tag_19"　%I1.1 "Tag_16"　%Q0.7 "Tag_30"　%I1.5 "Tag_33"　%Q1.0 "Tag_32"
%I0.4 "Tag_13"
%Q1.0 "Tag_32"　%I0.2 "Tag_19"

%I1.5 "Tag_33"　%M40.3 "Tag_29"　%I0.2 "Tag_19"　%I0.4 "Tag_13"　%M40.6 "Tag_36"　%M40.4 "Tag_35"
%M40.4 "Tag_35"

图 9-12　机械系控制系统梯形图（续）

9.5.4 总结与评价

机械手的控制应用在很多场合，无论是机床使用的小型系统还是流水线上的这类设备，其基本要求类似，所以控制的实现可以相互借鉴。

第10章 PLC工程机械应用实例

10.1 桥式起重机的控制

桥式起重机广泛应用于工业生产中，作为主要的运载设备使用小型可编程控制器对其进行控制，可以更好地保障系统整体运转的稳定性和可靠性。本例要给出的就是针对常见的桥式起重机系统编写的控制程序。

10.1.1 实现目标与要求

编程实现对桥式起重机的动作进行控制，具体要求如下：

（1）吊钩升降控制。吊钩是通过电动机拖动钢丝完成升降动作的，电动机的正、反向运转决定吊钩的动作方向，在运转中需要考虑钢丝的极限范围。

（2）小车前后运行控制。起重机运载小车的前后运动也是通过电动机驱动的，在动作过程中，不允许超出起重机的两侧极限位置。

（3）起重机左右运行控制。起重机左右运转由拖动电动机带动整个车体在轨道上左、右运动，其运动范围应该控制在轨道离两个尽头一定距离处，以确保设备不会脱离轨道。

（4）声光指示控制。起重机处于运动过程状态时，要给出铃声警告。在运转到对应的极限位置时，在驾驶室内给出指示灯显示。

10.1.2 解决思路

桥式起重机的控制很简单，主要是实现对 3 台拖动电动机的正、反转控制。其控制实现的逻辑可以采用本书第 2 章中介绍的控制方法，考虑到实际的起重机控制中使用的不是控制按钮而是多向转换开关，同时快速换向的情况较多，所以在程序实现上要充分考虑这些细节，采取对应的实现手段。通过上述分析，利用通用的电动机控制程序，增加位置控制逻辑的处理，就可以实现对桥式起重机的可编程控制器控制。

10.1.3 控制需求分析与硬件设计

可编程控制器用于桥式起重机控制，只需要使用最简单的设备就可以实现控制要求。系统的输入主要是总电源合闸信号、3 个主要被控设备的控制信号和相应的位置极限信号。系统的输出是 3 个拖动电动机的正、反转信号和声光指示信号。总的来说，需要 13 个输入信号和 8 个输出信号。桥式起重机控制系统的 PLC 配置如图 10-1 所示。

确定系统的输入/输出信号设计后，根据桥式起重机动作控制要求，对各个拖动电动机

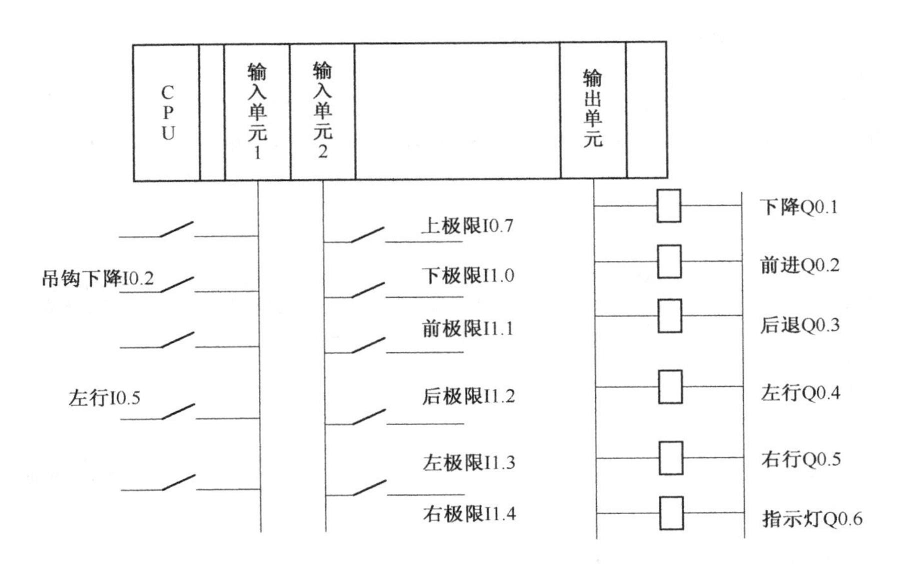

图 10-1　桥式起重机控制系统的 PLC 配置

的控制逻辑关系进行分析，完成程序编写。

1. 桥式起重机控制的逻辑分析

桥式起重机的控制实现是围绕 3 台拖动电动机进行的，每台电动机的控制逻辑基本相同，在实现时可以参照本书有关电动机控制的子程序。

考虑到桥式起重机控制的特殊性，其启停操作不需要使用自锁功能，同时考虑到极限位置的限制，动作的指令中需要加入相应的位置限制逻辑。由于实现的逻辑简单，此处就不做过多的介绍。

2. 桥式起重机控制程序设计

通过使用可编程控制器对 3 台电动机的正、反转控制的实现，就可以实现对桥式起重机的动作控制。本例梯形图如图 10-2 所示。

本例的桥式起重机控制程序，在实现基本的电动机控制的基础上，同时对系统的具体应用需求进行了考虑，增加了对位置的逻辑处理，具有限位和报警功能。报警铃在系统调取和移动时给出警告，确保工作时能引起相关区域人员的注意。在对桥式起重机的控制中，采取的主要措施是对电动机的控制，主要的特点就是由于电动机正、反转是由主令控制器给出信号，所以命令信号本身具备保持的特性，在设计时不需考虑信号的自锁问题。

图 10-2　桥式起重机控制系统梯形图

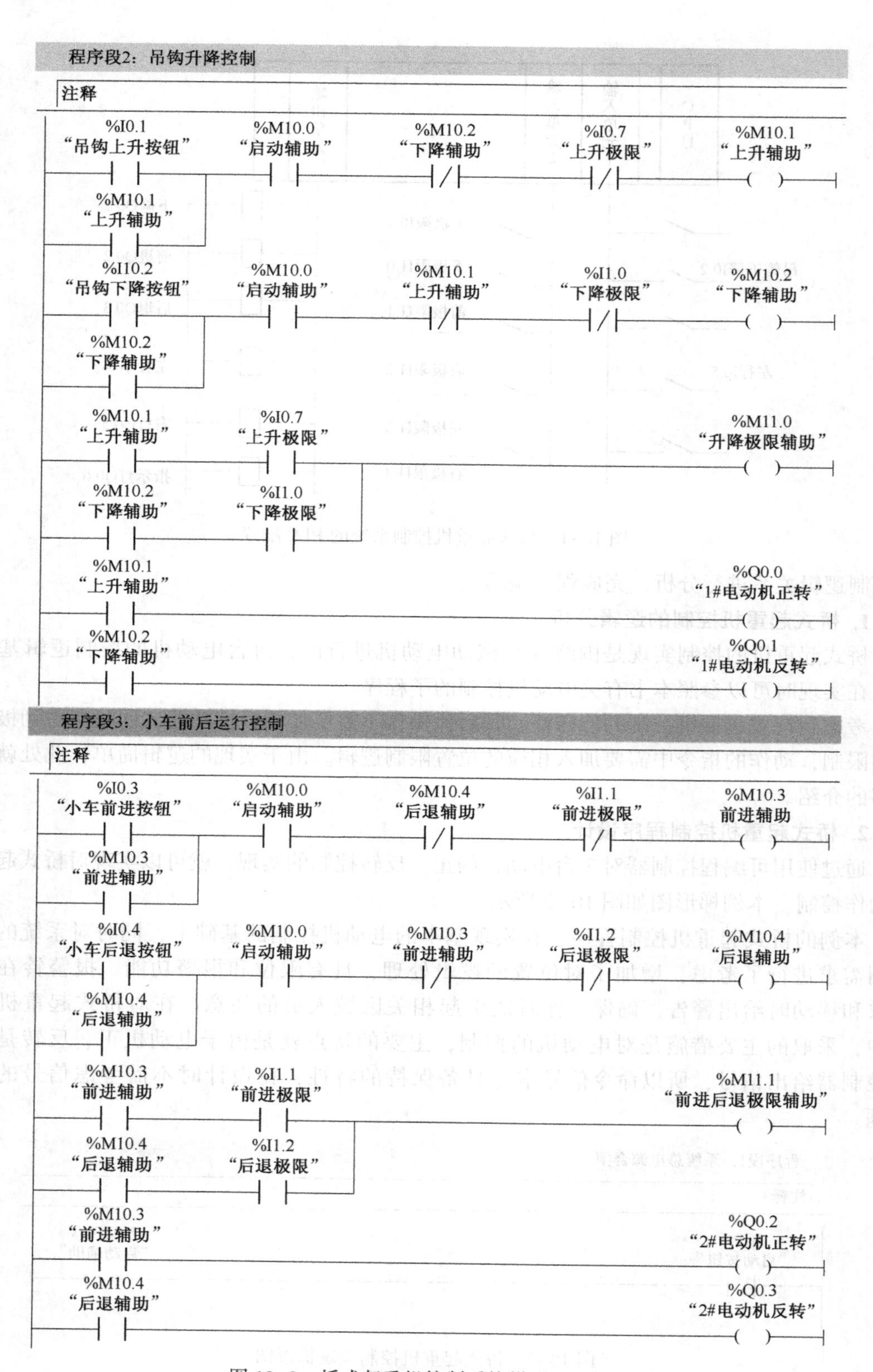

图 10-2　桥式起重机控制系统梯形图（续）

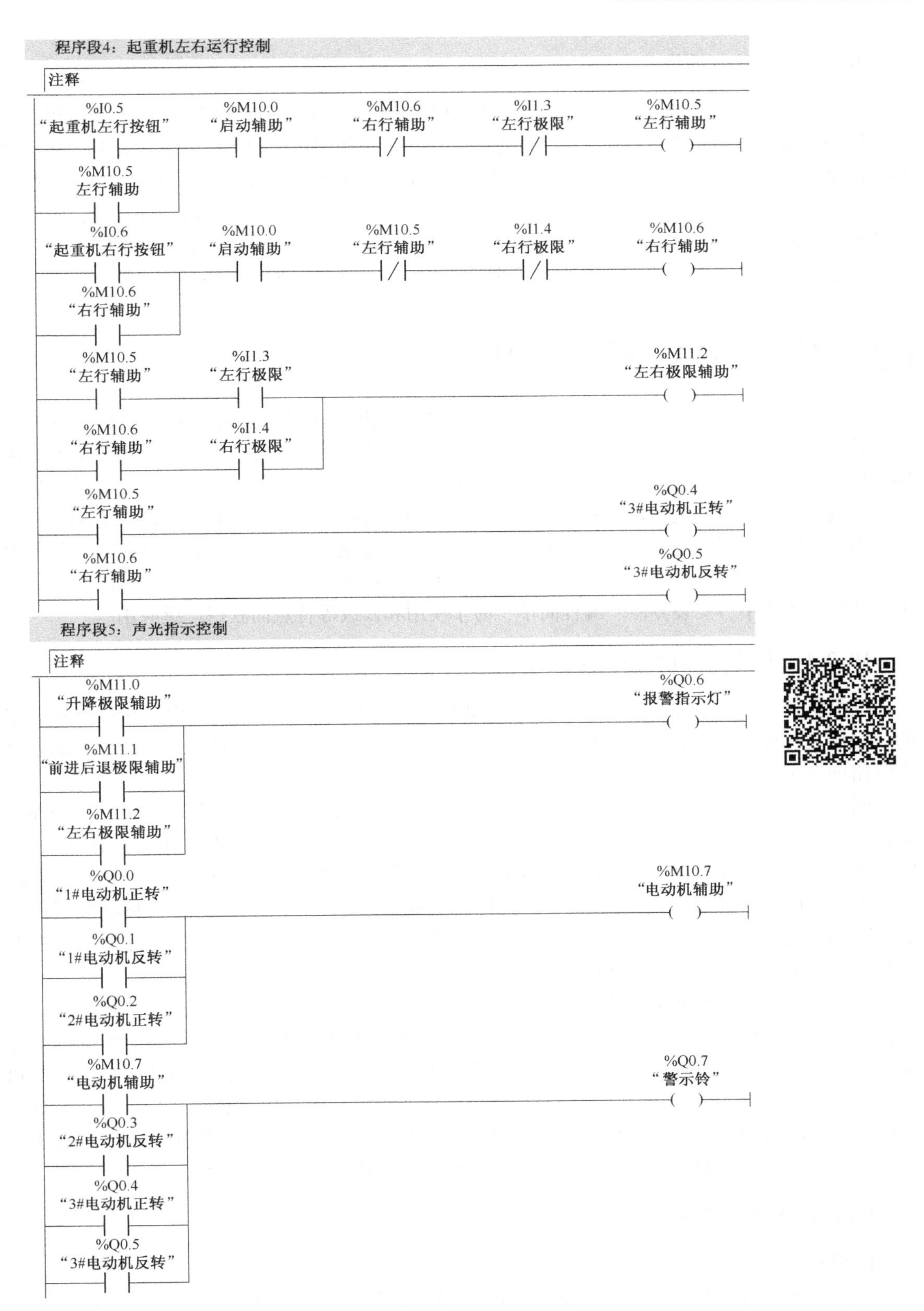

图 10-2　桥式起重机控制系统梯形图（续）

10.1.4 总结与评价

目前的桥式起重机控制系统大部分还是使用继电器和接触器进行控制，但随着可编程控制器价格的不断降低和起重设备功能的不断增强，已经出现使用可编程控制器进行控制的起重设备。这里给出的桥式起重机控制子程序，只是针对常用的工作方式进行设计分析，对于一些功能全面的系统，可能还需要考虑自动运转等控制功能，结合本书其他章节的程序设计，不难实现这类功能的程序开发。在程序开发中，对于所控系统中的实际设备状况进行相应的程序设计，这在设计中是很重要的，可以使设计的程序更适用，并可以避免不必要的故障。

10.2 挖掘机电气控制系统设计

挖掘机是一种广泛使用的大型工程机械，它主要由电气控制系统、液压系统、冷却系统、钻臂和行走机构、运输机构等组成。工作时，先启动蜂鸣器，让工作人员离开生产现场，再启动冷却泵电动机，对液压电动机和钻头电动机进行冷却，待冷却泵稳定工作后，启动液压泵电动机，再启动钻头电动机开始工作。停机顺序与启动顺序正好相反。以前大部分挖掘机采用传统的继电器和接触器控制系统。这种系统的主要缺点是接线复杂，维修困难，控制触点易烧坏，可靠性和抗干扰性较差。可编程逻辑控制器（PLC）作为新一代的工业控制装置，由于其具有体积小、安装方便、编程简单、易于使用和修改等特点而获得广泛应用。

10.2.1 主电路设计与控制要求

挖掘机的电气控制系统主要控制钻头电动机、冷却泵电动机、液压泵电动机按事先设定的顺序启动和停止，按设定的时间运转，同时当系统温度超过设定值时产生报警。控制系统主电路如图 10-3 所示。

图 10-3 中钻头电动机功率较大，采用星形-三角形（Y-△）启动方式，由 KM_4、KM_5、KM_6 控制。冷却泵电动机和液压泵电动机功率较小，直接启动即可，分别由 KM_2、KM_3 控制。接触器 KM_0 作急停用，即当系统出现紧急情况时，断开 KM_0，即断开三台电动机的电源，同时接触器 KM_1 控制蜂鸣器 HA_1 的鸣叫。图 10-3 中 $FR_1 \sim FR_3$ 为热继电器，用于对电动机进行过载保护，FR_4 为温度传感器，用于准确测量钻头电动机的工作温度，当温度超过设定值时，控制 HA_2 进行声光报警。

根据工艺要求，首先 PLC 控制系统必须保证三台电动机按指定的顺序启动和停止；其次，系统必须有自动和手动两种工作方式。正常工作时各电动机连续自动运转，系统调试与维修时采用手动工作方式。此外，系统还应设置互锁、短路和过载保护。当液压泵电动机和冷却泵电动机中有一台过载时，系统必须停止工作；当钻头电动机过载时，只停止其本身的工作，不影响其他电动机的工作；当钻头电动机超过设定温度时，必须停止运行。系统还应设有急停开关，并采取必要的抗干扰措施，以确保挖掘机安全可靠地工作。

10.2.2 PLC 控制系统设计

1. 硬件设计

根据上述控制要求，系统实际输入点数为 12 点，输出点数为 8 点。考虑到今后扩展和

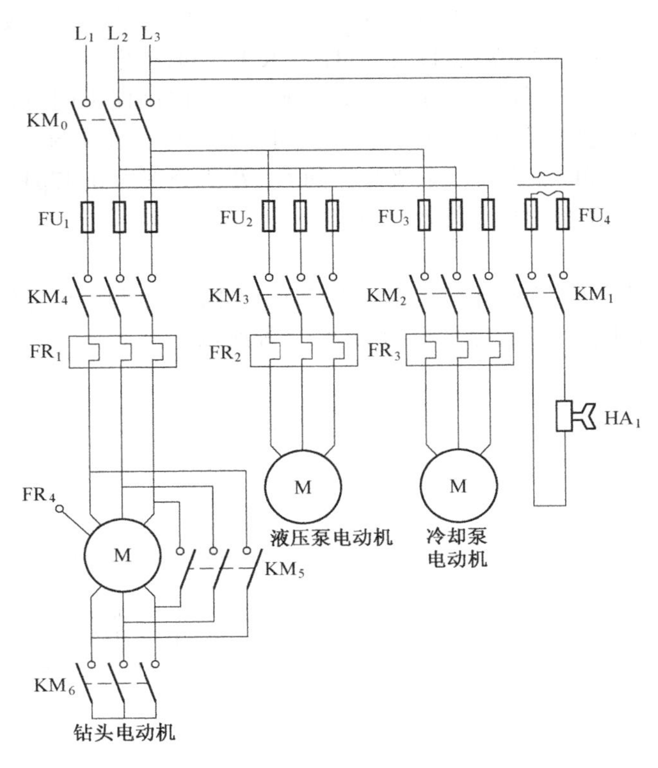

图 10-3　控制系统主电路

维护的需要，选用西门子公司 CPU 1214C DC/DC/DC 可编程控制器。PLC 的硬件接线如图 10-4 所示。

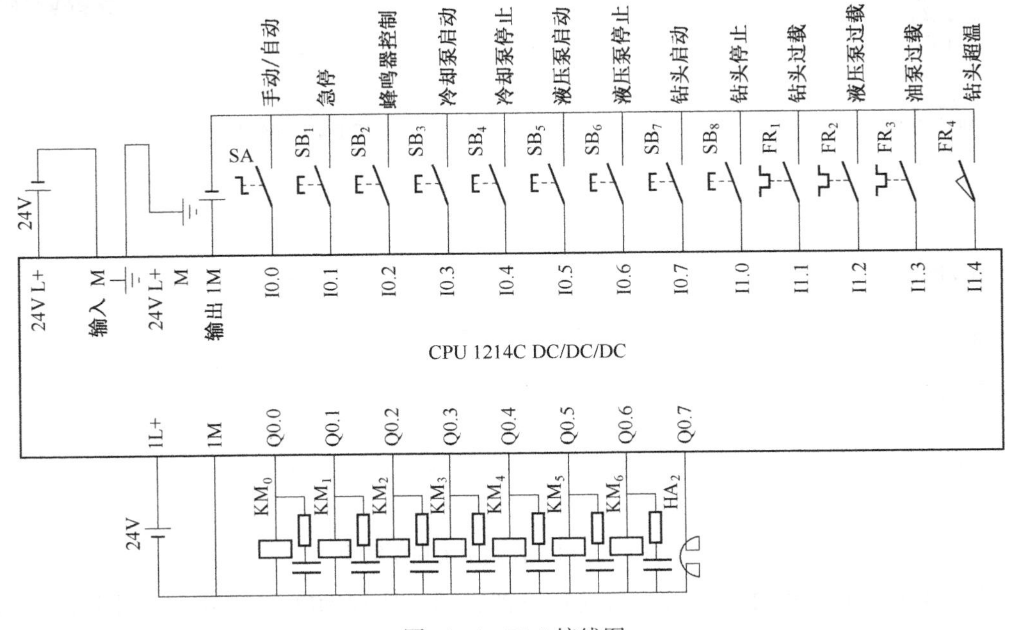

图 10-4　PLC 接线图

图 10-4 中 SA 为手动/自动工作方式的转换开关，SB_1 为紧急停止按钮。KM_4 和 KM_6 同时得电时，钻头电动机以 Y 形方式启动；KM_4 和 KM_5 同时得电时，钻头电动机以△形方式运行。因此，KM_5 与 KM_6 的线圈必须由软件实现互锁，以确保不同时得电。由于系统的输出控制设备主要为交流感性负载，为保证挖掘机可靠地工作，在交流接触器 $KM_0 \sim KM_6$ 的两端各并联了一个 CR 浪涌吸收器。浪涌吸收器的 C、R 值分别为 0.47μF、47Ω，连接时，C、R 越靠近交流接触器，系统的抗干扰效果越好。

2. 程序设计

挖掘机 PLC 控制系统程序结构如图 10-5 所示。图中手动程序设计较简单。本节重点介绍自动程序的设计方法，自动程序梯形图如图 10-6 所示。

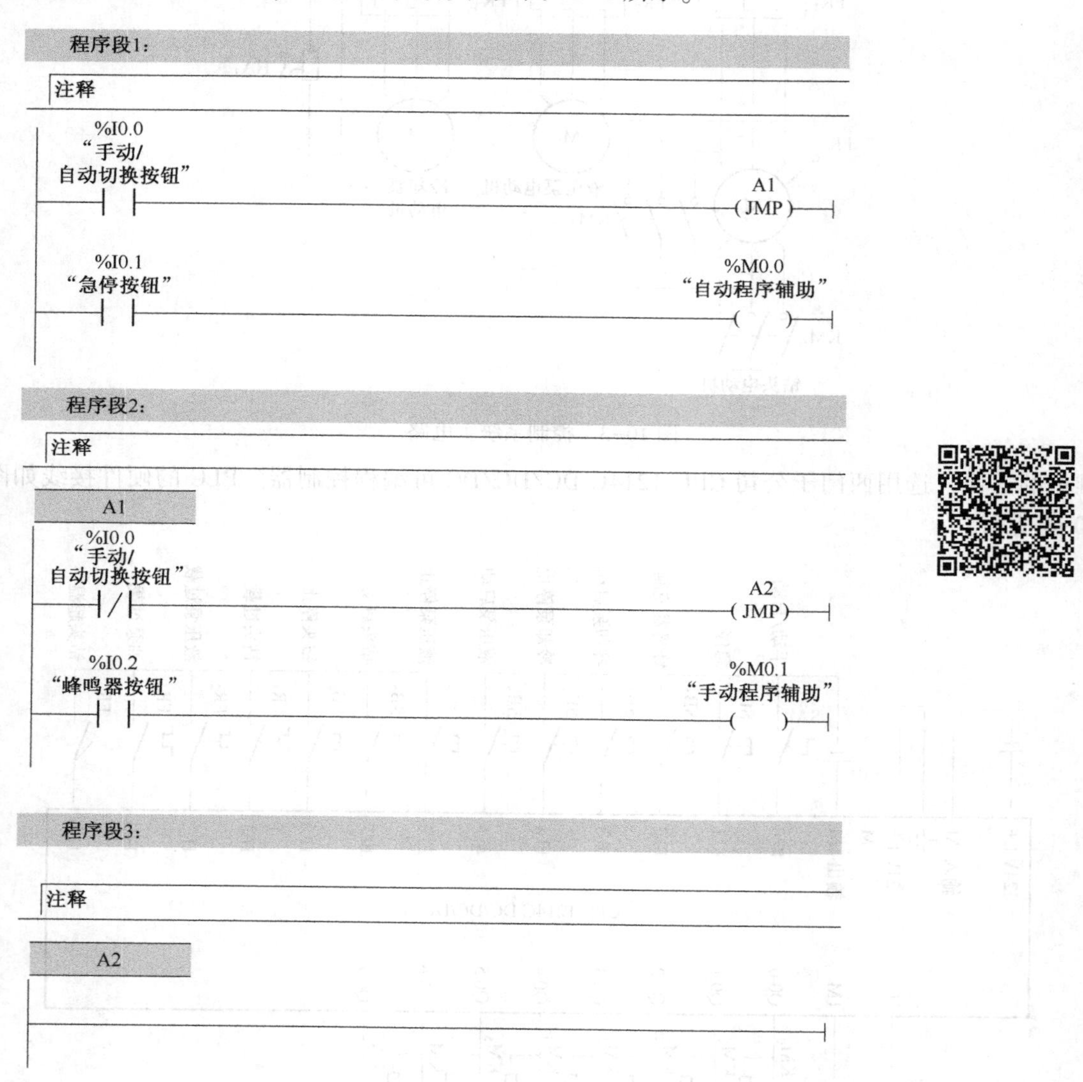

图 10-5　PLC 控制系统程序结构

由图 10-6 可知，I0.2 按钮首先启动蜂鸣器，同时使辅助继电器 M0.2 线圈得电，此时才能启动其他产品功耗。

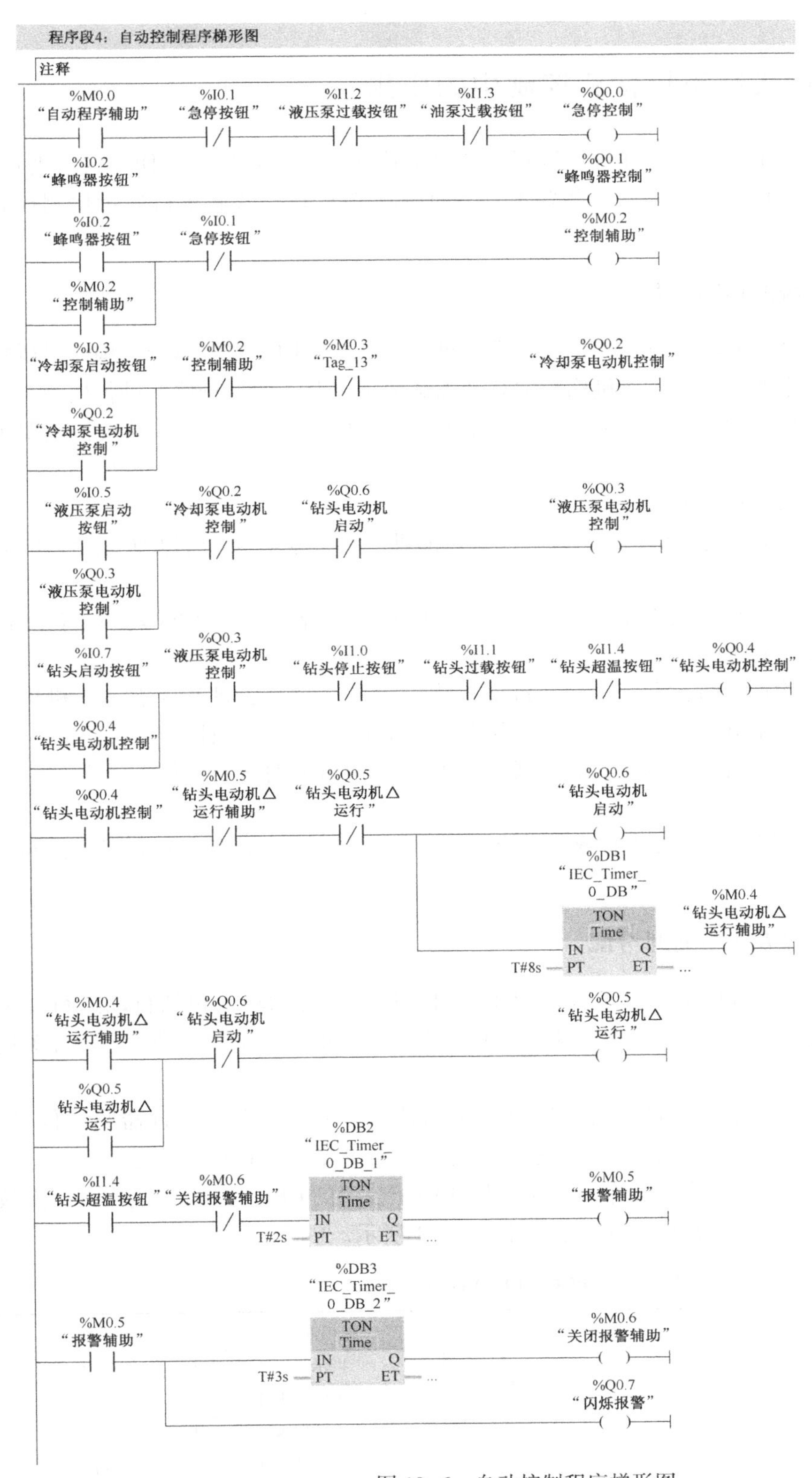

图 10-6　自动控制程序梯形图

10.3 PLC在桥式起重机检测控制中的应用

由于对桥式起重机的检测需要在现场进行，就要求检测控制设备接线方便、便于携带、工作可靠、控制灵活，PLC可以满足这些要求。下面讲解PLC在桥式起重机质量检测控制中的应用。

10.3.1 检测系统的控制要求

桥式起重机有三个主要的执行工作机构：升降机构、进退机构、左右运行机构。对桥式起重机的质量检测，主要是针对工作机构在空载和加载两种工况下的运行情况进行检测。空载检测时要求系统运行时间不少于1 h，加载检测要加载到1.1倍额定负载，并按控制要求反复运行1 h。

对检测过程的控制要求如下。

（1）检测进退机构运行时，机构的运动顺序是：前进30 s，停45 s，后退30 s，停45 s，每个周期为150 s。

（2）当进退机构一个周期结束1 s后，进行左右检测，左行14 s，停23 s，右行14 s，停23 s，左、右运行一个周期为75 s。

（3）检测升降机构运行时，升降机构在进退机构启动15 s之后，即在左右运行机构工作14 s后停止时启动，上升10 s，停15 s，下降10 s，停15 s，一个周期为50 s。

（4）为了安全，起重机任意两个机构不能同时启动，但可同时运行。同时，要求三个机构不能同时运行。

为了适应不同的现场要求，要求检测设备有随机手动控制功能，以保证运行灵活性和安全性。

10.3.2 PLC选型及I/O地址分配

根据上述对桥式起重机检测过程的控制要求，PLC控制系统的输入包括自动运行开关的输入信号，手动前进、后退开关信号，手动左行、右行开关信号，手动上升、下降开关信号，共计7个开关量输入信号。

PLC控制系统的输出包括前进、后退接触器驱动信号，左行、右行接触器驱动信号，上升、下降接触器驱动信号，电铃和指示灯驱动信号，共计8个开关量输出信号。

根据系统的I/O点数，并考虑富余量，可选用西门子公司的CPU 1214C，其中I/O点数为14点输入、10点输出。系统I/O地址分配如表10-1所示。

表10-1 PLC的I/O地址分配表

序号	输入元件	输入地址	输出元件	输出地址
1	自动运行开关S_1	I0.0	指示灯	Q0.0
2	自动运行开关S_2	I0.1	前进接触器KM_1	Q0.1
3	自动运行开关S_3	I0.2	前进接触器KM_2	Q0.2
4	自动运行开关S_4	I0.3	前进接触器KM_3	Q0.3

（续）

序号	输入元件	输入地址	输出元件	输出地址
5	自动运行开关 S_5	I0. 4	前进接触器 KM_4	Q0. 4
6	自动运行开关 S_6	I0. 5	前进接触器 KM_5	Q0. 5
7	自动运行开关 S_7	I0. 6	前进接触器 KM_6	Q0. 6
8			电铃 B	Q0. 7

10. 3. 3　桥式起重机检测的 PLC 控制梯形图设计

依据控制要求和 PLC 的 I/O 分配，可进行系统控制程序设计，包括进退机构、左右运行机构和升降机构的控制梯形图设计。进退机构的梯形图设计如图 10-7 所示。

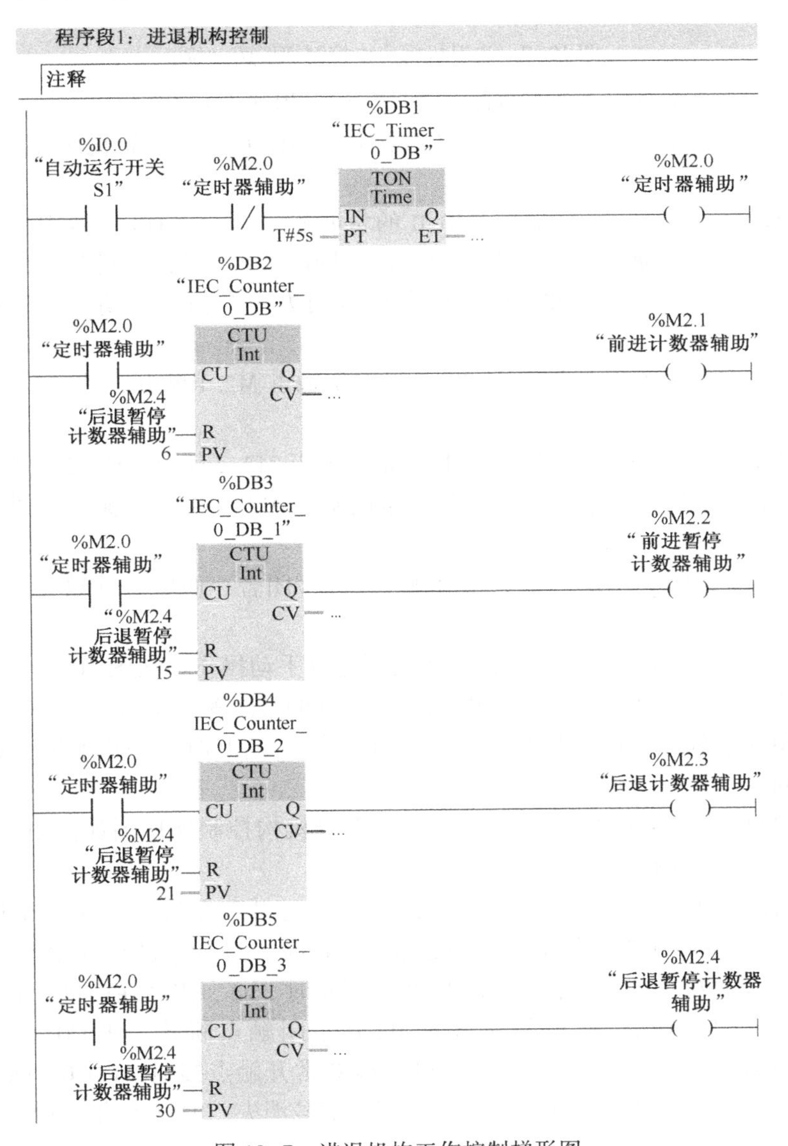

图 10-7　进退机构工作控制梯形图

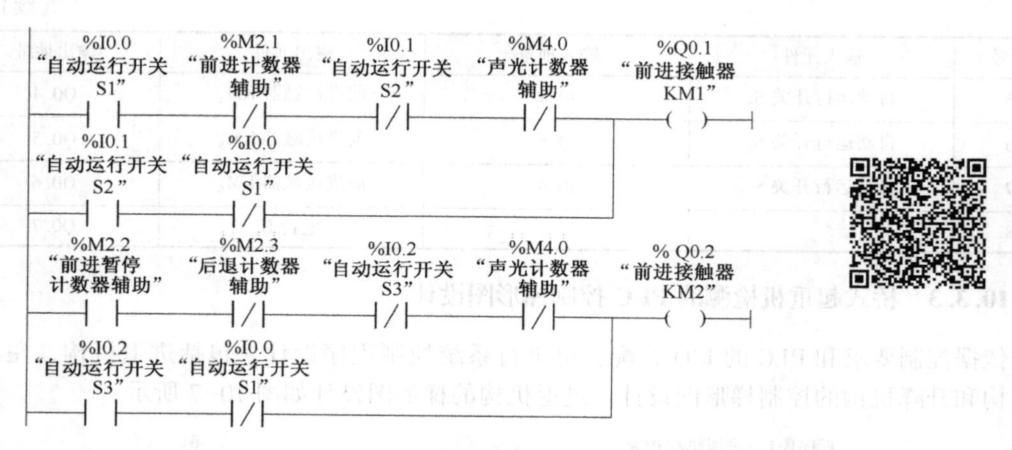

图 10-7　进退机构工作控制梯形图（续）

运行时有手动操作和自动操作两种，自动运行过程如下：

（1）当 PLC 开机运行工作时，通过内部继电器 M1.0 产生初始化脉冲，使各个计数器复位。

（2）当自动运行开关 S_1 合上后，I0.0 的常开触点闭合，Q0.1 线圈接通，进退机构执行元件前进，接触器通电，起重机开始前进；同时，所有的定时器、计数器开始工作，定时器 DB_1 每 5 s 产生一个脉冲，脉冲的保持时间为一个扫描周期，为计数器提供计数信号。

（3）当 DB_2 计数到 6 时（即延时 30 s），常闭触点 M2.1 断开，使 Q0.1 线圈断电，进退机构停止前进。

（4）再过 45 s 后，DB_3 计数器计到 15，常开触点 M2.2 闭合，Q0.2 线圈接通，起重机开始后退；工作 30 s 后，DB_4 计数器到 21，常闭触点 M2.3 断开，Q0.2 的线圈断开，使后退停止。

（5）休息 45 s，DB_5 计数到 30，常开触点 M2.4 闭合，使所有计数器复位，又重新计数，进入第二次循环。

除了上述的自动控制方式外，根据需要也可进行手动操作。从图 10-7 所示的梯形图可知，Q0.1 有两条控制支路，I0.1 的常开触点和 I0.0 的常闭触点串联构成手动操作支路。当 S_2 合上时，Q0.1 有输出，KM_1 接触，前进运行；当 S_2 断开时，停止前进。S_3 手动后退的使用和 S_2 类同。

左右运行机构控制梯形图如图 10-8 所示，升降机构控制梯形图如图 10-9 所示。它们的工作原理与进退机构相同。这里就不再赘述了。

当加载并按控制要求反复运行 1 h 后，若需要发出声光信号，并停止运行，可增加图 10-10 所示的声光指示控制梯形图。当起重机工作时，与 DB_{17} 的计数输出端连接的 M2.0 的常开触点每 5 s 通断一次，M4.0 计数到 720（即延时 1 h），串联在前进、后退、左行、右行、上升、下降工作自动运行控制支路的 M4.0 常闭触点断开，使 Q0.1、Q0.2、Q0.3、Q0.4、Q0.5、Q0.6 均断开而停止工作。同时 M4.0 常开触点接通，Q0.0、Q0.7 线圈得电，发出声光信号。由于 M4.1 的作用，10 s 后，声音信号消失，但灯光信号仍保持。

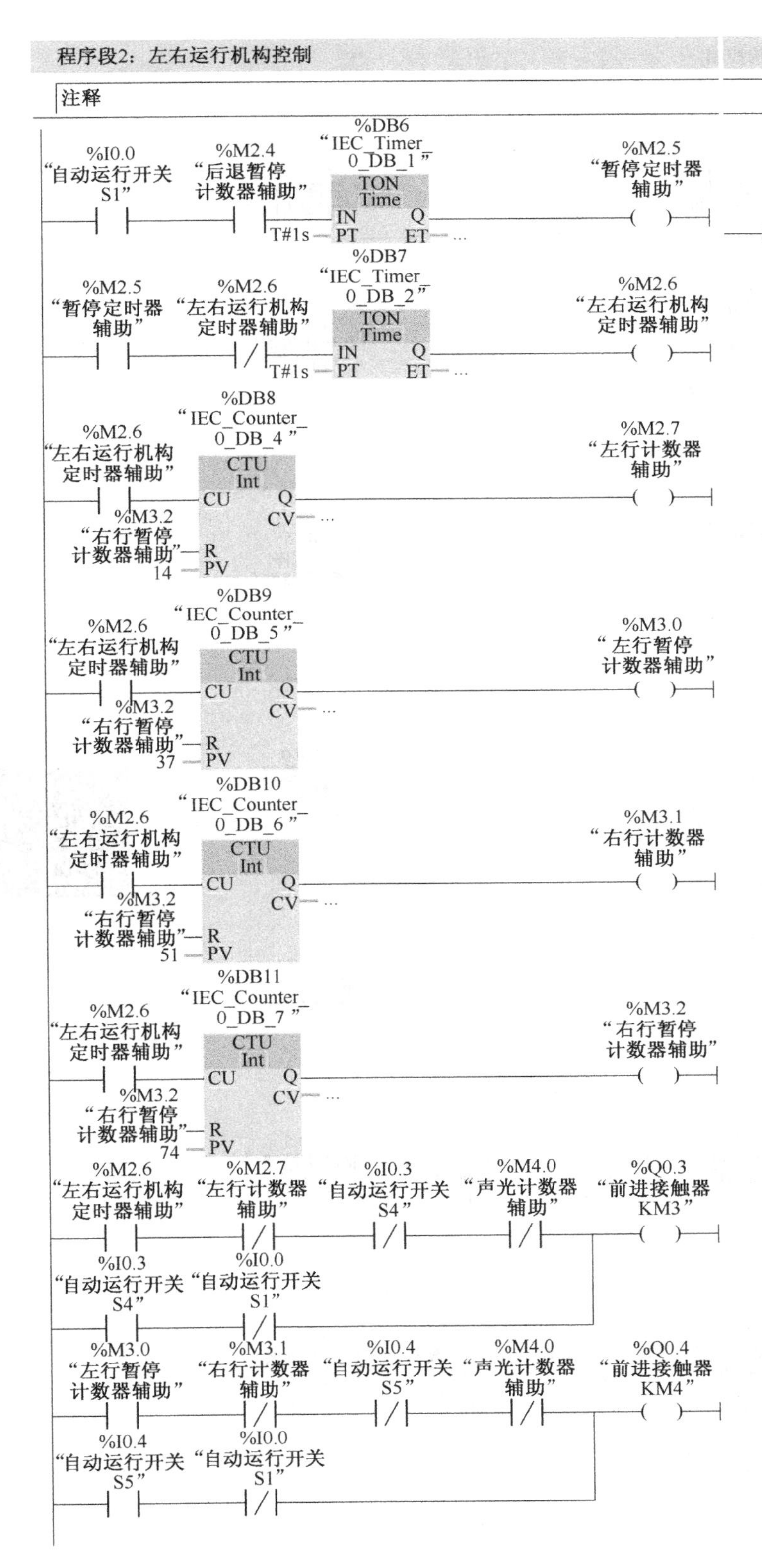

图 10-8　左右运行机构工作控制梯形图

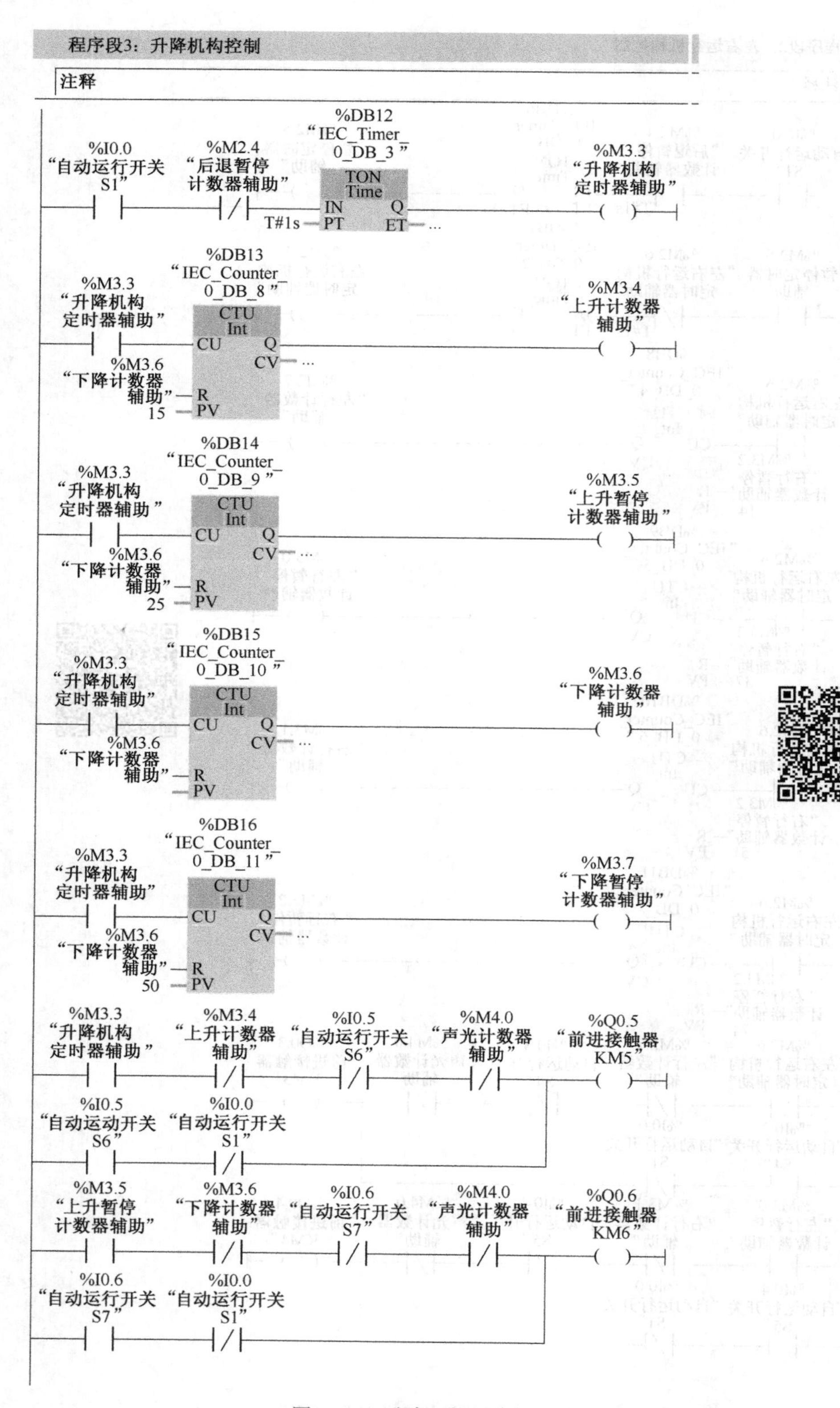

图 10-9 升降机构工作控制梯形图

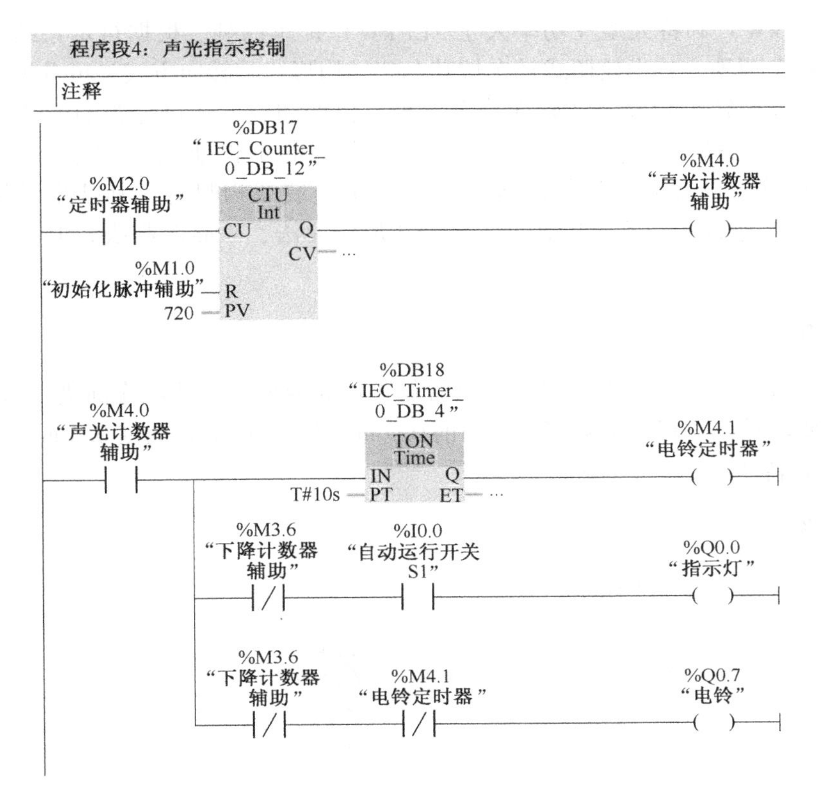

图 10-10　声光指示控制梯形图

10.3.4　总结与评价

为了保证工作的可靠性，桥式起重机需要进行定期性和经常性的检测，并且检测一般在起重机工作现场完成。本例通过采用 PLC 控制桥式起重机的运行，可以高效率地完成起重机在现场的检测任务，充分体现出 PLC 功能强、可靠性高、编程简单、使用方便、体积小巧等优点。

此外，起重机采用 PLC 控制，还能够解决传统控制方式下操纵方面的许多麻烦，如开闭电机和起升电机在抓斗刚装料闭合起升时难以同步等问题。同时，通过采用 PLC 控制可以减轻工人的劳动强度，提高抓斗桥式起重机的工作性能。因此，PLC 在该方面的应用具有重要的实用意义和推广价值。

10.4　工业铲车操作控制

铲车又叫装载机，是在动力机械的基础上，采用液压控制铲斗升降和翻转，从而实现对砂石、水泥、粮食、土、煤等散装物料的铲运及装载。铲车也可进行轻度的铲掘工作，通过换装相应的工作装置，还可进行推土、起重、装卸木料及钢管等作业，广泛应用于建筑工程、筑路工程、农田水利工程、环卫工程等领域，以及砖窑厂、煤厂、砂石厂等企业。铲车种类很多。根据发动机功率可分为小型（功率小于 74 kW）、中型（功率在 74～147 kW）、大型（功率在 147~515 kW）和特大型（功率大于 515 kW）铲车四种。根据行走系结构可分为轮胎式和履带式铲车两种。其中轮胎式铲车按其车架结构形式和转向方式又可分为铰接车架折腰转向、整体车架偏转车轮和差速转向铲车三种。根据卸载方式可分为前卸式（前端式）铲车和回转式铲车两种。根据作业过程的特点可分为间歇作业式（如单斗铲车）和连续动作式（如螺旋式、圆盘式、转筒式等）铲车。铲车装载物料时，其技术经济指标在很大程度上取决于作业方式。常见的作业方式有 I 形作业法、V 形作业法和 L 形作业法等。

10.4.1 设计任务

利用 PLC 对工业铲车操作进行控制，设铲车可将货物铲起或放下，并能作前进、后退、左转、右转的操作，要求动作过程如下：铲起→向前 0.5 m→左转 90°后，向前 0.5 m→右转 90°后，向前 0.5 m→右转 90°后，后退 0.5m→放下。

10.4.2 设计思路

工业铲车工作示意图如图 10-11 所示。

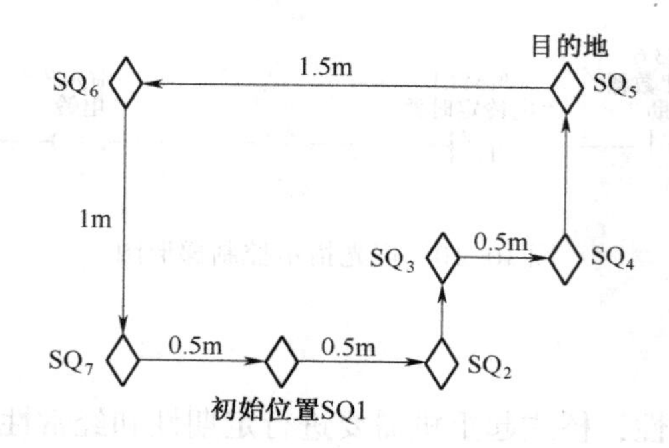

图 10-11 工业铲车工作示意图

（1）控制要求。铲车由电动机驱动，电动机正转前进，反转后退。初始时，铲车停于初始位置，限位开关 SQ1 压合。按下开始按钮，铲车开始铲起物品。10 s 后铲物结束，铲车按规定路线经过压合限位开关 SQ_2、SQ_3、SQ_4，前往目的地，压合限位开关 SQ_5 放下物品。10 s 后放物结束，按如图 10-11 所示的路线返回原地，压合限位开关 SQ_1 再次开始铲起物品……如此循环。设置预停按钮，铲车在工作中若按下预停按钮，则小车完成一次循环后，停于初始位置。

（2）控制要求分析。开启系统后，铲车应停于初始位置，限位开关 SQ_1 压合。然后按照规定完成动作（铲起→ 向前 0.5 m→左转 90°后，向前 0.5 m→右转 90°后，向前 0.5 m→右转 90°后，后退 0.5 m→放下）。最后返回初始位置。系统设定限位开关压合则做相应的 90°旋转，旋转时间为 5 s。预停按钮的设计，可在按下预停按钮后，使铲车完成一个循环后，不再进入下一次循环。

10.4.3 工业铲车控制系统电路的编制

工业铲车控制系统的 I/O 地址分配表如表 10-2 所示。

表 10-2 工业铲车控制系统 I/O 地址分配表

元件代号	作用	输入地址	元件代号	作用	输出地址
SB0	启动按钮	I0. 0	KM1	铲起	Q0. 0
SB1	预停按钮	I0. 1	KM2	前进	Q0. 1
SQ1	限位开关 1	I0. 2	KM3	后退	Q0. 2
SQ2	限位开关 2	I0. 3	KM4	放下	Q0. 3
SQ3	限位开关 3	I0. 4	KM5	左转 90°	Q0. 4
SQ4	限位开关 4	I0. 5	KM6	右转 90°	Q0. 5
SQ5	限位开关 5	I0. 6			
SQ6	限位开关 6	I0. 7			
SQ7	限位开关 7	I1. 0			

用西门子 CPU 1214C DC/DC/DC 实现工业铲车控制系统的 I/O 接线，如图 10-12 所示。

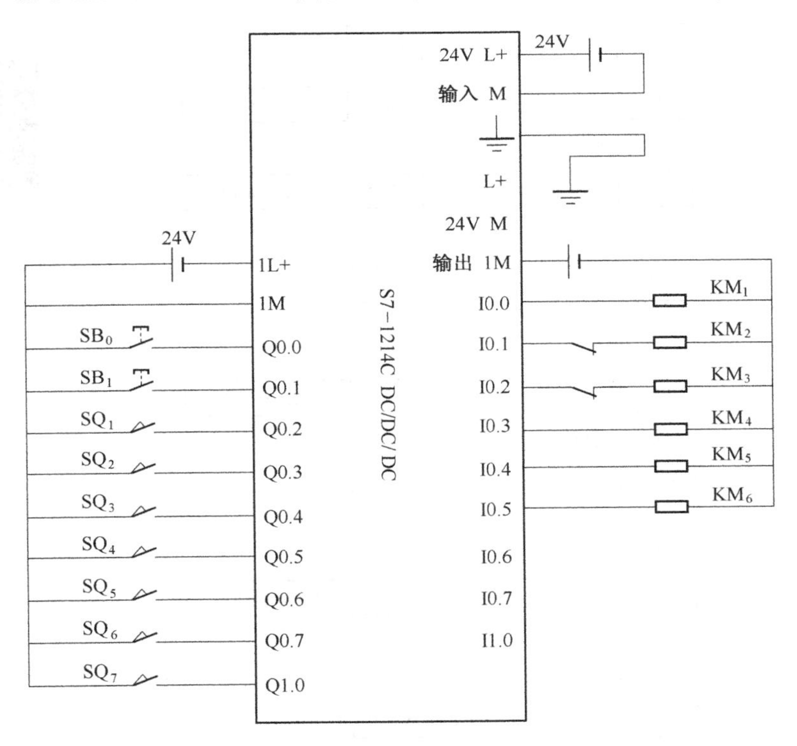

图 10-12 工业铲车控制系统的 I/O 接线图

10.4.4 编写程序

1. 顺序功能图

工业铲车控制系统的顺序功能图如图 10-13 所示。

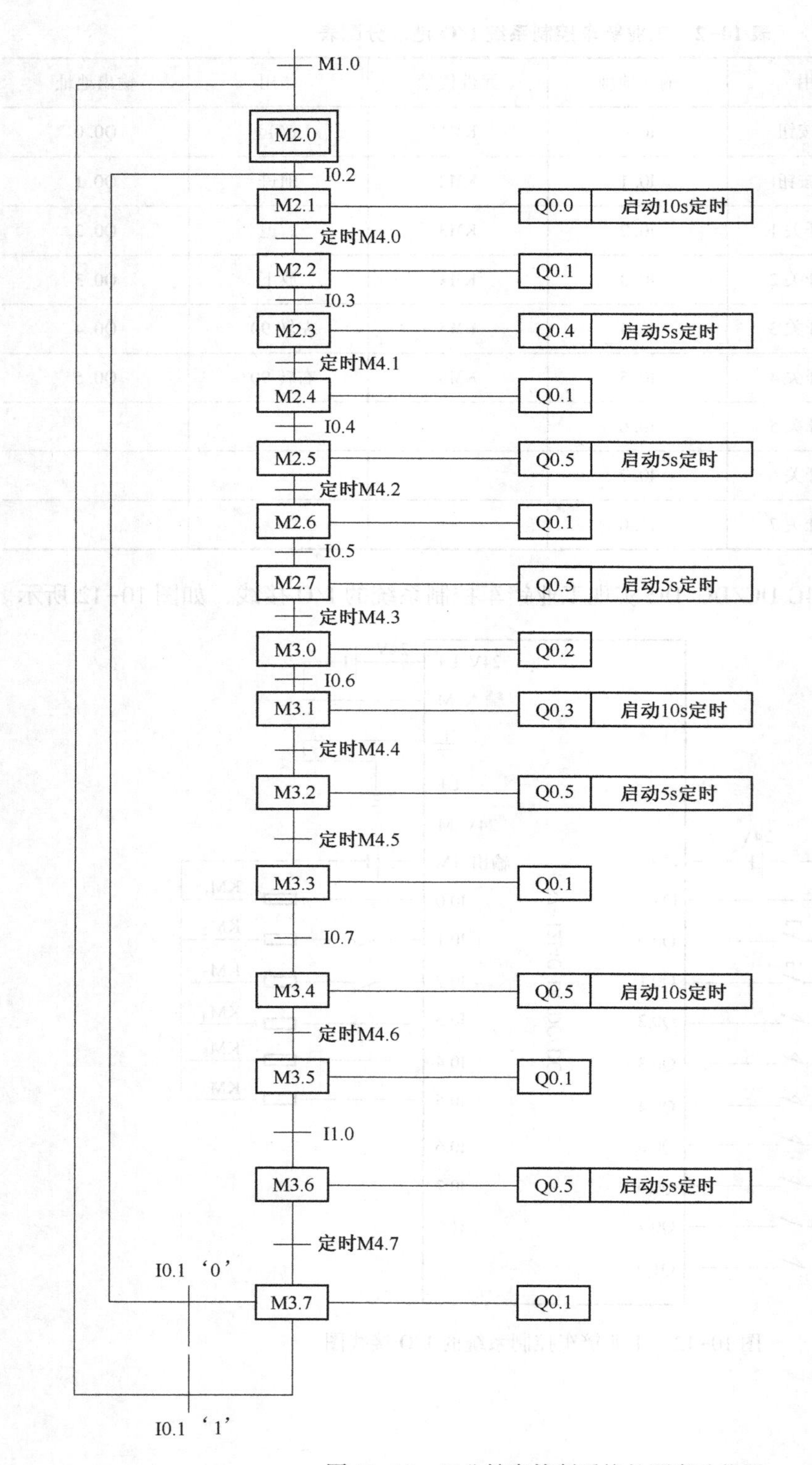

图 10-13 工业铲车控制系统的顺序功能图

2. 梯形图

工业铲车控制系统的梯形图如图 10-14 所示。

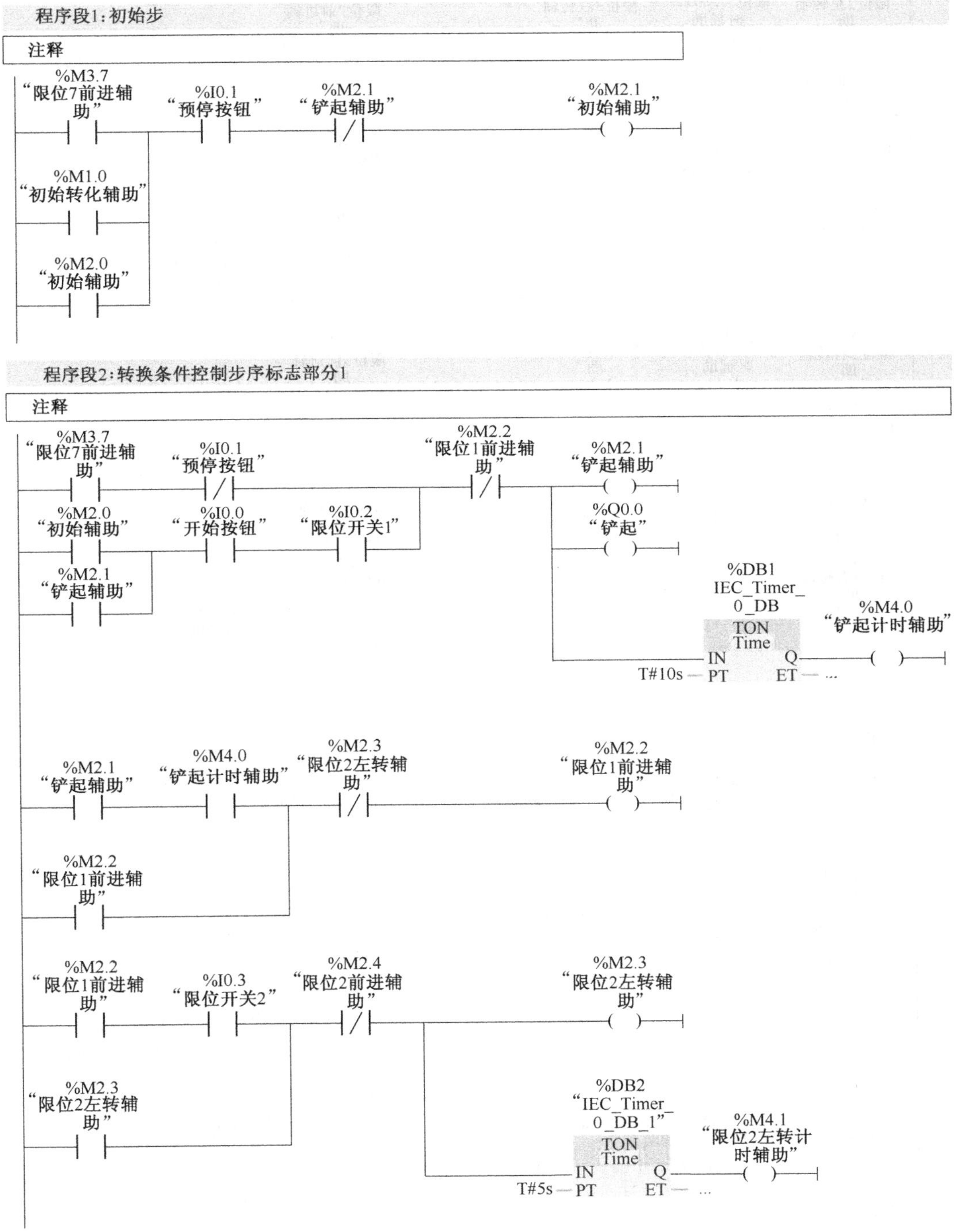

程序段1：初始步

注释

%M3.7 "限位7前进辅助"　%I0.1 "预停按钮"　%M2.1 "铲起辅助"　%M2.1 "初始辅助"

%M1.0 "初始转化辅助"

%M2.0 "初始辅助"

程序段2：转换条件控制步序标志部分1

注释

%M3.7 "限位7前进辅助"　%I0.1 "预停按钮"　%M2.2 "限位1前进辅助"　%M2.1 "铲起辅助"

%M2.0 "初始辅助"　%I0.0 "开始按钮"　%I0.2 "限位开关1"　%Q0.0 "铲起"

%M2.1 "铲起辅助"

%DB1 IEC_Timer_0_DB TON Time IN PT Q ET T#10s %M4.0 "铲起计时辅助"

%M2.1 "铲起辅助"　%M4.0 "铲起计时辅助"　%M2.3 "限位2左转辅助"　%M2.2 "限位1前进辅助"

%M2.2 "限位1前进辅助"

%M2.2 "限位1前进辅助"　%I0.3 "限位开关2"　%M2.4 "限位2前进辅助"　%M2.3 "限位2左转辅助"

%M2.3 "限位2左转辅助"

%DB2 "IEC_Timer_0_DB_1" TON Time IN PT Q ET T#5s %M4.1 "限位2左转计时辅助"

图 10-14　工业铲车控制系统梯形图

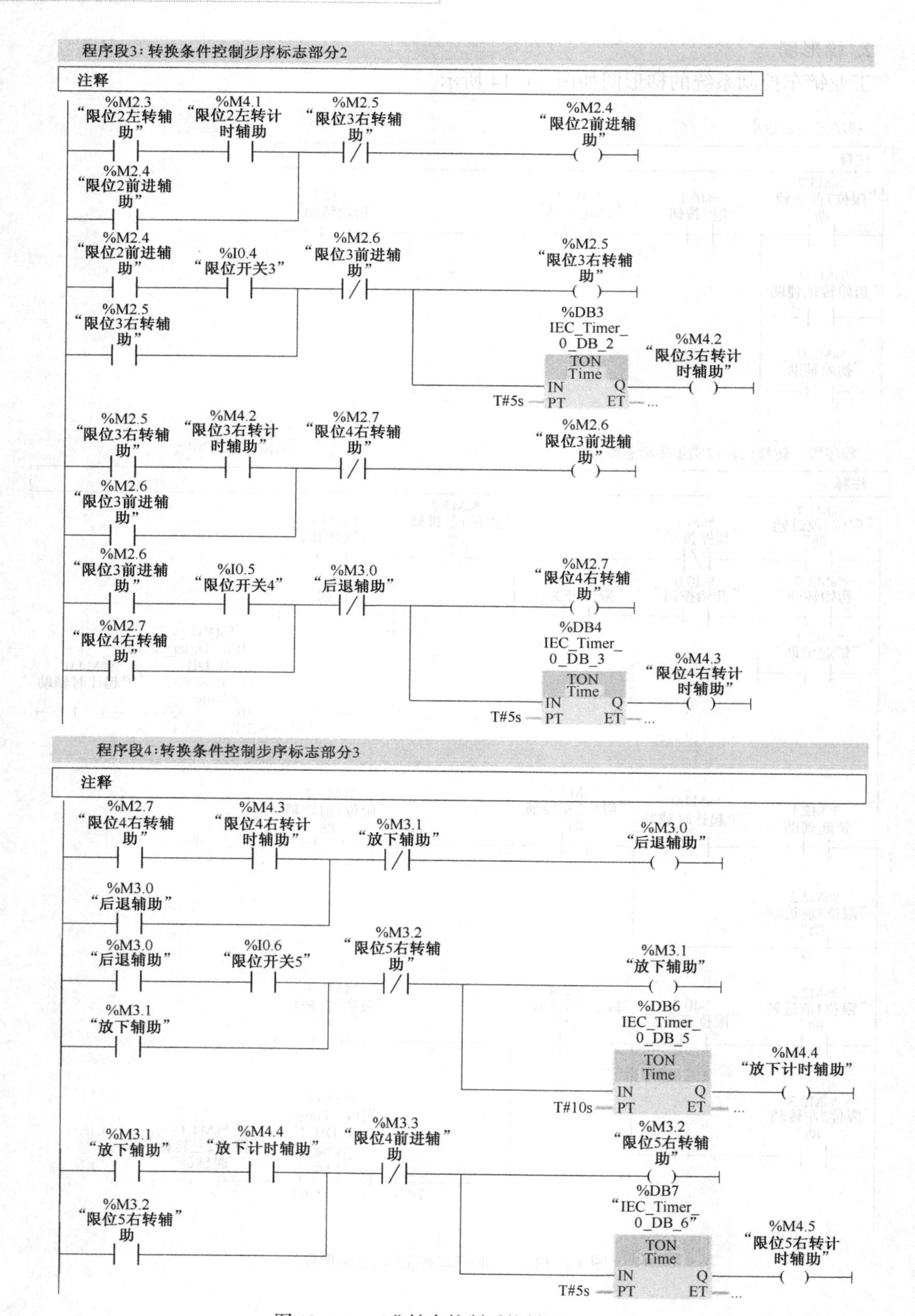

图 10-14　工业铲车控制系统梯形图（续）

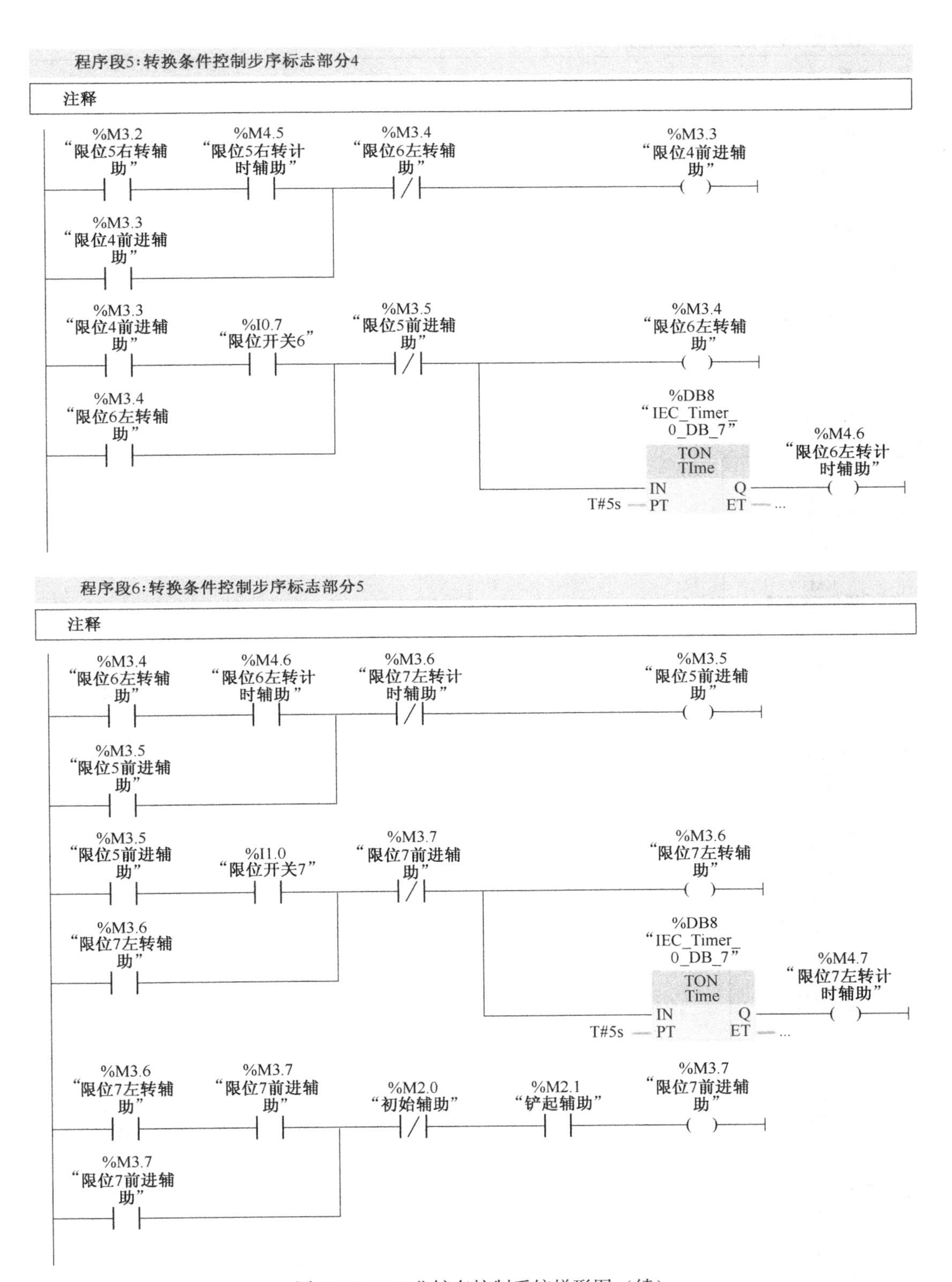

图 10-14　工业铲车控制系统梯形图（续）

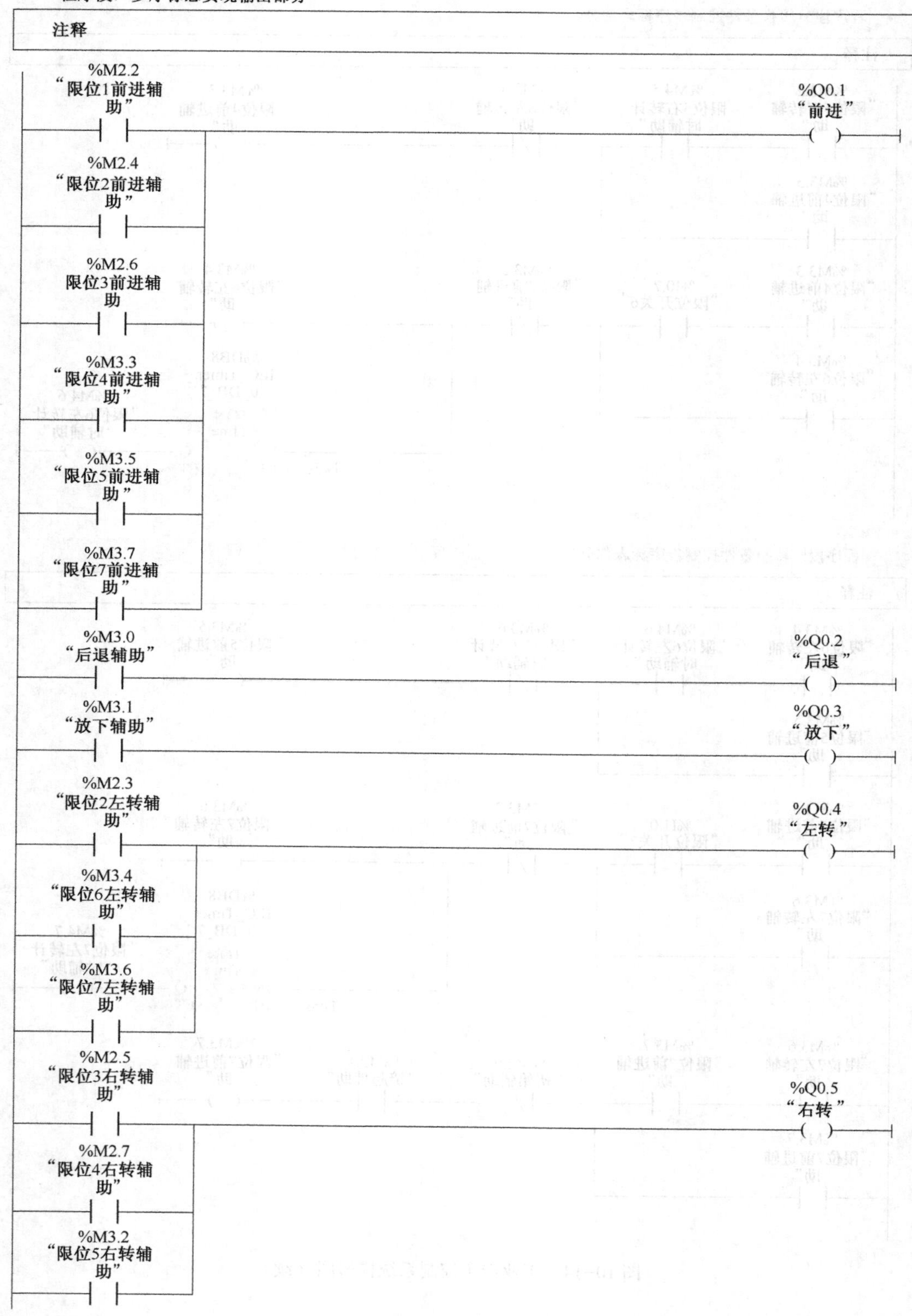

图 10-14　工业铲车控制系统梯形图（续）

10.5 液体搅拌机的控制

10.5.1 工作原理

液体混合搅拌机工作原理如图 10-15 所示，液体混合搅拌机需要有两种液体（A 液体与 B 液体）按比例进行混合搅拌，搅拌后放出。在液体混合罐中有三个液体传感器控制液体的比例，有三个液体电磁阀控制液体的流入。这三个电磁阀分别是控制 A 液体流入的电磁阀 X_1，控制 B 液体流入的电磁阀 X_2，控制混合液体 C 流入的电磁阀 X_3。

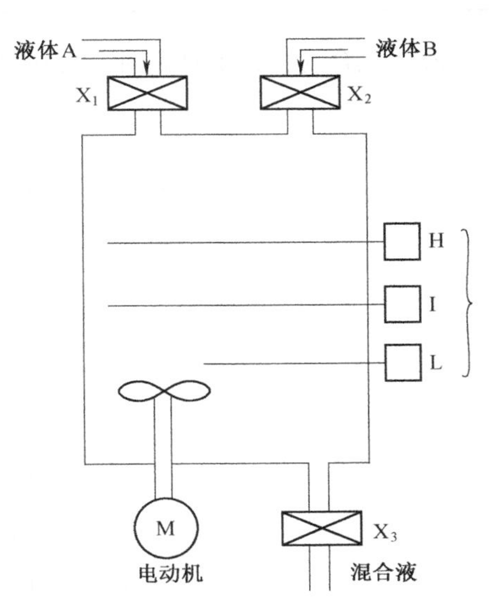

图 10-15　液体混合搅拌机示意图

10.5.2 控制要求

在初始状态下，罐内是空的，三个电磁阀为关闭状态，三个传感器为 0 状态，搅拌机停止。

（1）按下启动按钮 SB1，电磁阀 X_1 打开（见图 10-16），液体 A 流入罐内，当液体 A 达到低位（用低位传感器 L 表示）时，低位传感器 ST_3 为 1，液体 A 继续流入罐内。

（2）当液体 A 达到中位（用中位传感器 I 表示）时，中位传感器 ST_2 为 1，此时控制液体 A 流入的电磁阀 X_1 关闭，控制液体 B 流入的电磁阀 X_2 打开，液体 B 开始流入罐内。

（3）当液体达到高位（用高位传感器 H 表示）时，高位传感器 ST_1 为 1，控制液体 B 流入的电磁阀 X_2 关闭，同时搅拌电动机 M 开始工作，对液体进行搅拌。

（4）搅拌 30 s 后，搅拌电动机 M 停止工作，电磁阀 X_3 打开，放出混合液体。

（5）当液面低于低位（用低位传感器 L 表示）时，低位传感器 ST_3 为 0，延时 8 s 后，罐内的液体放完，电磁阀 X_3 关闭，搅拌机才停止，回到初始状态。

10.5.3 I/O 地址分配

输入点：I0.0 对应启动按钮 SB1，I0.1 对应停止按钮 SB2，I0.2 对应高位传感器 H，I0.3 对应中位传感器 I，I0.4 对应低位传感器 L。

输出点：输出点 Q0.0 对应电磁阀 X1，输出点 Q0.1 对应电磁阀 X2，输出点 Q0.2 对应电磁阀 X3，输出点 Q0.5 对应电动机控制接触器 M。I/O 地址分配表如表 10-3 所示。

表 10-3　I/O 地址分配表

元件代号	名称	输入地址	元件代号	名称	输出地址
SB_1	启动按钮	I0.0	X_1	电磁阀	Q0.0
SB_2	停止按钮	I0.1	X_2	电磁阀	Q0.1

（续）

元件代号	名称	输入地址	元件代号	名称	输出地址
ST_1	H 传感器	I0. 2	X_3	电磁阀	Q0. 2
ST_2	I 传感器	I0. 3	M	电动机	Q0. 5
ST_3	L 传感器	I0. 4			

液体混合搅拌机 I/O 地址分配图如图 10-16 所示，该图也是 PLC 的外部接线图。

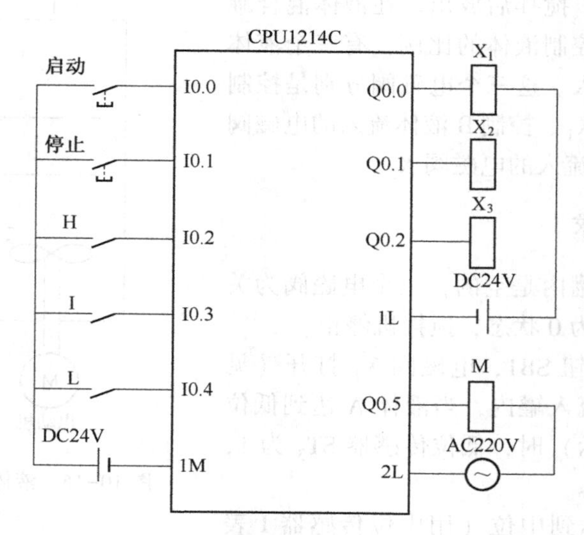

图 10-16　液体混合搅拌机 I/O 地址分配图

10.5.4　设计梯形图

根据图 10-15、图 10-16 和表 10-3 编制梯形图，如图 10-17 所示。

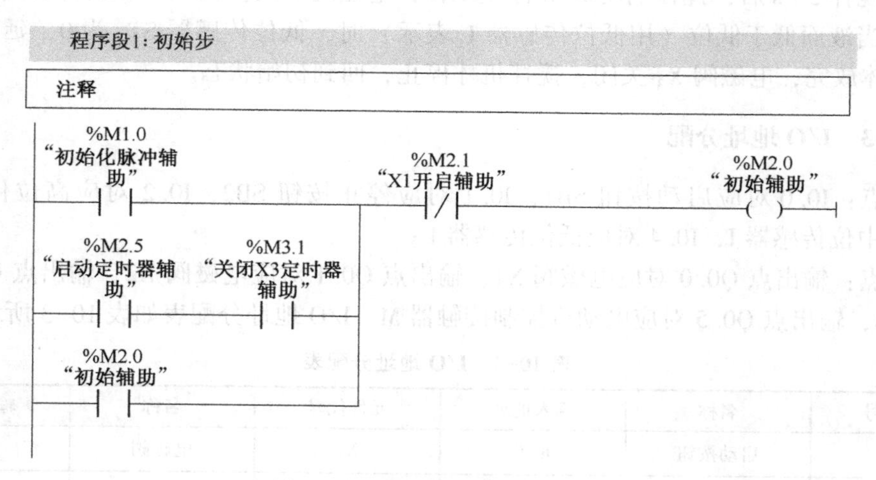

图 10-17　混合搅拌机的梯形图

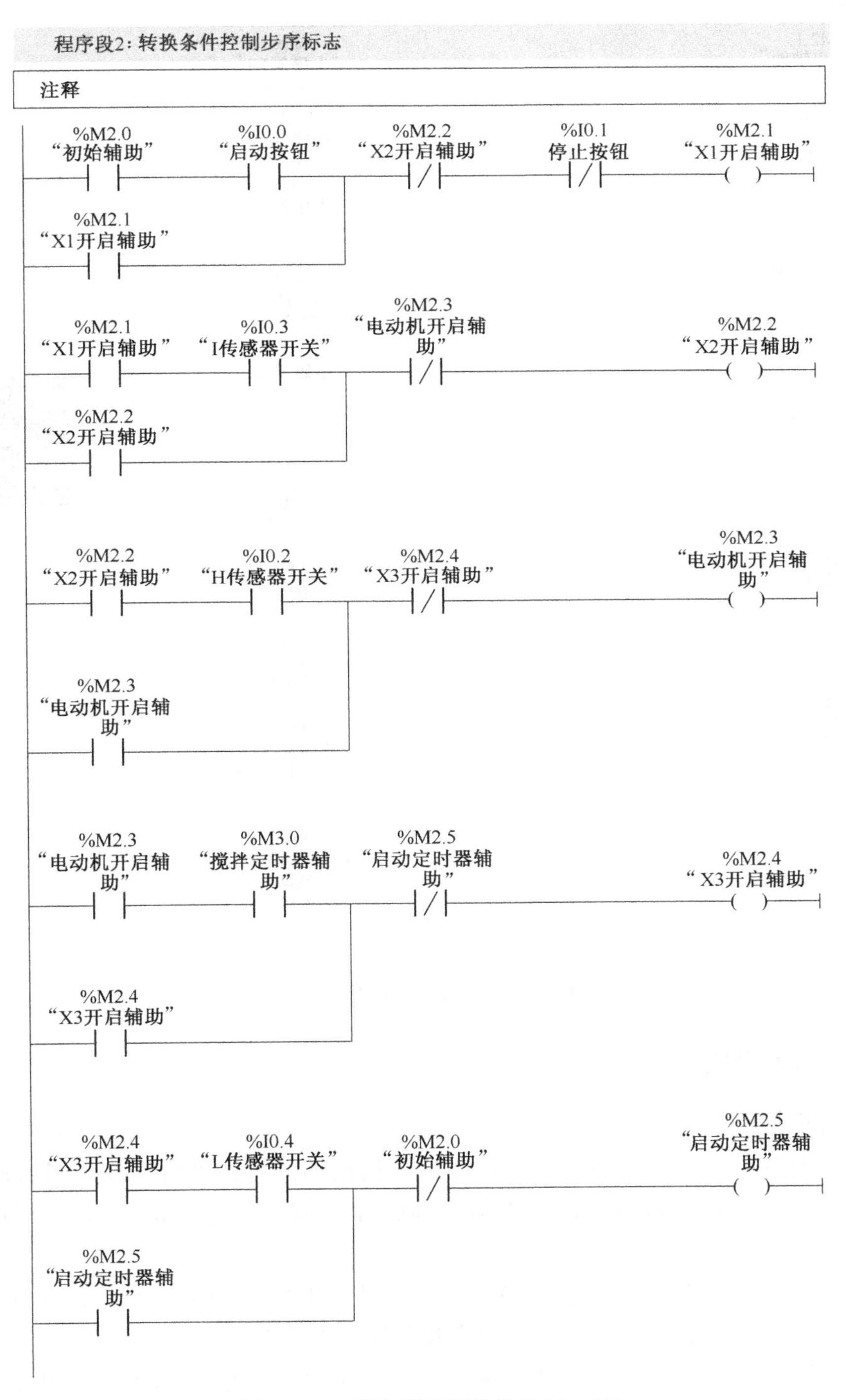

图 10-17　混合搅拌机的梯形图（续）

程序段3：步序标志实现输出

注释

%M2.1
"X1开启辅助"
%Q0.0
"电磁阀X1"
(S)

%M2.2
"X2开启辅助"
%Q0.1
"电磁阀X2"
(S)
%Q0.0
"电磁阀X1"
(R)

%M2.3
"电动机开启辅助"
%Q0.5
"电动机M"
(S)
%Q0.1
"电磁阀X2"
(R)
%DB1
"IEC_Timer_0_DB"
TON
Time
IN Q
T#30s — PT ET — ...
%M3.0
"搅拌定时器辅助"
( )

%M2.4
"X3开启辅助"
%Q0.2
"电磁阀X3"
(S)
%Q0.5
"电动机M"
(R)

%M2.5
"启动定时器辅助"
%Q0.2
"电磁阀X3"
(R)
%DB2
"IEC_Timer_0_DB_1"
TON
Time
IN Q
T#8s — PT ET — ...
%M3.1
"关闭X3定时器辅助"
( )

图 10-17　混合搅拌机的梯形图（续）

10.5.5　注意事项

操作混合搅拌机应注意如下事项：

（1）操作顺序要求。混合搅拌机的操作应该按液体的特性进行操作。当启动按钮 SB_1 按下后，输入继电器 I0.0 接通，M2.1 接通，Q0.0 置位接通，电磁阀 X_1 通电打开，液体 A 开始注入罐中。

当液面到达中位 I 时，I0.3 闭合，M2.2 常开触点闭合，Q0.0 复位，停止注入液体 A，同时 Q0.1 置位，电磁阀 X_2 通电打开，液体 B 开始注入罐中。

当液面到达高位 H 时，I0.2 闭合，M2.3 常开触点闭合，Q0.1 复位，停止注入液体 B，同时 Q0.5 置位，电动机 M 启动，带动搅拌机工作，计时器 DB_1 开始计时。

经过 30s 后，计时器 DB_1 动作，M3.0 常开触点闭合，Q0.5 复位，搅拌机停止工作，同时 Q0.2 置位，电磁阀 X_3 通电打开，开始从液体混合罐中放出液体。

当液面降到低位 L 时，I0.4 闭合，计数器 DB_2 开始计时，经过 8s 后计数器 DB_2 动作，M3.1 常开触点闭合，Q0.5 复位，电磁阀 X_3 关闭，液体混合罐中的液体放完，同时使 M2.0 接通，重复以上过程。

按下停止按钮 SB_2，输入继电器 I0.1 闭合，使 Q0.0 复位切断循环通路，当电磁阀 X_3 关闭，M3.1 常开触点闭合，Q0.0 也不能接通。

（2）传感器接线时应遵守使用说明书的要求，注意使用的电源及其灵敏度。

（3）使用电磁阀时应遵守使用说明书的要求，注意使用的电源及其灵敏度。

附录 实验指导

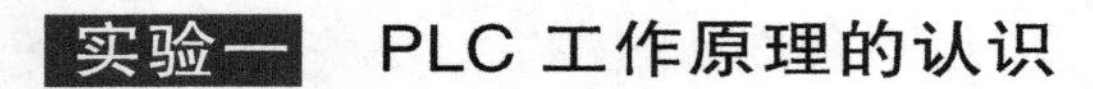

实验一　PLC 工作原理的认识

实验二　计数器和定时器的扩展应用

实验三　人行横道交通灯控制

实验四　装配流水线控制

实验五 水塔水位控制

实验六 步进电机控制

实验七 洗衣机模拟实验

实验八 机械手搬运模拟实验

参考文献

[1] 邓则名等. 电器与可编程控制器应用技术 [M]. 2 版. 北京：机械工业出版社，2008
[2] 宫淑贞等. 可编程控制器原理及应用 [M]. 2 版. 北京：人民邮电出版社，2009
[3] 高正中等. 西门子 S7-200CN PLC 编程技术及工程应用 [M]. 北京：电子工业出版社，2010
[4] 王阿根. PLC 控制程序精编 108 例 [M]. 北京：电子工业出版社，2009
[5] 贾德胜等. PLC 应用开发实用子程序 [M]. 北京：人民邮电出版社，2006
[6] 张进秋等. 可编程控制器原理及应用实例 [M]. 北京：机械工业出版社，2004
[7] 颜全生. PLC 编程设计与实例 [M]. 北京：机械工业出版社，2009
[8] 高钦和. PLC 应用开发案例精选 [M]. 2 版. 北京：人民邮电出版社，2008
[9] 袁任光. 可编程控制器（PC）应用技术与实例 [M]. 广州：华南理工大学出版社，1997
[10] 陈建明. 电气控制与 PLC 应用 [M]. 北京：电子工业出版社，2006
[11] 史国生. 电气控制与可编程控制器技术 [M]. 北京：化学工业出版社，2004
[12] 徐德等. 可编程序控制器（PLC）应用技术 [M]. 2 版. 济南：山东科学技术出版社，2003
[13] 王兆义等. 逻辑与可编程控制系统 [M]. 上海：上海大学出版社，2003
[14] 魏志精. 可编程控制器应用技术 [M]. 北京：电子工业出版社，1995
[15] 邱公伟. 可编程控制器网络通信及应用 [M]. 北京：清华大学出版社，2000
[16] S7-200 可编程序控制器系统手册. Siemens，2000
[17] 丁炜等. 可编程控制器在工业控制中的应用 [M]. 北京：化学工业出版社，2004
[18] 陈金华等. 可编程序控制器（PC）应用技术 [M]. 北京：电子工业出版社，1995
[19] 方承远. 工厂电气控制技术 [M]. 2 版. 北京：机械工业出版社，2000
[20] 赵春华. 可编程控制器及其工程应用 [M]. 武汉：华中科技大学出版社，2012.
[21] 刘华波. 西门子 S7-1200 PLC 编程与应用 [M]. 北京：机械工业出版社，2016.
[22] 廖常初. S7-1200 PLC 编程及应用 [M]. 2 版. 北京：机械工业出版社，2010.
[23] 李方圆. 图解西门子 S7-1200 PLC 入门到实践 [M]. 北京：机械工业出版社，2010.
[24] 张春. 深入浅出西门子 S7-1200 PLC [M]. 北京：北京航空航天大学出版社，2009.
[25] 周柏青等. PLC 控制系统设计与应用 [M]. 北京：中国电力出版社，2015.
[26] 秦绪平等. 西门子 S7 系列可编程控制器应用技术 [M]. 北京：化学工业出版社，2011.
[27] 西门子自动化与驱动集团网站. www. industry. siemens. com. cn.